职业教育·市政工程类专业教材

市政工程计量与计价

彭　丹　李利君　严　林　主编
　　　　彭东黎　王其良　主审

人民交通出版社

北京

内容提要

本书根据工程造价行业的岗位需求和职业标准，依据《建设工程工程量清单计价规范》(GB 50500—2013)、《市政工程工程量计算规范》(GB 50857—2013)、《湖南省市政工程消耗量标准》(2020年版)和《湖南省建设工程计价办法》(2020年版)等最新标准、规范、办法编写。

全书分为基础篇、技能篇、案例篇三个部分。基础篇介绍市政工程造价的构成、市政工程预算定额的编制与应用等工程造价基本知识，课后习题由注册造价工程师考试历年真题改编而成；技能篇以工程造价编制技能任务为导向，介绍工程量清单编制和工程量清单计价；案例篇介绍市政工程土石方、道路、排水工程等实际项目的招标控制价和设计概算的编制。

本书可作为高职高专院校市政工程技术、工程造价等相关专业教材，也可供市政工程造价人员参考使用。

图书在版编目(CIP)数据

市政工程计量与计价 / 彭丹主编. — 北京：人民交通出版社股份有限公司, 2024.6
ISBN 978-7-114-19165-7

Ⅰ.①市… Ⅱ.①彭… Ⅲ.①市政工程—工程造价—教材 Ⅳ.①TU723.3

中国国家版本馆CIP数据核字(2023)第230810号

Shizheng Gongcheng Jiliang yu Jijia

书　　名	市政工程计量与计价
著 作 者	彭　丹　李利君　严　林
责任编辑	刘　倩
责任校对	赵媛媛　龙　雪
责任印制	刘高彤
出版发行	人民交通出版社
地　　址	(100011)北京市朝阳区安定门外外馆斜街3号
网　　址	http://www.ccpcl.com.cn
销售电话	(010)59757973
总 经 销	人民交通出版社发行部
经　　销	各地新华书店
印　　刷	北京虎彩文化传播有限公司
开　　本	787×1092　1/16
印　　张	28.5
字　　数	668千
版　　次	2024年6月　第1版
印　　次	2024年6月　第1次印刷
书　　号	ISBN 978-7-114-19165-7
定　　价	65.00元

(有印刷、装订质量问题的图书，由本社负责调换)

前·言
PREFACE

为贯彻教育部提出的深化现代职业教育体系建设改革的相关意见，达到全面提高人才培养质量的目的，推行"工学结合，知行合一"的教学理念尤为重要。

"市政工程计量与计价"是市政工程技术专业的一门专业核心课程，在专业课程体系中起着承上启下、桥梁纽带的作用，因此本教材具有基础性、专业性的双重特征。本教材根据《建设工程工程量清单计价规范》(GB 50500—2013)、《市政工程工程量计算规范》(GB 50857—2013)、《湖南省市政工程消耗量标准》(2020年版)和《湖南省建设工程计价办法》(2020年版)等标准规范和文件编写，主要介绍清单编制与计价，其原理性内容全国适用。

编者结合多年企业工作经验，根据实际岗位工作过程组织本书内容。本教材以介绍市政工程造价基础知识、市政造价技能训练、造价员岗位实操为脉络，结合造价知识学习和工作实践，总结提炼出清单计价的六个步骤。本教材以案例导入，先引导学生建立造价概念，再训练造价技能，通过丰富的案例辅助讲解注册造价师考试的考试大纲、造价员工作的基本思路、核心造价技能等。

本书分基础篇(对标一级造价师考纲)、技能篇(对标教学标准)、案例篇(对标企业实操)，由湖南交通职业技术学院组织本校教师联合企业人员共同编写，湖南交通职业技术学院彭丹、李利君、严林担任主编，彭东黎(湖南交通职业技术学院教授)、王其良(湖南建设投资集团有限责任公司专业总监、正高级工程师、英国皇家特许建造师、中国钢结构协会专家)担任主审。具体编写分工为：模块1由李利君编写；模块2由严林编写；模块3由尚杨明珠、艾冰、肖颜编写；模块4由彭丹、黄蓓蕾编写；模块5由彭丹、龚静敏编写；模块6由李南西、慕容明海、罗萍编写。在本书编写过程中，感谢湖南交通职业技术学院领导的指导、支持及老师团队的参与；感谢中国电建集团中南勘测设计研究院有限公司、湖南建设投资集团有限责任公司、长沙市市政工程有限责任公司的技术支持。

限于作者水平，书中难免存在疏漏之处，敬请广大读者批评指正。

编　者
2024年5月

数字资源索引

序号	编号	名称	页码
1	3.2-1	《湖南省市政工程消耗量标准》(2020年版)总说明	24
2	6.2-1	混凝土柱式墩台定额项目表、混凝土及砂浆配合比项目表	63
3	6.2-2	人行道板安砌定额项目表、抹灰砂浆配合比项目表	66
4	6.2-3	人行道板安砌定额项目表	70
5	6.2-4	挖掘机挖土装车定额项目表	73
6	6.2-5	水泥稳定碎石基层定额项目表	75
7	6.2-6	钢丝网水泥砂浆抹带接口定额项目表	77
8	8.2-1	土石方分部分项工程项目清单(答案)	103
9	9.2-1	道路工程分部分项工程项目清单(答案)	125
10	9.2-2	水泥混凝土路面分部分项工程项目清单部分(答案)	127
11	9.2-3	路面工程量计算表(答案)	130
12	10.2-1	案例桥梁桥位设计图	138
13	10.2-2	案例桥梁详尽桥型布置图、桩基钢筋图	148
14	10.2-3	案例桥梁详尽桥台、桥墩构造图	155
15	10.2-4	案例桥梁详尽小箱梁构造图	163
16	11.2-1	球墨铸铁管规格参数	171
17	11.2-2	给水管道工程分部分项工程项目清单计价(答案)	172
18	11.2-3	给水工程分部分项工程项目清单计价(答案)	177
19	11.2-4	消火栓井分部分项工程清单项目表(答案)	183
20	12.2-1	市政工程计价文件	190
21	13.1-1	场地地层工程地质特征	207
22	13.1-2	土石方工程材料市场价	217
23	14.1-1	完整的招标分部分项工程量清单	232
24	14.1-2	分部分项工程量清单/单价措施工程量清单分解(全部答案)	239
25	14.1-3	分部分项工程量清单/单价措施工程量清单计算定额工程量(全部答案)	242
26	14.1-4	道路路面工程材料市场价	242
27	14.1-5	分部分项工程直接工程费计算(全部答案)	242
28	14.1-6	分部分项工程企业管理费和利润计算(全部答案)	244
29	14.1-7	道路案例综合单价计算(全部答案)	245
30	14.1-8	单价措施清单计算(全部答案)	251
31	15.1-1	完整桥梁工程分部分项清单与措施项目清单分解表	268
32	15.1-2	桥梁工程材料市场价	268
33	15.1-3	桥梁分部分项工程直接工程费计算(全部答案)	270
34	15.1-4	案例桥梁分部分项工程管理费与利润计算(全部答案)	272

续上表

序号	编号	名称	页码
35	15.1-5	桥梁案例综合单价计算(全部答案)	272
36	15.1-6	桥梁案例单价措施清单计算(全部答案)	280
37	16.1-1	案例管网工程分部分项工程项目清单计价表(完整版)	284
38	16.1-2	管网工程涉及的施工方案	286
39	16.1-3	案例管网工程完整分部分项工程项目清单表(工程分解表)	286
40	16.1-4	案例管网工程完整分部分项工程清单计价表(子项套用)	289
41	16.1-5	案例管网工程材料市场价	294
42	16.1-6	案例管网工程分部分项工程直接工程费计算(全部答案)	296
43	16.1-7	案例管网工程分部分项工程管理费和利润(全部答案)	305
44	16.1-8	案例管网工程综合单价分析表(全部答案)	306
45	17.1-1	路基土石方工程量计算(答案)	333
46	17.2-1	机动车道及辅助面积工程量计算(全部答案)	339
47	17.2-2	人行道及其他工程量计算(全部答案)	342
48	17.3-1	排水工程完整图纸	345
49	17.3-2	雨水管道沟槽开挖清单工程量、雨水连接口工程量的完整计算	348
50	17.3-3	雨水管道回填工程量、雨水连接口回填工程量的完整计算	350
51	18.1-1	路基土石方工程完整清单列项	360
52	18.2-1	道路工程完整清单列项	366
53	19.2-1	道路工程完整清单组价表	376
54	20.1-1	材料信息价(市场价)	383
55	20.1-2	路基土石方工程综合单价计算(完整答案)	384
56	20.2-1	道路工程综合单价计算(完整答案)	386
57	20.3-1	排水工程综合单价计算(完整答案)	386
58	22.0-1	设计概述书(完整答案)	406
59	附-1	分部分项工程$\phi 1\,500mm$桩基清单编制(答案)	423
60	附-2	单元8技能训练完整图纸	425
61	附-3	预应力混凝土小箱梁完整图纸	430
62	附-4	$\phi 1\,500mm$桩基综合单价分析表(答案)	435
63	附-5	桥梁案例完整图纸	440

资源使用方法:

1. 扫描封面上的二维码(注意此码只可激活一次);
2. 关注"交通教育出版"微信公众号;
3. 公众号弹出"购买成功"通知,点击"查看详情",进入后即可查看资源;
4. 也可进入"交通教育出版"微信公众号,点击下方菜单"用户服务—图书增值",选择已绑定的教材进行观看和学习。

目 录
CONTENTS

基 础 篇

模块1　市政工程造价的构成 / 3
　　单元1　建筑安装工程费 / 4
　　　课题1.1　掌握建筑安装工程费的组成 / 4
　　　课题1.2　熟悉建筑安装工程费的计价知识 / 11
　　单元2　固定资产投资费 / 16
　　　课题2.1　熟悉固定资产投资的组成 / 16

模块2　市政工程预算定额的编制与应用 / 20
　　单元3　市政工程定额概述 / 21
　　　课题3.1　了解定额基本概念及分类 / 21
　　　课题3.2　掌握市政工程预算定额的组成 / 24
　　单元4　工料机消耗量编制 / 29
　　　课题4.1　掌握劳动定额消耗量的编写 / 29
　　　课题4.2　掌握施工机械台班定额消耗量的编写 / 37
　　　课题4.3　掌握材料定额消耗量的编写 / 40
　　单元5　工料机单价编制 / 43
　　　课题5.1　掌握人工日工资单价、材料单价的编写 / 43
　　　课题5.2　掌握施工机具台班单价的编写 / 47
　　单元6　预算定额应用 / 53
　　　课题6.1　熟悉预算定额的编写 / 53
　　　课题6.2　掌握预算定额的套用 / 56

技 能 篇

模块3　工程量清单编制 / 81
　　单元7　工程量清单编制基本知识 / 82
　　　课题7.1　掌握工程量清单基本概念 / 82
　　　课题7.2　了解工程量清单的编制 / 84
　　单元8　土石方工程量清单编制 / 94
　　　课题8.1　掌握土石方工程量清单编制规则 / 94
　　　课题8.2　掌握土石方工程量计算方法 / 99

单元9　道路工程量清单编制 / 114
　　课题9.1　掌握道路工程量清单编制规则 / 114
　　课题9.2　掌握道路工程量计算方法 / 119
单元10　桥涵工程量清单编制 / 131
　　课题10.1　掌握桥涵工程量清单编制规则 / 131
　　课题10.2　掌握桥涵工程量计算方法 / 138
单元11　管网工程量清单编制 / 164
　　课题11.1　掌握管网工程量清单编制规则 / 164
　　课题11.2　掌握管网工程量计算方法 / 168

模块4　工程量清单计价 / 184

单元12　工程量清单计价基本知识 / 185
　　课题12.1　掌握工程量清单计价基本知识 / 185
　　课题12.2　掌握工程量清单计价过程 / 189
单元13　土石方工程量清单计价 / 204
　　课题13.1　掌握土石方工程量清单的费用计算 / 204
单元14　道路工程量清单计价 / 231
　　课题14.1　掌握道路工程量清单的费用计算 / 231
单元15　桥梁工程量清单计价 / 253
　　课题15.1　掌握桥梁工程量清单的费用计算 / 253
单元16　管网工程量清单计价 / 283
　　课题16.1　掌握管网工程量清单的费用计算 / 283

案　例　篇

模块5　市政工程招标控制价编制 / 327

单元17　编制前期工作 / 328
　　课题17.1　路基土石方工程招标控制价的编制前期工作 / 328
　　课题17.2　道路工程招标控制价的编制前期工作 / 333
　　课题17.3　排水工程招标控制价的编制前期工作 / 344
单元18　清单列项算量 / 357
　　课题18.1　路基土石方分部分项工程清单列项核算 / 357
　　课题18.2　道路工程分部分项工程清单列项核算 / 360
　　课题18.3　排水工程分部分项工程清单列项核算 / 367
单元19　清单组价 / 372
　　课题19.1　路基土石方分部分项工程清单组价 / 372
　　课题19.2　道路工程分部分项工程清单组价 / 375
　　课题19.3　排水工程分部分项工程清单组价 / 377

单元20　计算综合单价及费用汇总／382
　　课题20.1　路基土石方分部分项工程综合单价计算／383
　　课题20.2　道路工程分部分项工程综合单价计算／386
　　课题20.3　排水工程分部分项工程综合单价计算／386
　　课题20.4　项目费用汇总／397

模块6　设计概算编制／398
　单元21　概述／398
　单元22　设计概算编制实战训练／402

附录　任务单／407

参考文献／443

基础篇

模块 1

市政工程造价的构成

课程导入

我国建设工程行业正处于转型升级的关键时期,投资方式、发承包模式、政府监管和审计政策等随着行业的发展都在发展变化,工程量清单计价规范也在不断修订完善,工程建设项目管理模式日益规范。无论采用何种建设模式,工程造价作为全过程项目管理的最长链条,都是全过程工程咨询的核心。

工程造价的确定是发承包双方根据发包人提供的基础资料(发包人要求、设计图纸等),结合有关规范、消耗量定额、类似工程指标和施工方案等计价依据对具体工程价款进行计算。所以,工程造价的含义可以从两个角度理解:第一种,从投资者(业主、发包人)的角度,工程造价是一项工程通过建设形成相应的固定资产、无形资产所需一次性费用的总和,工程造价即建设项目总投资中的固定资产投资;第二种,从承包方的角度,工程造价被认定为工程承发包价格,它是以工程这种特定的商品形式作为交换对象,通过招标投标、承发包或其他交易形成的建筑安装工程的价格。工程造价的第二种含义即为建设项目总投资中的建筑安装工程费用。

学习要求

现将本模块内容分解成若干单元,并依据内容的篇幅和重要性赋予相应的权重(下表),供学习者参考。

模块内容	单元分解	权重
单元1 建筑安装工程费	课题1.1 掌握建筑安装工程费的组成	70%
	课题1.2 熟悉建筑安装工程费的计价知识	
单元2 固定资产投资费	课题2.1 熟悉固定资产投资的组成	30%

单元1 建筑安装工程费

课题1.1 掌握建筑安装工程费的组成

学习目标

通过本课题的学习,能阐述建筑安装工程费的组成,掌握建设项目各项费用的组成与归属,逐步搭建工程造价知识构架。与此同时,培养严谨的学习态度。

相关知识

一、建筑安装工程费概念

前面说到工程造价有两种含义,从发包人(投资人)的角度,工程造价就是建设投资;从承包方的角度看,工程造价就是形成建筑安装工程的费用。建设项目总投资的组成如图1.1-1所示。

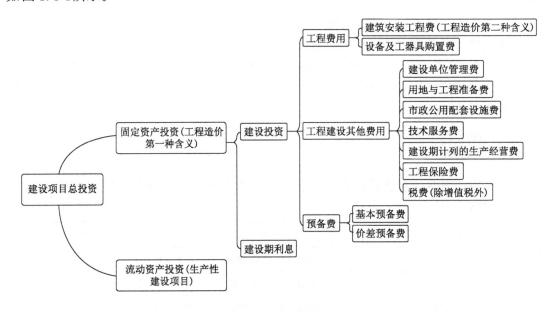

图1.1-1 建设项目总投资的组成

建筑安装工程费是指进行建筑安装工程发生的一切费用总和。其中,建筑工程是指新建、改建和扩建的各种建筑物、构筑物工程,或者对建筑物、构筑物进行的修缮、加固、养护等工程;安装工程是指对各种设备的装配、安置,与设备相连的工作台、梯子、栏杆的装设以及被安装设备的绝缘、防腐、保温、油漆等工程。

思考1.1-1:建筑安装工程施工过程中会发生哪些费用?

二、建筑安装工程费分类

根据住房和城乡建设部、财政部颁布的《关于印发〈建筑安装工程费用项目组成〉的通知》(建标〔2013〕44号),我国现行建筑安装工程费按两种不同的方式划分,即按构成要素划分和按造价形成划分,如图1.1-2所示。

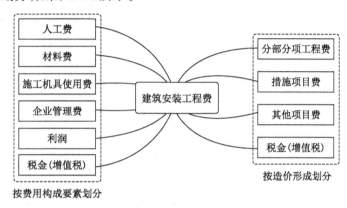

图1.1-2 建筑安装工程费的组成

1. 按费用构成要素划分的建筑安装工程费

建筑安装工程费按照构成要素划分,由人工费、材料费、施工机具使用费、企业管理费、利润和税金[《湖南省建设工程计价办法》(2020年版)为增值税]组成。

(1)人工费。是指按工资总额构成规定,支付给从事建筑安装工程施工的生产工人和附属生产单位工人的各项费用。构成人工费的两个基本要素:人工工日消耗量与人工日工资单价。人工费的构成与计算方法见表1.1-1。

人工费的构成与计算方法　　　　表1.1-1

人工费构成	人工工日消耗量	在正常施工生产条件下,完成规定计量单位的建筑安装产品消耗的生产工人的工日数量。它由分项工程综合的各个工序劳动定额包括的基本用工、其他用工两部分组成
	人工日工资单价	直接从事建筑安装工程施工的生产工人在每个法定工作日的工资、津贴及奖金等
计算方法	人工费 = $\sum$(人工工日消耗量 × 人工日工资单价) (1.1-1)	
	局部地区换算公式:人工费 = $\sum$(定额人工费 × 人工费发布系数) (1.1-2)	

注:人工日工资单价相关内容见本书课题5.1。

(2)材料费。是指施工过程中耗费的原材料、辅助材料、构配件、零件、半成品或成品、工程设备的费用,以及周转材料等的摊销、租赁费用。构成材料费的基本要素是材料消耗量和材料单价。材料费的构成与计算方法见表 1.1-2。

材料费的构成与计算方法 表 1.1-2

材料费构成	材料消耗量	在正常施工生产条件下,完成规定计量单位的建筑安装产品消耗的各类材料的净用量和不可避免的损耗量
	材料单价（信息价格、调查价格）	建筑材料从其来源地运到施工地仓库直至出库形成的综合平均单价。由材料原价、运杂费、运输损耗费、采购及保管费组成。当采用一般计税法时,材料单价中的材料原价、运杂费等均应扣除增值税进项税额
计算方法		材料费 = ∑（材料消耗量 × 材料单价） （1.1-3）

（3）施工机具使用费（简称机械费）。是指施工作业发生的施工机械、仪器仪表使用费或其租赁费。施工机具使用费的构成与计算方法见表 1.1-3。

施工机具使用费的构成与计算方法 表 1.1-3

施工机具使用费	施工机械使用费	构成	施工机械作业发生的使用费或租赁费。构成施工机械使用费的基本要素是施工机械台班消耗量和施工机械台班单价。施工机械台班消耗量是指在正常施工生产条件下,完成规定计量单位的建筑安装产品消耗的施工机械台班的数量。施工机械台班单价是指折合到每台班的施工机械使用费。施工机械台班单价通常由折旧费、检修费、维护费、安拆费及场外运费、人工费、燃料动力费和其他费用组成
		计算方法	施工机械使用费=∑（施工机械台班消耗量×施工机械台班单价）（1.1-4）
	仪器仪表使用费	构成	工程施工所需使用的仪器仪表的摊销及维修费用。其构成基本要素与施工机械使用费类似。仪器仪表台班单价通常由折旧费、维护费、校验费和动力费组成
		计算方法	仪器仪表使用费 = ∑（仪器仪表台班消耗量 × 仪器仪表台班单价）（1.1-5）

注:当采用一般计税法时,施工机械台班单价和仪器仪表台班单价中的相关子项均需扣除增值税进项税额。

（4）企业管理费。是指建筑安装企业组织施工生产和经营管理所需的费用。企业管理费的构成与计算方法见表 1.1-4。

企业管理费的构成与计算方法 表 1.1-4

企业管理费	管理人员工资	按规定支付给管理人员的计时工资、奖金、津贴补贴、加班工资及应缴纳的五险一金,以及特殊情况下支付的工资
	办公费	企业办公用的文具、纸张、账表、印刷、邮电、书报、办公软件、现场监控、会议、水电（包括现场临时宿舍取暖降温）等费用
		当采用一般计税法时,办公费中增值税进项税额的扣除原则: ①购进自来水、暖气、冷气、图书、报纸、杂志等税率为9%; ②接受邮政和基础电信服务等税率为9%; ③接受增值电信服务等税率为6%,其他为13%
	差旅交通费	职工因公出差、调动工作的差旅费、住勤补助费、市内交通费和误餐补助费,职工探亲路费,劳动力招募费,职工退休、退职一次性路费,工伤人员就医路费,工地转移费以及管理部门使用的交通工具的油料、燃料等费用

续上表

企业管理费	固定资产使用费	管理和试验部门及附属生产单位使用的属于固定资产的房屋、设备、仪器等的折旧、大修、维修或租赁费
		当采用一般计税法时,增值税进项税额的扣除原则: ①购入的不动产适用的税率为9%,购入的其他固定资产适用的税率为13%; ②设备、仪器的折旧、大修、维修或租赁费以购进货物、接受修理修配劳务或租赁有形动产服务适用的税率扣除,均为13%
	工具用具使用费	企业施工生产和管理使用的不属于固定资产的工具、器具、家具、交通工具和检验、试验、测绘、消防用具等的购置、维修和摊销费; 当采用一般计税法时,增值税进项税额以13%税率扣除
	劳动保险和职工福利费	由企业支付的职工退职金、按规定支付给离休干部的经费,集体福利费、夏季防暑补贴、降温补贴、冬季取暖补贴、上下班交通补贴
	劳动保护费	企业按规定发放的劳动保护用品的支出
	检验试验费	承包人按有关标准规定,对建筑以及材料、构件和建筑安装物进行一般鉴定、检查发生的费用: ①不包括新结构、新材料的试验费,对构件做破坏性试验及其特殊要求检验试验的费用和建设单位委托检测机构进行检测的费用; ②施工企业提供的具有合格证明的材料检测不合格的,费用由施工企业支付; ③采用一般计税法时,增值税进项税额以6%税率扣除
	工会经费	企业按《中华人民共和国工会法》规定的全部职工工资总额比例计提的工会经费
	职工教育经费	按职工工资总额的规定比例计提,企业为职工进行专业技术和职业技能培训,专业技术人员继续教育、职工职业技能鉴定、职业资格认定以及根据需要对职工进行各类文化教育发生的费用
	财产保险费	施工管理用财产、车辆等的保险费用
	财务费	企业为施工生产筹集资金或提供预付款担保、履约担保、职工工资支付担保等发生的各种费用
	税金	企业按规定缴纳的房产税、车船使用税、土地使用税、印花税以及城市维护建设税、教育费附加和地方教育附加等
	其他	技术转让费、技术开发费、投标费、业务招待费、绿化费、广告费、公证费、法律顾问费、审计费、咨询费、保险费等
	计算方法	企业管理费 = 定额直接费 × 企业管理费费率 (1.1-6) (其中:企业管理费费率见计价办法及相关补充文件)

(5)利润。指承包人完成合同工程获得的盈利。按定额直接费×利润率计算(其中利润率见计价办法及相关补充文件)。

(6)税金(增值税)。指以商品(含应税劳务)在流转过程中产生的增值额作为计税依据而征收的一种流转税。增值税条件下,计税方法包括一般计税法和简易计税法。

> 思考1.1-2:一般计税法和简易计税法有何区别?我国对建筑安装工程的税率有何规定?

建筑安装工程费中的税金就是增值税,按税前造价×增值税税率确定。增值税计税方式及计算方法见表1.1-5。

增值税计税方式及计算方法 表1.1-5

一般计税法	建筑业增值税税率为9%,计算方法为: 增值税 = 税前造价 × 9%　　(1.1-7) 税前造价为人工费、材料费、施工机具使用费、企业管理费、利润和规费(有地区含在人工费中)之和,各费用项目均以不包含增值税可抵扣进项税额的价格计算
简易计税法	建筑业增值税税率为3%,计算方法为: 增值税 = 税前造价 × 3%　　(1.1-8) 税前造价为人工费、材料费、施工机具使用费、企业管理费、利润和规费(有地区含在人工费中)之和,各费用项目均以包含增值税进项税额的含税价格计算

根据《营业税改征增值税试点实施办法》《营业税改征增值税试点有关事项的规定》以及《关于建筑服务等营改增试点政策的通知》的规定,简易计税法的适用范围见表1.1-6。

简易计税法的适用范围 表1.1-6

小规模纳税人发生应税行为	①提供建筑服务的年应征增值税销售额(简称应税销售额)未超过500万元,并且会计核算不健全,不能按规定报送有关税务资料的增值税纳税人; ②年应税销售额超过500万元但不经常发生应税行为的单位
一般纳税人以清包工方式提供的建筑服务	施工方不采购建筑工程所需的材料或只采购辅助材料,并收取人工费、管理费或者其他费用的建筑服务
一般纳税人为甲供工程提供的建筑服务	全部或部分设备、材料、动力由工程发包方自行采购的市政工程
一般纳税人为建筑工程老项目提供的建筑服务	①"建筑工程施工许可证"注明的合同开工日期在2016年4月30日前的建筑工程项目; ②未取得"建筑工程施工许可证"的,建筑工程承包合同注明的开工日期在2016年4月30日前的建筑工程项目

【例1.1-1】 建筑安装工程费计算案例

某市政道路工程定额人工费为350 000元,定额材料费为800 000元,定额机械费为250 000元,人工费发布系数为1,材料费为880 000元,机械费为248 000元,企业管理费费率为6.8%,利润率为6%[本案例采用《湖南省建设工程计价办法》(2020年版)参数,可参见湖南省主管部门发布的计价标准计算],采用一般计税法,增值税税率为9%。请计算建筑安装工程费。

解:人工费 = 定额人工费 × 人工费发布系数 = 350 000 × 1 = 350 000(元)

材料费=880 000(元)

机械费=248 000(元)

定额直接费=350 000+800 000+250 000=1 400 000(元)

企业管理费=1 400 000 × 6.8% = 95 200(元)

利润=1 400 000 × 6% = 84 000(元)

税前造价=350 000+880 000+248 000+95 200+84 000=1 657 200(元)

增值税=1 657 200 × 9% = 149 148(元)

建筑安装工程费合计:1 657 200+149 148=1 806 348(元)

2. 按造价形成划分的建筑安装工程费用

建筑安装工程费按工程造价形成由分部分项工程费、措施项目费、其他项目费、规费(有的地区含在人工费中)、税金(增值税)组成。

(1)分部分项工程费。是指各专业工程的分部分项工程应予列支的各项费用。各专业工程的分部分项划分遵循国家或行业工程量计算规范的规定,专业工程具体划分见表1.1-7。

分部分项工程费计算方法为

$$\text{分部分项工程费} = \sum(\text{分部分项工程量} \times \text{综合单价}) \quad (1.1-9)$$

专业工程具体划分 表1.1-7

单位工程	按现行国家计量规范划分的房屋建筑与装饰工程、仿古建筑工程、通用安装工程、市政工程、园林绿化工程、矿山工程、构筑物工程、城市轨道交通工程、爆破工程等各类工程
分部工程	按工程的部位、结构形式的不同等划分的工程,是单位工程的组成部分,可分为多个分项工程。如房屋建筑与装饰工程按现行国家计量规范划分的土石方工程、地基处理与桩基工程、砌筑工程、钢筋及钢筋混凝土工程等
分项工程	根据工种、构件类别、设备类别、使用材料不同划分的工程项目,是分部工程的组成部分。分项工程按国家计量规范划分,工程量清单项目设置原则与其保持一致

综合单价包括人工费、材料费、施工机具使用费、企业管理费和利润,以及一定范围的风险费用。

(2)措施项目费。是指为完成工程项目施工,发生于该工程施工准备和施工过程中的技术、生活、安全、绿色施工(节能、节地、节水、节材、环境保护)等方面的费用。措施项目费组成见表1.1-8。

措施项目费的组成 表1.1-8

单价措施费	大型机械设备进出场及安拆费	机械整体或分体自停放场地运至施工现场或由一个施工地点运至另一个施工地点,发生的机械进出场及转移费用,以及机械在施工现场进行安装、拆卸所需的人工费、材料费、机械费、试运转费和安装所需的辅助设施的费用
	大型机械设备基础费用	包括塔式起重机、施工电梯、门式起重机、架桥机等大型机械设备基础的费用,如桩基础等固定式基础制安费用

续上表

单价措施费	脚手架工程费	施工需要的各种脚手架搭、拆、运输费用以及脚手架购置费的摊销(或租赁)费用
	二次搬运费	因材料超运距或施工场地条件限制而发生的材料、构配件、半成品等一次运输不能到达堆放地点,必须进行二次或多次搬运所发生的费用
	排水降水费	除冬雨季施工增加费以外的排水降水费用
总价措施费	夜间施工增加费	因夜间施工而发生的夜班补助费,夜间施工降效、夜间施工照明设备摊销及照明用电等费用
	冬雨季施工增加费	在冬季或雨季施工需增加的临时设施、防滑、排除雨雪,人工及施工机械效率降低等费用
	压缩工期措施增加费	在工程招投标时,要求压缩定额工期而采取措施增加的相关费用
	已完工程及设备保护费	竣工验收前,对已完工程及设备采取的必要保护性措施发生的费用
	工程定位复测费	工程施工过程中进行全部施工测量放线和复测工作的费用
绿色施工安全防护措施项目费	安全文明施工费 — 安全生产费	施工现场安全施工需要的各项费用
	安全文明施工费 — 文明施工费	施工现场文明施工需要的各项费用
	安全文明施工费 — 环境保护费	施工现场为达到环保部门要求所需的,除绿色施工措施费以外的各项费用
	安全文明施工费 — 临时设施费	施工企业为进行建设工程施工所应搭设的生活和生产用的临时建筑物、构筑物和其他临时设施费用。包括临时设施的搭设、维修、拆除、清理费或摊销费等
	绿色施工措施费	施工现场为达到环保部门绿色施工要求所需要的费用,包括扬尘控制措施费(场地硬化、扬尘喷淋、雾炮机、扬尘监控和场地绿化)、施工人员实名制管理及施工场地视频监控系统、场内道路、排水沟及临时管网、施工围挡等费用

(3)其他项目费。是指由暂列金额、暂估价、计日工、总承包服务费组成的费用。具体见表1.1-9。

其他项目费的组成　　　　　　　　　　　　　　　表1.1-9

暂列金额	①建设单位在工程量清单中暂定并包括在工程合同价款中的一笔款项。 ②用于施工合同签订时尚未确定或者不可预见的所需材料、工程设备、服务的采购,施工中可能发生的工程变更、合同约定调整因素出现时的工程价款调整以及发生的索赔、现场签证确认等的费用。 ③由建设单位掌握使用,扣除合同价款调整后如有余额,归建设单位

续上表

暂估价	①招标人在工程量清单中提供的用于支付必然发生但暂时不能确定价格的材料、工程设备的单价以及专业工程的金额。 ②暂估价中的材料、工程设备单价根据工程造价信息或参照市场价格估算计入综合单价；专业工程暂估价分不同专业，按有关计价规定估算
计日工	①建设单位提出的工程合同范围以外的零星项目或工作所需的费用。 ②由建设单位和施工单位按施工过程中形成的有效签证计价
总承包服务费	①总承包人为配合、协调建设单位进行的专业工程发包，对建设单位自行采购的材料、工程设备等进行保管以及提供施工现场管理、竣工资料汇总整理等服务所需的费用。 ②由建设单位在最高投标限价中，根据总包范围和有关计价规定编制所需的费用。施工企业投标时自主报价，施工过程中按签约合同价执行

课题1.2 熟悉建筑安装工程费的计价知识

学习目标

通过本课题的学习，能掌握工程造价计价原理与操作流程，能在不同合同条件下选择正确的建筑安装工程费计价方式。与此同时，培养持续学习和自我更新的意识，以适应建筑行业不断发展变化的需求。

相关知识

一、工程计价的含义

工程计价是指按照法律法规及标准规范规定的程序、方法和依据，对工程项目实施的各个阶段的工程造价及其构成内容进行预测和估算的行为。工程计价应体现《住房和城乡建设部办公厅关于印发工程造价改革工作方案的通知》（建办标〔2020〕38号）中提出的"坚持市场在资源配置中起决定性作用……进一步完善工程造价市场形成机制"原则。工程计价依据是指在工程计价活动中，所要依据的与计价内容、计价方法和价格标准相关的工程计量计价标准、工程计价定额及工程计价信息等。

二、工程计价基本原理

任何一个建设项目都可以分解为一个或几个单项工程，任何一个单项工程都是由一个或几个单位工程组成。作为单位工程的各类建筑工程和安装工程仍然是一个比较复杂的综合体，还需要进一步分解。单位工程可以按照结构部位、路段长度及施工特点或施工任务分解为分部工程。分解成分部工程后，从工程计价的角度，还需要把分部工程按照不同的施工方法、材料、工序及路段长度等，加以更为细致的分解，划分为更为简单细小的部分，即分项工程。按照计价需要，将分项工程进一步分解或适当组合，就可以得到基本构造单元了。工程计价的基本原理是项目的分解和价格的组合。即将建设项目自上而下细分至最基本的构造单元(假定的建筑安装产品),采用适当的计量单位计算其工程量以及当时当地的工程单价,计算出各基本构造单元的价格,再对费用按照类别进行组合汇总,计算出相应工程造价。

三、工程计价的内容和计价方式

工程计价的主要内容是工程计量与工程组价两个环节。在计算建筑安装工程费时,由于工程计价方式的不同,工程计价两个环节的操作也不同。具体内容如图1.2-1所示。

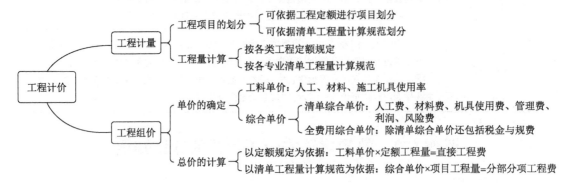

图1.2-1 工程计价内容

在市政工程概预算编制过程中,采取的计价方式不一样,则工程计量和组价的执行依据就不一样。根据建筑安装工程费执行依据的不同,将工程计价方式分为定额计价与清单计价。

定额计价方式是指按照国家颁布的相关报价标准计费,它由人工费、材料费、施工机具使用费、企业管理费、规费(部分地区含在人工费中)、利润、税金等组成。其中,直接工程费是通过套用国家或者地区的预算定额实现的。

清单计价方式则是指由投标人根据国家颁布的相关工程量计算规范[目前使用的是《市政工程工程量计算规范》(GB 50857—2013)]对工程量清单计价办法、计算规则、一级清单项目设置规则等进行统一,结合施工现场的实际情况和要求,按照企业的定额再考虑风险因素,进行自主报价。

相比于定额计价方式,清单计价方式以市场为导向,更符合市场自由竞争原则,而且建筑工程专业基本统一按照"综合单价法"进行计价。

四、计价案例

1. 定额计价

采用定额计价方式(工料单价法)进行概预算编制,则应按概算定额或预算定额的定额子目,逐项计算工程量,套用概预算定额(或单位估价表)的工料单价确定直接费(包括人工费、材料费、施工机具使用费),然后按规定的取费标准确定间接费(包括企业管理费、规费),再计算利润和税金,经汇总后即为工程概预算价格。

工程概预算价格的形成过程,就是依据概预算定额确定的消耗量乘定额单价或市场价,经过不同层次的计算形成相应造价的过程。

每一计量单位建筑产品的基本构造单元(假定建筑安装产品)的工料单价=
人工费+材料费+施工机具使用费　　　　　　　(1.2-1)
单位建筑安装工程直接费=∑(假定建筑安装产品工程量×工料单价)　　(1.2-2)

单位建筑安装工程概预算造价=单位建筑安装工程直接费+企业管理费+规费+利润+税金

(1.2-3)

某市政道路工程预(结)算表和施工措施费预(结)算表见表1.2-1、表1.2-2。

工程预(结)算表 表1.2-1

工程名称：市政道路工程　　　　　　　　　　　　　　　　　　　　第1页 共1页

定额编号	项目名称	单位	数量	单价(元) 基价	单价(元) 人工	合价(元) 基价	合价(元) 人工
	路床整形	m²				12 705.95	3 014.35
D2-6	路床碾压检验	100m²	76.12	166.92	39.60	12 705.95	3 014.35
	5%水泥稳定基层	m²				392 611.71	91 502.40
D2-55	道路基层拌和机拌和（厚度20cm，水泥含量5%）	100m²	69.32	5 405.28	1 312.30	374 694.01	90 968.64
D2-120	顶层多合土养生(洒水车洒水)	100m²	69.32	34.11	7.70	2 364.51	533.76
D2-118+D2-119换	多合土场外运输（载重8t内、运距2km内）	100m³	13.864	1 121.84	0.00	15 553.19	0.00
	透层	m²				36 006.07	562.06
D2-162	喷洒石油沥青(喷油量1.0kg/m²)	100m²	63.87	563.74	8.80	36 006.07	562.06
	粗粒式沥青混凝土	m²				258 449.32	27 540.74
D2-183	粗粒式沥青混凝土路面（机械摊铺厚度5cm）	100m²	63.87	4 046.49	431.20	258 449.32	27 540.74
	中粒式沥青混凝土	m²				306 140.41	31 334.62
D2-194换	中粒式沥青混凝土路面（机械摊铺厚度6cm换：中粒式沥青混凝土AC-20)	100m²	63.87	4 793.18	490.60	306 140.41	31 334.62
	细粒式沥青混凝土	m²				174 356.16	21 568.90
D2-200	细粒式沥青混凝土路面（机械摊铺厚度3cm）	100m²	63.87	2 729.86	337.70	174 356.16	21 568.90
	本页小计	元				1 180 269.62	175 523.07
	合计	元				1 180 269.62	175 523.07

施工措施费预(结)算表 表1.2-2

工程名称：市政道路工程　　　　　　　　　　　　　　　　　　　　第1页 共1页

定额编号	项目名称	单位	工程数量	单价(元)	其中 人工费	其中 材料费	其中 机械费	合价(元)	其中 人工费	其中 材料费	其中 机械费
D10-37	桥梁混凝土现浇模板(地梁、侧石、缘石)	10m²	35.00	510.32	331.10	176.26	2.96	17 861.34	11 588.50	6 169.10	103.74
	本页小计							17 861.34	11 588.50	6 169.10	103.74
	合计							17 861.34	11 588.50	6 169.10	103.74

表1.2-3

单位工程工程量清单与造价表（招标控制价）（一般计税法）

工程名称：市政道路、桥涵、隧道、防洪堤1　标段

序号	项目编码	项目名称	项目特征描述	计量单位	工程量	综合单价	合价	金额（元）		
								建安费用	其中	
									销项税额	附加税费
1	040202001001	路床（槽）整形	1. 部位：机动车道； 2. 范围：路床； 3. 具体施工技术要求及操作规范详见施工设计图	m²	7612.00	2.67	20324.04	18577.47	1673.57	73.00
	D2-6	路床碾压检验		100m²	76.12	267.24	20342.23	18595.66	1673.57	73.00
2	040202015001	水泥稳定碎（砾）石	1. 水泥含量：6%； 2. 石料规格：碎石； 3. 厚度：20cm	m²	6932.00	72.80	504649.59	461319.15	41520.18	1810.26
	D2-56	道路基层拌和机拌和（厚度20cm，水泥含量6%）		100m²	69.32	6860.72	475584.97	434751.40	39127.60	1705.97
	D2-120	顶层多合土洒水（洒水车洒水）		100m²	69.32	50.54	3503.16	3202.38	288.23	12.55
	D2-118+D2-119换	多合土场外运输（载重8t内,运距1~2km内）		100m³	13.864	1844.90	25577.67	23381.57	2104.35	91.75
3	040203003001	透层、黏层	1. 材料品种：透层石油沥青； 2. 喷油量：1.0kg/m²	m²	6387.00	4.76	30402.12	27794.50	2498.66	108.96
	D2-162	喷洒石油沥青（喷油量1.0kg/m²）		100m²	63.87	475.50	30370.38	27762.76	2498.66	108.96
		本页合计					555375.75	507691.12	45692.41	1992.22

续上表

序号	项目编码	项目名称	项目特征描述	计量单位	工程量	综合单价	金额(元)			
							合价	其中		
								建安费用	销项税额	附加税费
4	040203006001	沥青混凝土	1. 沥青品种:细粒式沥青混凝土; 2. 厚度:3cm; 3. 石料粒径:AC-10	m²	6 387.00	33.03	210 962.62	192 850.55	17 355.40	756.67
	D2-200	细粒式沥青混凝土路面机械摊铺(厚度3cm)		100m²	63.87	3 302.80	210 949.72	192 837.65	17 355.40	756.67
5	040203006002	沥青混凝土	1. 沥青品种:中粒式沥青混凝土; 2. 厚度:6cm; 3. 石料粒径:AC-20C	m²	6 387.00	57.18	365 208.65	333 853.34	30 045.34	1 309.97
	D2-194换	中粒式沥青混凝土路面 机械摊铺(厚度6cm 换:中粒式沥青混凝土 AC-20)		100m²	63.87	5 717.75	365 192.50	333 837.19	30 045.34	1 309.97
6	040203006002	沥青混凝土	1. 沥青品种:粗粒式沥青混凝土; 2. 厚度:5cm; 3. 石料粒径:AC-25	m²	6 387.00	48.72	311 174.65	284 456.48	25 601.91	1 116.26
	D2-183	粗粒式沥青混凝土路面机械摊铺(厚度5cm)		100m²	63.87	4 872.14	311 183.59	284 465.42	25 601.91	1 116.26
7	041102037001	其他现浇构件模板(水泥稳定基层模板)		m²	350.00	70.60	24 710.01	22 588.27	2 033.08	88.66
	D10-37	桥梁混凝土现浇模板(地梁、侧石、缘石)		10m²	35.00	706.04	24 711.37	22 589.63	2 033.08	88.66
		本页合计					912 055.93	833 748.64	75 035.73	3 271.56
		合计					1 467 431.68	1 341 439.76	120 728.14	5 263.78

注:本表用于分部分项工程和能计量计价的措施项目清单与计价。

2. 清单计价

清单计价也分为两个阶段,工程量清单编制和工程量清单计价。计价原理是:按照工程量清单计价规范规定,在各相应专业工程工程量计算规范规定的清单项目设置和工程量计算规则基础上,针对具体工程的设计图纸和施工组织设计计算出各个清单项目的工程量,根据规定的方法计算出综合单价,并汇总各清单合价,得出工程总价。

$$分部分项工程费 = \sum(分部分项工程量 \times 相应分部分项工程综合单价) \quad (1.2\text{-}4)$$

$$措施项目费 = \sum 各措施项目费 \quad (1.2\text{-}5)$$

$$其他项目费 = 暂列金额 + 暂估价 + 计日工 + 总承包服务费 \quad (1.2\text{-}6)$$

$$单位工程造价 = 分部分项工程费 + 措施项目费 + 其他项目费 + 规费 + 税金 \quad (1.2\text{-}7)$$

单位工程工程量清单与造价表示例见表1.2-3。

单元2　固定资产投资费

课题2.1　熟悉固定资产投资的组成

学习目标

通过本课题的学习,能理解固定资产投资的费用构成。与此同时,培养独立思考与创新的能力,提升职业素养,在固定资产投资决策中,坚守职业道德,培养社会责任感。

相关知识

一、固定资产投资概念

固定资产投资是指建造和购置固定资产的经济活动,即固定资产再生产活动。固定资产投资额是以货币形式表现的建造和购置固定资产的工作量以及与此有关的费用变化情况。固定资产再生产过程包括固定资产更新(局部和全部更新)、改建、扩建、新建等活动。其中固定资产是指企业为生产产品、提供劳务、出租或者经营管理而持有的,使用时间超过12个月的,价值达到一定标准的非货币性资产,包括房屋、公路、市政等建(构)筑物,机器、机械、运输工具以及其他与生产经营活动有关的设备、器具、工具等。

思考2.1-1:固定资产投资中会产生哪些费用？市政工程中需要设计、监理费用,请问此部分费用属于固定资产投资吗？若是,请问属于哪类费用？

二、固定资产投资费构成

固定资产投资按工作内容和实现方式分为建筑安装工程费,设备、工具、器具购置费,工程建设其他费,预备费和建设期贷款利息。

(1)建筑安装工程指建筑工程和各种设备装置的安装工程。在安装项目中,不包括已安装设备本身的价值。

建筑安装工程费内容详见单元1建筑安装工程费。

(2)设备、工具、器具购置指自己购置或制造的符合固定资产标准的设备、工具、器具的价值。新建单位和扩建单位新建车间按设计和计划要求采购或制造的所有设备、工具和器具,无论是否符合固定资产标准,均计入"设备、工具和器具购置"。

设备购置费包括原价、运杂费、运输保险费、采购及保管费,各种税费按编制期有关部门规定计算。

(3)工程建设其他费是指建设期发生的与土地使用权取得、全部工程项目建设以及未来生产经营有关的,除工程费、预备费、增值税、建设期融资费、流动资金以外的费用。

政府有关部门对建设项目管理监督发生的,并由其部门财政支出的费用,不得列入相应建设项目的工程造价,包括建设单位管理费、用地与工程准备费等,各种费用根据编制期有关部门相关规定计算。

①建设单位管理费。

建设单位管理费的组成内容与计算方法见表2.1-1。

建设单位管理费的组成内容与计算方法　　　　　　　　　　表2.1-1

组成内容	建设单位管理费是指建设单位从项目筹建之日起至办理竣工财务决算之日止发生的管理性质的支出。包括工作人员薪酬及相关费用,如办公费、办公场地租用费、差旅交通费、劳动保护费、工具用具使用费、固定资产使用费、招募生产工人费、技术图书资料费(含软件)、业务招待费、竣工验收费和其他管理性质开支
计算方法	建设单位管理费 = 工程费用×建设单位管理费费率　　　　(2.1-1)

②用地与工程准备费。

用地与工程准备费是指取得土地与工程建设施工准备阶段发生的费用。包括土地使用费和补偿费、场地准备费、临时设施费等。

③市政公用配套设施费。

市政公用配套设施费是指使用市政公用设施的工程项目,按照项目所在地政府有关规定建设或缴纳的市政公用设施建设配套费用。市政公用配套设施可以是界区外配套的水、电、路、信等,包括绿化、人防等配套设施。

④技术服务费。

技术服务费是指在项目建设全过程中委托第三方提供项目策划、技术咨询、勘察设计、项目管理和跟踪验收评估等技术服务发生的费用。具体组成详见表2.1-2。

技术服务费的组成　　　　　　　　表 2.1-2

可行性研究费	在工程项目投资决策阶段,对有关建设方案、技术方案或生产经营方案进行的技术论证,以及编制、评审可行性研究报告等所需的费用。包括项目建设书、预可行性研究、可行性研究等	
专项评价费	环境影响评价费、安全预评价费、职业病危害预评价费、地震安全性评价费、水土保持评价费、压覆矿产资源评价费、节能评估费、危险与可操作性分析及安全完整性评价费、其他专项评价及验收费	
勘察设计费	监理费	
研究试验费	为建设项目提供和验证设计数据、资料等进行试验及验证的费用。 在计算时要注意不应包括以下项目: ①应由科技三项费开支的项目:新产品试制费、中间试验费和重要科学研究补助费; ②应在建筑安装工程费中列支的施工企业对建筑材料、构件和建筑物进行一般鉴定、检查发生的费用及技术革新的研究试验费; ③应在勘察设计费或工程费中开支的项目	
特殊设备安全监督检验费	监造费	
招标费	设计评审费	
技术经济标准使用费	工程造价咨询费	

⑤建设期计列的生产经营费。

建设期计列的生产经营费是指为达到生产经营条件在建设期发生或将要发生的费用,具体组成详见表 2.1-3。

建设期计列的生产经营费的组成　　　　　　　　表 2.1-3

专利及专有技术使用费	包含:①工艺包费,设计及技术资料费,有效专利、专有技术使用费,技术保密费和技术服务费等;②商标权、商誉和特许经营权费;③软件费等。 其中,为项目配套的专用设施投资,包括专用铁路、公路、通信设施等,由建设单位投资但无产权的,作无形资产处理
联合试运转费	费用支出包括:试运转所需原材料、燃料及动力消耗,低值易耗品、其他物料消耗,工具用具使用费、机械使用费、联合试运转和施工单位参加试运转人员工资以及专家指导费 收入包括:试运转期间的产品销售收入和其他收入 费用不包括:设备安装工程费开支的调试及试车费,以及在试运转中暴露的因施工原因或设备缺陷等发生的处理费用
生产准备费	包含:①人员培训费及提前进厂费;②为保证初期正常生产所必需的生产、办公、生活家具用具购置费

⑥工程保险费。

工程保险费包括建筑安装工程一切险、引进设备财产保险和人身意外伤害险等。

⑦税金。

税金是指按财政部《基本建设项目建设成本管理规定》(财建〔2016〕504 号)规定,统一归纳计列的城镇土地使用税、耕地占用税、契税、车船税、印花税等除增值税外的税金。

(4)预备费是指在建设期内因各种不可预见因素的变化而预留的可能增加的费用,包括基本预备费和价差预备费。具体内容详见表2.1-4。

预备费的组成内容与计算方法　　　　表2.1-4

预备费	基本预备费	投资估算或工程概算阶段预留的,由于工程实施中不可预见的工程变更及洽商、一般自然灾害处理、地下障碍物处理、超规超限设备运输等而可能增加的费用。又称为不可预见费
		基本预备费由以下四部分组成:①工程变更及洽商费用;②一般自然灾害的处理费用;③不可预见的地下障碍物处理的费用;④超规超限设备运输增加的费用
		基本预备费=(工程费用+工程建设其他费用)×基本预备费费率　(2.1-2)
	价差预备费	未在建设期内利率、汇率或价格等因素的变化而预留的可能增加的费用,也称为价格变动不可预见费。其内容包括:人工、设备、材料、施工机具的价差费,建筑安装工程费及工程建设其他费用调整,利率、汇率调整等增加的费用

(5)建设期贷款利息是指工程项目使用的贷款部分在建设期内应计取的贷款利息。

当贷款分年均衡发放时,当年借款在年中支用考虑,即当年贷款按半年计息,上年贷款按全年计息。计算公式:

$$q_j = \left(P_{j-1} + \frac{1}{2}A_j\right) \times i \qquad (2.1\text{-}3)$$

式中:q_j——建设期第j年应计利息;

P_{j-1}——建设期第$j-1$年累计贷款本金与利息之和;

A_j——建设期第j年贷款金额;

i——年利率。

【例2.1-1】 建设期贷款利息计算

某新建项目,建设期为3年,年内均衡发放贷款,第一年贷款300万元,第二年贷款600万元,第三年贷款400万元,年利率12%,建设期内利息只计息不支付,求建设期利息。

解:在建设期,各年利息计算如下:

$q_1 = 1/2 A_1 \times i = 1/2 \times 300 \times 12\% = 18(万元)$

$q_2 = (P_1 + 1/2 A_2) \times i = (300 + 18 + 1/2 \times 600) \times 12\% = 74.16(万元)$

$q_3 = (P_2 + 1/2 A_3) \times i = (318 + 600 + 74.16 + 1/2 \times 400) \times 12\% = 143.06(万元)$

所以,建设期利息 = $q_1 + q_2 + q_3$ = 18 + 74.16 + 143.06 = 235.22(万元)。

模块 2

市政工程预算定额的编制与应用

课程导入

工程造价是研究工程成本的学科。学科体系非常庞杂，基本概念模糊就会出现知识漏洞，造价工作就会出现偏差。例如模块1中市政工程造价的构成，应清晰地掌握了两种工程计价方式的本质区别，避免了后续计价流程的混乱。本模块主要介绍市政工程预算定额的应用。在学习之前，我们要大致了解什么是定额，它在工程造价中充当什么角色，它未来的发展前景如何。

我们首先要理解生产一个产品必然要消耗一定数量的原材料、人工、机械工具及资金。而这种消耗会受生产条件、决策方案等各种因素的制约，因此这个消耗量标准是各不相同的。根据一定时期的社会生产水平，制定出一个合理的消耗量标准，这就是定额。

未来可利用大数据、云计算等新技术实现建设各方消耗量和价格信息的共享和联动，建立适应新材料、新技术和新工艺变化的人工、材料和机械消耗量的动态调整机制，将基于动态的定额消耗量和市场价格水平测算工程造价指标作为建设方控制工程造价的参考依据，届时定额将以现有的最高限额管理标准融入工程造价管理体系中，指导市场化机制，提高建设方工程造价的精准性。

学习要求

现将本模块内容分解成若干单元，并依据内容的篇幅和重要性赋予了相应的权重（下表），供学习者参考。

模块内容	单元分解		权重
单元3　市政工程定额概述	课题3.1	了解定额基本概念及分类	10%
	课题3.2	掌握市政工程预算定额的组成	
单元4　工料机消耗量编制	课题4.1	掌握劳动定额消耗量的编写	25%
	课题4.2	掌握施工机械台班定额消耗量的编写	
	课题4.3	掌握材料定额消耗量的编写	
单元5　工料机单价编制	课题5.1	掌握人工日工资单价、材料单价的编写	25%
	课题5.2	掌握施工机具台班单价的编写	
单元6　预算定额应用	课题6.1	熟悉预算定额的编写	40%
	课题6.2	掌握预算定额的套用	

单元 3　市政工程定额概述

课题 3.1　了解定额基本概念及分类

学习目标

通过本课题的学习，能理解市政工程定额的概念，能在不同条件下正确使用定额，夯实工程造价专业基础。与此同时，培养宏观思考的能力，养成独立思考的习惯。

相关知识

一、定额相关概念

(1)定额：指人为规定的额度。就产品生产而言，定额反映生产成果与生产要素之间的数量关系。在正常生产水平下，为完成一定计量单位质量合格的产品所必须消耗的人工、材料、机械台班的数量标准，称为定额。

(2)市政工程定额：指在正常的施工条件下，为完成一定计量单位质量合格的市政产品所必须消耗的人工、材料、机械台班的数量标准。

知识剖析

定额中不但规定了消耗量标准，还规定了相应的工程内容和要达到的质量标准以及安全要求，即不能把定额看作单纯的数量表现，而需视为在安全条件下的质和量的统一体。市政工程定额也是工程建设定额的一类，是市政工程施工定额、预算定额、概算定额的总称。

思考 3.1-1：定额水平就是定额标准的高低，它与当时的生产要素及生产力水平有着密切关系，是一定时期生产力的反映。请大家探索总结定额应具备哪些特点？

二、工程定额的分类

在建设工程施工过程中，应根据需要采用不同的定额。企业定额可以用于投标或企业内部管理，为了计算不同建设阶段的工程造价，就需要使用估算指标、概算定额、预算定额等。因此，工程定额可以从不同角度进行分类。

1. 按定额反映的生产要素消耗内容分类

按生产要素消耗内容分类，可将工程定额划分为劳动消耗定额、材料消耗定额、机械台班消耗定额三种，如图 3.1-1 所示。

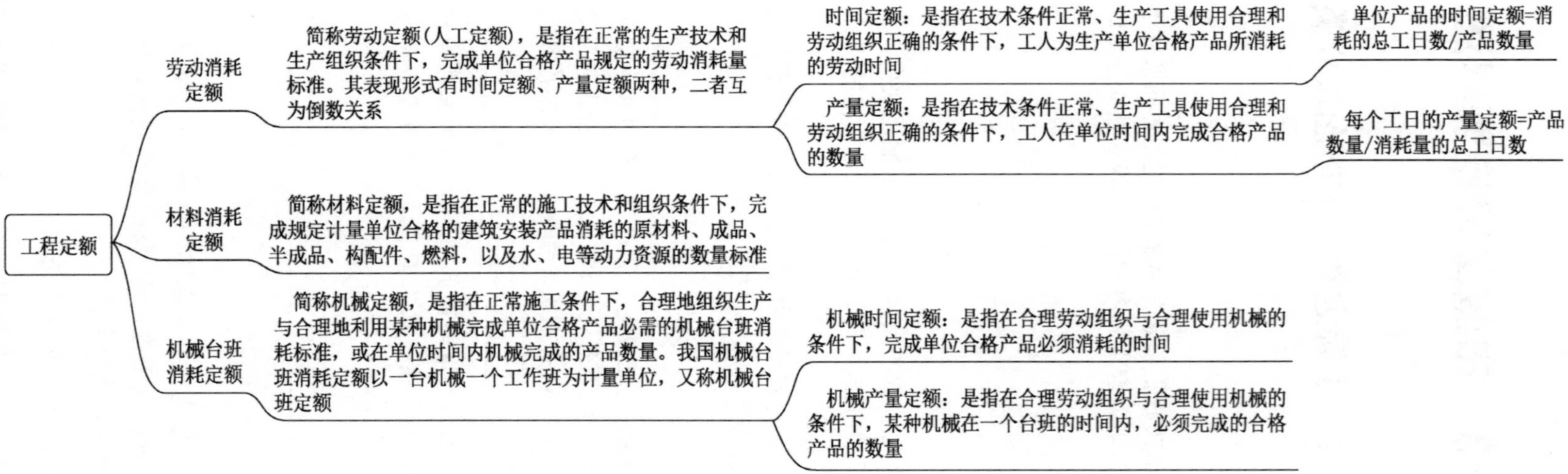
工程定额
劳动消耗定额
简称劳动定额(人工定额)，是指在正常的生产技术和生产组织条件下，完成单位合格产品规定的劳动消耗量标准。其表现形式有时间定额、产量定额两种，二者互为倒数关系
时间定额：是指在技术条件正常、生产工具使用合理和劳动组织正确的条件下，工人为生产单位合格产品所消耗的劳动时间
单位产品的时间定额=消耗的总工日数/产品数量
产量定额：是指在技术条件正常、生产工具使用合理和劳动组织正确的条件下，工人在单位时间内完成合格产品的数量
每个工日的产量定额=产品数量/消耗量的总工日数
材料消耗定额
简称材料定额，是指在正常的施工技术和组织条件下，完成规定计量单位合格的建筑安装产品消耗的原材料、成品、半成品、构配件、燃料，以及水、电等动力资源的数量标准
机械台班消耗定额
简称机械定额，是指在正常施工条件下，合理地组织生产与合理地利用某种机械完成单位合格产品必需的机械台班消耗标准，或在单位时间内机械完成的产品数量。我国机械台班消耗定额以一台机械一个工作班为计量单位，又称机械台班定额
机械时间定额：是指在合理劳动组织与合理使用机械的条件下，完成单位合格产品必须消耗的时间
机械产量定额：是指在合理劳动组织与合理使用机械的条件下，某种机械在一个台班的时间内，必须完成的合格产品的数量

图 3.1-1 工程定额按生产要素消耗内容分类

2. 按定额的用途分类

按用途分类,可将工程定额分为施工定额、预算定额、概算定额、概算指标、投资估算指标五种,如图3.1-2所示。

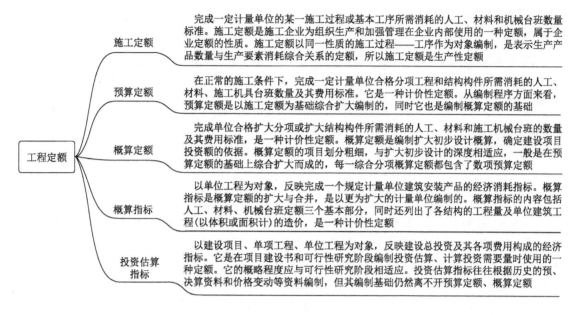

图3.1-2 工程定额按用途分类

3. 按主编单位和管理权限分类

按主编单位和管理权限分类,可将工程定额分为全国统一定额、行业统一定额、地区统一定额、企业定额、补充定额五种,如图3.1-3所示。

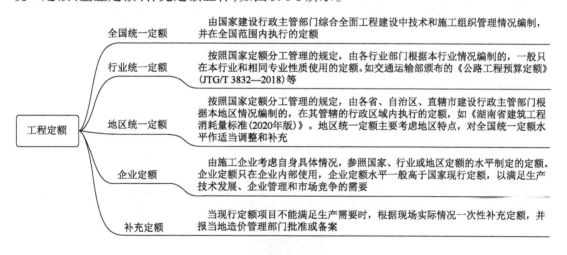

图3.1-3 工程定额按主编单位和管理权限分类

4. 按定额的适用专业分类

定额按适用的专业不同可分为建筑与装饰工程定额、通用安装工程定额、房屋修缮工程定额、市政工程定额、园林绿化工程定额等。

课题3.2 掌握市政工程预算定额的组成

学习目标

通过本课题的学习,熟悉工程造价的必备工具用书的组成与用途,熟悉预算定额的组成和应用流程,能运用定额确定人工、材料、机械的资源消耗量。与此同时,培养自主学习的意识,不断加强学习探索能力。

相关知识

一、市政工程预算定额的组成

各地的定额编制既需要依据全国统一定额,也需要符合地区特点。如《湖南省市政工程消耗量标准》(2020年版)是按照《市政工程消耗量定额》(ZYA1-31—2015)、《市政工程工程量计算规范》(GB 50857—2013)、《公路工程预算定额》(JTG/T 3832—2018)、《建设工程劳动定额 市政工程》(LD/T 99—2008),其他省、市市政工程预算定额,现行的设计、施工及验收技术规范,结合湖南省近年来建筑市场变化情况编制的。主要内容包括总说明、章说明、节说明、定额项目表、附录。市政工程预算定额的组成如图3.2-1所示。

1. 熟悉预算定额总说明

思考3.2-1:熟悉《湖南省市政工程消耗量标准》(2020年版)总说明,完成内容见表3.2-1。

预算定额总说明内容表　　　　　　表3.2-1

说明内容	清列涵盖的条目	重点备注
本预算定额囊括的专业及作用		
本预算定额编制的依据与原则		
本预算定额的适用范围		
本预算定额的主要内容:资源消耗的标准与含义		
本预算定额使用的注意事项		

扫描二维码3.2-1查看《湖南省市政工程消耗量标准》(2020年版)总说明。

3.2-1

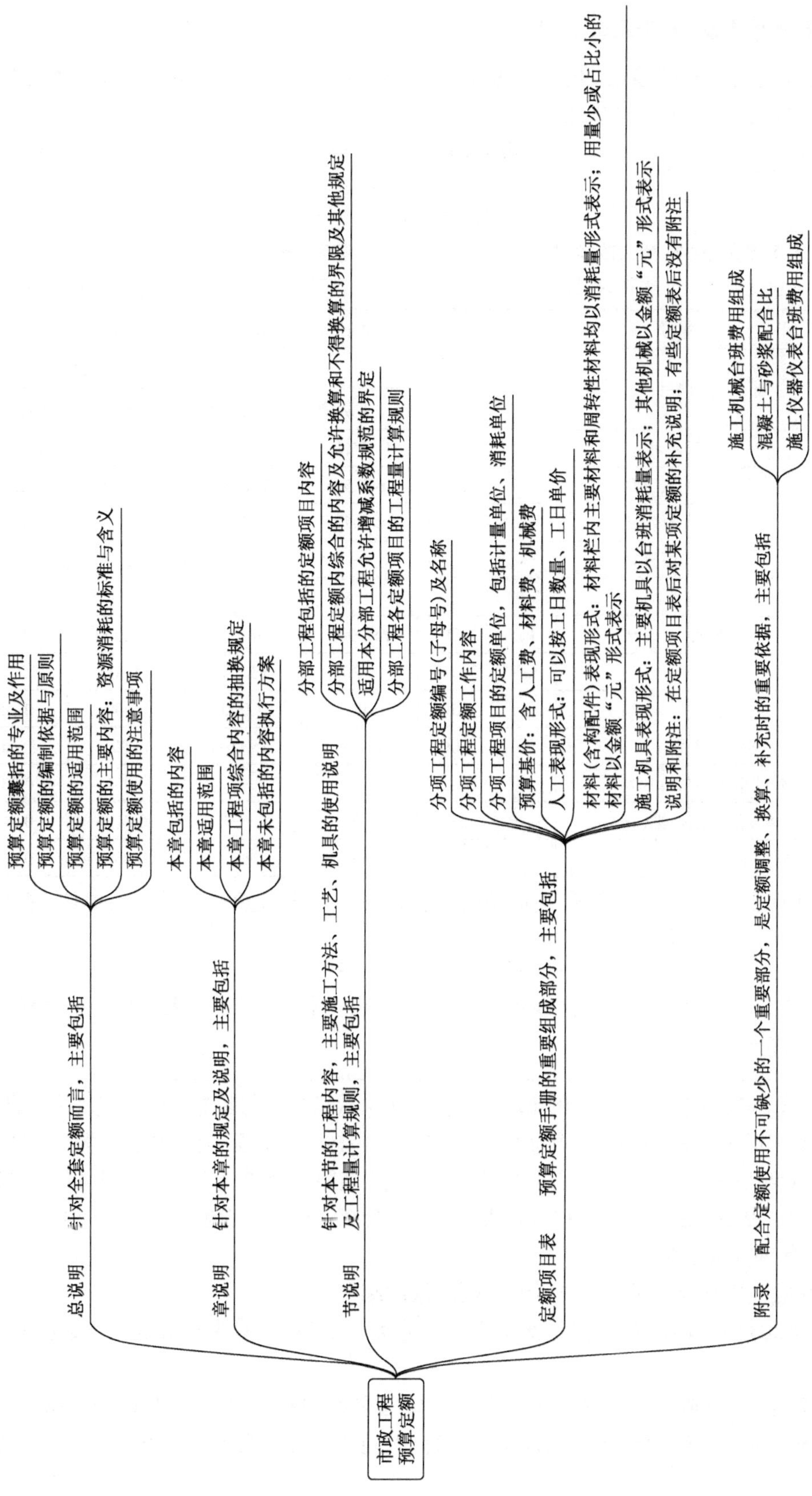

市政工程预算定额的组成

市政工程预算定额

- **总说明** 针对全套定额而言，主要包括
  - 预算定额囊括的专业及作用
  - 预算定额的编制依据与原则
  - 预算定额的适用范围
  - 预算定额的主要内容：资源消耗的标准与含义
  - 预算定额使用的注意事项

- **章说明** 针对本章的规定及说明，主要包括
  - 本章包括的内容
  - 本章适用范围
  - 本章工程综合内容的抽换规定
  - 本章未包括的内容执行方案

- **节说明** 针对本节的工程内容、主要施工方法、工艺、机具的使用说明，主要包括
  - 分部工程包括的定额项目内容
  - 分部工程定额综合内容的允许增减系数规范的界限及其他规定
  - 适用本分部工程允许换算和不得换算的界限及其他规定
  - 分部工程各定额项目的工程量计算规则

- **定额项目表** 预算定额手册的重要组成部分，主要包括
  - 分项工程定额编号（子母号）及名称
  - 分项工程定额工作内容
  - 分项工程项目的定额单位、消耗单位
  - 预算基价：含人工费、材料费、机械费
  - 人工表现形式：可以按工日数量、工日单价
  - 材料（含构配件）表现形式：材料栏内主要材料和周转性材料均以消耗量形式表示；用量少或占比小的其他材料以金额"元"形式表示
  - 材料以金额"元"形式表示
  - 施工机具表现形式：主要机械以台班数量表示，有些定额表后没有附注
  - 说明和附注：在定额项目表后对某项定额的补充说明，主要包括
    - 施工机械台班费用组成
    - 混凝土与砂浆配合比
    - 施工仪器仪表台班费用组成

- **附录** 配合定额使用不可缺少的一个重要部分，是定额调整、换算、补充时的重要依据，主要包括

图 3.2-1 市政工程预算定额的组成

2. 掌握预算定额项目表的使用

定额项目表是定额的核心,包括定额编号、定额名称、工作内容、定额单位、消耗量、基价、附注(有些定额无),示例见表3.2-2。

弹软土基处理定额项目表　　　　　　　　　　　　　　表3.2-2

5. 弹软土基处理

(1)掺石灰

工作内容:1. 人工拌和:放样、掺料改换、垫平、分层夯实、找平、清理杂物;
　　　　　2. 人机配合:放样、掺料、推拌、分层排压、找平、碾压、清理杂物。　　　计量单位:10m³

编号				D2-12	D2-13	D2-14	D2-15
项目				人工拌和		人机配合	
				5%含灰量	8%含灰量	5%含灰量	8%含灰量
基价(元)				1 576.27	1 773.29	1 284.36	1 530.13
其中	人工费			687.50	700.00	163.75	225.00
	材料费			888.77	1 073.29	884.76	1 069.28
	机械费			—	—	235.85	235.85
	名称	单位	单价	数量			
材料	生石灰	kg	0.39	850.000	1 360.000	850.000	1 360.000
	黄土	m³	38.01	14.200	13.750	14.200	13.750
	水	t	4.39	1.000	1.000	0.100	0.100
	其他材料费	元	1.00	13.134	15.861	13.075	15.802
机械	履带式推土机(75kW)	台班	1 511.97	—	—	0.031	0.031
	履带式单斗液压挖掘机(1m³)	台班	2 128.11	—	—	0.049	0.049
	钢轮振动压路机(12t)	台班	1 344.46	—	—	0.063	0.063

(1)定额编号:定额编号是对各项定额的一种排序。很多定额的编号包括单位(单项)工程、分部工程、顺序号三个单元。

思考3.2-2:指出表3.2-2弹软土基处理定额项目表中"人机配合掺5%石灰的弹软土基处理"的定额编号是"_____"。

其中"D"代表单位(单项)工程中的市政工程。另外,A代表建筑与装饰工程,B代表仿古建筑工程,C代表安装工程,E代表市政排水设施维护工程,F代表园林绿化工程,G代表城市照明工程等。

第一个数字代表分部工程:1代表土石方工程,2代表道路工程,3代表桥涵工程,4代表隧道工程,5代表管网工程,6代表水处理工程,7代表地下综合管廊工程,8代表生活垃圾处理工程,9代表钢筋工程,10代表拆除工程。

"1"后面的数字表示顺序号,按照编制顺序依次编号。

不论以何种形式编号,目的都是便于定额的分类与整理,同时为定额的网络数据化和信息化奠定基础。

(2)定额名称:定额的名称是分项的名称。定额名称包括该项目使用的材料、部位或构件的名称、内容等。在运用定额并描述定额名称时,可以利用定额项目表中的关键词进行组合描述。

思考3.2-3：请描述定额编号D2-240的定额名称"_____"。

(3)工作内容：是指该定额所指的分项工程包含的工程范围，定额项目表中的人工、材料、机械台班消耗量包含的工序已包含于工作内容的工序，不得再另外套用其他定额，未包含在工作内容中的工序应再套用其他定额。工作内容是定额套用遵循"不重不漏"原则的主要依据之一。

思考3.2-4：请描述定额编号D2-240的工作内容"_____"。

(4)定额单位：是指分项工程项目的定额单位，其含义是指定额项目表中的人工、材料、机械台班消耗量是完成一个"计量单位"工程量的合格产品消耗人工、材料、机械台班数量标准。定额单位可分为计量单位和消耗量单位。计量单位是指市政成品表现在自然状态下的简单数量表示的m^3、m^2、个、根、块等计量单位；一般来说，分项工程是可以扩大规模计量的，所以有些定额的计量单位是$1\,000m^3$、$100m^2$、10根等。

消耗量单位则是人工、材料、机械的物理计算单位。比如人工的消耗量单位是"工日"，机械的消耗量单位是"台班"，材料的消耗量单位是以公制度量表示长度、面积、体积和质量等为计算单位。

(5)消耗量：定额消耗量包括人工工日、材料数量、机械台班的消耗量。其含义是生产一个计量单位合格产品需要消耗的人工工日数量、材料数量、机械台班数量的标准。

以表3.2-3中定额编号D2-239为例，直杆、杆高3 500mm以内的单柱式标志杆、标牌在整体安装时的消耗量是1.000套/套。

标牌、标杆、门架安装定额项目表　　　　　　表3.2-3

3.标牌、标杆、门架安装

(1)标志杆及标牌整体安装

工作内容：材料运输，标志杆、标牌安装，调整垂直度等。　　　　　　计量单位：套

编号				D2-239	D2-240
项目				标志杆、标牌整体安装	
				单柱式	
				杆高3 500mm以内	杆高5 000mm以内
基价(元)				66.69	95.37
其中	人工费			28.50	35.63
	材料费			16.65	32.58
	机械费			21.54	27.16
	名称	单位	单价	数量	
材料	直杆、杆高3 500mm以内	套	—	(1.000)	—
	直杆、杆高5 000mm以内	套	—	—	(1.000)
	螺栓带帽带垫M18×80	套	1.50	10.000	20.000
	地脚螺母、垫圈M20	套	0.35	4.000	6.000
	其他材料费	元	1.00	0.246	0.481
机械	载重汽车(4t)	台班	468.31	0.046	0.058

思考 3.2-5:为什么上文所述消耗量在表中要标记"( )"?

> **知识剖析**
>
> 定额项目表中材料消耗量带括号表示此项材料未计入定额基价中,需要补充完整计入该材料(主材费)单价。另需注意《公路工程预算定额》(JTG/T 3832—2018)的定额项目表中有混凝土材料消耗量带括号;括号里的消耗量就是材料(混凝土)含有损耗的实际消耗量,而括号里混凝土的消耗量已经按照《公路工程预算定额》(JTG/T 3832—2018)"附录二 基本定额"分解成中(粗)砂、水泥、碎(砾)石等消耗量。如果该混凝土材料需要抽换成其他混凝土或商品混凝土,抽换的实际消耗量就选用括号里的消耗量。

(6)基价:在某些定额中,为了方便计价,不仅列出了消耗量,还列出了人工费、材料费和机械费的具体金额。定额项目表里的基价称作定额基价,是指在定额编制时,以某一年为基期年,以该年某一地区人工、材料和机械台班单价为基础计算的完成一个计量单位合格产品花费的人工费、材料费、机械费的合计值。定额基价是计算建设工程费用的取费基数,其优点在于取费金额不受人工、材料、机械台班市场价格波动影响。

$$定额人工费 = \sum 定额人工费 \quad (3.2\text{-}1)$$

$$定额材料费 = \sum (材料消耗量 \times 材料单价) \quad (3.2\text{-}2)$$

$$定额机械费 = \sum (机械台班消耗量 \times 机械台班单价) \quad (3.2\text{-}3)$$

$$基价 = 定额人工费 + 定额材料费 + 定额机械费 \quad (3.2\text{-}4)$$

思考 3.2-6:试详细计算定额 D2-240 的人工费、材料费、机械费及基价。

二、运用定额确定资源消耗量

如果知道一个分项工程的相关工程量及相应定额,则可以利用下列公式计算定额中包含的各种资源(工、料、机、费用等)消耗量。

$$M_i = Q \times S_i \quad (3.2\text{-}5)$$

式中:M_i——某种资源消耗量;

Q——工程量(招投标阶段大部分来自施工图纸);

S_i——项目定额中某种资源(工、料、机、费用)消耗量。

> **【例 3.2-1】** 某标段含水率较高的软弱地基采用掺 5% 的石灰土进行换填处理,换填工程量为 200m³,试确定换填材料和机械的资源需求量(题干定额详见表 3.2-2)。
>
> **解:** 根据题意查得定额为"D2-14、弹软土基处理、掺石灰、人机配合掺 5% 含灰量"
>
> $M_{生石灰} = 200m^3 \times 850.00 kg/10m^3 = 17\,000.00\,(kg)$
>
> $M_{黄土} = 200m^3 \times 14.20m^3/10m^3 = 284.00\,(m^3)$
>
> $M_{水} = 200m^3 \times 0.10t/10m^3 = 2\,(t)$
>
> $M_{履带式推土机75kW} = 200m^3 \times 0.031 台班/10m^3 = 0.62\,(台班)$
>
> $M_{履带式单斗液压挖掘机1m^3} = 200m^3 \times 0.049 台班/10m^3 = 0.98\,(台班)$
>
> $M_{钢轮振动压路机12t} = 200m^3 \times 0.063 台班/10m^3 = 1.26\,(台班)$

单元 4　工料机消耗量编制

课题 4.1　掌握劳动定额消耗量的编写

学习目标

通过本课题的学习,熟悉施工定额相关知识,掌握劳动定额的制定方法并能实际应用。与此同时,培养创新思维,加强理论联系实际、独立思考的能力,不断寻求提高劳动定额科学性和实用性的方法。

相关知识

一、施工定额的概述

1. 施工定额的概念

施工定额是以同一性质的施工过程或工序为测定对象,确定建筑安装工人在正常施工条件下,为完成单位合格产品所需劳动、机械、材料消耗量标准。

2. 施工定额的作用

施工定额属于企业定额性质的生产性定额,是企业计划管理的基础,也是工程建设定额体系的基础。其作用表现在:①是进行工料分析和"两算对比"(指施工预算与施工图预算的对比)的基础;②是编制施工组织设计、施工作业设计和确定人工、材料及机械台班需要量计划的基础;③是施工企业向工作班(组)签发任务单、限额领料的依据;④是组织工人班(组)开展劳动竞赛、实行内部经济核算,承发包、计取劳动报酬和奖励工作的依据;⑤是编制预算定额和企业补充定额的基础。

3. 施工定额的编制原则

(1)定额水平平均先进。定额水平,是指规定的单位产品上的活劳动和物化劳动的消耗水平。定额水平与消耗量成反比关系:消耗量越少,定额水平越高;反之则越低。平均先进水平,是指在正常的施工条件下,多数生产者可以达到或超过,少数生产者可接近的水平。贯彻平均先进原则,有利于促进企业的科学管理,提高劳动生产率和降低材料消耗。

(2)内容、形式简明适用。这是为了方便定额的贯彻执行。简明,可以保证其易于掌握,便于查阅、计算等。

4. 施工定额的表现形式

施工定额表现为劳动定额(人工定额)、施工机械台班定额、材料消耗定额。

二、施工过程

1. 施工过程的含义

施工过程就是在建设工地范围内进行的生产过程。其最终目的是建造、改建、修复或拆除建筑物或构筑物的全部或部分,如市政工程中挖土方、填筑路基、预制钢筋混凝土构件等。

建筑安装施工过程与其他物质生产过程一样,也包括生产力的三要素,即劳动者、劳动对象、劳动工具。劳动者是指不同工种、不同技术等级的建筑安装工人;劳动对象是指施工过程中使用的建筑材料、半成品、成品、构件和配件等;劳动工具是指在施工过程中工人用以改变劳动对象的手动工具、小型机具和施工机械等。

每个施工过程的结束,都获得了一定的产品,这种产品或者改变了劳动对象的外表(如加工钢筋)、内部结构或性质(如浇筑混凝土),或者改变了劳动对象的空间位置(如运输材料、安装构件)。

2. 按组织上的复杂程度分类

通过对施工过程组成部分的分解,按其不同的劳动分工、不同的工艺特点、不同的复杂程度,区别和认识施工过程的性质和内容,将施工过程分解为一道道工序,从而正确地制定完成一定工程量的工序工作必需的工时消耗和材料消耗。施工过程分类见表4.1-1。

施工过程分类　　　　表4.1-1

施工过程分类	概念	特征	举例
工序	工序是在施工组织上不可分割和施工技术上相同的生产活动过程	劳动者、劳动对象、劳动工具不变	钢筋制作中,平直钢筋、钢筋除锈、切断钢筋、弯曲钢筋工序
操作过程	由若干技术相关联的工序组成	劳动者和劳动对象不变,劳动工具可以变换	砌墙和勾缝,抹灰和粉刷
综合过程	综合过程是同时进行的,在组织上是有机联系在一起的,能最终获得一种产品的操作过程的总和	在不同的空间同时进行,组织上直接联系,并最终形成某分项工程或是分部工程	砌砖墙综合过程,包括调制砂浆、运砂浆、运砖、砌墙等工作过程

三、工作时间分类

研究施工中工作时间最主要的目的是确定施工的时间定额和产量定额,其前提是对工作时间按其消耗性质进行分类,以便研究工时消耗的数量及特点。

工作时间指的是工作延续时间。8小时工作制的工作时间就是8h,午休时间不包括在内。工作时间分为工人工作时间和施工机械工作时间。

1. 工人工作时间的分类

工人工作时间分类见图4.1-1、表4.1-2。

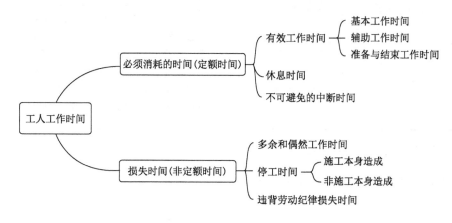

图4.1-1 工人工作时间分类

工人工作时间分类 表4.1-2

必须消耗的时间:工人在正常施工条件下,完成一定合格产品消耗的时间,是制定定额的主要依据(定额时间)	有效工作时间:与产品生产直接有关的时间消耗	准备与结束时间:执行任务前或完成任务后消耗的时间。此项可分为班内准备与结束时间和任务的准备与结束时间。其长短往往与工作内容有关。如熟悉图纸、准备相应工具、事后清理现场等
		基本工作时间:工人完成能生产一定产品的施工工艺过程消耗的时间。其长短和工作量大小成正比。如改变材料外形、性质所消耗的时间,如钢筋煨弯、粉刷油漆、预制构件安装等
		辅助工作时间:为保证基本工作顺利完成消耗的时间,其长短与工作量大小有关,一般是手工操作。如果是人机配合的情况,辅助工作时间在机械运转中计入,此处不重复计算
	休息时间:工人为了恢复体力所必需的短暂休息和满足生理需要的时间消耗	其长短与劳动性质、劳动条件、劳动强度和劳动危险性有关
	不可避免的中断时间:由施工工艺特点引起的工作中断所必需的时间	比如安装工等待起重机吊预制构件

续上表

损失时间：与产品生产无关，而与施工组织和技术上的缺陷有关，以及与工人的个人过失或某些偶然因素有关的时间消耗	多余工作时间：工人进行任务以外的工作而又不能增加产品数量的工作时间，一般由人为差错引起，不应计入定额时间	
	偶然工作时间：工人进行任务以外的工作，但能够获得一定产品的工作时间，拟定定额时要适当考虑它的影响。如抹灰工不得不补上偶然遗漏的墙洞	
	停工时间：工作班内停止工作造成的时间损失	施工本身造成的停工时间：由施工组织不善、材料供应不及时、工作面准备工作做得不好、工作地点组织不良引起的停工时间。不计入定额时间
		非施工本身造成的停工时间：由水源、电源中断引起的停工时间，在拟定定额时给予合理的考虑
	违背劳动纪律损失时间	工人迟到、早退、擅自离开工作岗位、工作时间内息工等造成的工时损失。由于个别工人违背劳动纪律而影响其他工人无法工作的时间损失也包括在内

2. 施工机械工作时间分类

施工机械工作时间分类见图4.1-2、表4.1-3。

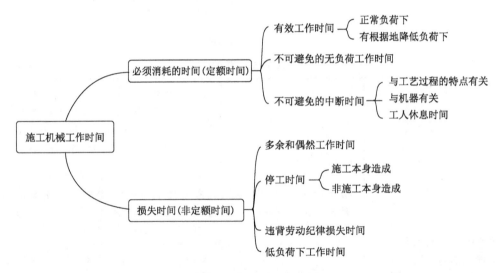

图4.1-2 施工机械工作时间分类

施工机械工作时间分类 表4.1-3

必须消耗的时间	有效工作时间	正常负荷下的工作时间
		有根据地降低负荷下的工作时间：在个别情况下，由于技术上的原因，机器在低于其计算负荷下的工作时间，如汽车运输重量轻而体积大的货物不可避免的低负荷工作时间
	不可避免的无负荷工作时间	由施工过程的特点和机械结构的特点造成的机械无负荷工作时间。如筑路机在工作区末端掉头的时间

续上表

必须消耗的时间	不可避免的中断时间	与工艺过程的特点有关:分为循环和定期两种。 循环:机器在每一个循环中重复一次。如汽车装载和卸货时的停车; 定期:经过一定时期重复一次。如灰浆泵由一个工作地转移到另一个工作地
		与机器有关:工人进行准备与结束工作或辅助工作时,机器停止工作而引起的中断时间,与机器的使用与保养有关
		工人休息时间:应尽量利用与工艺过程的特点有关和与机器有关的不可避免的中断时间休息,充分利用工作时间
损失时间	多余和偶然工作时间:机器进行任务内和工艺过程内未包括的工作而延续的时间	工人没有及时供料而使机器空转; 机械在负荷下的多余工作,如超时搅拌混凝土
	停工时间	施工本身造成的:如施工组织得不好而引起的,未及时供给机器燃料而引起的停工
		非施工本身造成的:如由天气条件引起的,如暴风雨致压路机停工
	违背劳动纪律损失时间	工人迟到或擅离岗位等原因引起的
	低负荷下工作时间:工人或技术人员的过错造成的	工人装车的砂石数量不足引起的汽车降低负荷,此时间不能作为计算时间定额的基础

四、确定劳动定额消耗量的基本方法

1. 劳动定额的表现形式

劳动定额的表现形式分为时间定额与产量定额,两者互为倒数关系。

(1)时间定额:是指在技术条件正常、生产工具使用合理和劳动组织正确的条件下,工人为生产单位合格产品所消耗的劳动时间。时间定额的单位有工日/m^3、工日/m^2、工日/m、工日/套、工日/个等。例如,水泥混凝土路面施工的时间定额是1.334 2工日/m^3,人工拌和10%石灰土基层的时间定额是0.733 2工日/m^2。

(2)产量定额:是指在技术条件正常、生产工具使用合理和劳动组织正确的条件下,工人在单位时间内完成合格产品的数量。产量定额的单位有m^3/工日、m^2/工日、m/工日、套/工日、个/工日、组/工日等。例如:

水泥混凝土路面施工的产量定额=1/时间定额=1/1.334 2=0.749 5(m^3/工日)

人工拌和10%石灰土基层的产量定额=1/时间定额=1/0.733 2=1.363 9(m^2/工日)

时间定额通常由定额员、工艺人员和工人通过总结过去的经验并参考有关的技术资料直接估计确定,或者以同类产品的工序时间定额为依据进行对比分析后推算得出,也可通过对实际操作时间进行测定和分析后确定。产量定额通过倒数关系计算。

2. 确定劳动定额消耗量的基本方法

劳动定额测算的方法有计时观测法(实测法)、经验估计法、统计分析法等,详见

表4.1-4。

劳动定额测算方法 表4.1-4

测算方法	简述	测算过程
计时观测法（实测法）	是研究工作时间消耗的一种技术测定方法。它以研究工时消耗为对象，以观察测时为手段，通过密集抽样和粗放抽样等技术进行直接的时间研究	①定额时间=基本工作时间+辅助工作时间+准备与结束工作时间+中断时间+休息时间　　　(4.1-1) ②定额时间换算成时间定额 ③产量定额=1/时间定额　　　(4.1-2)
经验估计法	由定额员、技术人员和工人结合以往生产实践经验，依据图纸或产品实物进行分析，并考虑使用的设备、工具、工艺装备、原材料及其他生产技术和组织管理条件直接估算定额。采用这种方法确定劳动定额快，使用灵活，简便易行，工作量小，也便于修改	①计算平均时间M： $$M = \frac{a + 4c + b}{6} \quad (4.1\text{-}3)$$ 式中，M为平均时间；a为乐观时间；b为悲观时间；c为正常时间。 ②计算调整后的定额时间： $$T = M + \delta \times \lambda \quad (4.1\text{-}4)$$ 式中，T为调整后的定额时间；λ为标准离差系数；δ为标准偏差。其中 $$\delta = \frac{b - a}{6} \quad (4.1\text{-}5)$$
统计分析法	把企业最近一段时间内生产该产品所耗工时的原始记录，通过一定的统计分析整理，计算出先进的消耗水平，以此为依据制订劳动定额。这种方法运用数学方式，建立数学模型，对通过调查获取的各种数据及资料进行数理统计和分析，形成定量的结论	①平均实耗工时：统计资料提供的完成单位合格产品的实耗时间的平均值； ②先进工时：比平均实耗工时用时少的工时； ③先进平均工时：先进工时的平均值。 $$\text{平均先进工时} = \frac{\text{平均实耗工时} + \text{先进平均工时}}{2} \quad (4.1\text{-}6)$$

其中，计时观测法运用于建筑施工时，以现场观察为主要技术手段，所以又称现场观察法或实测法。通过计时观测法记录人工工作时间观测表见表4.1-5。

人工工作时间观测记录表 表4.1-5

观测地点：　　日期:2022-01-03　　天气:晴　　观测编号:01

公路工程项目名称:×××　　公路等级:一级　　施工单位:×××

定额名称:人工挖运普通土　　编码:　　完成工程量:123　　观察对象:小组人数5人

测算时间区段			9时10分20秒—17时34分20秒		
一	定额时间	工作内容	消耗时间(min)(1)	百分比(%)(2)	备注(施工过程中问题与建议)
1	准备工作时间t_z	工具准备	30		
2	基本工作时间t_g	挖装土、运卸土20m，空回	1 600		
3	辅助工作时间t_{fg}	整理	90		
4	不可避免的中断时间t_{bz}	等待装车	30		
5	休息时间t_x	喝水、上厕所等	30		
6	结束工作时间t_j	收拾场地	20		

续上表

7	其他工作时间合计= 1+3+4+5+6 注:数字表示第一列序号		200		
8	定额时间合计=2+7 注:数字表示第一列序号		1 800		
二	非定额时间	工作内容	消耗时间(min)(3)	百分比(%)(4)	备注
9	停工时间 t_t		500		
10	违反劳动纪律损失时间 t_s		200		
11	多余和偶然工作时间 t_d/t_{Og}				
12	非定额时间合计		700		

利用计时观测法确定劳动定额(人工定额)的编制步骤为:

(1)确定工序作业时间

$$工序作业时间 = 基本工作时间 + 辅助工作时间 \qquad (4.1\text{-}7)$$

①基本工作时间消耗一般根据计时观测法资料确定。首先确定工作过程每一组成部分的工时消耗,然后综合工作过程的工时消耗。如果组成部分的产品计量单位与工作过程的产品计量单位不符,先求出不同计量单位的换算系数,进行产品计量单位的换算,然后再相加,求得工作过程的工时消耗。其计算公式如下:

$$T_i = \sum_{i=1}^{n} t_i \qquad (4.1\text{-}8)$$

式中:T_i——单位产品的基本工作时间;

t_i——各组成部分的基本工作时间;

n——各组成部分的个数。

②辅助工作时间的确定方法与基本工作时间相同。如果计时观测不能取得足够的数据,也可以采用工时规范或经验数据确定。可直接利用工时规范中规定的辅助工作时间的百分比进行计算。

【例4.1-1】 砖砌墙勾缝的计量单位是 m^2,现将勾缝作为砖砌墙施工过程的一个组成部分,即将勾缝时间按砌墙厚度的砌体体积计算,设每平方米墙面所需的勾缝时间为10min,试求各种不同墙厚每立方米砌体所需的勾缝时间。(相关知识点见课题4.3"掌握材料定额消耗量的编写")

解:标准砖规格为240mm×115mm×53mm,灰缝宽10mm。

一砖厚的砖墙,其每立方米砌体墙面面积为 $1/0.24 = 4.17$(m²)。

则每立方米砌体所需的勾缝时间是 $4.17 × 10 = 41.7$(min)。

> 思考4.1-1:试计算一砖半墙的勾缝时间是多少?
>
> ....
>
> ....

(2) 确定规范时间

$$规范时间=准备与结束工作时间+不可避免的中断时间+休息时间 \quad (4.1\text{-}9)$$

① 准备与结束工作时间可分为工作日和任务两种。通常任务的准备与结束时间不能总在某一个工作日中,要采取分摊计算的方法,分摊在单位产品的时间定额里。如果计时观测不能取得足够的数据,也可以采用工时规范或经验数据确定。

② 确定不可避免的中断时间定额时,必须注意由工艺特点引起的不可避免的中断时间才可列入工作过程的时间定额。不可避免的中断时间可根据计时观测数据整理分析获得,也可根据工时规范或经验数据获得,以其占工作日的百分比表示此项工时消耗的时间定额。

③ 休息时间应根据工作班作息制度、经验资料、计时观测资料,以及工作的疲度程序作全面分析来确定。同时,应考虑尽可能利用不可避免的中断时间作为休息时间。

各类时间占工作班时间的百分率见表4.1-6。

准备与结束工作时间、休息时间、不可避免的中断时间占工作班时间的百分率　　表4.1-6

序号	工种分类	准备与结束工作时间占比(%)	休息时间占比(%)	不可避免的中断时间占比(%)
1	材料运输及材料加工	2	13~16	2
2	人工土石方	3	13~16	2
3	脚手架工程	4	12~15	2
4	砖石工程	6	10~13	4
5	抹灰工程	6	10~13	3
6	模板工程	5	7~10	4
7	钢筋工程	4	7~10	3
8	现浇混凝土工程	6	10~13	2
9	预制混凝土工程	4	10~13	3
10	防水工程	5	25	3
11	机械土方工程	2	4~7	2
12	石方工程	4	13~16	2
13	机械打桩工程	6	10~13	3
14	构件运输及吊装工程	6	10~13	3

(3) 拟定定额时间

$$时间定额=工序作业时间+规范时间=工序作业时间/(1-规范时间占比) \quad (4.1\text{-}10)$$

$$工序作业时间=基本工作时间+辅助工作时间 \quad (4.1\text{-}11)$$

$$规范时间=准备与结束工作时间+不可避免的中断时间+休息时间 \quad (4.1\text{-}12)$$

利用工时规范,可以计时劳动定额的时间定额。根据时间定额可以计算出产量定额,时间定额与产量定额互为倒数。时间定额适用于计算完成某一分部(项)工程所需的总工日数、核算工资、编制施工进度计划和计算分项工期;产量定额适用于小组分配施工任务、考核工人的劳动效率和签发施工任务单。

> 【例 4.1-2】 通过计时观测法得知:人工挖二类土基本工作时间为 6h,辅助工作时间占工序作业时间的 2%,准备与结束工作时间、不可避免的中断时间、休息时间分别占工作日的 3%、2%、18%,则人工挖二类土的时间定额是多少?产量定额是多少?
>
> **解**:基本工作时间 = 6h = 0.75(工日/m³)
>
> 工序作业时间=基本工作时间+辅助工作时间=基本工作时间/(1-辅助工作时间占比)= 0.75/(1-2%)=0.765(工日/m³)
>
> 时间定额=工序作业时间/(1-规范时间占比)=0.765/(1-3%-2%-18%)=0.994(工日/m³)
>
> 产量定额=1/时间定额=1/0.994=1.006(m³/工日)

> 思考 4.1-2:一项工作的基本工作时间为 4h,辅助工作时间占工序作业时间的比率为 30%,准备与结束工作时间、不可避免的中断时间、休息时间分别占工作日的 2%、3%、1%。则该工作的时间定额是多少?产量定额是多少?
>
> ....
> ....
> ....
> ....

课题 4.2 掌握施工机械台班定额消耗量的编写

学习目标

通过本课题的学习,能运用基本方法编制施工机械台班定额消耗量,为现场测算施工机械台班定额消耗量打下基础。与此同时,不断增强理论联系实际、独立思考的能力,提高解决实际施工机械台班定额问题的能力。

相关知识

一、机械台班定额的表现形式

机械台班定额同人工定额一样,也有时间定额和产量定额之分。为了与人工定额中的时间定额与产量定额相区别,通常把机械作业的时间定额叫作机械时间定额,其产量定额叫作机械产量定额。

机械时间定额的常用单位是"台班"。机械产量定额常指在一个"台班"下的产量,所以又叫机械台班产量定额。一个台班是指一个工作班的延续时间,我国现行规定一般条件下施工时间为8h。

(1)机械时间定额:机械时间定额是指在正常施工条件和劳动组织的条件下,使用某种规定的机械,完成单位合格产品必须消耗的台班数量。

(2)机械台班产量定额:机械台班产量定额是指在正常施工条件和劳动组织的条件下,某种机械在一个台班时间内必须完成的单位合格产品的数量。

机械台班产量定额与机械时间定额互为倒数。

应当注意,机械台班定额是劳动者(即工人)个人或小组使用机械工作时的机械时间消耗的一种数量标准。也就是说,机械台班定额与使用机械作业的工人的人工定额之间既有相似性,又有一定区别。具体地说,它们之间具有互换性,但又不能混淆,其互换性在于:

$$人工时间定额 = 机械时间定额 \times 定员人数 \tag{4.2-1}$$

【例4.2-1】 现要求用6t塔式起重机吊装某种混凝土构件,由1名吊车司机、7名安装起重工、2名电焊工组成的施工小组完成。已知机械台班产量定额为40块/台班,试求吊装每块构件的机械时间定额和人工时间定额。

解:①吊装一块混凝土构件的机械时间定额:

机械台班产量定额 = 40(块/台班)

机械时间定额 = 1/40 = 0.025(台班/块)

②吊装一块混凝土构件的人工时间定额:

分工种计算:

吊车司机时间定额 = 1 × 0.025 = 0.025(工日/块)

安装起重工时间定额 = 7 × 0.025 = 0.175(工日/块)

电焊工时间定额 = 2 × 0.025 = 0.050(工日/块)

③按施工小组计算:

人工时间定额 = 0.025 × (1 + 7 + 2) = 0.25(工日/块)

二、机械台班定额消耗量的确定方法

1. 确定机械纯工作1h正常生产率

机械纯工作时间,是指机械的必需消耗时间。机械1h纯工作正常生产率,是指在正常施工组织条件下,具有必需的知识和技能的技术工人操纵机械1h的生产率。

根据机械工作特点的不同,机械纯工作1h正常生产率的确定方法也有所不同。施工机械作业分为两类:循环动作作业和连续动作作业。下面分别介绍两种形式机械纯工作1h正常生产率计算方法。

(1)循环动作机械纯工作1h正常生产率的确定

$$\left.\begin{aligned}机械一次循环正常持续时间 &= \sum(循环各组成部分延续时间 - 交叠时间) \\ 机械纯工作1h循环次数 &= 60/一次循环正常持续时间(\min)\end{aligned}\right\} \tag{4.2-2}$$

$$机械纯工作1h正常生产率 = 机械纯工作1h循环次数 \times 一次循环生产的产品数量 \tag{4.2-3}$$

(2)连续动作机械纯工作1h正常生产率的确定

连续动作机械纯工作1h正常生产率=工作时间内生产的产品数量/工作时间(h) (4.2-4)

工作时间内生产的产品数量和工作时间的消耗,要通过多次现场观察和机械说明书取得。

2. 确定施工机械时间利用系数

施工机械时间利用系数是指机械在一个工作班内的纯工作时间与工作班延续时间之比。机械时间利用系数和机械在工作班内的工作状况有着密切的关系。所以,要确定机械时间利用系数,先要拟定机械工作班的正常工作状况,保证合理利用工时。机械时间利用系数的计算公式如下:

机械时间利用系数 = 机械在一个工作班内纯工作时间/一个工作班延续时间(8h) (4.2-5)

3. 计算施工机械台班定额

计算施工机械台班定额是编制机械定额工作的最后一步。在确定了机械工作正常条件、机械纯工作1h正常生产率和机械时间利用系数之后,采用下列公式计算施工机械台班定额:

施工机械台班产量定额 = 机械纯工作1h正常生产率 × 工作班纯工作时间 (4.2-6)

或

施工机械台班产量定额=机械纯工作1h正常生产率×工作班延续时间×机械时间利用系数

(4.2-7)

施工机械时间定额 = 1/机械台班产量定额 (4.2-8)

【例4.2-2】 某沟槽采用挖斗容量为0.5m^3的反铲挖掘机挖土,已知该挖掘机铲斗充盈系数为1.0,每循环1次时间为2min,机械时间利用系数为0.85。试计算该挖掘机台班产量定额、时间定额。

解:①确定机械纯工作1h正常生产率:

机械一次循环时间=2(min)

机械纯工作1h循环次数 = 60/2 = 30(次)

机械纯工作1h正常生产率 = 30 × 0.5 × 1 = 15(m^3/h)

②确定施工机械时间利用系数:

机械时间利用系数 = 0.85

③计算施工机械台班定额:

挖掘机台班产量定额 = 15 × 8 × 0.85 = 102(m^3/台班)

挖掘机时间定额 = 1/102 = 0.0098(台班/m^3)

思考4.2-1:某工程现场采用出料容量为500L的混凝土搅拌机,每一次循环中,装料、搅拌、卸料、中断需要的时间分别为1min、3min、1min、1min,机械时间利用系数为0.9,求该机械台班产量定额。

课题4.3 掌握材料定额消耗量的编写

学习目标

通过本课题的学习,掌握定额中材料的分类,能运用基本方法编制材料定额消耗量,为现场测算材料定额消耗量打下基础。与此同时,逐渐增强理论联系实际的能力和独立思考的能力,提高解决实际材料定额问题的能力。

相关知识

一、材料的分类

要合理确定材料消耗量定额,必须研究和区分材料在施工过程中的类别。

(1)根据材料消耗的性质,可分为必须消耗的材料和损失材料两类(图4.3-1)。必须消耗的材料是指在合理用料的条件下,生产合格产品所需的材料。其包括直接用于建筑和安装工程的材料、不可避免的施工废料、不可避免的材料损耗。必须消耗的材料属于施工正常消耗材料,是确定材料消耗定额的基本依据。其中,直接用于建筑和安装工程的材料用于编制材料净用量定额;不可避免的施工废料和材料损耗(场内)用于编制材料损耗定额。

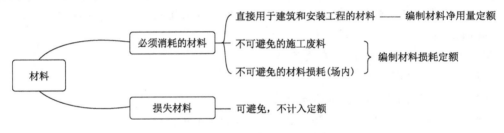

图4.3-1 按消耗性质划分材料类别

(2)根据材料消耗与工程实体的关系,可分为实体材料和非实体材料(图4.3-2)。

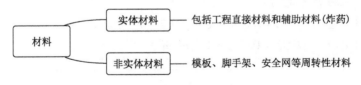

图4.3-2 按消耗与工程实体的关系划分材料类别

①实体材料是指直接构成工程实体的材料,包括工程直接材料和辅助材料。工程直接材料是指施工中一次性消耗并直接用于工程上构成建筑物或结构本体的材料,如砖、瓦、灰、砂、石、钢筋、水泥、工程用木材等。辅助材料主要是指在施工过程中必须使用,且一次性消耗但并不构成建筑物或结构本体的材料,如土石方爆破工程中所需的炸药、引线、雷管等。

②非实体材料主要是指周转性材料,指在施工过程中能多次使用、反复周转但并不构成工程实体的工具性材料,如模板、活动支架、脚手架、支撑、挡土板等。

二、确定材料定额消耗量的方法

实体材料的净用量定额和材料损耗定额的计算数据,是通过现场技术测定、试验室试验、现场统计和理论计算等方法获得的,详见表4.3-1。

材料定额消耗量测定方法　　　　　　　　　　　表4.3-1

现场技术测定法	又称为观测法,是根据对材料消耗过程的测定与观察,完成产品数量和材料消耗量的计算。适用于确定材料损耗量,还可用于区别可以避免的损耗与难以避免的损耗
试验室试验法	主要用于编制材料净用量定额。这种方法的优点是能更深入、更详细地研究各种因素对材料消耗量的影响,其缺点在于无法估计施工现场某些因素对材料消耗量的影响
现场统计法	是以施工现场积累的分部分项工程使用材料数量、完成产品数量、完成工作原材料的剩余数量等统计资料为基础,获得材料消耗的数据。优点是该方法简单易行,但也有缺陷:一是该方法一般只能确定材料总消耗量,不能确定净用量和损耗量;二是其准确程度受统计资料和实际使用材料的影响,只能作为辅助性方法使用
理论计算法	是根据施工图和建筑构造要求,用理论计算公式计算出产品的材料净用量的方法。这种方法较适合不易产生损耗,且容易确定废料的材料消耗量的计算

思考4.3-1:请总结测定材料净用量有哪些方法?测定损耗量有哪些方法?

三、用理论计算法计算砌体材料的消耗量

(1)标准砖墙用量和消耗量计算

每立方米砖墙的用砖数和砌筑砂浆的用量可用下列理论计算公式计算:

①用砖数 A。

$$A = 1/[墙厚×(砖长+灰缝宽)×(砖厚+灰缝宽)×k] \tag{4.3-1}$$

式中: k——墙厚的砖数 $×2$。

> **知识剖析**
>
> 标准砖的尺寸是240mm×115mm×53mm,其示意图如图4.3-3所示。
>
>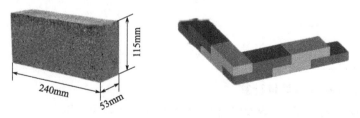
>
> 图4.3-3　标准砖与半砖墙砌示意图
>
> 不同砖墙的 k 值要求见表4.3-2。

墙砌类型与砖墙净用量计算　　　　　表4.3-2

墙体类型	样式	墙厚(m)	k值	计算1m³砖墙砌体中标准砖的净用量
半砖墙12墙		0.12	1	
一砖墙24墙		0.24	1×2	
一砖半墙37墙		0.365	1.5×2	

②砂浆用量 B。

$$B = 1 - 砖数 \times 每块砖体积（砖的净体积） \tag{4.3-2}$$

③材料的损耗一般以损耗率表示，材料损耗率可以通过观察法或统计法确定。材料损耗率及材料消耗量的计算通常采用以下公式：

$$损耗率 = 损耗量/净用量 \times 100\% \tag{4.3-3}$$

$$消耗量 = 净用量 + 损耗量 = 净用量 \times (1 + 损耗率) \tag{4.3-4}$$

【例4.3-1】　求1m³标准砖一砖半墙体中砖的消耗量和砂浆的消耗量（砖的损耗率为2.5%，砂浆的损耗率为1.5%）。

解：砖的净用量 = 2 × 1.5/[0.365 × (0.24 + 0.01) × (0.053 + 0.01)] = 522（块）

砖的消耗量 = 522 × (1 + 2.5%) = 535（块）

砂浆的净用量 = 1 - 522 × 0.24 × 0.115 × 0.053 = 0.236（m³）

砂浆的消耗量 = 0.236 × (1 + 1.5%) = 0.240（m³）

思考4.3-2：计算1m³标准砖一砖半墙中砖的消耗量和砂浆的消耗量（砖的损耗率为2%，砂浆的损耗率为1.5%）。

(2)块料面层的材料消耗量计算

每100m²面层块料数量、灰缝及结合层材料用量计算公式如下：

$$100\text{m}^2 块料净用量 = 100/[(块料长 + 灰缝宽) \times (块料宽 + 灰缝宽)]（块） \tag{4.3-5}$$

$$100\text{m}^2 灰缝材料净用量 = (100 - 块料长 \times 块料宽 \times 块料净用量) \times 灰缝深 \tag{4.3-6}$$

结合层材料净用量 = 100m² × 结合层厚度　　　　　　　　　　　　(4.3-7)

消耗量 = 净用量 + 损耗量 = 净用量 ×（1 + 损耗率）　　　　　　　(4.3-8)

【例4.3-2】 用水泥砂浆贴500 mm × 500 mm × 15 mm花岗岩石板地面，结合层厚度为1cm，灰缝深15mm，灰缝宽1mm，花岗岩损耗率为2%，砂浆损耗率为1.5%，计算100m²地面的花岗岩和砂浆消耗量。

解：花岗岩的净用量 = 100/[（0.5 + 0.001）×（0.5 + 0.001）] = 398.4（块）

花岗岩的消耗量 = 398.4 ×（1 + 2%）= 406.37（块）

灰缝砂浆净用量 =（100 - 0.5 × 0.5 × 398.4）× 0.015 = 0.006（m³）

结合层砂浆净用量 = 100 × 0.01 = 1（m³）

砂浆消耗量 =（1 + 0.006）×（1 + 1.5%）= 1.021（m³）

思考4.3-3：用水泥砂浆贴150mm × 150mm × 5mm瓷砖墙面，结合层厚1cm，灰缝宽2mm，瓷砖损耗率为1.5%，砂浆损耗率为1%，计算100m²地面的瓷砖和砂浆消耗量。

单元5　工料机单价编制

课题5.1　掌握人工日工资单价、材料单价的编写

学习目标

通过本课题的学习，能阐述人工日工资单价、材料单价的组成，能运用基本方法计算或调整材料预算单价，为材料单价的计算与调整打下基础。与此同时，培养终身学习的习惯，持续更新人工和材料单价相关知识，以适应未来行业发展的需要。

相关知识

一、人工日工资单价的定义

建筑安装工程费中的人工费是指按照工资总额构成规定，支付给直接从事建筑安装工程施工作业的生产工人和附属生产单位工人的各项费用。构成人工费的基本要素有两个，即人工工日消耗量和人工日工资单价。

①人工工日消耗量：具体见表1.1-1。

②人工日工资单价：是指施工企业达平均技术熟练程度的生产工人在每工作日（国家法定工作时间内）按规定从事施工作业应得的日工资总额。

人工费的基本计算公式见式（1.1-1）。

二、人工日工资单价的组成内容及影响因素

1. 人工日工资单价的组成内容

（1）计时工资或计件工资：是指按计时工资标准和工作时间或对已做工作按计件单价支付给个人的劳动报酬。

（2）奖金：是指对超额劳动和增收节支支付给个人的劳动报酬。如节约奖、劳动竞赛奖等。

（3）津贴补贴：是指为了补偿职工特殊或额外的劳动消耗和因其他特殊原因支付给个人的津贴，以及为了保证职工工资水平不受物价影响支付给个人的物价补贴。如流动施工津贴、特殊地区施工津贴、高温（寒）作业临时津贴、高空津贴等。

（4）加班加点工资：是指按规定支付的在法定节假日工作的加班工资和在法定工作日时间外延时工作的加点工资。

（5）特殊情况下支付的工资：是指根据国家法律、法规和政策规定，因病、工伤、产假、计划生育假、婚丧假、事假、探亲假、定期休假、停工学习、执行国家或社会义务等原因按计时工资标准或计时工资标准的一定比例支付的工资。

> **知识剖析**
>
> 《湖南省市政工程消耗量标准》（2020年版）及《湖南省建设工程计价办法》（2020年版）将人工工日消耗量与人工日工资单价统一成人工费进行计价，人工费中不但包括上述5项费用，还包括规费中的五险一金（按规定支付分为养老保险、失业保险、医疗保险、生育保险、工伤保险和住房公积金）。

2. 人工日工资单价的影响因素

人工日工资单价综合各方面因素测定，体现了社会平均工资水平。人工日工资单价的影响因素见表5.1-1。

人工日工资单价的影响因素　　　　　　　　　　表 5.1-1

社会平均工资水平	社会平均工资水平取决于经济发展水平,建筑安装工人人工单价必须和社会平均工资水平趋同
消费价格指数	消费价格指数的提高会影响人工日工资单价的提高,以减少生活水平的下降,或维持原来的生活水平
人工日工资单价的组成内容	如医疗保险、养老保险、待业保险、住房公积金等列入人工日工资单价,会使人工日工资单价提高
劳动力市场供需变化	劳动力市场若需求大于供给,人工日工资单价就会提高;若供给大于需求,市场竞争激烈,人工日工资单价就会下降
国家政策的变化	如政府推出社会保障和福利政策会引起人工单价的变动

三、材料单价的组成与确定方法

在建筑工程市场中,材料费占工程造价的 60%~70%。合理确定材料价格构成,正确计算材料单价,有利于合理确定和有效控制工程造价。

1. 材料原价(供应价格)

材料原价是指国内采购材料的出厂价格,国外采购材料抵达买方边境、港口或车站并交纳完各种手续费、税费(不含增值税)后形成的价格。同一种材料因来源地、交货地、供货单位、生产厂家不同而有几种价格(原价),可根据不同来源地供货数量比例,采取加权平均的方法确定其综合原价。其计算公式如下:

$$加权平均原价 = \frac{K_1 C_1 + K_2 C_2 + \cdots + K_n C_n}{K_1 + K_2 + \cdots + K_n} \quad (5.1\text{-}1)$$

式中:$K_1,K_2 \cdots K_n$——不同供应地点的供应量或不同使用地点的需要量;
$C_1,C_2 \cdots C_n$——不同供应地点的原价。

若材料供货价格含税,则材料原价应以购进货物适用的税率(13%或9%)或征收率(3%)扣除增值税进项税额。

2. 材料运杂费

材料运杂费是指国内采购材料自来源地、国外采购材料自到岸港运至工地仓库或指定堆放地点发生的费用(不含增值税)。含外埠中转运输过程中发生的一切费用和过境过桥费用,包括调车和驳船费、装卸费、运输费及附加工作费等。

同一品种的材料有若干个来源地,应采用加权平均的方法计算材料运杂费。其计算公式如下:

$$加权平均运杂费 = \frac{K_1 T_1 + K_2 T_2 + \cdots + K_n T_n}{K_1 + K_2 + \cdots + K_n} \quad (5.1\text{-}2)$$

式中:$T_1,T_2 \cdots T_n$——不同运距的运费。

若运输费为含税价格,则需要按"两票制"和"一票制"两种支付方式分别调整。运输费计税支付方式见表 5.1-2。

运输费计税支付方式 表5.1-2

"两票制"支付方式	所谓"两票制"材料,是指材料供应商就收取的货物销售价款和运杂费向建筑业企业分别提供货物销售和交通运输两张发票的材料。在这种方式下,运杂费以接受交通运输与服务适用税率9%扣减增值税进项税额
"一票制"支付方式	所谓"一票制"材料,是指材料供应商就收取的货物销售价款和运杂费合计金额向建筑业企业仅提供一张货物销售发票的材料。在这种方式下,运杂费采用与材料原价相同的方式扣减增值税进项税额

3. 运输损耗费

在材料的运输中应考虑一定的场外运输损耗费用,因为材料在运输装卸过程中会发生不可避免的损耗。运输损耗费的计算公式如下:

$$运输损耗费 = (材料原价 + 运杂费) \times 运输损耗率(\%) \quad (5.1\text{-}3)$$

4. 采购及保管费

采购及保管费是指组织材料采购、检验、供应和保管过程中发生的费用。其包括采购费、仓储费、工地管理费和仓储损耗。采购及保管费一般按照材料到库价格以及费率取定。材料采购及保管费计算公式如下:

$$采购及保管费 = 材料运到工地仓库价格 \times 采购及保管费费率(\%) \quad (5.1\text{-}4)$$

或

$$采购及保管费 = (材料原价 + 运杂费 + 运输损耗费) \times 采购及保管费费率(\%) \quad (5.1\text{-}5)$$

综上所述,材料单价的一般计算公式为:

$$材料单价 = (供应价格 + 运杂费) \times [1 + 运输损耗率(\%)] \times [1 + 采购及保管费费率(\%)] \quad (5.1\text{-}6)$$

我国幅员广阔,建筑材料产地与使用地点的距离各地差异很大,建筑材料采购、保管、运输方式也不尽相同,因此,材料单价原则上按地区范围编制。

【例5.1-1】 某建设项目材料(适用13%增值税率)从两个地方采购,其采购量及相关费用见表5.1-3。求该工地水泥的单价(表中原价、运杂费均为含税价格,且材料采用"两票制"支付方式)。

材料采购信息表 表5.1-3

采购处	采购量(t)	原价(元/t)	运杂费(元/t)	运输损耗率(%)	采购及保管费费率(%)
来源一	300	340	20	0.5	3.5
来源二	200	350	15	0.4	

解: 应将含税的原价和运杂费调整为不含税价格,具体过程见表5.1-4。

材料单价计算表 表5.1-4

采购处	采购量(t)	原价(元/t)	原价不含税(元/t)	运杂费(元/t)	运杂费不含税(元/t)	运输损耗率(%)	采购及保管费费率(%)
来源一	300	340	340/(1+13%)=300.88	20	20/(1+9%)=18.35	0.5	3.5
来源二	200	350	350/(1+13%)=309.73	15	15/(1+9%)=13.76	0.4	

加权平均原价 =（300 × 300.88 + 200 × 309.73）/（300 + 200）= 304.42（元/t）
加权平均运杂费 =（300 × 18.35 + 200 × 13.76）/（300 + 200）= 16.51（元/t）
来源一的运输损耗费 =（300.88 + 18.35）× 0.5% = 1.60（元/t）
来源二的运输损耗费 =（309.73 + 13.76）× 0.4% = 1.29（元/t）
加权平均运输损耗费 =（300 × 1.60 + 200 × 1.29）/（300 + 200）= 1.48（元/t）
材料预算单价 =（304.42 + 16.51 + 1.48）×（1 + 3.5%）= 333.69（元/t）

思考 5.1-1：某工程水泥从两个地方采购，甲地采购 200t，原价为 240 元/t，乙地采购 300t，原价为 250 元/t；甲、乙运杂费分别为 20 元/t、25 元/t，运输损耗率均为 2%，采购及保管费费率为 3%，检验试验费均为 20 元/t，计算工程水泥的材料价格（原价、运杂费均为含税价格，且材料采用"一票制"支付方式）。

课题5.2 掌握施工机具台班单价的编写

学习目标

通过本课题的学习，掌握施工机具台班单价的组成，能运用基本方法计算或调整施工机具台班单价，为施工机具台班单价计算与调整打下基础。与此同时，培养终身学习的习惯，持续更新施工机具台班单价相关知识，以适应未来行业发展的需要。

相关知识

施工机具台班单价是指一台施工机械，在正常运转条件下一个工作班中发生的全部费用，每台班按 8h 工作制计算。正确制定施工机具台班单价是合理确定和控制工程造价的重要方面。

根据《建设工程施工机械台班费用编制规则》的规定，施工机械划分为十二个类别：土石方及筑路机械、桩工机械、起重机械、水平运输机械、垂直运输机械、混凝土及砂浆机械、加工机械、泵类机械、焊接机械、动力机械、地下工程机械和其他机械。

施工机械台班单价由七项费用组成，包括折旧费、检修费、维护费、安拆费及场外运费、人工费、燃料动力费和其他费用。

一、折旧费的组成及确定

折旧费是指施工机械在规定的耐用总台班内,陆续收回其原值的费用。计算公式如下:

$$折旧费 = 机械预算价格 \times (1 - 残值率) \times 时间价值系数 / 耐用总台班 \quad (5.2\text{-}1)$$

折旧费的组成内容与计算方法见表 5.2-1。

折旧费的组成内容与计算方法　　　表 5.2-1

机械预算价格	国产机械预算价格:按照机械原值、相关手续费和一次运杂费以及车辆购置税之和计算	机械原值:按下列途径询价、采集。 ①编制期施工企业购进施工机械的成交价格;②编制期施工机械展销会发布的参考价格;③编制期施工机械生产商、经销商的销售价格;④其他能反映编制期施工机械价格水平的市场价格
		相关手续费和一次运杂费:应按实际费用综合取定,也可按其占施工机械原值的百分率确定
		车辆购置税:　　车辆购置税=计取基数×车辆购置税率　　(5.2-2) 其中,计取基数=机械原值+相关手续费和一次运杂费,车辆购置税率应按编制期间国家有关规定计算
	进口施工机械的预算价格:按照到岸价格、关税、消费税、相关手续费和国内一次运杂费、银行财务费、车辆购置税之和计算	进口施工机械原值应按下列方法取定: ①按"到岸价格+关税"取定,到岸价格应按编制期施工企业签订的采购合同、外贸与海关等部门的有关规定及相应的外汇汇率计算取定;②按不含标准配置以外的附件及备用零配件的价格取定
		关税、消费税及银行财务费应执行编制期间国家有关规定,并参照实际发生的费用计算,也可按占施工机械原值的百分率取定
		相关手续费和国内一次运杂费应按实际费用综合取定,也可按其占施工机械原值的百分率确定
		车辆购置税:　　车辆购置税=计税价格×车辆购置税率　　(5.2-3) 其中,计税价格=到岸价格+关税+消费税,车辆购置税率应按编制期间国家规定计算
残值率	机械报废时回收其残余价值占施工机械预算价格的百分数。残值率应按编制期间国家有关规定确定,目前各类施工机械均按5%计算	
耐用总台班	耐用总台班指施工机械从开始投入使用至报废使用的总台班数,应按相关技术取定: 耐用总台班的计算公式为 　　　耐用总台班 = 折旧年限 × 年工作台班　　(5.2-4) 年工作台班指施工机械在一个年度内使用的台班数量,应在编制期制作日基础上扣除检修、维护天数及考虑机械利用率等因素综合取定: 　　　耐用总台班 = 检修间隔台班 × 检修周期　　(5.2-5) 检修间隔台班是指机械自投入使用起至第一次检修止或上一次检修后投入使用起至下一次检修止应达到的使用台班数,检修周期是指机械在正常的施工作业条件下,将其寿命期(即耐用总台班)按规定的检修次数划分为若干个周期,其计算公式:检修周期 = 检修次数 + 1	
时间价值系数	时间价值系数是指购置施工机械的资金在施工生产过程中随着时间的推移而产生的单位增值: 　　　时间价值系数 = 1 + 年折现率 × (折旧年限 + 1) /2　　(5.2-6)	

二、检修费的组成及确定

检修费是指施工机械在规定的耐用总台班内,按规定的检修间隔进行必要的检修,以恢复其正常功能所需的费用。检修费是机械使用期限内全部检修费之和在台班费用中的分摊额,取决于一次检修费、检修次数和耐用总台班的数量,其计算公式为:

$$检修费 = 一次检修费 \times 检修次数 \times 除税系数 / 耐用总台班 \qquad (5.2\text{-}7)$$

检修费的组成内容与计算方法见表5.2-2。

检修费的组成内容与计算方法 表5.2-2

一次检修费	施工机械一次检修发生的工时费、配件费、辅料费、燃料费等。一次检修费应以施工机械的相关技术指标和参数为基础,结合编制期市场价格综合确定。可按其占预算价格的百分率取定
检修次数	施工机械在其耐用总台班内的检修次数,应按施工机械的相关技术指标取定
除税系数	考虑一部分检修可以购买服务,从而需扣除维护费中包括的增值税进项税额 $$除税系数=自行检修比例+委外检修比例/(1+税率) \qquad (5.2\text{-}8)$$ 自行检修比例、委外检修比例是指施工机械自行检修、委托专业修理修配部门检修占检修费比例。具体比值应结合本地区(部门)施工机械检修实际综合取定。税率按增值税修理修配劳务适用税率计取

三、维护费的组成及确定

维护费是指施工机械在规定的耐用总台班内,按规定的维护间隔进行各级维护和临时故障排除所需的费用。包括保障机械正常运转所需替换与随机配备工具附具的摊销和维护费用、机械运转及日常保养维护所需润滑与擦拭的材料费用及机械停滞期间的维护费用等。

各项费用分摊到台班中,即为维护费。其计算公式为:

$$维护费=\sum[(各级维护一次费用\times除税系数\times各级维护次数)+临时故障排除费]/耐用总台班 \qquad (5.2\text{-}9)$$

当上式中各项数值难以确定时,也可按下列公式计算:

$$维护费 = 台班检修费 \times K \qquad (5.2\text{-}10)$$

式中:K——维护费系数,指维护费占检修费的百分数。

维护费的组成内容与计算方法见表5.2-3。

维护费的组成内容与计算方法 表5.2-3

各级维护一次费用	应按施工机械的相关技术指标,结合编制期市场价格综合取定
各级维护次数	应按施工机械的相关技术指标取定
临时故障排除费	按各级维护费用之和的百分数取定
替换设备及工具附具台班摊销费	按施工机械的相关技术指标,结合编制期市场价格综合取定
除税系数	$$除税系数=自行检修比例+委外检修比例/(1+税率) \qquad (5.2\text{-}11)$$ 自行检修比例、委外检修比例是指施工机械自行检修、委托专业修理修配部门检修占检修费比例。具体比值应结合本地区(部门)施工机械检修实际综合取定。税率按增值税修理修配劳务适用税率计取

四、安拆费及场外运费的组成和确定

安拆费指施工机械在现场进行安装与拆卸所需的人工、材料、机械和试运转费用,以及机械辅助设施的折旧、搭设、拆除等费用,场外运费指施工机械整体或分体自停放地点至施工现场或由一施工地点运至另一施工地点的运输、装卸、辅助材料消耗及架线等费用。安拆费及场外运费根据施工机械不同分为计入台班单价、单独计算和不需计算三种类型。安拆费及场外运费计费类别见表5.2-4。

安拆费及场外运费计费类别　　　　　　表5.2-4

计入台班单价	安拆简单、移动需要起重及运输机械的轻型施工机械,其安拆费及场外运费计入台班单价。安拆费及场外运费应按下列公式计算: 安拆费及场外运费 = 一次安拆费及场外运费 × 年平均安拆次数/年工作台班　(5.2-12) ①一次安拆费应包括施工现场机械安装和拆卸一次所需的人工费、材料费、机械费、安全监测部门的检测费及试运转费; ②一次场外运费应包括运输、装卸、辅助材料消耗、回程等费用; ③年平均安拆次数按施工机械的相关技术指标,结合具体情况综合确定; ④运输距离均按平均值30km计算
单独计算	①安拆复杂、移动需要起重及运输机械的重型施工机械,其安拆费及场外运费应单独计算; ②利用辅助设施移动的施工机械,其辅助设施(包括轨道和枕木等)的折旧、搭设和拆除等费用可单独计算
不需计算	①不需安拆的施工机械,不计算一次安拆费; ②不需相关机械辅助运输的自行移动机械,不计算场外运费; ③固定在车间的施工机械,不计算安拆费及场外运费

注:对于自升式塔式起重机、施工电梯安拆费的超高起点及其增加费,各地区、部门可根据具体情况确定。

五、人工费的组成及确定

人工费指机上司机(司炉)和其他操作人员的人工费。按下列公式计算:
人工费=人工消耗量×[1+(年制度工作日−年工作台班)/年工作台班]×人工单价　(5.2-13)
机械台班人工费的组成内容见表5.2-5。

机械台班人工费的组成内容　　　　　　表5.2-5

人工消耗量	机上司机(司炉)和其他操作人员工日消耗量
年制度工作日	执行编制期间国家有关规定
人工单价	应执行编制期工程造价管理机构发布的信息价格

【例5.2-1】 某载重汽车配司机1人,当年制度工作日为250天,年工作台班为230台班,人工单价为50元。求该载重汽车的人工费为多少?

解:人工费=1×[1+(250−230)/230]×50=54.35(元/台班)

六、燃料动力费的组成及确定

燃料动力费是指施工机械在运转过程中耗用的燃料及水、电等的费用。计算公式

如下：

$$燃料动力费=\sum(台班燃料动力消耗量\times燃料动力单价) \quad (5.2\text{-}14)$$

机械台班燃料动力费的组成内容见表5.2-6。

机械台班燃料动力费的组成内容 表5.2-6

燃料动力消耗量	应根据施工机械技术指标等参数及实测资料综合确定。可采用下列公式： 台班燃料动力消耗量=(实测数×4+定额平均值+调查平均值)/6 (5.2-15)
燃料动力单价	应执行编制期工程造价管理机构发布的不含税信息价格

七、其他费用的组成及确定

其他费用是指施工机械按照国家规定应缴纳的车船税、保险费及检测费等。其计算公式为：

$$其他费用=(年车船税+年保险费+年检测费)/年工作台班 \quad (5.2\text{-}16)$$

机械台班其他费用的组成内容见表5.2-7。

机械台班其他费用的组成内容 表5.2-7

年车船税、年检测费	应执行编制期间国家及地方政府有关部门的规定
年保险费	应执行编制期间国家及地方政府有关部门强制性保险的规定，非强制性保险不应计算在内

【例5.2-2】 某10t载重汽车有关资料如下：购买价格125 000元/辆；残值率6%；耐用总台班1 200台班；检修间隔台班240台班；一次检修费4 600元；检修周期5次；台班维护费系数K=3.93，年工作台班为240台班；机上人工消耗量为2.0工日/台班，人工单价为45.00元/工日；每月每吨养路费80元；每台班消耗柴油40.03kg，柴油单价5.60元/kg；每年按规定缴纳车船税7 200元，按规定缴纳保险费8 500元。试确定该10t载重汽车的台班单价。

解：根据上述信息逐项计算如下：

台班折旧费=[125 000×(1-6%)]/1 200=97.92(元/台班)

寿命期检修次数=检修周期-1=5-1=4(次)

台班检修费=(4 600×4)/1 200=15.33(元/台班)

台班维护费=15.33×3.93=60.25(元/台班)

机上人工费=2.00×45.00=90.00(元/台班)

燃料动力费=40.03×5.60=224.17(元/台班)

养路费=(10×80×12)/240=40.00(元/台班)

车船税=7 200/240=30.00(元/台班)

保险费=8 500/240=35.42(元/台班)

其他费用合计=40.00+30.00+35.42=105.42(元/台班)

综上所述，该载重汽车台班单价=97.92+15.33+60.25+90.00+224.17+105.42=593.09(元/台班)。

【例5.2-3】 计算200L砂浆搅拌机的台班单价，年折现率为7.47%，具体参数见表5.2-8。不需要除税计算。

砂浆搅拌机的台班单价参数计算表　　　　　表5.2-8

机械名称	规格型号	机型	折旧年限（年）	预算价格（元）	残值率（%）	年工作台班（台班）	耐用总台班（台班）	检修次数（次）	一次检修费（元）	一次安拆费及场外运费（元）	年平均安拆次数（次）	K值	人工 消耗量（工日）	人工 单价（元）	电 消耗量（kW·h）	电 单价（元）
砂浆搅拌机	拌筒容量（L）200	小	8~10	5 250	4	180	1 750	1	1440	246	4	4	1	48	8.61	0.72
	400	小	8~10	6 510	4	180	1 750	1	768	246	4	4	1	48	15.71	0.72

解：①计算折旧费。

折旧年限=耐用总台班/年工作台班=1 750/180=9.72（年）

时间价值系数=1+1/2×7.47%×(9.72+1)=1.4

台班折旧费=机械预算价格×(1-残值率)×时间价值系数/耐用总台班=5 250×(1-4%)×1.4/1 750=4.03（元/台班）

②台班检修费=一次检修费×检修次数/耐用总台班=1 440×1/1 750=0.82（元/台班）

③台班维护费=台班检修费×台班维护费系数=0.82×4=3.28（元/台班）

④安拆费及场外运费=一次安拆费及场外运费×年平均安拆次数/年工作台班=246×4/180=5.47（元/台班）

⑤人工费=人工消耗量×[1+(年制度工作日-年工作台班)/年工作台班]×人工单价=1×48=48（元/台班）

⑥燃料动力费=台班燃料动力消耗量×燃料动力单价=8.61×0.72=6.2（元/台班）

200L砂浆搅拌机台班单价=4.03+0.82+3.28+5.47+48+6.2=67.8（元/台班）

思考5.2-1：试计算400L砂浆搅拌机台班单价。

_____

_____

_____

_____

单元6 预算定额应用

课题6.1 熟悉预算定额的编写

学习目标

通过本课题的学习,能运用预算定额消耗量的基本计算方法计算预算定额消耗量,能有效地进行预算定额的编制、管理和应用。与此同时,不断提高对工程项目成本控制和预算管理的能力。

相关知识

一、预算定额编制的主要工作

预算定额的编制大致可以分为准备工作、收集资料、编制定额、报批和修改定额稿五个阶段。其主要工作如图6.1-1所示。

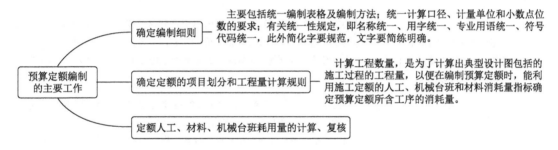

图6.1-1 预算定额编制的主要工作

二、预算定额消耗量的计算方法

人工、材料和机械台班消耗量指标,应根据定额编制原则和要求,采用理论与实际相结合、图样计算与施工现场测算相结合、编制人员与现场工作人员相结合等方法进行计算和确定,使定额人工、材料和机械台班消耗量指标,既符合政策要求,又与客观情况一致,便于贯彻执行。

1. 预算定额中人工工日消耗量的计算

人工的工日数有两种确定方法:一种是以劳动定额为基础确定;另一种是以现场观察测定资料为基础计算,主要用于劳动定额缺项时,可采用现场工作日写实等测时方法确定和计算定额的人工耗用量。

预算定额中人工工日消耗量是指在正常施工条件下,生产单位合格产品必须消耗的人工工日数量,由分项工程综合的各个工序劳动定额包括的基本用工、其他用工两部分组成。预算定额中人工工日消耗量的主要内容见表6.1-1。

预算定额中人工工日消耗量的主要内容　　　　表6.1-1

预算定额中人工工日消耗量	基本用工:是指完成一定计量单位的分项工程的施工任务或结构构件的各项工作过程必须消耗的技术工种工日。按技术工种相应劳动定额工时定额计算,以不同工种列出定额工日	①完成定额计量单位的主要用工量。按综合取定的工程量和相应劳动定额计算。其计算公式为: $$基本用工 = \sum (综合取定的工程量 \times 劳动定额) \quad (6.1\text{-}1)$$
		②按劳动定额规定应增(减)计算的用工量。由于预算定额是在施工定额子目的基础上综合扩大的,包括的工作内容较多,施工的工效视具体部位而不同,所以需要另外增加(减少)人工消耗,而这种人工消耗也可以列入基本用工内
	其他用工:是辅助基本用工消耗的工日,包括超运距用工、辅助用工和人工幅度差用工	①超运距用工:是指劳动定额中已包括的材料、半成品场内水平搬运距离与预算定额考虑的现场材料、半成品堆放地点到操作地点的水平运输距离之差。 $$超运距 = 预算定额取定运距 - 劳动定额已包括的运距 \quad (6.1\text{-}2)$$ $$超运距用工 = \sum (超运距材料数量 \times 时间定额) \quad (6.1\text{-}3)$$ 需要指出,实际工程现场运距超过预算定额取定运距时,可另行计算现场二次搬运费
		②辅助用工:是指技术工种劳动定额内不包括而在预算定额内又必须考虑的用工,如机械土方工程配合用工,材料加工 筛砂、洗石、淋化石膏、电焊点火用工等。 $$辅助用工 = \sum (材料加工数量 \times 相应的加工劳动定额) \quad (6.1\text{-}4)$$
		③人工幅度差用工:预算定额与劳动定额的差额,主要是指在劳动定额中未包括在正常施工情况下不可避免但又很难准确计量的用工和各种工时损失。其内容包括各工种间工序搭接及交叉作业相互配合或影响发生的停歇用工;施工机械在单位工程间转移及临时水电线路移动造成的停工;受质量检查和隐蔽工程验收工作的影响,班组操作地点转移用工;工序交接时对前一工序不可避免的修整用工;施工中不可避免的其他零星用工。人工幅度差的计算公式为 $$人工幅度差 = (基本用工 + 辅助用工 + 超运距用工) \times 人工幅度差系数 \quad (6.1\text{-}5)$$ 人工幅度差系数一般为10% ~ 15%。在预算定额中,人工幅度差的用工量列入其他用工量中

2. 预算定额中材料消耗量的计算

材料损耗量是指在正常条件下不可避免的材料损耗,如现场材料运输及施工过程中的损耗等。具体计算方法如图6.1-2所示,其关系式为

$$材料损耗率 = 损耗量/净用量 \times 100\% \quad (6.1\text{-}6)$$

$$材料损耗量 = 材料净用量 \times 损耗率(\%) \quad (6.1\text{-}7)$$

$$材料消耗量 = 材料净用量 + 损耗量 \quad (6.1\text{-}8)$$

$$材料消耗量 = 材料净用量 \times [1 + 损耗率(\%)] \quad (6.1\text{-}9)$$

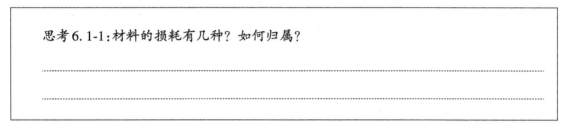

图 6.1-2　预算定额中材料消耗量的计算方法

思考 6.1-1：材料的损耗有几种？如何归属？

知识剖析

材料的损耗划分如图 6.1-3 所示。

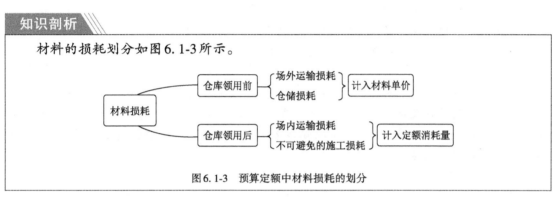

图 6.1-3　预算定额中材料损耗的划分

3. 预算定额中机具台班消耗量计算

预算定额中的机具台班消耗量是指在正常施工条件下，生产单位合格产品（分部分项工程或结构构件）必须消耗的某种型号施工机具的台班数量，也称为耗用台班量。其有两种计算方法：根据施工定额确定机具台班消耗量和以现场测定资料为基础确定机具台班消耗量，如图 6.1-4 所示。

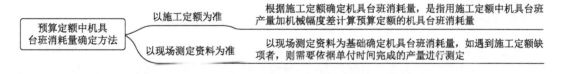

图 6.1-4　预算定额中机具台班消耗量的确定方法

机械台班幅度差是指在施工定额规定的范围内没有包括，而在实际施工中又不可避免产生的影响机具运转或使机具停歇的时间。其内容包括：

①施工机具转移工作面及配套机具相互影响损失的时间；

②在正常施工条件下，机具在施工中不可避免的工序间歇；

③工程开工或收尾时因工作量不饱满所损失的时间；

④检查工程质量影响机具操作的时间;
⑤临时停机、停电影响机具操作的时间;
⑥机具维修引起的停歇时间。

大型机械幅度差系数为:土方机械25%,打桩机械33%,起重机械30%。砂浆、混凝土搅拌机由于按小组配用,以小组产量计算机械台班产量,不另增加机械幅度差。其他如钢筋加工、木材、水磨石等的各项专用机械幅度差系数为10%。

综上所述,预算定额的机具台班消耗量按下式计算:

预算定额机具耗用台班量 = 施工定额机械耗用台班量 × (1 + 机械幅度差系数) (6.1-10)

【例6.1-1】 已知某挖掘机挖土,一次正常循环工作时间是40s,每次循环平均挖土量为0.3m³,机械时间利用系数为0.8,机械幅度差系数为25%。求该机械挖方1 000m³的预算定额机具耗用台班量。

解: 预算定额机具耗用台班量 = 施工定额机具耗用台班量 × (1 + 机械幅度差系数)

机械纯工作1h的循环次数 = 3 600/40 = 90(次)

机械纯工作1h正常生产率 = 90 × 0.3 = 27(m³)

施工机械台班产量定额 = 27 × 8 × 0.8 = 172.8(m³/台班)

施工机械台班时间定额 = 1/172.8 = 0.005 79(台班/m³)

预算定额机具耗用台班量 = 0.005 79 × (1 + 25%) × 1 000 = 7.23(台班)

思考6.1-2:已知某挖掘机挖土,一次正常循环工作时间是50s,每次循环平均挖土量为0.5m³,机械时间利用系数为0.85,机械幅度差系数为20%。求该机械挖土方1 000m³的预算定额机具耗用台班量。

课题6.2 掌握预算定额的套用

学习目标

通过本课题的学习,掌握定额直接套用和抽换的基本原则与基本方法,为后续市政工程计量与计价的学习打下基础。与此同时,注重提高解决实际预算定额应用的能力,培养严谨的工作态度。

相关知识

一、预算定额的套用步骤

查用定额是根据编制概预算的具体条件和目的,查得需要的、正确的定额的过程,市政工程概预算定额项目多,内容复杂,查用定额的工作不仅量大,而且要十分细致。为了能够正确地运用定额,首先必须反复学习定额,熟练地掌握定额。

查用概预算定额的步骤,以《湖南省市政工程消耗量标准》(2020年版)为例说明。

1. 确定定额种类

在查用定额时,应将市政工程施工任务分解至分项工程,对每一个分项工程确定要查的定额的项目名称,在定额目录里找到对应的页码,以及对应的定额表。

2. 确定定额表号(或称定额编号)

定额表号一般采用章—节—目—子目的编号方法。在编制预算时,必须保证定额表号的准确性。确定定额编号,应先根据预算项目表依次按章、节、目确定欲查定额的项目名称,再据此在预算定额目录中找到其所在的页次,并找到所需定额项目表,从而确定定额的栏号(子目号)。

3. 查定额项目表

对照该分项工程实际(如土方运距、路面混合料运距、混凝土强度等级等)与定额工作内容判断,是直接套用定额,还是组合定额、抽换定额、补充定额,以确定该分项工程的预算定额工料机消耗量。

4. 查另一项目的定额

该项目的该细目定额查完后,再查该项目的另外细目的定额,依次完成后,再查另外项目的定额。

总之,市政工程定额应用包括直接套用、定额换算和定额补充三种形式,如图6.2-1所示。

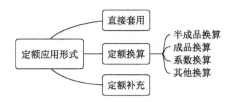

图6.2-1 定额的应用形式

三种形式套用定额确定该分项工程的预算定额工料机消耗量。

二、直接套用

当某分项工程或工序采用的材料、施工方法、工作内容等与定额条件一致时,不需对定额进行调整换算,可直接套用定额计算工、料、机消耗量或人工费、材料费、机械费。人工费、材料费、机械费之和称作直接工程费。直接套用预算定额的注意事项如图6.2-2所示。

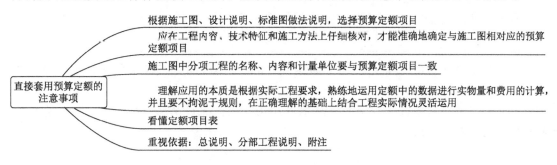

图6.2-2 直接套用预算定额的注意事项

查阅小妙招:①确定定额种类,按"章—节—目—子目"顺序查找;②凡超过某档次时,不论与下一档次相距多远,均套用下一档次,不得取平均值;③凡从定额中查不到的,需仔细阅读说明和计算规则。

【例6.2-1】 试确定挖掘机挖普通土、沟槽的预算定额及所需人工和机械的消耗量。(题干定额项目表见表6.2-1)。

挖掘机挖沟槽、基坑土方定额项目表 表6.2-1

挖掘机挖沟槽、基坑土方

工作内容:挖土,将土堆放在一边,清理机下余土,人工清理沟底土方,工作面内排水,清理边坡。

计量单位:1 000m³

编号				D1-40	D1-41	D1-42
项目				挖土不装车		
				普通土	坚土	淤泥
基价(元)				6 436.49	7 412.70	10 222.34
其中	人工费			2 207.50	2 506.25	2 950.00
	材料费			—	—	—
	机械费			4 228.99	4 906.45	7 272.34
机械	名称	单位	单价	数量		
	履带式推土机(75kW)	台班	1 511.97	0.134	0.157	0.227
	履带式单斗液压挖掘机(1m³)	台班	2 128.11	1.892	2.194	3.256

按"章—节—目—子目"顺序查定额:人工挖土方属土方工程,查看第一章土石方工程(章)—第一节土石方工程(节)—10.挖掘机挖沟槽、基坑土方(目)—D1-40(子目)。

【完成填写】

查预算定额:"D1-40"(定额编号)挖掘机挖沟槽 普通土 不装车 (定额名称)

定额人工费:___2 207.50___(元/1 000m³)

定额材料费:___0___(元/1 000m³)

定额机械费:0.134(台班/1 000m³)×1 511.97(元/台班)+1.892(台班/1 000m³)×2 128.11(元/台班)=4 228.99 (元/1 000m³)

定额基价: 2 207.50+4 228.99 = 6 436.49 (元/1 000m³)

思考6.2-1:试确定运输安装20块面积为2.5m²标志牌的直接工程费及工料机的资源消耗量。

[①参见《湖南省市政工程消耗量标准》(2020年版),完成填写,注意费用单位;②题干定额项目表见表6.2-2。]

标志牌安装定额项目表 表 6.2-2

标志牌安装

工作内容：材料运输、现场清理、安装、位置调整等。　　　　　　　　　　　计量单位：块

编号				D2-247	D2-248	D2-249	D2-250
项目				标志牌安装（标志牌面积）			
				0.36m²以内	1m²以内	3m²以内	5m²以内
基价(元)				79.49	159.00	301.70	579.07
其中	人工费			14.25	28.50	57.00	85.50
	材料费			24.30	48.72	121.98	172.35
	机械费			40.94	81.78	122.72	321.22
	名称	单位	单价	数量			
材料	标志牌	个	—	(1.000)	(1.000)	(1.000)	(1.000)
	螺栓(带帽带垫M18×80)	套	1.50	4.000	8.000	20.000	29.000
	抱箍(抱箍底寸、扁钢50×5)	kg	6.02	2.980	5.980	14.980	20.980
	其他材料费	元	1.00	0.359	0.720	1.803	2.547
机械	高架车(9m)	台班	570.59	0.034	0.067	0.101	0.134
	汽车式起重机(8t)	台班	964.18	—	—	—	0.164
	载重汽车(4t)	台班	468.31	0.046	0.093	0.139	0.185

【完成填写】

查预算定额："_____"（定额编号）_____（定额名称）

人工费：_____（元）

材料消耗量：标志牌_____（个）

　　　　　　螺栓(带帽带垫M18×80)_____（套）

　　　　　　抱箍(抱箍底寸、扁钢50×5)_____（kg）

　　　　　　材料费：_____（元）

机械台班消耗量：高架车(9m)_____（台班）

　　　　　　　　汽车式起重机(8t)_____（台班）

　　　　　　　　载重汽车(4t)_____（台班）

　　　　　　　　机械台班费：_____（元）

　　　　　　　　直接工程费：_____（元）

知识剖析

第一步：确定定额种类（市政道路中的交通管理设施），按"章—节—目—子目"顺序查找定额编号：①注意查看章、节说明；②注意查看工程内容，做到"不重不漏"；③注意定额设置档位；

第二步：根据题干的工程量和定额基价计算直接工程费：

$$直接工程费=工程量×定额基价 \qquad (6.2\text{-}1)$$

第三步：根据资源消耗量的公式计算工、料、机的资源消耗量。

$$M_i = Q \times S_i \qquad (6.2\text{-}2)$$

三、定额换算

当工程项目的内容与定额内容不完全相同时,要对定额相关费用进行相应调整得到新定额,那么实际应用中就需要在原定额后加上中文"换"表示。

换算后的定额基价=原定额基价+调整费用(换入的费用-换出的费用)
　　　　　　　=原定额基价+调整费用(增加的费用-扣除的费用)　　(6.2-3)

> **知识剖析**
>
> 当设计要求与定额的工程内容、材料规格或施工方法等条件不一致时,对混凝土强度、砂浆标号、碎石规格等应加以调整换算;为保持定额的简明性,定额对某些情况采用乘系数方法进行调整。所以套用定额前须认真阅读定额说明,明确定额的适用条件和换算规则。如现浇混凝土项目分现拌混凝土和商品混凝土,如果定额所列混凝土形式与实际不同,除混凝土单价要换算外,人工、机械消耗量还应按定额说明进行调整。
>
> 定额换算类型如图6.2-3所示。

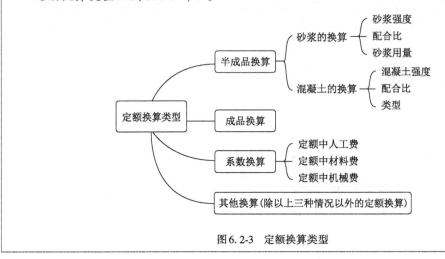

图6.2-3 定额换算类型

1. 半成品换算

(1)混凝土的换算(强度换算)

①换算分析。

在实际工程中,混凝土主要分为普通混凝土和其他混凝土两大类。普通混凝土的强度等级从C10~C60,每种强度等级的混凝土由于组成材料的相关因素(包括水泥种类、石子的品种和粒径、砂子的粒径和水的含量)不同而在价格上有所差异;其他混凝土包括泡沫混凝土、防水混凝土、灌注桩混凝土、水下混凝土、加气混凝土、轻质混凝土、喷射混凝土、沥青混凝土等,价格上也存在差异。虽然混凝土换算实际问题存在,但定额在编制过程中并不需要对涉及不同类型混凝土的施工分项工程一一编制定额项目。因为混凝土类型不同,仅影响分项工程基价中的材料费,而人工费、机械费在施工工艺没有变化的情况下是不变的。综上所述,我们可以根据一些基础性定额,配合附录中的混凝土配合比表,得出实际施工中定额项目的新基价。

②换算思路。

$$\text{换算后的定额基价} = \text{人工费} + \text{换算后的材料费} + \text{机械费} \tag{6.2-4}$$

$$\text{换算后的材料费} = \text{材料费} + \text{原定额混凝土消耗量} \times (\text{换入的混凝土单价} - \text{换出的混凝土单价}) \tag{6.2-5}$$

知识剖析

在半成品换算中,只有材料费会发生变化,人工费、机械费保持不变。

若要将现场拌和的混凝土换算成商品混凝土,一般在对应定额材料机械库中有对应的商品混凝土定额子目,直接套用即可;如果当地没有商品混凝土的定额子目,可以套用现浇拌和混凝土后在人材机中的材料中把现浇拌和混凝土修改成商品混凝土并换算单价即可。注意套用商品混凝土需要去掉机械中的混凝土搅拌机台班消耗量和单价。

③换算步骤。

第一步,确定定额种类,选择参考定额。按"章—节—目—子目"顺序选取与实际施工项目施工工艺相同的定额项目。

第二步,确定配合比定额。若是对现场拌和的混凝土进行换算,在选取时应注意以下3个相关问题:

a. 混凝土的种类应与实际项目一致;

b. 砂的品种应与实际项目一致;

c. 石的品种和粒径范围应与参考定额一致。

第三步,计算换算后的材料费;

第四步,计算换算后的定额基价;

第五步,分析原材料用量:根据配合比定额确定各种原材料的用量。可参照下列公式计算:

$$\text{原材料的用量} = \text{单位原材料用量} \times \text{参考定额混凝土消耗量} \tag{6.2-6}$$

④换算实例。

【例6.2-2】 试确定C30现浇现拌混凝土承台的预算定额,并计算其换算后基价和材料消耗量。

①参见《湖南省市政工程消耗量标准》(2020年版),其中总说明第八条目"八、关于材料:3. 本标准中的水泥混凝土均按运至施工现场的普通商品混凝土编制(各章节另有说明的除外)。如实际采取建站生产的水泥混凝土,自行协商确定;如采用现场生产的,套用《湖南省房屋建筑与装饰工程消耗量标准》'混凝土现场搅拌费'子目执行。"

②已知当商品混凝土换算现浇现拌混凝土时,混凝土调整费定额基价是627.15元/10m³,工程内容:混凝土配送料、搅拌、出料;其中,定额人工费为527.8元/10m³;出料容量500L的双卧轴式混凝土搅拌机台班消耗量为0.3台班/10m³。

③其机械台班单价为331.16元/台班;定额材料费为0。题干定额项目表见表6.2-3、表6.2-4。

承台、支撑梁与横梁定额项目表 表6.2-3

2. 承台、支撑梁与横梁

工作内容：混凝土浇筑、捣固、抹平、养护等。 计量单位：10m³

编号			D3-4	D3-5	D3-6
项目			承台	支撑梁	横梁
基价(元)			6 151.89	6 377.73	6 368.20
其中	人工费		630.00	630.00	630.00
	材料费		5 509.40	5 735.24	5 725.71
	机械费		12.49	12.49	12.49
	名称	单位	单价	数量	
材料	商品混凝土(砾石)(C20)	m³	533.07	10.150	—	—
	商品混凝土(砾石)(C25)	m³	552.65	—	10.150	10.150
	无纺土工布	m²	1.50	3.996	5.175	5.178
	水	t	4.39	2.580	7.590	5.450
	其他材料费	元	1.00	81.420	84.757	84.616
机械	混凝土振动器(插入式)	台班	11.19	1.116	1.116	1.116

混凝土及砂浆配合比表 表6.2-4

附录二 混凝土及砂浆配合比 计量单位：m³

编号			H1-12	H1-13	H1-14	H1-15	H1-16	H1-17
项目			现场现拌普通混凝土					
			坍落度45mm以下					
			砾20					
			C10	C15	C20	C25	C30	C35
			水泥42.5					
基价(元)			459.23	475.30	489.10	493.56	509.85	516.21
其中	人工费		—	—	—	—	—	—
	材料费		459.23	475.30	489.10	493.56	509.85	516.21
	机械费		—	—	—	—	—	—
	名称	单位	单价	数量				
材料	普通硅酸盐水泥(P·O)(42.5级)	kg	0.51	204.780	259.810	322.620	365.130	393.720	434.670
	中净砂(过筛)	m³	272.03	0.713	0.676	0.598	0.530	0.523	0.479
	砾石(最大粒径20mm)	m³	212.81	0.752	0.743	0.757	0.763	0.780	0.768
	水	t	4.39	0.182	0.180	0.180	0.180	0.180	0.180

第一步，确定参考定额，根据"章—节—目—子目"见目录"第三章 桥涵工程""第一节 现浇混凝土工程""2. 承台、支撑梁与横梁""D3-4"。

第二步，确定配合比定额。"商品混凝土(砾石)C20"换查《湖南省建设工程计价办法》(2020年版)"附录二""H1普通混凝土配合比""现场现拌普通混凝土 坍落度45mm以下砾20 C30 水泥42.5级现浇现拌普通混凝土"。

第三步,计算换算后的材料费。
第四步,计算换算后的定额基价。
第五步,分析原材料用量。

【完成填写】

第一、二步,根据实际施工任务,确定定额种类并对材料进行换算。

查得桥梁承台定额为"D3-4换"现浇混凝土承台:"H1-16 现场现拌普通混凝土 坍落度45mm以下 砾20 C30普通硅酸盐水泥(P·O)42.5级"换"商品混凝土砾石C20";

第三步,计算换算后的材料费。

换算后的材料费 = 材料费+原定额混凝土消耗量×(换入的混凝土单价–换出的混凝土单价)
 = 5 509.40+10.150×(509.85–533.07) = 5 273.72(元/10m³)

第四步,换算后的定额基价。

换算后的定额基价 = 人工费+换算后的材料费+机械费 = 630.00+5 273.72+12.49+627.15(根据定额总说明强调的混凝土调整费) = 6 543.36(元/10m³)

第五步,分析原材料的用量。

普通硅酸盐水泥(P·O)(42.5级)用量 = 393.720×10.150 = 3 996.26(kg/10m³)

中净砂(过筛)用量 = 0.523×10.150 = 5.31(m³/10m³)

砾石(最大粒径20mm)的用量 = 0.780×10.150 = 7.92(m³/10m³)

无纺土工布的用量 = 4.00(m²/10m³)

水的用量 = 2.58+0.180×10.150 = 4.41(t/10m³)

【注】 水的用量来自两个部分:现浇现拌混凝土10.150m³/10m³中拌和混凝土用水及养护混凝土或其他现场施工中用水。

其他材料费 = 81.42(元/10m³)

思考6.2-2:试确定C30现浇现拌混凝土柱式墩台的预算定额,以及计算其换算后基价和材料消耗量。

扫描二维码6.2-1查看混凝土柱式墩台定额项目表、混凝土及砂浆配合比项目表。

【完成填写】

查预算定额:"_____"(定额编号)_____(定额名称)

6.2-1

(2)砂浆的换算(强度、配合比换算)

①换算分析。

实际工作中,砂浆主要分为普通砂浆和特种砂浆两大类,普通砂浆根据用途可分为砌筑砂浆和抹灰砂浆。

思考6.2-3:抹灰砂浆与砌筑砂浆工作性能有哪些区别?

知识剖析

抹灰砂浆与砌筑砂浆最主要的区别是砂浆抗压强度。砌筑砂浆的抗压强度要高于抹灰砂浆,主要是因为它们的运用范围不同。抹灰砂浆主要用于装饰,而且配合比会严格按照规范比例配置,所以抹灰砂浆通常用配合比表示。而砌筑砂浆对于抗压强度要求比较高,所以施工图中会标注砂浆的强度等级,像砖基础一般会采用不低于M7.5等级的水泥砂浆砌筑。但是两者材料本质上都属于砂浆。

② 换算思路。

$$换算后的定额基价=人工费+换算后的材料费+机械费 \quad (6.2\text{-}7)$$

换算后的材料费=材料费+原定额砂浆消耗量×(换入的砂浆单价-换出的砂浆单价)

$$(6.2\text{-}8)$$

③ 换算步骤。

砂浆换算步骤和混凝土换算步骤基本相同,这里不再赘述。

④ 换算实例。

【例6.2-3】 试确定M10浆砌片石桥台的预算定额,并计算其换算后基价和材料消耗量。(题干定额项目表见表6.2-5、表6.2-6。)

第一步,确定参考定额,根据"章—节—目—子目"见目录"第三章 桥涵工程""第三节 砌筑工程""2.浆砌片(块)石""D3-169:浆砌片石墩、台、墙"。

第二步,确定配合比定额:"水泥42.5 水泥砂浆M7.5"换查《湖南省建设工程计价办法(2020年版)》"附录二""H10 砌筑砂浆配合比""H10-3 水泥42.5 水泥砂浆M10"。

第三步,计算换算后的材料费。

第四步,计算换算后的定额基价。

第五步,分析原材料用量。

浆砌片(块)石定额项目表 表6.2-5

2. 浆砌片(块)石

工作内容:放样;安拆样架、样桩;选修、冲洗石料;配拌砂浆;砌筑;湿治养生等。

计量单位:10m³

编号				D3-167	D3-168	D3-169
项目				浆砌片石		
				基础、护底	护拱	墩、台、墙
基价(元)				5 194.18	5 012.47	6 175.34
其中	人工费			2 250.00	2 052.75	2 988.13
	材料费			2 870.32	2 870.32	2 911.60
	机械费			73.86	89.40	275.61
	名称	单位	单价	数量		
材料	片石	m³	156.70	11.500	11.500	11.500
	水	t	4.39	3.300	3.300	7.300
	水泥(42.5级),水泥砂浆(M7.5)	m³	288.96	3.500	3.500	3.580
	其他材料费	元	1.00	42.419	42.419	43.029
机械	轮胎式装载机(1m³)	台班	777.00	0.080	0.100	0.100
	履带式起重机(25t)	台班	1 069.10	—	—	0.174
	灰浆搅拌机(200L)	台班	182.80	0.064	0.064	0.065

(H10)砌筑浆砌配合比表 表6.2-6

十、(H10)砌筑砂浆配合比

计量单位:m³

编号				H10-1	H10-2	H10-3	H10-4	H10-5
项目				水泥42.5 水泥砂浆				水泥42.5 防水砂浆
				M5	M7.5	M10	M20	M10
基价(元)				268.57	288.96	306.25	364.19	339.34
其中	人工费			—	—	—	—	—
	材料费			268.57	288.96	306.25	364.19	339.34
	机械费							
	名称	单位	单价	数量				
材料	普通硅酸盐水泥(P·O)(42.5级)	kg	0.51	219.300	260.360	293.950	408.000	319.260
	河砂综合	m³	120.00	1.296	1.291	1.292	1.288	1.288
	防水粉	kg	1.20	—	—	—	—	17.170
	水	t	4.39	0.275	0.287	0.295	0.354	0.308

【完成填写】

第一、二步,根据实际施工任务,确定定额种类并对材料进行换算。

查得桥梁砌筑工程桥台定额为"D3-169换:浆砌片石 墩、台、墙"M10浆砌片石桥台:"H10-3 水泥42.5 水泥砂浆 M10"换"水泥42.5 水泥砂浆 M7.5";

第三步,计算换算后的材料费。

换算后的材料费=材料费+原定额砂浆消耗量×(换入的砂浆单价−换出的砂浆单价)
=2 911.60+3.580×(306.25−288.96)=2 973.50(元/10m³)

第四步,计算换算后的定额基价。

换算后的定额基价=人工费+换算后的材料费+机械费
=2 988.13+2 973.50+275.61=6 237.24(元/10m³)

第五步,分析原材料的用量。

片石用量=11.50m³/10m³

普通硅酸盐水泥(P·O)42.5级用量=293.95×3.580=1 052.34(kg/10m³)

河砂综合用量 = 1.292 × 3.580 = 4.63(m³/10m³)

水的用量=7.30 + (0.295 − 0.287) × 3.580 = 7.33(t/10m³)

其他材料费 = 43.03 (元/10m³)

思考6.2-4:试确定1:1水泥砂浆矩形人行道板安砌的预算定额,以及计算其换算后的基价和材料消耗量。

扫描二维码6.2-2查看人行道板安砌定额项目表、抹灰砂浆配合比项目表。

【完成填写】

查预算定额:"_____"(定额编号)_____(定额名称)

6.2-2

2. 成品材料的换算(单价调整)

①换算分析。

当预算定额项目中的成品材料(多半是主材)规格、品种与设计图纸不符合时,按定额说明规定对材料进行换算。

②换算思路。

$$换算后的定额基价 = 人工费 + 换算后的材料费 + 机械费 \qquad (6.2\text{-}9)$$

换算后的材料费=材料费+原材料定额消耗量×(换入的材料单价−换出的材料单价)

$$(6.2\text{-}10)$$

③换算实例。

【示例6.2-4】 某道路工程采用异形文化青石人行道板铺设,下铺2cm厚1:3水泥砂浆卧底,3cm厚异形文化青石人行道板的单价为55.03元/m²,试确定人行道板铺设套用的预算定额,并计算其换算后的基价和材料消耗量。(人工消耗量不变;题干定额项目表见表6.2-7。)

人行道板安砌定额项目表 表6.2-7

2. 人行道板安砌

工作内容:放样、运料、配料、拌和、安砌、灌缝、扫缝。 计量单位:100m²

编号				D2-153	D2-154	D2-155	D2-156
项目				预制块料人行道板		花岗岩板材	
				矩形	异形	厚度30mm内	厚度30~50mm
基价(元)				7 351.36	8 525.86	15 950.86	19 147.59
其中	人工费			2 695.50	3 870.00	4 212.13	4 830.13
	材料费			4 573.60	4 573.60	11 584.35	14 157.31
	机械费			82.26	82.26	154.38	160.15
	名称	单位	单价	数量			
材料	预制混凝土道板	m²	33.04	102.000	—	—	—
	预制混凝土道板(异形)	m²	33.04	—	102.000	—	—
	花岗岩板(30mm)	m²	101.59	—	—	102.000	—
	花岗岩板(30~50mm)	m²	126.97	—	—	1.000	102.000
	水	t	4.39	1.000	1.000	1.000	1.000
	水泥砂浆1:3	m³	538.83	2.100	2.100	2.100	2.100
	其他材料费	元	1.00	67.590	67.590	86.236	70.434
机械	砂轮切割机(350mm)	台班	37.70	—	—	1.913	2.066
	灰浆搅拌机(200L)	台班	182.80	0.450	0.450	0.450	0.450

【完成填写】

第一、二步,根据实际施工任务,确定定额种类并对材料进行换算。

查得道路工程人行道安砌(先确定花岗岩板材安砌)的定额为"D2-155换:人行道板安砌花岗岩板材 厚度30mm以内"异形文化青石人行道板铺设:"异形文化青石人行道板"换"花岗岩板30mm"。

第三步,计算换算后的材料费。

换算后的材料费=材料费+原材料定额消耗量×(换入的材料单价-换出的材料单价)
=11 584.35+102.00×(55.03-101.59)= 6 835.23(元/100m²)

第四步,计算换算后的定额基价。

换算后的定额基价=人工费+换算后的材料费+机械费
=4 212.13+ 6 835.23+154.38= 11 201.74(元/100m²)

第五步,分析原材料的用量。

除主材外,其他材料没有调整,略。

3. 系数换算

系数换算是根据某个原始定额的基价和定额分部说明中规定的系数换算。系数换算对象分类如图6.2-4所示。

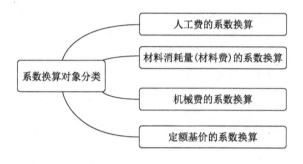

图6.2-4 系数换算对象分类

(1)人工费的系数换算

①换算分析。此种情况的换算一般是因为在实际的分项工程施工中,人工作业的危险系数增加,所以会在原定额人工费的基础上乘大于1的系数。

②换算思路。

$$换算后人工费 = 原定额人工费 × 定额规定系数 \quad (6.2\text{-}11)$$

③换算步骤。

第一步,确定定额种类,选择参考定额:按"章—节—目—子目"顺序选取与实际施工项目施工工艺相同的定额项目。

第二步,查找总说明、章说明、节说明中对相应定额的补充应用条款,最终确定定额中人工费(系数换算的其他情况亦相同)的调整方法并进行换算。

第三步,计算换算后的人工费(系数换算的其他情况亦相同):通过式(6.2-11)得出换算后的人工费。

第四步,计算换算后的定额基价。

④换算实例。

【例6.2-5】 试确定在挡土板支撑下每3m设置横向支撑下挖普通土沟槽(不装车)(≤9m)的定额子目、基价以及人工费和机械台班消耗量。

①参见《湖南省市政工程消耗量标准》(2020年版),"第一章 土石方工程""第一节 土石方工程 节说明"第九条目"九、在横撑间距小于或等于3m的支撑下挖土的,按实挖体积人工乘以系数1.43,机械乘以系数1.20,在横撑间距大于3m的支撑下挖土的,不作调整。

先开挖后支撑的不属支撑下挖土。大型支撑基坑土方不适用本条说明。"②题干定额项目表见表6.2-8。

挖掘机挖沟槽、基坑土方定额项目表　　　　　　　　　　　　　　　表6.2-8

10. 挖掘机挖沟槽、基坑土方

工作内容：挖土，将土堆放在一边，清理机下余土，人工清理沟底土方，工作面内排水，清理边坡。

计量单位：1 000m³

编号			D1-40	D1-41	D1-42
项目			\multicolumn{3}{c}{挖土不装车}		
			普通土	坚土	淤泥
基价(元)			6 436.49	7 412.70	10 222.34
其中	人工费		2 207.50	2 506.25	2 950.00
	材料费		—	—	—
	机械费		4 228.99	4 906.45	7 272.34
	名称	单位	单价	\multicolumn{2}{c}{数量}	
机械	履带式推土机(75kW)	台班	1 511.97	0.134	0.157	0.227
	履带式单斗液压挖掘机(1m³)	台班	2 128.11	1.892	2.194	3.256

【完成填写】

第一步，根据实际施工任务，确定定额种类。

查得土方工程机械挖普通土沟槽的定额为"D1-40换：挖掘机挖沟槽普通土，不装车"。

第二步，计算系数换算后的人工费（机械费）。

换算后的人工费=<u>原定额人工费×定额规定系数</u>=2 207.50×1.43=3 156.73（元/1 000m³）

换算后的机械费=<u>原定额机械费×定额规定系数</u>=4 228.99×1.20=5 074.79（元/1 000m³）

第三步，计算换算后的定额基价。

换算后的定额基价=<u>3 156.73+5 074.79=8 231.52</u>（元/1 000m³）

思考6.2-5：试确定需要现场切割弧形的简异型人行道板安砌的人工费。

参见《湖南省市政工程消耗量标准》(2020年版)，"第二章 道路工程""第四节 人行道侧缘石 节说明"第四条目"四、花岗岩地面铺装适用于工字铺、人字铺、菱形铺、席纹铺等规整铺装。现场切割加工简单弧形、简单异型的石材块料面层，按相应项目人工乘以系数1.25，材料损耗另行计算；不能现场切割加工的复杂弧形、复杂异型的石材块料铺装，材料按成品考虑，按相应项目人工乘系数1.1。"

扫描二维码6.2-3查看人行道板安砌定额项目表。

【完成填写】

查预算定额:"＿＿＿＿＿＿＿"(定额编号)＿＿＿＿＿＿＿＿＿＿＿＿＿(定额名称)

6.2-3

(2)材料消耗量(材料费)的系数换算

①换算分析。

定额在编制过程中,对于组成某些混合物的原材料的选用为一个初始默认值。在实际情况中,当原材料发生变化时,可以根据定额说明中的相关条文,对原定额的材料消耗量作乘系数的调整,以期达到换算的目的。(注意:此种情况是定额中可以改变材料消耗量的特殊情况,除此之外不允许对定额材料的消耗量作随意更改。)

②换算思路。

$$换算后的消耗量 = 定额规定基数 \times 定额规定系数 \tag{6.2-12}$$

$$换算后的材料费 = \sum(各种材料的消耗量 \times 各种材料的单价) \tag{6.2-13}$$

③换算实例。

【例6.2-6】 摊铺24cm厚四合土基层,其中石灰、黏土、煤渣、河砾石设计配合比＝2∶1∶4∶4,试确定其材料费和基价。

①参见《湖南省市政工程消耗量标准》(2020年版),"第二章 道路工程""第二节 道路基层 节说明"第四条目"四、多合料基层子目摊铺材料及配合比不同时,可按试验配比调整材料含量,或按附录中的配合比材料换算,人工、机械不变。"②题干定额项目表见表6.2-9、表6.2-10。

多合料基层定额项目表　　　　　　　　　表6.2-9

6. 多合料基层

工作内容:放线、配料、洒水、消解石灰、拌和、摊铺、整形、碾压、场内运输。　　计量单位:100m²

编号		D2-52	D2-53
项目		装载机拌和	
		厚度20cm	每增减1cm
基价(元)		6 303.36	312.56
其中	人工费	970.00	48.75
	材料费	5 032.39	251.62
	机械费	300.97	12.19

续上表

	名称	单位	单价	数量	
材料	石灰、黏土、煤渣、河砾石1∶0.5∶2∶2	m³	243.04	20.400	1.020
	其他材料费	元	1.00	74.370	3.719
机械	轮胎式装载机(2m³)	台班	1 170.84	0.179	0.009
	平地机(120kW)	台班	1 448.45	0.013	—
	钢轮振动压路机(12t)	台班	1 344.46	0.027	—
	钢轮振动压路机(15t)	台班	1 648.11	0.022	0.001

垫层混合材料配合比表 表6.2-10

计量单位:m³

	编号			H13-45	H13-46	H13-47	H13-48	H13-49
	项目			矿渣混凝土		石灰、黏土、煤渣、河砾石	石灰、煤渣、河砾石	石灰、煤渣、碎石
				LC7.5	LC10	1∶0.5∶2∶2	1∶2∶2	1∶3∶3
	基价(元)			**222.88**	**242.51**	**243.04**	**263.44**	**263.71**
其中	人工费			—	—	—	—	—
	材料费			222.88	242.51	243.04	263.44	263.71
	机械费			—	—	—	—	—
	名称	单位	单价	数量				
材料	普通硅酸盐水泥(P·O)(42.5级)	kg	0.51	158.000	188.000	—	—	—
	碎石(最大粒径40mm)	m³	190.82	—	—	—	—	0.735
	矿渣	m³	64.32	1.550	1.490	—	—	—
	河砾石	m³	212.81	—	—	0.572	0.637	—
	黏土	m³	41.20	—	—	0.145	—	—
	煤渣	m³	100.00	—	—	0.572	0.637	0.735
	生石灰	kg	0.39	107.000	128.000	144.000	160.000	124.000
	水	t	4.39	0.200	0.200	0.451	0.406	0.363

【完成填写】

第一步,根据实际施工任务,确定定额种类。

查得道路工程道路基层摊铺的定额为"D2-52换:多合料基层装载机拌和24cm厚"。

第二步,查找总说明、章说明、节说明中对相应定额的补充应用条款,最终确定定额中材料消耗量(材料费)调整方法并进行系数换算。

第三步,计算系数换算后的材料消耗量(材料费)。

石灰、黏土、煤渣、河砾石设计配合比为2:1:4:4的材料数量如下:

$C_{河砾石}=[20.400+1.020×(24-20)]×4/2×0.572=28.01(m^3/100m^2)$

$C_{黏土}=[20.400+1.020×(24-20)]×1/0.5×0.145=7.10(m^3/100m^2)$

$C_{煤渣}=[20.400+1.020×(24-20)]×4/2×0.572=28.01(m^3/100m^2)$

$C_{生石灰}=[20.400+1.020×(24-20)]×2/1×144.000=7050.24(kg/100m^2)$

$C_{水}=[20.400+1.020×(24-20)]×0.451=11.04(t/100m^2)$

换算后的材料费=28.01×212.81+7.10×41.20+28.01×100.00+7050.24×0.39+11.04×4.39=11852.39(元/100m²)

换算后的人工费=970.00+48.75×(2=300.97+12.19×(24-20)4-20)=1165(元/100m²)

换算后的机械费=300.97+12.19×(24-20)=349.73(元/100m²)

第四步,计算换算后的定额基价。

换算后的定额基价=11852.39+1165+349.73=13367.12(元/100m²)

知识剖析

当设计配合比与定额标明的配合比不同时,有关材料消耗量可分别按下式换算:

$$C_i = [C_d + B_d \times (H_1 - H_0)] \times L_i/L_d \quad (6.2\text{-}14)$$

式中:C_i——按设计配合比换算后的材料数量;

C_d——定额中基本压实厚度的材料数量;

B_d——定额中压实厚度每增减1cm的材料数量;

H_0——定额的基本压实厚度;

H_1——设计的压实厚度;

L_d——定额标明的材料百分率;

L_i——设计配合比的材料百分率。

(3)机械费的系数换算

机械费乘系数的换算在定额中比较特殊,主要是为了兼顾编制过程中遵循简明扼要的原则。

思考6.2-6:试确定挖密实钢渣装车的机械费和基价。

参见《湖南省市政工程消耗量标准》(2020年版),"第一章 土石方工程""第一节 土石方工程 节说明"第五条目"五、挖密实的钢碴,按挖坚土人工、机械乘以系数1.50。"

扫描二维码6.2-4查看挖掘机挖土装车定额项目表。

【完成填写】
查预算定额:"_____"(定额编号)_____(定额名称)

6.2-4

(4)定额基价的系数换算
①换算分析。
定额基价乘系数换算,是为了兼顾编制过程中遵循简明扼要的原则。一般根据定额分部说明中具体条文进行换算即可。
②换算思路。

$$换算后的基价 = 定额规定基数 \times 原定额基价 \qquad (6.2\text{-}15)$$

③换算步骤。
第一步,确定定额种类,选择参考定额:按"章—节—目—子目"顺序选取与实际施工项目施工工艺相同的定额项目。
第二步,查找总说明、章说明、节说明中对相应定额的补充应用条款,最终确定定额调整方法并进行系数换算。
第三步,计算换算后的基价。
④换算实例。

【例6.2-7】 摊铺含灰量10%石灰稳定土基层(拖拉机拌和)厚38cm,试确定其换算后的基价。
①参见《湖南省市政工程消耗量标准》(2020年版),"第二章 道路工程""第二节 道路基层 节说明"第五条目"五、道路基层厚度有设计按设计执行,没有设计按本节中"每增减"子目适用于压实厚度30cm以内,压实厚度在30cm以上的,应分解为两个结构层铺筑计算。"②题干定额项目表见表6.2-11、表6.2-12。

石灰稳定土基层定额项目表1   表6.2-11
石灰稳定土基层
工作内容:放样、清理路床、运料、上料、铺石灰、焖水、配料拌和、找平、碾压、人工处理碾压不到之处、清除杂物。

计量单位:100m²

编号	D2-34	D2-35	D2-36
项目	拖拉机拌和(带犁耙)		
	厚度20cm		
	含灰量10%	含灰量12%	含灰量14%
基价(元)	3 284.02	3 624.09	3 964.83

续上表

编号			D2-34	D2-35	D2-36
项目			拖拉机拌和(带犁耙)		
			厚度20cm		
			含灰量10%	含灰量12%	含灰量14%
其中	人工费		425.00	521.25	618.75
	材料费		2 486.99	2 730.81	2 974.05
	机械费		372.03	372.03	372.03
	名称	单位	单价	数量	
材料	生石灰	kg	0.39	3 400.000	4 080.000	4 760.000
	黏土	m³	41.20	26.910	26.310	25.710
	水	t	4.39	3.540	3.480	3.290
	其他材料费	元	1.00	36.753	40.357	43.952
机械	履带式推土机(75kW)	台班	1 511.97	0.102	0.102	0.102
	平地机(120kW)	台班	1 448.45	0.013	0.013	0.013
	履带式拖拉机(60kW)	台班	710.20	0.178	0.178	0.178
	钢轮振动压路机(12t)	台班	1 344.46	0.027	0.027	0.027
	钢轮振动压路机(15t)	台班	1 648.11	0.022	0.022	0.022

石灰稳定土基层定额项目表2 表6.2-12

工作内容：放样、清理路床、运料、上料、铺石灰、焖水、配料拌和、找平、碾压、人工处理碾压不到之处、清除杂物。

计量单位：100m²

编号			D2-37	D2-38	D2-39
项目			拖拉机拌和(带犁耙)		
			厚度每增减1cm		
			含灰量10%	含灰量12%	含灰量14%
基价(元)			160.43	167.51	175.63
其中	人工费		31.25	23.75	21.25
	材料费		124.51	139.09	149.71
	机械费		4.67	4.67	4.67
	名称	单位	单价	数量		
材料	生石灰	kg	0.39	170.000	210.000	240.000
	黏土	m³	41.20	1.350	1.320	1.290

续上表

	名称	单位	单价	数量		
材料	水	t	4.39	0.170	0.170	0.170
	其他材料费	元	1.00	1.840	2.055	2.212
机械	履带式推土机(75kW)	台班	1 511.97	0.002	0.002	0.002
	钢轮振动压路机(15t)	台班	1 648.11	0.001	0.001	0.001

【完成填写】

第一步,根据实际施工任务,确定定额种类:查得道路工程道路石灰稳定土基层摊铺的定额为"D2-34换:石灰稳定土基层拖拉机拌和(带犁耙)厚度20cm含灰量10%"。

第二步,查找总说明、章说明、节说明中对相应定额的补充应用条款,最终确定定额中调整方法并进行系数换算:"五、道路基层厚度有设计按设计执行,没有设计按本节中'每增减'子目适用于压实厚度30cm以内,压实厚度在30cm以上的,应分解为两个结构层铺筑计算。"本例38cm厚需进行分层摊铺,有多种方案:18cm+20cm两层摊铺,19cm+19cm两层摊铺;拟定18cm+20cm两层摊铺方案。

定额套用为:"D2-34 + D2-37×(-2)换:石灰稳定土基层拖拉机拌和(带犁耙)厚度18cm含灰量10%"+"D2-34:石灰稳定土基层 拖拉机拌和(带犁耙) 厚度20cm含灰量10%"。

第三步,计算系数换算后的基价。

换算后的基价 = 3 284.02 + 160.43 × (-2) + 3 284.02 = 6 247.18(元/100m^2)

思考6.2-7:试确定压实厚度25cm的水泥含量5%的厂拌水泥稳定碎石基层的材料费和基价。

扫描二维码6.2-5查看水泥稳定碎石基层定额项目表。

【完成填写】

查预算定额:"_____"(定额编号)_____(定额名称)

6.2-5

4. 其他换算

其他(复合型)换算是指一个定额涉及多个换算的情况。这些换算既可能是同一种换算类型的多次叠加,也可能是不同种类换算的叠加。其换算思路和换算步骤基本与前述内容相同。

【例6.2-8】 在木挡土板钢支撑(密撑)下挖沟槽土方,沟槽横截面尺寸为4.5m(宽)×4m(深),试确定挡土板支撑换算后的基价。

①参见《湖南省市政工程消耗量标准》(2020年版),"第一章 土石方工程""第三节 支撑工程 节说明"第四条目"四、挡土板支撑按槽坑两侧同时支撑挡土板考虑,支撑面积为两侧挡土板面积之和,支撑宽度为4.1m以内。如槽坑宽度超过4.1m时,其两侧均按一侧支挡土板考虑。按槽坑一侧支撑挡土板面积计算时,人工费乘以系数1.33,除挡土板外,其他材料乘以系数2.0。"②题干定额项目表见表6.2-13。

木挡土板定额项目表　　　　　　　　　　　　　　　表6.2-13

工作内容:制作、运输、安装、拆除,堆放指定地点。　　　　计量单位:100m²

编号			D1-134	D1-135	D1-136	D1-137
项目			密挡土板		疏挡土板	
			木支撑	钢支撑	木支撑	钢支撑
基价(元)			3 266.21	2 506.69	2 682.56	2 055.93
其中	人工费		2 406.38	1 830.38	1 869.75	1 424.25
	材料费		859.83	676.31	812.81	631.68
	机械费		—	—	—	—
材料	名称	单位	单价	数量		
	铁撑脚	kg	5.13	—	19.301	—	19.301
	马钉(L=250mm)	kg	4.25	9.140	9.140	9.140	9.140
	铁丝(φ3.5)	kg	3.89	7.200	7.200	7.200	7.200
	标准砖(240mm×115mm×53mm)	千块	579.15	—	—	0.188	0.188
	原木	m³	1 490.00	0.226	—	0.226	—
	板方材	m³	1 637.17	0.065	0.060	0.051	0.049
	焊接钢管(DN40)	kg	4.17	—	15.613	—	15.613
	木挡土板	m³	853.45	0.395	0.395	0.240	0.237
	其他材料费	元	1.00	12.707	9.995	12.012	9.335

【完成填写】

第一步,根据实际施工任务,确定定额种类:查得定额为"D1-135换:木挡土板 密挡土板 钢支撑;槽坑宽度4.5m"。

第二步,查找总说明、章说明、节说明中对相应定额的补充应用条款,最终确定定额中调整方法并进行系数换算:"槽坑宽度超过4.1m时,其两侧均按一侧支挡土板考虑。按槽坑一侧支撑挡土板面积计算时,人工费乘以系数1.33,除挡土板外,其他材料乘以系数2.0。"

第三步,计算系数换算后的人工费、材料费。

换算后的人工费=1 830.38×1.33=2 434.41(元/100m²)

换算后的材料费=676.31×2.0-0.395×853.45=1 015.51(元/100m²)

第四步,计算系数换算后的基价。

换算后的基价=2 434.41+1 015.51=3 449.92(元/100m²)

思考6.2-8:D800混凝土排水管道采用钢丝网水泥砂浆抹带进行接口处理,其中管座采用135°混凝土基层,试确定该排水管接口处理的基价。

参见《湖南省市政工程消耗量标准》(2020年版),"第五章管网工程""第一节管道铺设说明"第十三条目"十三、钢丝网水泥砂浆抹带接口按管座120°和180°编制。如管座角度为90°和135°,按管座120°内容分别乘以系数1.33和0.89。"

扫描二维码6.2-6查看钢丝网水泥砂浆抹带接口定额项目表。

【完成填写】

查预算定额:"＿＿＿＿＿＿＿"(定额编号)＿＿＿＿＿＿＿＿＿＿＿＿＿＿(定额名称)

6.2-6

技能篇

模块 3

工程量清单编制

课程导入

从2003年开始，国家开始推行工程量清单计价模式，意味着我国工程造价的计价模式由传统的预算定额计价模式向国际上通行的工程量清单计价模式转变；中华人民共和国住房和城乡建设部、中华人民共和国质量监督检验检疫总局先后颁布《建设工程工程量清单计价规范》(GB 50500—2003)、《建设工程工程量清单计价规范》(GB 50500—2008)、《建设工程工程量清单计价规范》(GB 50500—2013)。目前，工程量清单计价模式日趋成熟，使用范围日益广泛；在招标投标时，无论是作为招标控制价(标底)还是投标报价，其招标人和投标人都需要按国家规定的统一工程量计算规则计算工程数量，然后按建设行政主管部门颁布的预算定额或单位估价表计算工料机的费用，再按有关费用标准计取其他费用。

湖南省住房和城乡建设厅于2013年发布的《关于贯彻〈建设工程工程量清单计价规范〉(GB 50500—2013)等国家标准的通知》确定，湖南省市政工程工程量清单计价自2014年1月1日起按《建设工程工程量清单计价规范》(GB 50500—2013)、《市政工程工程量计算规范》(GB 50857—2013)实施。同时，对相关费用做出调整。

学习要求

现将本模块内容分解成若干单元，并依据内容的篇幅和重要性赋予了相应的权重(下表)，供学习者参考。

模块内容	单元分解	权重
单元7 工程量清单编制基本知识	课题7.1 掌握工程量清单基本概念	20%
	课题7.2 了解工程量清单的编制	
单元8 土石方工程量清单编制	课题8.1 掌握土石方工程量清单编制规则	20%
	课题8.2 掌握土石方工程量计算方法	
单元9 道路工程量清单编制	课题9.1 掌握道路工程量清单编制	20%
	课题9.2 掌握道路工程量计算方法	
单元10 桥涵工程量清单编制	课题10.1 掌握桥涵工程量清单编制规则	20%
	课题10.2 掌握桥涵工程量计算方法	

续上表

模块内容	单元分解	权重
单元11 管网工程量清单编制	课题11.1 掌握管网工程量清单编制规则	20%
	课题11.2 掌握管网工程量计算方法	

单元7　工程量清单编制基本知识

课题7.1　掌握工程量清单基本概念

学习要求

通过本课题的学习,能阐述工程量清单的概念,能说明清单工程量与定额工程量的区别及其在工程项目管理中的作用。与此同时,培养终身学习的习惯,持续更新工程量清单编制相关知识,以适应未来行业发展的需要。

相关知识

一、工程量清单概念

工程量清单是建设工程文件中载明建设项目名称、项目特征、计量单位和工程数量等的明细清单。编制工程量清单需按照国家统一的工程量计算规则将拟招标工程进行合理分解,以明确工程的内容和范围,并将这些内容进行数理化形成一套工程项目数量表。工程量清单是编制招标控制价、投标报价、计算工程量、支付工程款、调整合同价款、办理竣工结算以及工程索赔等工程计价活动开展的依据。

思考7.1-1:工程量清单包括哪些项目内容?招标文件的工程量清单与投标报价中的工程量清单是否有区别?

知识剖析

(1)根据《住房城乡建设部关于进一步推进工程造价管理改革的指导意见》(建标〔2014〕142号)的要求,清单计价方式应满足"完善工程项目划分,建立多层级工程量清单,形成以清单计价规范和各专(行)业工程量计算规范配套使用的清单规范体系,满足不同设计深度、不同复杂程度、不同承包方式及不同管理需求下工程计价的需要"的原则。但由于我国目前使用的《建设工程工程量清单计价规范》主要用于施工图完成后进行发包的阶段,故工程量清单项目内容包括分部分项工程项目清单、措施项目清单、其他项目清单、增值税项目清单[参见《湖南省建设工程计价办法》(2020年版),此处的规费已计入人工费中]。工程量清单的组成如图7.1-1所示。

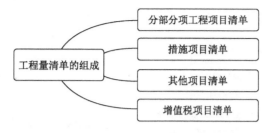

图7.1-1 工程量清单的组成

(2)招标文件中的工程量清单称为招标工程量清单,是招标人依据国家标准招标文件、设计文件以及施工现场实际情况编制的,随招标文件发布,供投标报价,包括说明和表格。

投标报价中的工程量清单称为已标价工程量清单,是施工合同中已经由承包人在投标报价或签合同之前报过价的工程量清单。构成合同文件组成部分的投标文件中已标明价格,经算术性错误修正(如有)且承包人已确认的工程量清单,包括说明和表格。中标后,它是确定合同工程量清单的基础。

已标价工程量清单与招标工程量清单的区别:招标工程量清单应是招标人或招标代理发给潜在投标人的工程量清单,有工程量但没填单价;已标价工程量清单是写了单价的工程量清单,即比招标工程量清单多了"单价"和"合计",已标价工程量清单格式必须与招标工程量清单一致,否则为废标。

二、清单工程量与定额工程量

清单工程量根据工程量清单计价规范规定计算,定额工程量根据预算定额工程量计算规则计算。清单工程量与定额工程量都是根据图纸及相应的计算规则计算出的准确工程量,只是二者的计算规则可能不同。

(1)清单工程量和定额工程量在造价中的本质区别:清单工程量是形成工程实体的净工程量,除了图纸,基本上不考虑其他因素;定额工程量是施工工程量,受施工方法、环境、地质等因素影响较大。

(2)清单工程量和定额工程量在造价中的主要区别:清单工程量一般是工程实体消耗的实际用量,如土方开挖的清单工程量是基础构件基底面积乘土方开挖深度,不用考虑土方开挖时需要放坡而增加的工程量。定额工程量一般包括实体工程中实际用量和损耗量,一般情况下定额工程量大于清单工程量。它们的主要区别由两种计算规则决定的。定额工程量是每一个分项工程量,清单工程量是某一部分的分项工程量的综合。

(3)清单工程量和定额工程量在造价中的关系:定额工程量是清单计价的基础,清单工程量以主要工程量为基数。例如,挖土的分部分项工程可能包括挖土、装土、运土等,其清单工程量就等于挖土的工程量;工程量清单涵盖分解出的挖土的定额工程量、装土的定额工程量及运土的定额工程量。

如表7.1-1所示清单项目"水泥稳定碎(砾)石"包含了摊铺、场外运输和洒水养护3个方面完整的施工过程。那么,所套的3个定额则分别表达了这些施工过程。

分部分项工程项目清单与措施项目清单计价表示例　　　　　　　　　表7.1-1

序号	项目编码	项目名称	项目特征	计量单位	工程量	金额(元)		
						综合单价	合价	其中：暂估价
1	040202015001	水泥稳定碎(砾)石		m²	180 000			
1.1	D2-40 +D2-41×(−2)换	水泥稳定料基层水泥稳定砂砾厚度20cm换实际厚度18cm	1. 水泥含量:5%； 2. 石料规格:级配碎石； 3. 厚度:18cm	100m²	1 800.00			
1.2	D2-54+D2-55×4换	多合料场外运输载重12t内运距1km内换实际运距5km		100m³	324.00			
1.3	D2-56	多合料基层养生洒水养护		100m²	1 800.00			

课题7.2　了解工程量清单的编制

学习目标

通过本课题的学习,能掌握工程量清单编制的依据、原则、编制步骤等基础知识,为后续使用工程量清单进行招标、投标夯实基础。与此同时,提升独立思考和操作的能力。

相关知识

一、工程量清单编制依据

工程量清单的编制是招标工作的核心工作。招标工程量清单是招标文件的主要组成部分,是工程量清单计价的基础,应作为编制招标控制价、投标报价、计算或调整工程量、索赔等的依据之一。招标工程量清单应由具有编制能力的招标人或受其委托具有相应资质的工程造价咨询人员编制和复核。

思考7.2-1:招标工程量清单编制的依据有哪些?

知识剖析

招标工程量清单应以单位(项)工程为单位编制,应由分部分项工程量清单、措施项目清单、其他项目清单、增值税项目清单组成,招标工程量清单的编制依据如图7.2-1所示。

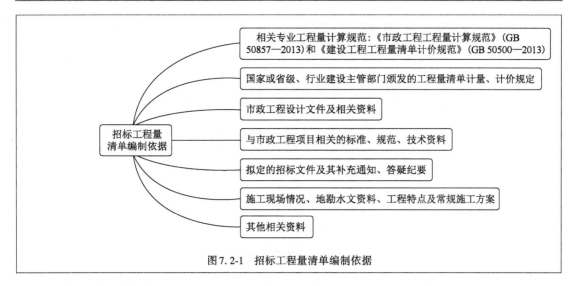

图 7.2-1 招标工程量清单编制依据

二、工程量清单编制原则

分部分项工程量清单包括的内容应满足两个方面的要求:一是满足方便管理和规范管理的要求,二是满足工程计价的要求。为了满足上述要求,工程量清单编制必须符合"四个统一、三个自主、两个分离"的原则。四个统一,即项目编码统一、项目名称统一、计量单位统一、计算规则统一;三个自主,即自主确定工料机消耗量、自主确定工料机单价、自主确定除规范强制性规定外的措施项目费及其他项目的内容和费率;两个分离,即量价分离、清单工程量与计价工程量分离。

三、工程量清单编制步骤

工程量清单编制步骤如图 7.2-2 所示。

图 7.2-2 工程量清单编制步骤

1. 分部分项工程项目清单编制

分部分项工程项目清单反映的是拟建工程分项实体工程项目名称和相应数量的明细。其必须根据《市政工程工程量计算规范》(GB 50857—2013)附录规定的项目编码、项目名称、项目特征、计量单位和工程量计算规则编制和复核。在分部分项工程项目清单的编制过程中,由招标人负责表 7.1-1 中前六项内容填写,金额部分在编制招标控制价或投标报价时填写。

(1)项目编码

工程量清单的项目编码是工程量清单项目名称的数字标识,共由十二位阿拉伯数字表示:一至九位应按《市政工程工程量计算规范》(GB 50857—2013)附录的规定设置;十至十二位应根据拟建工程的工程量清单名称设置。同一招标工程的项目编码不得有重码。

各位数字的含义:一、二位为专业工程代码(01-房屋建筑与装饰工程;02-仿古建筑工程;03-通用安装工程;04-市政工程;05-园林绿化工程;06-矿山工程;07-构筑物工程;08-城市轨道交通工程;09-爆破工程);三、四位为附录分类顺序码;五、六位为分部工程顺序码;七至九位为分项工程项目名称顺序码；十至十二位为工程量清单项目名称顺序码，如图 7.2-3 所示。

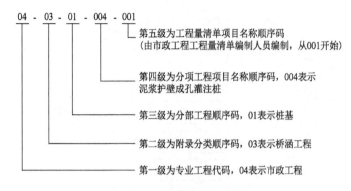

图 7.2-3　工程量清单编码解析

当同一个标段或合同段的一份工程量清单中含有多个单位工程，且工程量清单是以单位工程为编制对象时，在编制工程量清单时，应特别注意对项目编码十至十二位的设置，不得有重码。

思考 7.2-2：如果一个标段或合同段的工程量清单中含有 3 个单位工程，但每个单位工程都有项目特征相同的市政给水钢管铺设项目，根据《市政工程工程量计算规范》(GB 50857—2013)附录 E 规定"管道铺设-钢管"项目编码为"040501002"，若工程量清单编制是以单位工程为对象，请给出这三处给水钢管铺设的清单项目编码。

知识剖析

此情况下的工程量清单必须反映三个不同单位工程的给水钢管铺设工程量，则三处给水钢管铺设的项目编码，应为 040501002001、040501002002、040501002003，并分别列出各单位工程给水钢管铺设的工程量。

(2) 项目名称

工程量清单的项目名称，应按《市政工程工程量计算规范》(GB 50857—2013)附录的项目名称结合拟建工程的实际确定。即在编制分部分项工程项目清单时，以附录中的分项工程项目名称为基础，考虑该项目的规格、型号、材质等特征要求，使其工程量清单名称具体化、细化，以反映影响工程造价的主要因素。

(3) 项目特征

项目特征是构成分部分项工程项目自身价值的本质特征。项目特征的描述要力求规范、简洁、准确、全面。具体原则如下：

①应按《市政工程工程量计算规范》(GB 50857—2013)附录中的规定，结合拟建工程的需要，满足确定综合单价的需要。

②若采用标准图集或施工图纸能够全部或部分满足项目特征描述的要求，推荐的描述

可直接采用详见××图集或××图号的方式。

③《市政工程工程量计算规范》(GB 50857—2013)附录中对于每个项目特征如何描述，给出了一定的指引，但这个指引应仅仅作为描述项目特征的参考，编制者可以根据工程实际增加或删减描述的细目，前提应当是符合综合单价组价的需求特征，描述的方式可以分为问答式或简化式两种。分部分项工程量清单项目特征描述示例见表7.2-1。

分部分项工程量清单项目特征描述示例　　　　　表7.2-1

序号	项目编码	项目名称	项目特征(问答式)	项目特征(简化式)	计量单位	工程量
1	040103001001	回填方	机械回填沟槽 1. 填方材料：中粗砂； 2. 填方粒径要求：按设计图纸要求； 3. 填方来源/运距：投标单位自主决定	机械回填沟槽 1. 回填中粗砂； 2. 粒径按设计图纸要求； 3. 由投标单位自主决定材料来源运距	m³	100.00

(4)计量单位

①计量单位应采用基本计量单位，一般根据《市政工程工程量计算规范》(GB 50857—2013)给定的计量单位确定。

②各专业有特殊计量单位的，另外加以说明，当计量单位有两个或两个以上时，应根据编制工程量清单项目的特征要求，选择最适宜表现该项目特征并方便计量的单位。

③计量单位有效位数应遵循以下规定：

以"t"为单位，应保留三位小数，第四位小数四舍五入；

以"m³""m²""m""kg"为单位，应保留两位小数，第三位小数四舍五入；

以"个""件""根""组"等为单位，应取整数。

(5)工程量计算

工程量主要根据《市政工程工程量计算规范》(GB 50857—2013)中工程量计算规则计算。工程量计算规则是指对清单工程量计算的规定，除另有说明外，所有清单工程量均应以实体工程量为准，并以完成后的净值计算。投标人投标报价时，应考虑施工中的各种消耗和需要增加的工程量，响应工程量清单计价的"量价分离"原则，该部分工程量(除净值外的工程量)产生的费用应在单价中考虑。

【例7.2-1】　清单工程量的计算。

某城市道路为水泥混凝土路面，全长1 200m，路面宽度为15m，两侧路肩各宽1m。由于该道路的地基比较软弱，为了防止路基翻浆、下沉，对该地基设一加强层(即土工布处理，路基两侧均需加宽铺设0.3m)，以加强土的固结，提高土体强度。土工布尺寸为土工布的尺寸一般"长度×宽度"。该路段雨水量大，为了截断路基水和地下集中水流，并将水引入排水渠，在道路两侧设置纵向盲沟(图7.2-4)，试求土工布、盲沟的清单工程量(表7.2-2)和定额工程量(表7.2-3)。

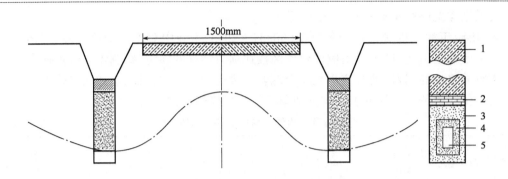

图7.2-4 路基纵向盲沟双列式示意图
1-夯实黏土;2-双层质贴草皮;3-粗砂;4-石屑;5-砾石

注:清单工程量的土工布只按"设计图示尺寸以面积计算",不计入路基加宽面积。

清单工程量计算表 表7.2-2

序号	项目编码	项目名称	项目特征	计量单位	清单工程量
1	040201021001	土工合成材料	加筋土工布2m×4m	m^2	
2	040201023001	盲沟	碎石盲沟	m	

定额工程量计算表 表7.2-3

序号	项目名称	单位	定额工程量
1	加筋土工布2m×4m	m^2	
2	碎石盲沟	m	

解:①清单工程量(表7.2-4)。

土工布的数量 = [1 200 × (15 + 1 × 2)] / (2 × 4) = 2 550(个)

土工布的面积 = 2 550 × 2 × 4 = 20 400.00(m^2)

盲沟的长度 = 1 200 × 2 = 2 400.00(m)

案例清单工程量计算表 表7.2-4

序号	项目编码	项目名称	项目特征描述	计量单位	清单工程量
1	040201021001	土工合成材料	加筋土工布2m×4m	m^2	20 400.00
2	040201023001	盲沟	碎石盲沟	m	2 400.00

②定额工程量(表7.2-5)。

土工布的数量 = [1 200 × (15 + 1 × 2 + 2 × 0.3)] / (2 × 4) = 2 640(个)

土工布的面积 = 2 640 × 2 × 4 = 21 120.00(m^2)

盲沟的长度 = 1 200 × 2 = 2 400.00(m)

案例定额工程量计算表 表7.2-5

序号	项目名称	单位	定额工程量
1	加筋土工布2m×4m	m^2	21 120.00
2	碎石盲沟	m	2 400.00

随着工程建设中新材料、新技术、新工艺等不断涌现,《市政工程工程量计算规范》(GB 50857—2013)附录所列的工程量清单不可能包括所有项目。在编制工程量清单时,当出现计量规范中未包括的清单项目时,编制人员应予以补充,并应注意以下三个方面:

①补充项目的编码应按《市政工程工程量计算规范》(GB 50857—2013)的规定确定。具体做法如下:补充项目的编码由计量规范的代码与B和三位阿拉伯数字组成,并应从001起按顺序编制,例如市政项目如需补充项目,则其编码应从04B001开始编制,同一招标工程的项目不得重码。

②在工程量清单中,应附补充项目的项目名称、项目特征、计量单位、工程量计算规则和工程内容。

③将编制的补充项目报省级或行业工程造价管理机构备案。

2. 措施项目清单编制

措施项目是指完成工程项目施工,发生于该工程施工准备和施工过程中的技术,包括生活、安全、绿色施工(节能、节地、节材、环境保护)等方面的项目措施。措施项目清单应根据《市政工程工程量计算规范》(GB 50857—2013)的规定编制,并应根据拟建工程的实际情况列项[本知识点可参见《湖南省建设工程计价办法》(2020年版)]。

措施项目清单编制依据如图7.2-5所示。

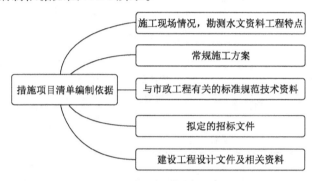

图7.2-5 措施项目清单编制依据

措施项目只是可以计算工程量的项目,如增加大型机械设备进出场及安拆、大型设备基础、脚手架工程、二次搬运、施工排水降水等。措施项目清单分为三类:单价措施项目清单、总价措施项目清单、绿色施工安全防护措施项目清单。

(1)单价措施项目清单

应结合施工方案列出项目编码、项目名称、项目特征、计量单位和工程量。这类措施项目按照分部分项工程项目清单的方式,采用综合单价计价,这样更有利于措施费的确定及调整,宜采用分部分项工程项目清单的方式编制,见表7.2-6。

单价措施项目清单计费表 表7.2-6

工程名称:　　　　　　标段:　　　　　　　　　　　第　页　共　页

序号	项目编码	项目名称	项目特征	计量单位	工程量	金额(元)		
						综合单价	合价	其中:暂估价
1	041102037001	水泥稳定碎石基层模板	1. 构件类型:基层木模	m²	1 302.67			
2	041102037002	C15现浇混凝土基座模板	1. 构件类型:混凝土基础木模板	m²	694.10			

(2) 总价措施项目清单

应结合施工方案明确其包含的内容、要求及计算公式;措施项目费的发生与使用时间、施工方法或者两个以上的工序有关,并多与实际完成的实体工程量的大小关系不大,宜编写总价措施项目清单计费表。(表7.2-7是某省总价措施项目清单计费样表,具体可依据省级政府发布的计价办法列项)。

总价措施项目清单计费表(样表) 表7.2-7

工程名称: 标段: 第 页 共 页

序号	项目编码	项目名称	计算基础	费率(%)	金额(元)	备注
1	041109002001	夜间施工增加费	按招标文件规定或合同约定			
2	04B001	压缩工期措施增加费(招投标)	按相关计价文件规定			ZJCS001001
3	041109004001	冬雨季施工增加费	按相关计价文件规定			
4	ZJCS001002	已完工程及设备保护费	按招标文件规定或合同约定			
5	04B002	工程定位复测费	按招标文件规定或合同约定			ZJCS001002
6	04B003	专业工程中的有关措施项目费	按各专业工程中的相关规定及招标文件规定或合同约定			ZYCSXM
		合计				

编制人: 复核人:

注:按施工方案计算的措施费,若无"计算基础"和"费率"的数值,也可只填"金额"数值,但应在备注栏说明施工方案出处或计算方法。

(3) 绿色施工安全防护措施项目清单

应根据(省、区、市)行业主管部门的管理要求和拟建工程的实际情况单独列项;这部分费用是指在现阶段建设施工过程中,为达到绿色施工和安全防护标准,需实施实体工程之外的措施性项目而发生的费用。绿色施工安全防护措施费属于不可竞争费用,工程计价时应单独列项;它一般包括两个部分:安全文明施工费和绿色施工措施费,见表7.2-8。

绿色施工安全防护措施项目费 表7.2-8

安全文明施工费(固定费率)	安全生产费	1. 完善、改造和维护安全防护设施设备费用,配备、维护、保养应急救援器材、设备费用和应急演练费用; 2. 配置和更新安全帽、安全绳等现场作业人员安全防护用品及用具费用; 3. 安全施工专项方案及安全资料的编制费用; 4. 建筑工地安全设施及起重机械等设备的特种检测检验费用; 5. 开展重大危险源和事故隐患评估、监测和整改及远程监控设施安装、使用及设施摊销等费用; 6. 安全生产检查、评价、咨询和标准化建设费用,安全生产培训、教育、宣传费用,安全生产适用的新技术、新标准、新工艺、新装备的推广应用费用,治安秩序管理费用及其他安全生产费用

续上表

安全文明施工费（固定费率）	文明施工及环境保护费	1. 五牌一图[①]；2. 现场施工机械设备降低噪声、防扰民措施；3. 现场厕所内部美化、建筑物内临时便溺设施；4. 符合卫生要求的饮水、淋浴、消毒等设备设施；5. 生活用洁净燃料；6. 防蚊虫、四害措施；7. 现场配备医药保健器材、物品，急救人员培训，防煤气中毒，治安综合治理措施；8. 现场工人的防暑降温、电风扇、空调等设备及用电；9. 现场污染源的控制、生活垃圾清理外运、建筑垃圾外运（不含土石方及拆除垃圾）、其他环境保护措施；10. 扬尘控制设备用水、用电；11. 裸土覆盖
	临时设施费	1. 现场临时建筑物、构筑物的搭设、维修、拆除，如临时宿舍、办公室、食堂、厨房、厕所、诊疗所、文化福利用房、仓库、加工厂、搅拌台、简易水塔、水池等； 2. 施工现场临时设施的搭设、维修、拆除，如临时供水管道、临时供电管线、小型临时设施等； 3. 其他临时设施的搭设、维修、拆除
绿色施工措施费（按工程量计量）	扬尘控制措施费[②]	施工场地硬化、扬尘喷淋系统、雾炮机、扬尘在线监测系统、场地绿化
	场内道路	施工道路
	排水	排水沟、管网，以及与其相连的构筑物
	施工围挡（墙）	围挡或围墙
	智慧管理设备及系统[②]	1. 施工人员实名制管理设备及系统； 2. 施工场地视频监控设备及系统； 3. 人工智能、传感技术、虚拟现实等高科技技术设备及系统

注：①五牌一图是施工现场必须设置的一组标识牌和图纸，包括工程概况牌、管理人员名单及监督电话牌、消防保卫牌、安全生产牌、文明施工牌和施工现场总平面图。
②扬尘控制及智慧管理建设的费用，一年工期及以内的按60%计算摊销费用；两年工期及以内的按80%计算摊销费用；两年工期以上的按100%计算摊销费用。

绿色施工安全防护措施项目清单计价表见表7.2-9。

绿色施工安全防护措施项目清单计价表（招投标样表） 表7.2-9

工程名称： 标段： 第 页 共 页

序号	工程内容	计费基础	费率(%)	金额(元)	备注
一	绿色施工安全防护措施项目费				按相关计价文件总费率标准计算
其中：	安全生产费				

3. 其他项目清单编制

其他项目清单是指分部分项工程项目清单、措施项目清单包含的内容之外，因招标人的特殊要求而发生了与拟建工程有关的其他费用项目的清单。

工程建设标准的高低、工程的复杂程度、工期的长短、工程的组成内容、发包人对工程管理要求等都直接影响其他项目清单的具体内容。其他项目清单包括暂列金额项目、材料暂估价、专业工程暂估项目、分部分项工程暂估项目、计日工项目、总承包服务费、优质工程增加费、安全责任险、环境保护税、压缩工期措施增加费、提前竣工措施增加费、索赔签证等项目。

其他项目清单应按照下列内容列项：

（1）暂列金额是指招标人暂定并包括在合同中的一笔款项，用于工程合同签订时尚未确定或者不可预见的所需材料、工程设备、服务的采购,施工中可能发生的工程变更、合同约定调整因素出现时的合同价款调整以及发生的索赔、现场签证确认等。暂列金额由招标人填写其项目名称、计量单位、暂定金额等,若不能详列,也可以只列暂定金额总额。

(2)暂估价是招标人在招标文件中提供的用于支付必然发生但暂时不能确定价格的材料、工程设备的单价以及专业工程的金额。暂估价的项目应分不同材料、专业工程和分部分项工程估算,应有明细表列出其包括的内容、单价、数量等。

(3)计日工是为了解决现场发生的工程合同范围以外的零星工程或项目的计价问题而设立的。编制计日工表格,应列出项目名称、计量单位和暂估数量。根据经验,暂估数量应尽可能是一个比较贴近实际的数量,列项应尽量齐全。

(4)总承包服务费是招标人在法律法规允许的条件下,进行专业工程发包以及自行采购供应材料、设备时,要求总承包人对发包的专业工程提供协调和配合服务,对供应的材料、设备提供收发和保管服务以及对施工现场进行统一管理,对竣工资料进行汇总整理等向承包人支付的费用。该费用应列出服务项目及其内容、要求、计算公式等。

(5)优质工程增加费按招标文件要求列项。

(6)安全责任险、环境保护税应按国家或省级、行业建设主管部门的规定列项。

(7)压缩工期措施增加费是指招标人应依据相关工程的工期定额合理计算工期,不得任意压缩合理工期,遇有应压缩工期的情形,招标人应先行组织论证,并依据论证通过的方案计算因压缩工期增加的人工、材料、施工机械投入及各项措施费用,列入招标控制价中;投标人应根据招标文件要求,全面评估赶工风险,在保证质量和施工安全的情况下提供赶工方案并计算压缩工期增加的费用。

(8)提前竣工措施增加费是指发包人要求合同工程提前竣工的,在保证质量与安全的前提下应征得承包人同意后与承包人商定采取加快工程进度的措施,并应修订合同工程进度计划,发包人应承担承包人由此产生的提前竣工措施增加费用。发承包双方应在合同中约定提前竣工措施增加费的计算方式,此项费用应作为增加合同价款列入竣工结算文件中,应与竣工结算款一并支付。

其他项目清单计价汇总表见表 7.2-10。

其他项目清单与计价汇总表(样表)　　　　　表 7.2-10

工程名称:　　　　　标段:　　　　　　　　　　　第 页 共 页

序号	项目名称	计费基础/单价	费率/数量	合计金额(元)	备注
1	暂列金额				
2	暂估价				
3	计日工				
4	总承包服务费				
5	优质工程增加费				
6	安全责任险、环境保护税				
7	提前竣工措施增加费				
8	索赔签证				
9	其他项目费合计				

注:材料暂估单价计入清单项目综合单价,此处不汇总。

4. 增值税项目清单编制

2016年全国开展"营改增"试点后,税金项目主要是指增值税,是以商品(含应税劳务)在流转过程中产生的增值额作为计税依据而征收的一种流转税。增值税条件下,计税方法包括一般计税法和简易计税法。

增值税项目清单应按政府有关主管部门的规定和计税方法列项。样表可见单位工程费用计算表。

以往项目清单中还额外涵盖规费项目清单。规费是指政府和有关权力部门规定必须缴纳的费用,包括养老保险费、失业保险费、医疗保险费、工伤保险费、生育保险费、住房公积金列项。值得注意的是,很多地区最新发布的计价办法中已将规费计入人工费,其规费项目清单就不额外编制。

5. 工程造价汇总

各个工程量清单编制好后将其进行汇总,就形成相应的单位工程的造价,单位工程费用计算表见表7.2-11。

单位工程费用计算表(招标控制价/投标报价)　　　　表7.2-11
（一般计税法）

工程名称:道路修复项目　　　标段:　　　单位工程名称:路面改造工程　　　第1页　共1页

序号	工程内容	计费基础说明	费率(%)	金额(元)	备注
一	分部分项工程费	分部分项费用合计			
1	直接费				
1.1	人工费				
1.2	材料费				
1.2.1	其中:工程设备费/其他				
1.3	机械费				
2	管理费				
3	其他管理费				
4	利润				
二	措施项目费	1+2+3			
2.1	单价措施项目费	单价措施项目费合计			
2.1.1	直接费				
2.1.1.1	人工费				
2.1.1.2	材料费				
2.1.1.3	机械费				
2.1.2	管理费				
2.1.3	利润				
2.2	总价措施项目费				
2.3	绿色施工安全防护措施项目费				
2.3.1	其中:安全生产费				

续上表

序号	工程内容	计费基础说明	费率(%)	金额(元)	备注
三	其他项目费				
四	税前造价	一+二+三			
五	销项税额	四			
	单位工程建安造价	四+五			

注：1. 采用一般计税法时，材料、机械台班单价均执行除税单价；
  2. 建安费=直接费+费用+利润。

单元8　土石方工程量清单编制

工程量清单根据《市政工程工程量计算规范》(GB 50857—2013)中统一格式编制，主要是分部分项工程项目清单、措施项目清单、其他项目清单这3大清单的编制。编制分部分项工程项目清单时，要认真审读图纸、考虑工程项目的施工工序，参照《市政工程工程量计算规范》(GB 50857—2013)，严谨规范地列出工程施工项目清单。清单项目列项后，按照清单项目的工程量计算规则并结合施工图纸，计算各清单项目的工程量。

课题8.1　掌握土石方工程量清单编制规则

学习目标

通过本课题的学习，能运用《市政工程工程量计算规范》(GB 50857—2013)编制土石方工程量清单项目表。与此同时，培养创新思维，不断提高土石方工程量清单编制的科学性和准确性。

相关知识

熟悉《市政工程工程量计算规范》(GB 50857—2013)中土石方工程（编号：040101/040102/040103）项目名称、项目特征、计量单位及工程量计算规则。

思考8.1-1：土石方工程量清单编制中的开挖土石方工程归为几类？

知识剖析

根据《市政工程工程量计算规范》(GB 50857—2013)中土石方工程清单规则相关问题及附录A中表A.1土方工程的注1规定"沟槽、基坑、一般土方的划分为：底宽≤7m且底长>3

倍底宽为沟槽,底长≤3倍底宽且底面积≤150m²为基坑。超出上述范围则为一般土方"。土石方工程量清单类别见图8.1-1。

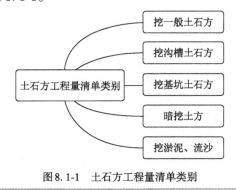

图8.1-1 土石方工程量清单类别

【例8.1-1】 结合思考8.1-1的知识点编制以下四种类型的土方工程分部分项工程项目清单表(均不考虑工作面及放坡增加土方量),填写表8.1-1。

分部分项工程项目清单表 表8.1-1

序号	项目编码	项目名称	项目特征	计量单位	工程量
			(简单描述)		

①试确定挖掘机开挖20m×10m×0.4m(长×宽×高)体积的淤泥(不装车)的清单列项;
②试确定挖掘机开挖20m×7m×5m(长×宽×高)体积的砂土(不装车)的清单列项;
③试确定人工开挖20m×10m×0.2m(长×宽×高)体积的软土(不装车)的清单列项;
④试确定人工开挖20m×5m×2m(长×宽×高)体积的粉质黏土(不装车)的清单列项。

解:①挖掘机开挖20m×10m×0.4m(长×宽×高)的淤泥(不装车)的体积。
$V_{淤泥} = 20 \times 10 \times 0.4 = 80(m^3)$
②挖掘机开挖20m×7m×5m(长×宽×高)的砂土(不装车)基坑的体积:
$V_{基坑} = 20 \times 7 \times 5 = 700(m^3)$
③人工开挖20m×10m×0.2m(长×宽×高)的软土(不装车)一般土方的体积:
$V_{一般土方} = 20 \times 10 \times 0.2 = 40(m^3)$
④人工开挖20m×5m×2m(长×宽×高)的粉质黏土(不装车)沟槽的体积:
$V_{沟槽} = 20 \times 5 \times 2 = 200(m^3)$

土石方分部分项工程项目清单如表8.1-2所示。

土石方分部分项工程项目清单表 表8.1-2

序号	项目编码	项目名称	项目特征	计量单位	工程量
1	040101005001	挖淤泥	1. 挖掘深度:0.4m; 2. 运距:投标人根据施工现场实际情况自行考虑决定报价	m³	80
2	040101003001	挖基坑土方	1. 土壤类别:砂土; 2. 挖土深度:5m	m³	700

续上表

序号	项目编码	项目名称	项目特征	计量单位	工程量
3	040101001001	挖一般土方	1. 土壤类别:软土; 2. 挖土深度:0.2m	m³	40
4	040101002001	挖沟槽土方	1. 土壤类别:粉质黏土; 2. 挖土深度:2m	m³	200

若某省的建筑主管部门允许土石方在开挖清单工程量中酌情计入土方开挖放坡增加的工作量,或是投标方在土方计价工程量上考虑放坡及工作面增加的土方量,那么上述四种开挖土方工程量是否有变化?如果有变化,我们将如何计算?课题8.2将详细讲解土石方工程量的计算方法。

【例8.1-2】 熟悉回填方及土石方运输(编号:040103)工程量清单项目设置、项目特征、计量单位及工程量计算规则。若某土方施工中,挖普通土500m³,其中可利用土方为300m³,剩下200m³均可弃置;但该项目总填方600m³,投标方决定填缺均外购黏土,且挖余均弃置5km外的弃土场。试根据上述情况编制该土方的清单项目(不考虑大型机械设备进出场及安拆的措施项目),填写表8.1-3。

分部分项工程项目清单表 表8.1-3

序号	项目编码	项目名称	项目特征	计量单位	工程量
			(简单描述)		

知识剖析

土石方工程的造价编制在市政专业工程中占据很重要的地位。这个例题的综合性强,它不但涉及土石方工程量清单编制的知识点,还涉及土石方工程造价的土石方平衡及土石方的虚实换算这两个知识点。

知识点1:根据题意对土方工程进行清单列项

根据此案例的情景,可大致梳理该土方工程的施工流程为挖、弃、借、填,如图8.1-2所示。

图8.1-2 土石方工程施工图

具体分析就是挖出来的一部分可利用土用于回填碾压;剩下的土全部装车运到弃土场弃掉;而回填土方一部分来自挖方的可利用土,填缺的部分只能采用外购土方。值得注意的是,挖出的可利用土方分为本桩利用土方和远运利用土方:本桩利用土方运距短,一般在20m以内;远运利用土方一般要考虑长运距的情况以具体安排装运机械的配备。本题目没有明确利用土方类型,可视为不需要考虑运距的利用土方情况。

根据《市政工程工程量计算规范》(GB 50857—2013)土石方工程清单规则相关问题及附录A表A.1土方工程注7"挖沟槽、基坑、一般土方和暗挖土方清单项目的工作内容中仅包括了土方场内平衡所需的运输费用,如需土方外运时,按040103002'余方弃置'项目编码列项"和表A.3回填方及土石方运输注4"回填方总工程量中若包括场内平衡和缺方内运两部分时,应分别编码列项"。初步列出土石方工程分部分项工程项目清单,见表8.1-4。

土石方分部分项工程项目清单表　　　　　　表8.1-4

序号	项目编码	项目名称	项目特征	计量单位	工程量	工作内容
1	040101001001	挖一般土方	1. 土壤类别:普通土; 2. 挖土深度:5m内	m^3		1. 排地表水; 2. 土方开挖; 3. 围护(挡土板)及拆除; 4. 基底钎探; 5. 场内运输
2	040103001001	回填方 (场内平衡)	1. 密实度要求:密实度满足设计要求; 2. 填方材料品种:场内挖方; 3. 填方粒径要求:按设计、规范要求; 4. 填方来源、运距:按挖填平衡原则就近取开挖的土方	m^3		1. 运输; 2. 回填; 3. 压实
3	040103001002	回填方 (外购土方)	1. 填方材料品种:外购黏土; 2. 密实度要求:按规范要求; 3. 填方粒径要求:符合规范及设计要求; 4. 填方来源、运距:外购土方,投标人根据具体情况自行决定	m^3		1. 运输; 2. 回填; 3. 压实
4	040103002001	余方弃置	1. 废弃料品种:余土,挖机装车; 2. 运距.5km	m^3		余方点装料运输至弃置点

知识点2:根据土石方调配平衡思路初步确定所列清单项的工程量

土石方调配的目的是确定填方用土的来源、挖方土的去向,以及计价土石方的数量和运量等。通过调配合理地解决各路段土石方平衡与利用问题,从路堑挖出的土石方,在经济合理的调运条件下以挖作填,尽量减少路外借土和弃土,少占用耕地,以降低工程造价。这里一般要考虑两个要素:运距和运量。

①运距。土石方调配的运距是从挖方体积的重心到填方体积的重心之间的距离。挖

方作业包括挖、装、运等工序，在某一特定距离内，只按土、石方数量计价而不计运费，这一特定的距离称为免费运距。施工方法不同，其免费运距也不同，如人工运输的免费运距为20m，铲运机运输的免费运距为100m等。在纵向调配时，当平均运距超过定额规定的免费运距时，应按超运运距计算土石方运量。填方用土来源，一是路上纵向调运，二是就近路外借土。一般情况下用路堑挖方调去填筑距离较近的路堤是比较经济的。但若调运的距离过长，以致运价超过了在填方附近借土所需的费用时，移挖作填就不如在路堤附近就地借土经济。总之，土石方调配的运距直接影响土石方施工方案的选择，以及项目的组价、工程的费用等。在计量部分可先不考虑。

②运量。土石方在运量上的填挖平衡一般是就地取土、场内平衡，不足土方量外进。完成土石方调配，基本就确定了土石方的工程量计算。其具体操作如下：

在同一天然密实方或者压实方状态下挖方的去向：本桩利用、远运利用、弃方；填方来源：本桩利用、远运利用、借方。在施工图纸中，如果没有特别说明，一般会将挖方、弃方视为天然密实方；填方、利用方、借方视为压实方。

挖方(天然密实方)=本桩利用(天然密实方)+远运利用(天然密实方)+弃方(天然密实方)   (8.1-1)

填方(压实方)=本桩利用(压实方)+远运利用(压实方)+借方(压实方)   (8.1-2)

利用方=本桩利用+远运利用   (8.1-3)

进行土石方填挖平衡计算时，一定要注意土石方的状态。若状态不一致，需要进行虚实换算，土石方平衡示意表见表8.1-5。

土石方平衡示意表   表8.1-5

挖方去向		填方来源	
挖一般土方500m³（天然密实方）	利用方300m³（根据题意为天然密实方）	回填方600m³(压实方)	场内平衡300m³（利用方天然密实方需转化为压实方）
	余方弃置200m³（天然密实方）		外购土方(借方压实方)

知识点3：根据土石方的虚实换算确定清单项的最终工程量

《湖南省市政工程消耗量标准》(2020年版)在土石方的工程量计算规则中提到："土、石方体积均以天然密实体积(自然方)计算，回填土、石方按碾压后的体积(压实方)计算，并扣除埋入结构物体积(其中土方压实后体积：天然密实体积=1:1.15)，平整场地按设计图示尺寸以面积计算，原土夯实与碾压按设计图示尺寸以面积计算。"本单元中的天然密实方与压实方的虚实系数取1.15，土方分部分项工程量清单计算见表8.1-6。

土方分部分项工程量清单计算表   表8.1-6

序号	项目编码	项目名称	项目特征	计量单位	计算公式	工程量
1	040101001001	挖一般土方	1. 土壤类别：普通土； 2. 挖土深度：5m内	m³	500	500
2	040103001001	回填方（场内平衡）	1. 密实度要求：密实度满足设计要求； 2. 填方材料品种：场内挖方； 3. 填方粒径要求：按设计、规范要求； 4. 填方来源、运距：按挖填平衡原则就近取开挖的土方	m³	300/1.15	261

续上表

序号	项目编码	项目名称	项目特征	计量单位	计算公式	工程量
3	040103001002	回填方 (外购土方)	1. 填方材料品种:外购黏土; 2. 密实度要求:按规范要求; 3. 填方粒径要求:符合规范及设计要求; 4. 填方来源、运距:外购土方,投标人根据具体情况自行决定	m³	600-300/1.15	339
4	040103002001	余方弃置	1. 废弃料品种:余土,挖机装车; 2. 运距: 5km	m³	200	200

课题8.2 掌握土石方工程量计算方法

作为工程造价编制人员,熟悉并读懂设计文件中的设计图表和设计说明,是正确计算工程量,合理确定工程造价的首要前提。在市政工程不同设计阶段的设计图表中,有时候设计人员计算出的工程数量以表格的形式在设计文件中给出。但需要注意的是,在设计图中给出的工程数量往往不能直接作为造价(估算、概预算、清单标底标价等)文件编制的工程数量,其原因在于设计文件工程量计算规则与造价文件编制中要求的工程量计算规则不一致,往往存在设计图纸与计价规范之间的数量单位和条件不一致的情况。由于在设计文件中,设计人员通过图纸表达设计构思,其工程量主要表现为实体项目最终数量;而在编制工程量清单中,需要依据项目工程量清单技术规范(通用技术规范和专用技术规范)中项目范围、计量方法、计量单位规定,将设计图纸数量分解为一个个工程量清单细目,作为投标单位和建设单位平衡项目的共同基础。所以,掌握工程量的计算方法是工程量清单编制的关键。

学习目标

通过本课题的学习,能运用基本计算方法计算土石方工程量,夯实工程量清单编制的基础,能够准确地进行土石方工程量清单编制。与此同时,培养独立思考的能力,增强技能操作水平。

相关知识

一、清单工程量计算

工程量计算中,经常使用的计量单位有两大类:一类是用物理计量单位作为工程量的计量单位,如路线长度(km)、路面面积(m^2)、土石方体积(m^3)、钢筋质量(kg或t)等;另一类是自然计量单位,如处、座、块、根等。在用物理计量单位进行工程量计量时,常常会涉及一些基本几何图形的面积、体积等的计算和一些特定几何图形的面积、体积等的计算及常用的计算方法。此外,投标文件编制中利用设计图纸进行工程量计算或核算时,识读设计图纸是学习造价的基础。

思考8.2-1：图8.2-1为挖方横断面、填方横断面示意图。问同种土质条件下，若横断面的面积相等，填1m³左图［图8.2-1a)］的土方与挖1m³右图［图8.2-1b)］的土方体积是否相等？

图8.2-1 挖方、填方横断面示意图

知识剖析

土石方工程量计算一般涉及土石方的开挖、填筑、取土、弃土及计价方量等。

(1)挖方清单工程量的计算要求一般如下：

①挖方以天然密实方(自然方)体积计算、填方以压实(夯实)后的体积计算。

借鉴《湖南省市政工程消耗量标准》(2020年版)"第一章 土石方工程 工程量计算规则"第一条：本章土、石方体积均以天然密实体积(自然方)计算，回填土、石方按碾压后的体积(实方)计算，并扣除埋入结构物体积(其中，土方压实后体积：天然密实体积=1:1.15)，平整场地按设计图示尺寸以面积计算，原土夯实与碾压按设计图示尺寸以面积计算。可知，1m³的压实方需要1.15m³的天然密实方来填，其中1.15就是自然方与压实方的换算系数。

②沟槽、基坑、一般土方的划分为：底宽≤7m且底长>3倍底宽为沟槽，底长≤3倍底宽且底面积≤150m²为基坑。超出上述范围则为一般土方。挖一般土石方的清单工程量按原地面线与开挖到设计要求线间的体积计算；挖沟槽和基坑土石方的清单工程量，按设计图示尺寸以基础垫层底面积乘挖土深度计算。

③市政管网中各种井的井位挖方计算。因为管沟挖方的长度按管网铺设的管道中心线的长度计算，所以管网中各种井的井位挖方清单工程量必须扣除与管沟重叠部分的方量，如图8.2-2所示，只计算斜线部分的土石方量。

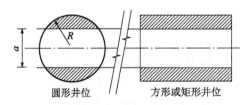

图8.2-2 井位土方开挖示意图
a-管沟底宽

④若清单工程量计算未考虑挖土中的工作面和放坡，则这部分的费用可以在挖方的综合单价中考虑。

（2）填方清单工程量计算要求如下：
① 道路填方按设计线与原地面线之间的体积计算。
② 沟槽及基坑填方按沟槽或基坑挖方清单工程量减埋入构筑物的体积计算，如有原地面以上填方则再加上这部分体积即为填方量。

二、土石方工程量计算方法

土石方工程量计算类别如图 8.2-3 所示。

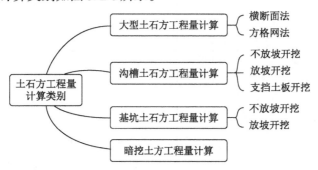

图 8.2-3　土石方工程量计算类别

1. 大型土石方工程量计算（040101001）

大型土石方工程量计算方法通常有横断面法和方格网法：横断面法用于长度方向的量值远大于横断面上横向尺寸的量值，如路基土石方数量计算；方格网法多用于在较为平坦的大面积场地上计算土石方量（如场地清理）或是在特定情况下计算工程量（软基处理的换填工程量）。

（1）横断面法

第一步：计算道路土石方的横断面面积，具体公式详见表 8.2-1。

常用横断面面积计算公式表　　　　表 8.2-1

图示	面积计算公式
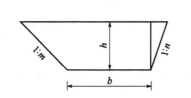	$F = h(b + nh)$　　　（8.2-1）
	$F = h\left[b + \dfrac{h(m+n)}{2}\right]$　　（8.2-2）

续上表

图示	面积计算公式
	$F = b\dfrac{h_1+h_2}{2} + nh_1h_2 \qquad (8.2\text{-}3)$
	$F = h_1\dfrac{a_1+a_2}{2} + h_2\dfrac{a_2+a_3}{2} + h_3\dfrac{a_3+a_4}{2} + h_4\dfrac{a_4+a_5}{2} \quad (8.2\text{-}4)$
	$F = \dfrac{1}{2}a(h_0 + 2h + h_n) \qquad (8.2\text{-}5)$ $h = h_1 + h_2 + h_3 + \cdots + h_{n-1}$

注：F 为道路横断面填方或挖方面积。

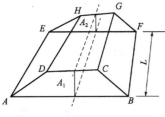

图 8.2-4　土石方横断面法示意图

第二步：计算道路土石方工程量。

根据横断面面积计算土方量（图 8.2-4），计算公式为：

$$V_{ij} = \dfrac{1}{2}(A_i + A_j)L_{ij} \qquad (8.2\text{-}6)$$

式中：V_{ij}——相邻两截面间的土方量（m³）；

A_i、A_j——相邻两截面的填方（或挖方）截面积（m²）；

L_{ij}——相邻两截面间的间距（m）。

第三步：土石方量汇总。

将道路各截面间的填方（或挖方）的土方量进行汇总求和，即可得到该段道路填方（或挖方）的总土方量。

【例 8.2-1】 某市政道路工程的两个土方横断面如图 8.2-5 所示，试根据横断面法计算该段道路路基的土方工程量。

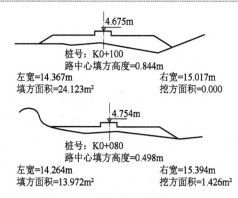

图 8.2-5 市政道路路基横断面图

解:具体题解见表 8.2-2。

土方工程量计算汇总表　　　　　表 8.2-2

横断面名称	填方面积 (m²)	挖方面积 (m²)	断面间距 (m)	填方体积 (m³)	挖方体积 (m³)
K0+080	13.972	1.426	20	$\dfrac{13.972+24.123}{2} \times 20 = 380.95$	$\dfrac{1.426+0.000}{2} \times 20 = 14.26$
K0+100	24.123	0.000			
…	…	…	…	…	…
汇总				380.95	14.26

思考 8.2-2:如果该地段的土质为普通土,挖方全用作回填;对回填缺方,投标人自主确定取土场,试填写表 8.2-3 所示的土石方分部分项工程项目清单表。

土石方分部分项工程项目清单表　　　　　表 8.2-3

序号	项目编码	项目名称	项目特征	计量单位	工程量
			(简单描述)		

扫描二维码 8.2-1 查看案例土石方分部分项工程项目清单(答案)。

8.2-1

(2)方格网法

广场及大面积场地土石方量的计算不适宜采用横断面法,一般可采用方格网法。其计算步骤如下:

第一步:划分方格网。

根据地形图划分方格网,尽量使其与测量或施工坐标网重合,一般采用10m×10m~40m×40m方格,通常采用20m×20m方格。将角点编号标注在方格网各角点左下角,相应自然地面高程和设计高程分别标注在方格网各角点的右上角和右下角,求出各点的施工高度(挖或填),标在方格网各角点左上角。施工高度的计算公式如下:

$$\text{施工高度} = \text{原地面高程} - \text{设计高程(开挖线)} \tag{8.2-7}$$

施工高度挖方计算结果为"+",填方计算结果为"-"。

第二步:计算零点位置。

计算确定方格网中两端角点施工高度符号不同的方格边上零点位置,标于方格网上,连接零点,即得填方与挖方区的分界线。零点的位置按下式计算:

$$x_1 = \frac{h_1}{h_1 + h_2} \times a, \quad x_2 = \frac{h_2}{h_1 + h_2} \times a \tag{8.2-8}$$

式中:x_1、x_2——角点至零点的距离(m);

h_1、h_2——相邻两角点的高程(m),均用绝对值;

a——方格网的边长(m)。

第三步:将零点连接成零线。

零线就是所有零点的连线,找到了零线,即确定了整个挖方和填方的分界线。

第四步:计算各方格网的土方工程量。

一般用多棱柱法计算挖填土方的面积,常用横断面方格网点计算公式见表8.2-4。

常用横断面方格网点计算公式 表8.2-4

项目	图式	计算公式
一点填方/挖方 (三棱柱)		$V = \frac{1}{2}bc\frac{\sum h}{3} = \frac{bch_3}{6}$ (8.2-9) 当 $b = c = a$ 时,$V = \frac{a^2 h_3}{6}$
二点填方/挖方 (四棱柱)		$V_+ = \frac{b+c}{2}a\frac{\sum h}{4} = \frac{a}{8}(b+c)(h_1+h_3)$ (8.2-10) $V_- = \frac{d+e}{2}a\frac{\sum h}{4} = \frac{a}{8}(d+e)(h_2+h_4)$ (8.2-11)

续上表

项目	图式	计算公式
三点填方/挖方（五棱柱）		$V = \left(a^2 - \dfrac{bc}{2}\right)\dfrac{\sum h}{5} = \left(a^2 - \dfrac{bc}{2}\right)\dfrac{h_1 + h_2 + h_4}{5}$ (8.2-12)
四点填方/挖方（立方棱柱体）		$V = \dfrac{a^2}{4}\sum h = \dfrac{a^2}{4}(h_1 + h_2 + h_3 + h_4)$ (8.2-13)

【例8.2-2】 根据图8.2-6所示的某工程的地貌方格网测量图，计算该工程的挖填土方工程量。

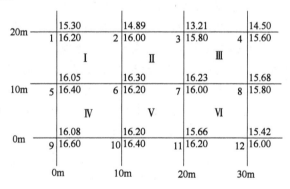

图8.2-6 方格网土石方工程数据图

第一步：根据方格网测量图计算施工高度。

施工高度=地面高程-设计高程　　　　　　　　　　　　　　　　(8.2-14)

计算结果由"+"或"-"的一个数值表示，"+"表示该角点挖土，"-"表示该角点填土，数值分别表示挖土深度或填土高度。

计算过程如下：

1号角点：施工高度=16.20-15.30=+0.90(m)(挖土)

2号角点：施工高度=16.00-14.89=+1.11(m)(挖土)

3号角点：施工高度=15.80-13.21=+2.59(m)(挖土)

4号角点：施工高度=15.60-14.50=+1.10(m)(挖土)

5号角点：施工高度=16.40-16.05=+0.35(m)(挖土)

6号角点：施工高度=16.20-16.30=-0.10(m)(填土)

7号角点：施工高度=16.00-16.23=-0.23(m)(填土)

8号角点:施工高度=15.80-15.68=+0.12(m)(挖土)
9号角点:施工高度=16.60-16.08=+0.52(m)(挖土)
10号角点:施工高度=16.40-16.20=+0.20(m)(挖土)
11号角点:施工高度=16.20-15.66=+0.54(m)(挖土)
12号角点:施工高度=16.00-15.42=+0.58(m)(挖土)

将计算结果绘制成图,如图8.2-7所示,以便计算零线,确定挖、填区域。

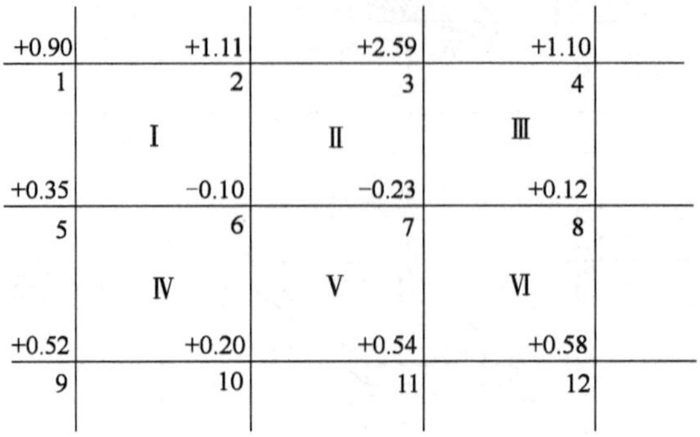

+0.90	+1.11	+2.59	+1.10
1	2	3	4
I	II	III	
+0.35	-0.10	-0.23	+0.12
5	6	7	8
IV	V	VI	
+0.52	+0.20	+0.54	+0.58
9	10	11	12

图8.2-7 方格网施工高度计算图

第二步:根据施工高度计算零点。

假设角点与角点之间在地形上是连续的,那么在相邻两个施工高度为异号的角点之间的连线上,必定能找到一个点,它的地面高程就等于设计高程,即填高、挖深均为零,这个点即为零点。根据施工高度计算零点的方法是根据相似三角形对应边成比例的原理求零点。

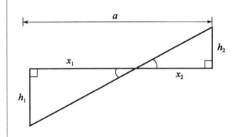

图8.2-8 三角形类比定律示意图

例如,角点5的施工高度是+0.35m,角点6的施工高度是-0.1m,那么为了找到角点5和角点6连线上的零点,可以根据三角形对应边类比定律进行下列计算,如图8.2-8所示。

$$x_1 = \frac{h_1}{h_1 + h_2} \times a \quad x_2 = \frac{h_2}{h_1 + h_2} \times a \quad (8.2\text{-}15)$$

则计算2、6号角点的零点为:
$$x_1 = 0.10/(0.10 + 1.11) \times 10 = 0.83 \text{ (m)}$$
$$x_2 = 10 - 0.83 = 9.17 \text{ (m)}$$

计算3、7号角点的零点为:
$$x_3 = 0.23/(0.23 + 2.59) \times 10 = 0.82 \text{ (m)}$$
$$x_4 = 10 - 0.82 = 9.18 \text{ (m)}$$

计算5、6号角点的零点为:
$$x_5 = 0.35/(0.35 + 0.10) \times 10 = 7.78 \text{ (m)}$$
$$x_6 = 10 - 7.78 = 2.22 \text{ (m)}$$

计算6、10号角点的零点为:
$$x_7 = 0.10/(0.10 + 0.20) \times 10 = 3.33 \text{ (m)}$$
$$x_8 = 10 - 3.33 = 6.67 \text{ (m)}$$

计算7、8号角点的零点为:
$$x_9 = 0.23/(0.23 + 0.12) \times 10 = 6.57 \text{ (m)}$$

$$x_{10} = 10 - 6.57 = 3.43 \, (\text{m})$$

计算7、11号角点的零点为：
$$x_{11} = 0.23/(0.23 + 0.54) \times 10 = 2.99 \, (\text{m})$$
$$x_{12} = 10 - 2.99 = 7.01 \, (\text{m})$$

根据计算结果，找出各零点的位置，分别位于图8.2-9中的A、B、C、D、E、F点。

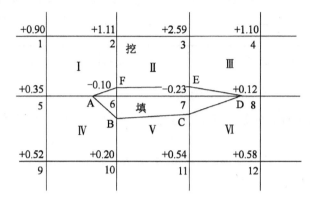

图8.2-9 方格网零线图

第三步，将零点连接形成零线。

零线就是所有零点的连线，找到了零线，就确定了整个挖方和整个填方的分界线。

第四步，方格土方量汇总。

方格土方量计算汇总详见表8.2-5。

方格土方量计算汇总表　　　　　　　　　　　　　　　表8.2-5

挖填区域	挖方 (m³)	填方 (m³)	合计 (m³)
Ⅰ区	$(10^2 - \dfrac{2.22 \times 0.83}{2}) \times \dfrac{0.35 + 0.90 + 1.11}{5} = 46.77$	$\dfrac{1}{6} \times 0.10 \times 2.22 \times 0.83 = 0.03$	46.80
Ⅱ区	$\dfrac{10}{8} \times (9.17 + 9.18) \times (1.11 + 2.59) = 84.87$	$\dfrac{10}{8} \times (0.83 + 0.82) \times (0.10 + 0.23) = 0.68$	85.55
Ⅲ区	$(10^2 - \dfrac{0.82 \times 6.57}{2}) \times \dfrac{2.59 + 1.10 + 0.12}{5} = 74.15$	$\dfrac{1}{6} \times 0.23 \times 0.82 \times 6.57 = 0.21$	74.36
Ⅳ区	$(10^2 - \dfrac{2.22 \times 3.33}{2}) \times \dfrac{0.35 + 0.52 + 0.20}{5} = 20.61$	$\dfrac{1}{6} \times 2.22 \times 3.33 \times 0.10 = 0.12$	20.73
Ⅴ区	$\dfrac{10}{8} \times (6.67 + 7.01) \times (0.20 + 0.54) = 12.65$	$\dfrac{10}{8} \times (3.33 + 2.99) \times (0.10 + 0.23) = 2.61$	15.26

续上表

挖填区域	挖方 (m³)	填方 (m³)	合计 (m³)
Ⅵ区	$(10^2 - \frac{2.99 \times 6.57}{2}) \times \frac{0.54 + 0.58 + 0.12}{5} = 22.36$	$\frac{1}{6} \times 2.99 \times 6.57 \times 0.23 = 0.75$	23.11
合计	261.41	4.40	265.81

该工程挖填方总量为265.81m³。其中,填方为4.40m³,挖方为261.41m³。

2. 沟槽土石方工程量计算(040101002)

沟槽是指底宽7m以内,底长大于底宽3倍以上的挖方工程。沟槽挖方工程量的计算公式如下:

$$V_{挖} = S_{断} \times L \tag{8.2-16}$$

式中:$V_{挖}$——挖方的工程量(m³);

$S_{断}$——沟槽断面面积(m²);

L——相邻截面间的沟槽长度(m)。

沟槽开挖到一定深度时需要放坡开挖或加挡土板支撑来防止开挖面坍塌,具体放坡起点和放坡系数可参见表8.2-6[来自《市政工程工程量计算规范》(GB 50857—2013)]。

放坡起点和放坡系数　　　　表8.2-6

土类别	放坡起点 (m)	人工挖土	机械挖土		
			在沟槽、坑内作业	在沟槽侧、坑边上作业	顺沟槽方向坑上作业
一、二类土	1.20	1:0.50	1:0.33	1:0.75	1:0.50
三类土	1.50	1:0.33	1:0.25	1:0.67	1:0.33
四类土	2.00	1:0.25	1:0.10	1:0.33	1:0.25

注:1. 沟槽、基坑中土类别不同时,分别按其放坡起点、放坡系数,依不同土类别厚度加权平均计算。

2. 计算放坡时,在交接处的重复工程量不予扣除,原槽、坑做基础垫层时,放坡自垫层上表面开始计算。

3. 本表按《全国统一市政工程预算定额》(GYD-301—1999)整理,并增加机械挖土顺沟槽方向坑上作业的放坡系数。

不同沟槽开挖的土方量计算公式可参见表8.2-7。

沟槽开挖土方量计算　　　　表8.2-7

项目	沟槽断面图	计算公式
不放坡无挡土板		$S_{断} = (b+2c)h \tag{8.2-17}$

续上表

项目	沟槽断面图	计算公式
两边放坡		$S_{断}=[(b+2c)+mh]h$　　(8.2-18)
不放坡两面挡土板		$S_{断}=(b+2c+2d)h$　　(8.2-19)

注：b——基础底面宽度(m)；c——工作面宽度(m)；m——放坡系数；h——沟槽深度(m)；d——挡土板的厚度(m)。

【例8.2-3】 某市开发区新建道路，起点桩号为K0+350，终点桩号为K0+700，给水管道施工平面图、纵断面图、横断面图如图8.2-10～图8.2-12所示；该给水管为球墨铸铁管，主管道管径为600mm，支管道管径为200mm，求施工给水管道工程K0+495～K0+670段的土方量（土质类型为三类土；反铲挖掘机挖土，坑上作业；自卸汽车运土，运距10km；装载机装土；原土采用夯实机夯实，支管道的原地面高程与同桩号的主管道原地面高程相同）。

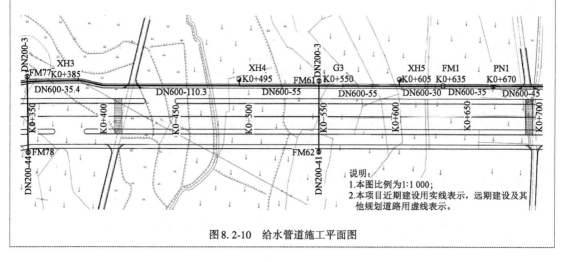

图8.2-10　给水管道施工平面图

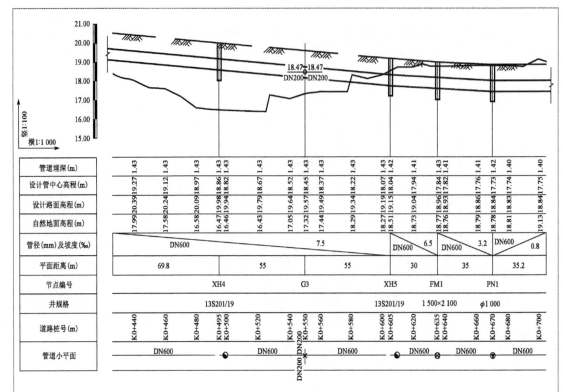

图 8.2-11 给水管道纵断面图

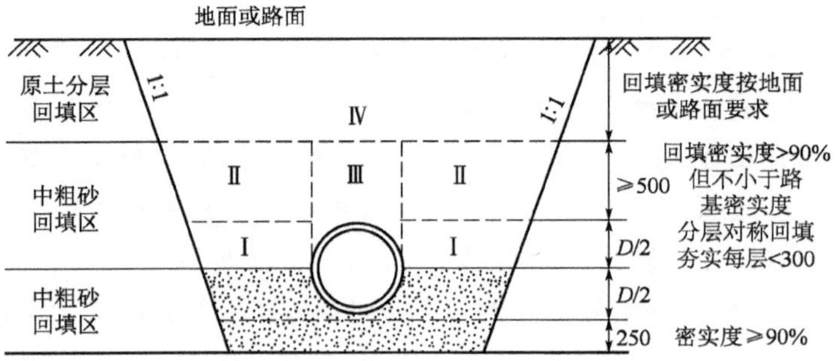

规格	底宽 B(mm)
DN200	1 400
DN300	1 700
DN600	2 200
DN1000	2 800

说明：
1. 图中标注尺寸均以 mm 计，D 为管道外径，B 为管道沟槽底宽。
2. 本图适用于本项目的给水管道。DN200 球墨铸铁管的给水管道壁厚为 6.3mm；DN600 球墨铸铁管的给水管道壁厚为 9.9mm。
3. 管道回填土各部位密实度要求：Ⅰ区密实度>0.95；Ⅱ区密实度>0.90；Ⅲ区密实度>0.85；Ⅳ区可进行机械施工，但应对施工设备荷载予以控制，本区域回填土材料及密实度按道路路基要求执行。
4. 管道基础材料及沟槽回填材料要求：回填时应清除沟槽内杂物并排除积水，不得带水回填，不得回填淤泥、有机物、石块、砖块及大于 25mm 的土块。球墨铸铁管Ⅰ、Ⅱ、Ⅲ区的回填材料采用中粗砂。
5. 管道基础地基承载力要求不低于 100kPa。
6. 管道沟槽回填时，在道路基层范围内的回填土实度以道路设计要求为准。
7. 其他未尽事宜按设计总说明及《给水排水管道工程施工及验收规范》（GB 50268—2008）等规范、标准执行。

图 8.2-12 给水管道沟槽横断面图

解：根据管道纵断面图和给水管道沟槽横断面图推断：

管道埋置深度 = 路面设计高程 − 管道中心设计高程 + 管道半径 + 管壁厚

沟槽开挖深度 = 管道埋置深度 + 管底垫层厚度 − 路面结构层厚度

（沟槽开挖一般是从路槽开挖至沟槽底部）

沟槽开挖工程量=(沟槽开挖宽度+放坡系数×沟槽开挖深度)×沟槽开挖深度×管沟长度

此外,要考虑市政管网中各种井的井位挖方工程量;《湖南省市政工程消耗量标准》(2020年版)在土石方工程量计算规则中提到:"管道接口作业坑和沿线各种井室所需增加开挖的土石方工程量按沟槽土方量的2.5%计算",所以,沟槽开挖总方量=沟槽开挖工程量×(1+2.5%)。

各土方量计算表见表8.2-8~表8.2-10。

主管道土方量计算表　　　　　　　　　　　表8.2-8

附属构造物起点桩号	附属构造物终点桩号	管内径D(m)	管沟长(m)	管壁厚t(mm)	起点管埋深(m)	终点管埋深(m)	管内平均深度(m)	管底垫层厚度(m)	路面结构层厚度(m)	沟槽开挖深度(m)	沟槽开挖宽度(m)	放坡系数	开挖截面积(m²)	沟槽开挖工程量(m³)
K0+495	K0+550	0.60	55.00	9.90	1.43	1.43	1.430	0.25	0.330	1.350	2.2	1	4.793	263.588
K0+550	K0+605	0.60	55.00	9.90	1.43	1.42	1.425	0.25	0.330	1.345	2.2	1	4.768	262.241
K0+605	K0+635	0.60	30.00	9.90	1.42	1.43	1.425	0.25	0.330	1.345	2.2	1	4.768	143.041
K0+635	K0+670	0.60	35.00	9.90	1.43	1.42	1.425	0.25	0.330	1.345	2.2	1	4.768	166.881
K0+670					1.42									
主管道沟槽开挖总方量(m³)														835.751

支管道土方量计算表　　　　　　　　　　　表8.2-9

起点附属构造物编号	终点附属构造物编号	管内径D(m)	管沟长(m)	管壁厚t(mm)	管中心高程(m)	设计路面高程(m)	管埋深(m)	管底垫层厚度(m)	路面结构层厚度(m)	沟槽开挖深度(m)	沟槽开挖宽度(m)	放坡系数	开挖截面积(m²)	沟槽开挖工程量(m³)
FM61	FM62	0.20	44.00	6.30	18.47	19.57	1.206	0.25	0.330	1.13	1.4	1	2.845	125.196
支管道沟槽开挖总方量(m³)														125.196
管道沟槽开挖总方量(m³)						835.751+125.196								960.947
沟槽全部挖土量(m³)						960.947×(1+25%)								1 201

序号	项目编码	项目名称	项目特征	计量单位	工程量	金额(元)		
						综合单价	合价	其中：暂估价
1	040101002001	挖沟槽土方	1. 土壤类别：松土； 2. 挖土深度：1.35m 以内； 3. 管道开挖	m³	1 201.00			
2	041106001001	大型机械设备进出场及安拆（推土机）	1. 机械设备名称：履带式推土机； 2. 机械设备规格型号：履带式推土机 90kW 以内	台·次	1.00			
3	041106001002	大型机械设备进出场及安拆（挖掘机）	1. 机械设备名称：挖掘机； 2. 机械设备规格型号：履带式单斗液压挖掘机斗容量1m³； 3. 投标人可根据实际情况决定机械型号	台·次	1.00			

案例沟槽土石方分部分项工程项目清单与措施项目清单计价表　　表8.2-10

3. 基坑土石方工程量计算（040101003）

底长≤3倍底宽且底面积≤150m² 为基坑。基础垫层底面积按设计图示尺寸计算，如图8.2-13所示；基坑的挖土深度，一般指原地面高程至坑底的平均高度；挖基坑时因工作面和放坡增加的土方工程量，是否并入各土方工程量中，按各省、自治区、直辖市或行业建设主管部门的规定实施。

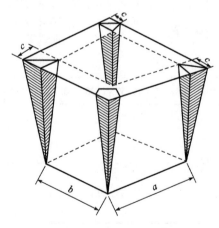

图8.2-13　基坑开挖示意图

基坑土石方工程量可分为放坡开挖和不放坡开挖两种情况计算。

不放坡时： $$V = (a + 2c) \times (b + 2c) \times H \quad (8.2\text{-}20)$$

放坡时： $$V = (a + 2c + kH) \times (b + 2c + kH) + \frac{1}{3}k^2 H^3 \quad (8.2\text{-}21)$$

式中：c——单侧工作面宽度；
H——基坑开挖宽度；
k——放坡系数。

【例 8.2-4】 某构筑物基础为满堂基础，其基坑采用矩形放坡，不支挡土板，留工作面 0.3m，满堂基础基坑开挖如图 8.2-14 所示，基础外边线尺寸为 15.3m 和 10.6m，挖深 4.5m，若机械挖土考虑 1∶0.5 放坡，试求其开挖的土方量。

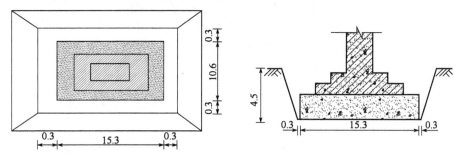

图 8.2-14 满堂基础基坑开挖示意图（尺寸单位：m）

解：放坡时基坑开挖土方量为

$$V = (a + 2c + kH) \times (b + 2c + kH) + \frac{1}{3}k^2 H^3$$

=(15.3+0.3×2+0.5×4.5)×(10.6+0.3×2+0.5×4.5)+1/3×0.5²×4.5³=1 114(m³)

其分部分项工程项目清单见表 8.2-11。

案例基坑土石方分部分项工程项目清单表　　表 8.2-11

项目编码	项目名称	项目特征描述	计量单位	工程量
040101003001	挖基坑土方	机械挖土深度：4.5m	m³	1 114

4. 暗挖土方工程量计算（040101004）

在市政地下工程中，由于地下障碍物和周围环境的限制，土方工程多采用暗挖法进行施工。暗挖法施工因掘进方式不同，可分为全断面法、正台阶法、环形开挖预留核心土法、单侧壁导坑法、双侧壁导坑法、中隔壁法、交叉中隔壁法、中洞法等。施工时，事先拟订好开挖的断面，然后进行分段式掘进，土方工程量的计算方法为图示断面面积乘掘进长度。

$$V_{挖} = S_{断} \times L \quad (8.2\text{-}22)$$

式中：$V_{挖}$——暗挖土方的工程量（m³）；
$S_{断}$——开挖断面面积（m²）；
L——相邻断面间的沟槽长度（m）。

【例 8.2-5】 图 8.2-15 所示为某隧道开挖断面设计图，其隧道为 V 级围岩，若阴影部分的面积 $S=10.28\text{m}^2$，隧道掘进长度为 150m，试计算该隧道暗挖土方的清单工程量。

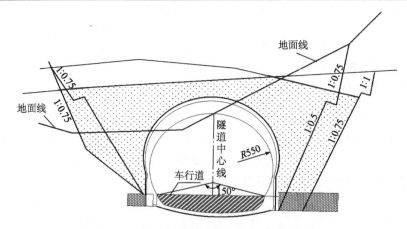

图 8.2-15 隧道开挖断面设计图(尺寸单位:cm)

解:由题意可知 $R=5.5\text{m}, L=150\text{m}$;

$$\begin{aligned} V_{挖} &= S_{断} \times L \\ &= [3.14 \times 5.5 \times 5.5 \times (360°-150°)/360° + 5.5 \times 5.5 \times \sin 75° \times \cos 75° + 10.28] \times 150 \\ &= 10\,987.50(\text{m}^3) \end{aligned}$$

则该隧道暗挖土方的清单工程量为 $10\,987.50\text{m}^3$。其分部分项工程项目清单见表 8.2-12。

案例暗挖土方分部分项工程项目清单表　　　表 8.2-12

项目编码	项目名称	项目特征描述	计量单位	工程量
040101004001	暗挖土方	隧道开挖Ⅴ级围岩	m³	10 987.5

单元 9　道路工程量清单编制

工程量清单包括施工单位对本工程的独立报价,以及经评审中标的低价项目的计价方式。工程量清单编制分为两个过程:一是工程量清单编制,二是工程量清单计价。工程量清单编制要求全面、准确、清晰,造价人员必须系统地提高工程量清单编制的质量和效率,提高企业竞争力和企业整体质量。

课题 9.1　掌握道路工程量清单编制规则

学习目标

通过本课题的学习,能运用《市政工程工程量计算规范》(GB 50857—2013)编制道路工程量清单项目表。与此同时,培养创新思维,不断提高道路工程量清单编制的科学性和准确性。

相关知识

一、熟悉道路工程量清单

熟读道路工程(编号:040201/040202/040203/040204/040205)工程量清单项目设置、项目特征描述的内容、计量单位及工程量计算规则。

思考9.1-1:识读图9.1-1所示的某低填浅挖路基横断面图和表9.1-1所示的低填浅挖路基工程量表,路槽下有20cm级配碎石+60cm碎石土的路基处理。思考这两种材料路床处理的清单项是归属于路基处理(040201)、道路基层(040202)中的路床整形,还是回填方(040103)?试填写这两种材料的分部分项工程量清单。

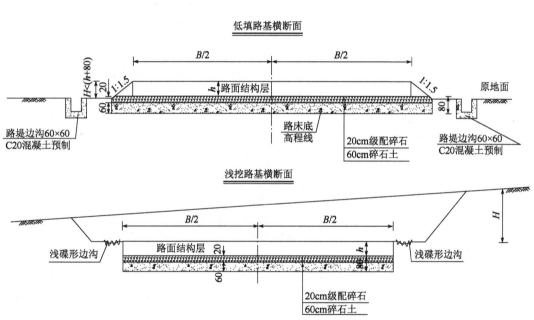

说明:
1. 图中尺寸单位均以cm计。
2. h为路面结构层厚度,H为路基填挖高度。针对本项目的特点,作如下定义:对于填方路堤段,当$H<(h+80)$时,即为低填路段;对于挖方路堑段,当$H<2m$时,即为浅挖路段;为使路床处于干燥或中湿状态,地下水位距路床底高程小于50cm时为地下水位较高路段。
3. 低填浅挖处理前先进行清表处理,清表数量及补偿土方详见"耕地填前夯实及清表工程数量表"。
4. 超挖至路床底高程,然后上部路床采用20cm级配碎石回填,下部路床采用60cm碎石土回填。对地下水位较高路段且未对软基进行复合地基处理时,路床底部80cm采用碎石土换填处理,碎石含量不小于70%,有条件时可以采用开山碎石处理。
5. 若低填路基处于软基处理路段,则只处理地面线以上部分,地面线以下部分按软基方案处理。

图9.1-1 低填浅挖路基横断面图

低填浅挖路基工程量表

表9.1-1

起讫桩号	工程名称	长度 (m)	超挖土方量 (m^3)	级配碎石量 (m^3)	碎石土 (m^3)	备注
K0+000~K3+500	低填浅挖路基处理	3 500	186 457	49 701	190 309	碎石土换填1.4m

知识剖析

值得注意的是，道路工程量清单 B.1 路基处理相关问题及说明中有"注：3. 如采用碎石、粉煤灰、砂等作为路基处理的填方材料时，应按附录 A 土石方工程中'回填方'项目编码列项。"按照《市政工程工程量计算规范》(GB 50857—2013)，结合此路床处理由下至上的施工流程罗列分部分项工程量清单，见表 9.1-2。

案例低填浅挖分部分项工程量清单表　　　　表 9.1-2

序号	项目编码	项目名称	项目特征	计量单位	工程量
1	040103001001	回填方(碎石土)	1. 填方材料品种：碎石土； 2. 密实度要求：按规范要求； 3. 填方粒径要求：符合规范及设计要求，碎石含量不小于70%，有条件时可以采用开山碎石处理； 4. 填方来源、运距：投标人根据具体情况自行决定	m^3	190 309
2	040202011001	20cm级配碎石垫层	1. 石料种类：级配碎石； 2. 厚度：20cm； 3. 石料规格：按规范要求； 4. 其他：级配碎石底压实度不小于96%，CBR值不小于80%	m^3	49 701

思考 9.1-2：040201020 褥垫层与 040202011 碎石有何区别？此处级配碎石垫层归属哪条清单项更合适？

....

....

【例 9.1-1】某道路工程路面结构为三层式沥青混凝土路面。如图 9.1-2 所示，路段标号为 K4+100～K4+800，路面宽 12m、基层宽 12.5m。级配碎石垫层，石灰稳定底基层(石灰剂量为 8%)，水泥稳定基层(水泥剂量为 5%)；面层三层：上层为 AC-13 细粒式沥青混凝土，中层为 AC-16 中粒式沥青混凝土，下层为 AC-25 粗粒式沥青混凝土。试计算该项目工程量并编制该段路面的分部分项工程量清单,填写表9.1-3。

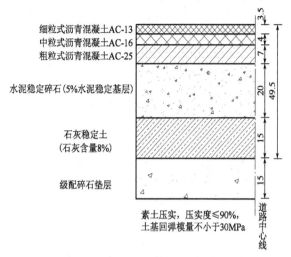

图9.1-2 道路工程路面结构图(尺寸单位:cm)

分部分项工程量清单表 表9.1-3

序号	项目编码	项目名称	项目特征描述	计量单位	工程量
			(简单描述)		

解:按照《市政工程工程量计算规范》(GB 50857—2013),结合此路床处理由下至上的施工流程罗列分部分项工程量清单,结果如表9.1-4所示。

案例道路工程分部分项工程量清单表 表9.1-4

序号	项目编码	项目名称	项目特征	计量单位	工程量计算公式	工程量
1	040202011001	碎石(级配碎石垫层)	1. 石料规格:级配碎石垫层; 2. 厚度:15cm	m²	12.5×800	10 000.00
2	040202002001	石灰稳定土(8%石灰稳定土底基层)	1. 配比:碎石:灰:土=22:8:70; 2. 厚度:15cm; 3. 含灰量:8%	m²	12.5×800	10 000.00
3	040202015001	水泥稳定碎石(5%水泥稳定基层)	1. 水泥含量:5%; 2. 厚度:20cm; 3. 石料规格:本地级配碎石; 4. 洒水养护	m²	12.5×800	10 000.00
4	040203006001	粗粒式沥青混凝土(AC-25)	1. 沥青品种:普通石油沥青; 2. 石料粒径:粗粒式; 3. 厚度:7cm; 4. 沥青混凝土种类:AC-25粗粒式沥青混凝土	m²	12×800	9 600.00

续上表

序号	项目编码	项目名称	项目特征	计量单位	工程量计算公式	工程量
5	040203006002	中粒式沥青混凝土(AC-16)	1. 沥青混凝土种类:AC-16中粒式沥青混凝土; 2. 厚度:4cm; 3. 沥青品种:普通石油沥青; 4. 石料粒径:中粒式	m²	12×800	9 600.00
6	040203006003	细粒式沥青混凝土(AC-13)	1. 沥青品种:AC-13(改性玄武岩沥青); 2. 石料粒径:细粒式; 3. 厚度:3.5cm; 4. 沥青混凝土种类:AC-13细粒式沥青混凝土	m²	12×800	9 600.00

碎石垫层清单归属应选用基层中的碎石,不选桥涵工程中的垫层清单(040305001),因为桥涵工程中的垫层属于构造物垫层,而道路工程中的垫层属于路面结构层,工艺属性不一样。

二、清单编制注意事项

1. 列项编码

列项编码是在熟悉施工图的基础上,对照《市政工程工程量计算规范》(GB 50857—2013)"附录B道路工程"中各分部分项清单项目的名称、特征和工程内容,将拟建道路工程结构进行合理的归类组合,编排出相对独立的与"附录B道路工程"各清单项目相对应的分部分项清单项目。

(1)列项编码的要求

①确定各分部分项项目的名称,并予以正确的项目编码;

②项目编码不重不漏;

③当拟建工程出现新结构、新工艺,不能与《市政工程工程量计算规范》(GB 50857—2013)"附录B道路工程"的清单项目对应时,应按《建设工程工程量清单计价规范》(GB 50500—2013)中的规定执行。

(2)列项编码的要点

项目特征是形成工程项目实体价格因素的重要描述,也是区别于同一清单项目名称内多个不同的具体项目名称的依据。项目特征由具体的特征要素构成,详见《市政工程工程量计算规范》(GB 50857—2013)"附录B道路工程"项目清单的"项目特征"栏。例如,道路工程中安砌侧(平、缘)石项目特征:①材料;②尺寸;③形状;④垫层、基础:材料品种、厚度、强度。

作为指引承包人投标报价的分部分项工程量清单,必须给出明确的清单项目名称和编码,以便在清单计价时不发生理解上的歧义,在综合单价分析时能够做到科学合理。

2. 项目名称

具体项目名称应按照《市政工程工程量计算规范》(GB 50857—2013)附录中的项目名称

（可称为基本名称）结合实际工程的项目特征要素综合确定。例如，在软基地段使用较普遍的道路基层结构是在石屑中掺入6%水泥，经过拌和、摊铺碾压成形。其属于水泥稳定碎石类基层结构，按照惯用表述，该清单项目的具体名称可确定为"6%水泥石屑基层（厚度××cm）"，项目编码为"040202014001"。

3. 项目特征

项目特征是对形成该分部分项清单项目实体施工过程（或工序）包含的内容的描述，列项时应将拟建道路工程的分部分项工程项目与《市政工程工程量计算规范》（GB 50857—2013）附录中各清单项目特征和工程内容的要求进行对照。道路面层中"水泥混凝土"清单项目的工程内容为：①模板制作、安装、拆除；②混凝土拌和、运输、浇筑；③拉毛；④压痕或刻防滑槽；⑤伸缝；⑥缩缝；⑦锯缝、嵌缝；⑧路面养护。上述8项工程内容几乎包括了常规水泥混凝土路面的全部施工工艺过程。若拟建工程设计的是水泥混凝土路面结构，就可以对照上述工程内容编码列项。列出的项目名称是"C××水泥混凝土面层（厚××cm，碎石最大××mm）"，项目编码为"040203007×××"，这就是对应吻合。不能再另外列出伸缩缝构造、切缝机切缝、路面养护等清单项目名称，否则就属于重列。

但应注意"水泥混凝土"项目中，未包括传力杆及套筒的制作安装、纵缝拉杆、角隅加强钢筋、边缘加强钢筋的工程内容。当拟建的道路路面设计有这些钢筋时，应该对照"钢筋工程"另外增列钢筋的分部分项清单项目，否则就属于漏列。

课题9.2 掌握道路工程量计算方法

学习目标

通过本课题的学习，能运用基本计算方法计算道路工程量，夯实工程量清单编制的基础，能够准确地进行道路工程量清单编制。与此同时，培养独立思考的能力，提高技能操作水平。

相关知识

市政工程造价人员接触道路专业工作较多，道路专业相关工程量的计算也比较重要。正确计算工程量是确保工程造价合理性的必要前提，对工程量计算规则的熟练运用，能有效避免少算、漏算，有助于合理增加工程造价，提高项目的经济效益。

根据专业不同，结合《市政工程工程量计算规范》（GB 50857—2013）道路工程量计算规则，道路工程量的计算涉及图9.2-1所示的几个方面。

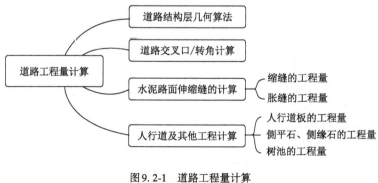

图9.2-1 道路工程量计算

一、道路结构层几何算法

城市道路的结构组成主要包括路基和路面,其中路面由垫层、基层和面层构成。

根据《市政工程工程量计算规范》(GB 50857—2013),对于规则路线,道路工程量算法均可以选用几何算法,详见表9.2-1。

道路工程量计算方法　　　　　表9.2-1

图形	公式
1/4圆	$A=\pi R^2/4$ （9.2-1）
扇形	$L=\pi \alpha R/180=0.01745\alpha R=2A/R$ （9.2-2） $A=RL/2=0.00872R^2$ （9.2-3） $\alpha=57.296/R; R=2A/L=57.296L/R$ （9.2-4）
弓形	$A=[RL-C(R-h)]/2; C=2\sqrt{2(2R-h)h}$ （9.2-5） $R=(C^2+4h^2)/8h; L=0.01745\alpha$ （9.2-6） $h=R-\frac{1}{2}\sqrt{4R^2-C^2}; \alpha=57.269L/R$ （9.2-7）
圆环	$A=\pi\left[\left(\frac{D}{2}\right)^2-\left(\frac{d}{2}\right)^2\right]=0.7854(D^2-d^2)$ （9.2-8）
直角角缘面积	$A=0.2146R^2=0.1075C^2$ （9.2-9）

续上表

图形	公式
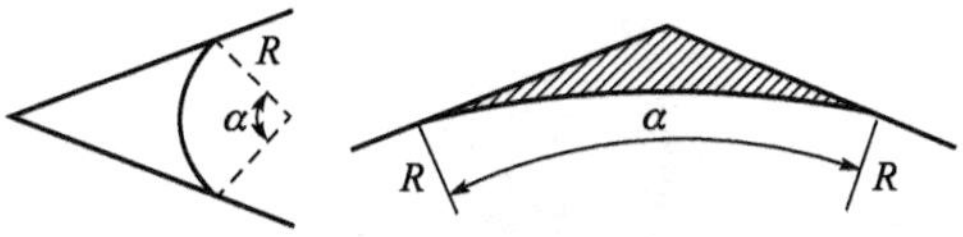 不定角角缘面积	$A = R^2(\tan\alpha/2 - 0.00873\alpha)$ (9.2-10)
椭圆形角缘面积	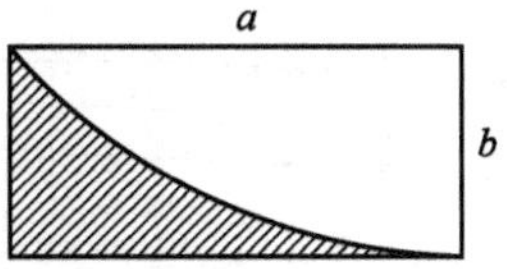 $A = ab(1 - \pi/4)$ (9.2-11)
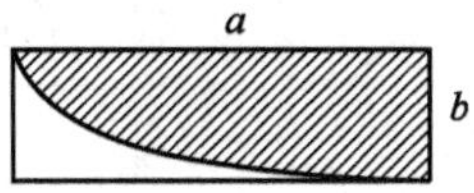	$A = ab\pi/4$ (9.2-12)
抛物线	$A = ab/3$ (9.2-13)
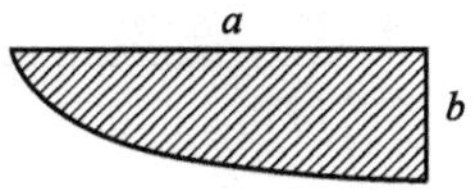	$A = 2ab/3$ (9.2-14)
不规则三角形	$V = h(m-n)[3a^2 + 2h \cdot n(1\ n/m)]/6$ (9.2-15)

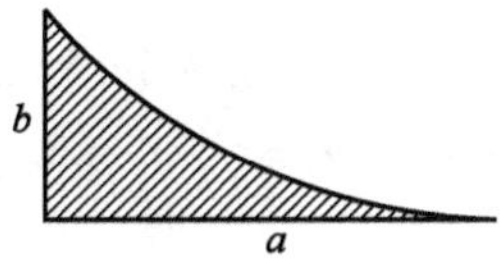

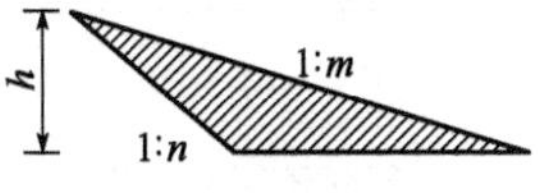

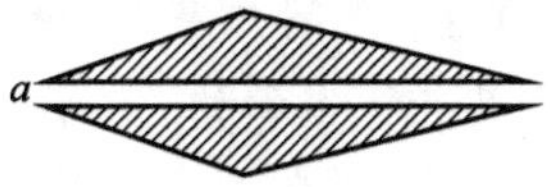

对于不规则路线的道路,只能运用CAD的list中的面积功能键统计面积,如图9.2-2所示的不规则道口。

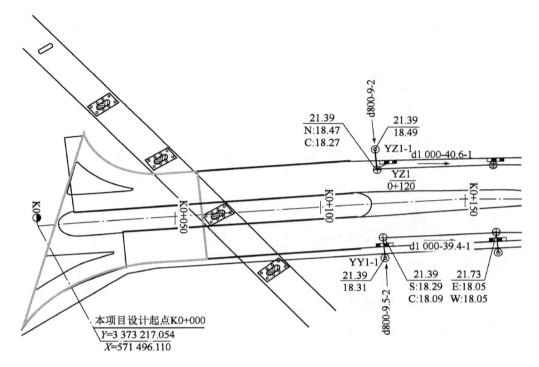

图 9.2-2 不规则的道口图

【例 9.2-1】 某道路工程面层结构如图 9.2-3 所示,为三层式沥青混凝土路面。路段标号为 K4+100～K4+800,路面宽 12m,试计算各个路面结构的清单工程量,并填写分部分项工程量清单表。

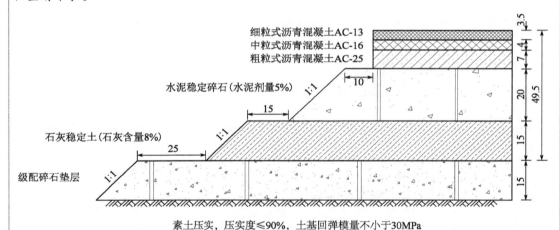

图 9.2-3 沥青混凝土路面结构图(尺寸单位:cm)

解:《市政工程工程量计算规范》(GB 50857—2013)"道路工程"的清单计量规则提到路面结构层一般"按设计图示尺寸以面积算,不扣除各类井所占面积"。

$$S_{\text{细粒式沥青混凝土}} = 12 \times 800 = 9\,600 \text{ (m}^2\text{)}$$

$$S_{\text{中粒式沥青混凝土}} = 12 \times 800 = 9\,600 \text{ (m}^2\text{)}$$

$$S_{\text{粗粒式沥青混凝土}} = 12 \times 800 = 9\,600 \text{ (m}^2\text{)}$$

"道路工程"清单计量规则提到"道路基层设计截面如为梯形时,应按其截面平均宽度计算面积,并在项目特征中对截面参数加以描述。"

$S_{水泥稳定碎石}=(12+0.1\times2+12+0.1\times2+0.2\times1\times2)/2\times800=(12.2+12.6)/2\times800=9\,920(m^2)$

$S_{石灰稳定土}=(12.6+0.15\times2+12.6+0.15\times2+0.15\times1\times2)/2\times800=(12.9+13.2)/2\times800=10\,440(m^2)$

$S_{级配碎石垫层}=(13.2+0.25\times2+13.2+0.25\times2+0.15\times1\times2)/2\times800=(13.7+14)/2\times800=11\,080(m^2)$

思考9.2-1:参考"示例9.2-1",试填写此道路工程的分部分项工程量清单表(表9.2-2)。

分部分项工程量清单表　　　　　　　　表9.2-2

序号	项目编码	项目名称	项目特征	计量单位	工程量
			(简单描述)		

二、道路交叉口/转角计算

《市政工程工程量计算规范》(GB 50857—2013)"道路工程"的清单计量规则提到,道路面层不扣除各类井所占面积,按设计图示面积(带平石的面层应扣除平石所占面积)以平方米计算。有交叉口路段道路面积除包含直线段路面面积外,还应包括转弯处增加的面积,按下列公式计算:

有交叉口路段路面面积=直线段路面面积+交叉口转弯处增加的面积

直线段路面面积计算方法同无交叉口路段。交叉口转弯处增加的面积,一般从交叉口两侧计算至转弯圆弧的切点处,如图9.2-4中阴影所示。

当道路直交时,每个转角的路口面积:

$$S_{转} = 0.2146R^2$$

当道路斜交时,每个转角的路口面积:

$$S_{转} = R^2\left(\tan\frac{\alpha}{2} - 0.00873\alpha\right)$$

相邻的两个转角的圆心角互为补角,即一个中心角是α,另一个中心角是$(180°-\alpha)$,R是每个路口的转角半径。

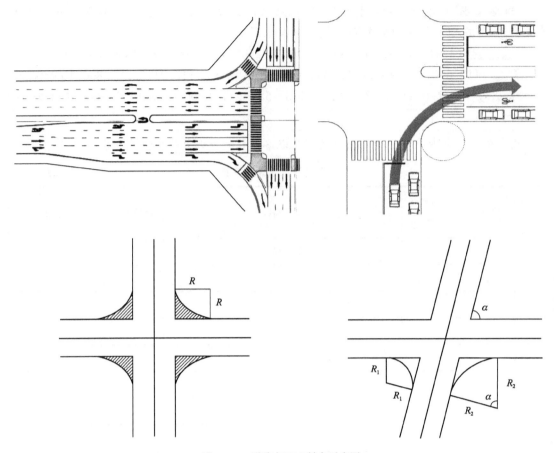

图 9.2-4 道路交叉口/转角示意图

【例 9.2-2】 某市政道路横断面为 4m 人行道+18m 行车道+4m 人行道,道路行车道为 SMA 沥青混凝土路面,其结构如图 9.2-5 所示。求该道路行车道结构层的工程量。

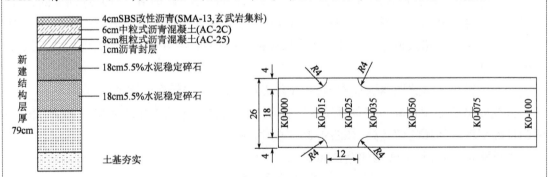

图 9.2-5 市政道路路面结构示意图(尺寸单位:cm)

解:根据图 9.2-5 知,K0+000~K0+100 的直线段面积:

$S_{直线段} = 18 \times 100 + 4 \times 12 \times 2 = 1896$(m²)

4 个转角增加的总面积 $S_{转角} = 4 \times 0.214R^2 = 4 \times 0.214 \times 4^2 = 13.696$(m²)

交叉口路段路面面积=直线段路面面积+交叉口转弯处增加的面积=1896+13.696= 1909.696(m²)

思考9.2-2:参考"例9.2-2"试填写此道路工程的分部分项工程量清单表(表9.2-3)。

分部分项工程量清单表　　　　　　　　表9.2-3

序号	项目编码	项目名称	项目特征	计量单位	工程量
			(简单描述)		

扫描二维码9.2-1查看案例道路工程分部分项工程项目清单(答案)。

9.2-1

三、水泥路面伸缩缝的计算

水泥路面伸缩缝的计算规则:按缝的设计长度乘缝的设计深度以面积计算。伸缝一般称为真缝,是在水泥混凝土路面上做成贯通整个板厚的缝;缩缝一般称为假缝,是在水泥混凝土路面上做成不贯通整个板厚的缝。

水泥混凝土路面横缝和纵缝示意图如图9.2-6所示,水泥混凝土路面接缝设置如表9.2-4所示。

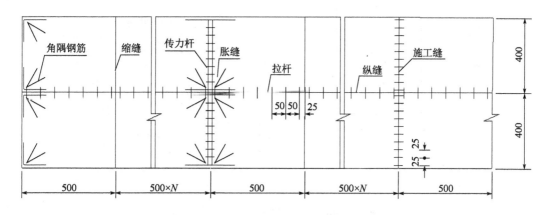

图9.2-6　水泥混凝土路面横缝和纵缝示意图(尺寸单位:cm)

水泥混凝土路面接缝设置　　　　　　　　　　　　　　　表9.2-4

名称	方向	接缝类型	做法	连接钢筋
接缝	横向	缩缝	采用假缝形式,特重或重交通道路及邻近胀缝或自由端的3条缩缝,应采用设传力杆假缝形式,其他情况可采用不设传力杆假缝形式。传力杆应采用光面钢筋,最外侧传力杆与纵向接缝或自由边的距离为150~250mm。横向缩缝顶部锯切槽口,深度为面层厚度的1/5~1/4,宽度为3~8mm,槽内塞填缝料	传力杆光圆
		胀缝	临近桥梁或固定构筑物、板厚改变、小半径平曲线等处,需设置胀缝	
		施工缝	每日施工结束或临时施工中断时必须设置横向施工缝,位置应尽量选在缩缝或胀缝处。设在缩缝处的施工缝,应采用加传力杆的平缝形式,设在胀缝处的施工缝,构造与胀缝相同	
	纵向	缩缝	面板宽度B>4.5m时,采用假缝形式,锯切槽口深度宜为板厚的1/3~2/5。纵缝应与路中心线平行,一般做成企口缝形式或拉杆形式;拉杆采用螺纹钢筋,设在板厚中央,拉杆中部100mm范围内进行防锈处理	拉杆螺纹
		施工缝	一次铺筑宽度小于路面宽度时,设纵向施工缝,采用平缝形式,上部锯切槽口,深度30~40mm,宽度3~8mm,槽内灌塞填缝料	

【例9.2-3】 某市政道路横断面为4m人行道+18m行车道+4m人行道,道路行车道为水泥混凝土路面,其路面板块划分结构、伸缩缝结构如图9.2-7所示:缩缝每5m设置一道、胀缝每20m一道、纵缝每4.5m一道。求该道路行车道水泥混凝土面层和接缝的工程量。

注意:(1)水泥混凝土、水泥稳定碎石砂采用现场集中拌制,场内采用双轮车运输;
(2)混凝土路面草袋养护,并刻防滑槽;
(3)在人行道两侧共有52个1m×1m的石质块树池。

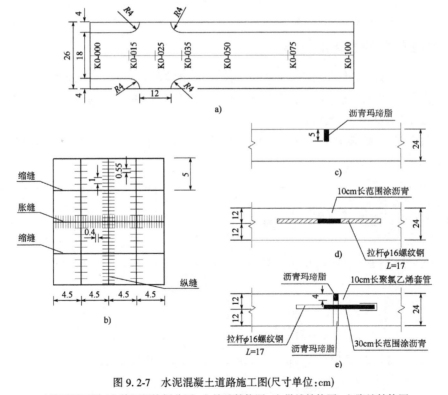

图9.2-7 水泥混凝土道路施工图(尺寸单位:cm)
a)路面平面图;b)路面板块划分图;c)缩缝结构图;d)纵缝结构图;e)胀缝结构图

解:根据图9.2-7知,K0+000~K0+100的水泥混凝土的面积:

$S_{水泥混凝土}=S_{直线段路面面积}+S_{交叉口转弯处增加的面积}=18×100+4×12×2+4×0.214×4^2=1909.696(m^2)$

①水泥混凝土施工中混凝土浇筑、捣固、抹光或拉毛、刻纹的面积:

$S_{水泥混凝土}=1909.696(m^2)$

水泥混凝土路面养生的面积:

$S_{水泥混凝土养生}=1909.696(m^2)$

②水泥混凝土路面的伸缩缝、施工缝:据《湖南省市政工程消耗量标准(2020年版)》"第二章 道路工程—第三节 道路面层 说明"中的第六条目"伸缩缝缩缝宽按6mm考虑""工程量计算规则"以及第三条目"伸缩缝为缝的面积,即设计缝长×设计路面厚度(或锯缝深度),以m²为计量单位"。则

缩缝的工程量:

缩缝的数量=(100/5-1)-(100/20-1)=15(道)

缩缝的锯缝长度= 15 ×18= 270(m)

缩缝填缝料沥青玛琋脂的面积=设计缝长×设计路面厚度(或锯缝深度)=270 × 0.05 = 13.5(m²)

胀缝施工缝的工程量:

胀缝的数量 = 100/20 - 1 = 4(道)

胀缝的施工缝长度 = 4 ×18 = 72(m)

胀缝填缝料沥青玛琋脂的面积 = 72 × 0.04 = 2.588(m²)

胀缝沥青木板的面积=72×(0.24-0.04)=14.4(m²)

胀缝传力杆的数量=4.5/0.4×18/4.5×4=180(道)

钢筋的质量=ρ×V=7.85(t/m³)×π×R²×L

胀缝传力杆的制作安装质量=180×7.85×π×(0.025/2)²×0.45=0.305(t)

纵缝的工程量:

纵缝的数量=18/4.5 -1=3(道)

纵缝拉杆的数量=(5/1-1)×20×2+5/0.55×20=340(道)

胀缝拉杆的制作安装质量=340×7.85×π×(0.016/2)²×0.17=0.091(t)

思考9.2-3:参考"例9.2-3",试填写此水泥混凝土路面工程的分部分项工程量清单表(表9.2-5)。

水泥混凝土路面分部分项工程量清单表　　　　　　　　　　　表9.2-5

序号	项目编码	项目名称	项目特征	计量单位	工程量
			(简单描述)		

扫描二维码9.2-2查看案例水泥混凝土路面分部分项工程项目清单部分(答案)。

9.2-2

四、人行道及其他工程计算

《市政工程工程量计算规范》(GB 50857—2013)中,人行道及其他工程量清单项目包含八项,即人行道整形碾压、人行道块料铺设、现浇混凝土人行道及进口坡、安砌侧(平、缘)石、现浇侧(平、缘)石、检查井升降、树池砌筑、预制电缆沟铺设。人行道板和其他的工程量计算内容如图9.2-8所示。

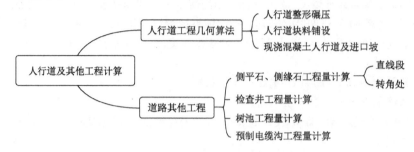

图 9.2-8 人行道及其他工程计算

根据《市政工程工程量计算规范》(GB 50857—2013)中人行道及其他工程量计算规则,人行道工程的几何算法涉及以下两个公式,可广泛应用:

①直线段的铺设面积。

直线段的铺设面积=设计长度×人行道的宽度(不含路缘石)　　(9.2-16)

②交叉口转弯处的铺设面积。

道路直交(转角非90°)时:

交叉口转弯处的铺设面积$_1$=设计长度×π×[D^2(不含路缘石)-d^2(不含路缘石)]/4

(9.2-17)

道路斜交(转角非90°)时:

交叉口转弯处的铺设面积$_2$=设计长度×π×[D^2(不含路缘石)-d^2(不含路缘石)]×α/360　(9.2-18)

式中:D为人行道板外缘半径;d为人行道板内缘半径;$α$为斜交中心角。

【例9.2-4】 某市政道路横断面为4m人行道+18m行车道+4m人行道,道路行车道为沥青混凝土路面,其结构如图9.2-9所示。求该市政道路结构层的工程量,填写路面工程量计算表(表9.2-6)。

解: 根据《市政工程工程量计算规范》(GB 50857—2013)中道路面层工程量计算规则"按设计图示尺寸以面积计算,不扣除各种井所占面积,带平石的面层应扣除平石所占面积",有

$S_{面层}=S_{直线段路面面积}+S_{交叉口转弯处增加的面积}$=18×100+4×12×2+4×0.214×$4^2$=1 909.696(m²)

(1)机动车道、辅道的路面面积为

$S_{AC-13C沥青面层}$=1 909.696m² ; $S_{AC-16C沥青面层}$=1 909.696m² ; $S_{AC-25C沥青面层}$=1 909.696m²

(2)机动车道、辅道的基层面积为

根据《市政工程工程量计算规范》(GB 50857—2013)中道路基层工程量计算规则"道路基层设计截面为梯形时,应按其截面平均宽度计算面积",有

①相对于路面面层,基层的单侧加宽平均值=[(12+10+5)+(12+10+5+10.5×1)]×10.5/2/20=16.93(cm)=0.169m。

$S_{5\%水泥稳定碎石上基层}=S_{面层}+S_{基层单侧增加面积}$=1 909.696+[π×$4^2$-π×$(4-0.169)^2$]/4×4+0.169×(100-4-4-12)×2=1 940.95(m²)

路面工程量计算表

表9.2-6

起讫桩号	长度 (m)	机动车道、辅道 (1 000m²)							人行道铺装 (1 000m²)			路缘石		2cm厚M7.5水泥砂浆垫层 (m³)	现浇C15混凝土靠背 (m³)
		面层			5%水泥稳定碎石上基层	8%石灰稳定土下底基层	黏层	透层	高强度彩砖	M7.5水泥砂浆	C15混凝土	12cm×32cm石质立缘石 (m)	10cm×20cm石质立缘石 (m)		
		AC-13 C改性岩沥青 厚3.5cm	AC-1 6C改性岩沥青 厚4cm	AC-2 5C改性岩沥青 厚7cm	厚20cm	厚15cm			厚3.5cm	厚2cm	厚15cm				
1	2	3	4	5	6	7	8	9	10	11	12	13	14	15	16
K0+000~ K0+100.00	100.00														

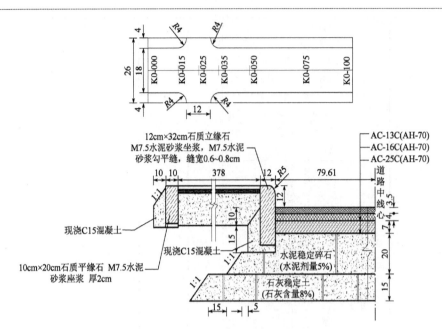

图 9.2-9 某市政道路行车道沥青混凝土路面结构图(尺寸单位:cm)

②相对于路面面层,底基层的单侧加宽平均值=(12+10+5+10.5×1)+15+15/2=60(cm)=0.6(m)

$S_{8\%石灰稳定土下基层}=S_{面层}+S_{底基层单侧增加面积}=1\,909.696+[\pi×4^2-\pi×(4-0.6)^2]/4×4+0.6×(100-4-4-12)×2=2\,019.65(m^2)$

(3)机动车道、辅道的黏层、透层面积为

$$S_{黏层}=2×S_{路面面积}=3\,819.39(m^2)$$

$$S_{透层}=S_{路面面积}=1\,909.696(m^2)$$

(4)人行道铺装面积

根据《市政工程工程量计算规范》(GB 50857—2013)中人行道块料铺设的工程量计算规则"按设计图示尺寸以面积计算,不扣除各类井所占面积,但应扣除侧石、树池所占面积",有

①高强度彩砖的面积:

$S_{高强度彩砖}=S_{直线段}+4×S_{扇形}=3.78×(100-4-4-12)×2+4×(\pi×3.88^2-\pi×0.1^2)/4=652.063(m^2)$

②M7.5水泥砂浆的面积:

$S_{M7.5水泥砂浆}=S_{高强度彩砖}=652.063(m^2)$

③C15混凝土垫层的面积:

C15混凝土垫层的平均水平宽度=3.78-0.1+(0.1+0.15)×0.1/2/0.15=3.763(m)

$S_{C15混凝土垫层}=3.763×(100-4-4-12)×2+4×[\pi×(3.763+0.1)^2-\pi×0.1^2]/4=648.93(m^2)$

(5)路缘石的工程量

根据《市政工程工程量计算规范》(GB 50857—2013)中安砌侧(平、缘)石的工程量计算规则"按设计图示中心线长度计算",有

①$L_{12cm×32cm石质立缘石}=(100-4-4-12)×2+4×2×\pi×(4.00-0.06)/4=184.76(m)$

②$L_{10cm×20cm石质立缘石}=(100-4-4-12)×2+4×2×\pi×0.05/4=160.31(m)$

③$V_{M7.5水泥砂浆垫层}=L_{10cm×20cm石质立缘石}×0.1×0.02=160.31×0.1×0.02=0.32(m^3)$

④$V_{现浇C15混凝土靠背}=(0.22-0.1+0.22)×0.1/2×160.31+[0.04×0.22+(0.32-0.205+0.32-0.205+0.1)×0.1/2]×184.76=7.4(m^3)$

扫描二维码9.2-3查看路面工程量计算表(答案)。

9.2-3

单元10　桥涵工程量清单编制

市政桥梁工程通常投资金额较大。近年来随着市场经济的不断发展以及国家政策的调整,投资环境不断改善,投资的主体、投资的方式以及资金的来源都有变化,呈现多元化发展趋势,但政府投资仍旧是市政道路桥梁工程建设的主体。

工程造价的编制贯穿于工程实施的始终,是工程方案比选的重要依据,因此编制的造价文件必须要真实地反映工程的具体情况并具有可利用性,这就要求造价人员编制造价文件时必须对采用的编制依据、相应的设计文件、施工工艺及施工组织计划十分了解并正确采用。投标报价时,造价人员更需熟悉设计图纸和核对工程量,以形成有利于中标的投标方案。近年来,桥梁的设计及施工技术不断地发展,新结构、新材料、新工艺的广泛应用,也增加了工程造价编制的难度。

课题10.1　掌握桥涵工程量清单编制规则

学习目标

通过本课题的学习,能运用《市政工程工程量计算规范》(GB 50857—2013)编制桥涵工程量清单项目表。与此同时,培养创新思维,不断提高桥涵工程量清单编制的科学性和准确性。

相关知识

一、熟悉桥涵工程量清单

熟读桥涵工程(编码:040301/040302/040303/040304/040305/040306/040307/040308/040309)工程清单项目设置、项目特征描述的内容、计量单位及工程量计算规则。

> 思考10.1-1:识读1-4.00m×2.50m箱涵图纸(图10.1-1),尺寸均以cm计:①箱涵施工采用现浇钢筋混凝土,基础和涵身混凝土均须分层浇筑。②如图10.1-2所示,钢筋接头除图中明确说明须进行焊接外,其余均考虑钢筋绑扎,如有条件也可采用焊接。③涵台台身的沉降缝一般沿涵长方向每隔4～6m设置一道,沉降缝必须贯穿整个断面(包括基础),缝宽2cm,沉降缝的设置应与涵长方向垂直。在涵洞与填土接触部分均涂热沥青三道,每道施工必须通知现场管理人员和现场监理验收。④洞身两侧填土应严格对称均衡,水平分层夯实。涵洞两侧紧靠涵台部分的回填土不宜采用大型机械进行压实施工,宜采用人工配合小型机械的方法夯填密实。⑤为防止河床过度冲刷,应采用铺砌对河床进行处理,洞底和洞口铺砌必须注意平整,砂砾垫层必须均匀、密实。洞底和洞口铺砌两层,上层采用片石混凝土或素混凝土,下层铺设砂砾垫层。
>
> 根据图纸信息,填写该涵洞工程的清单项目表(表10.1-1)。

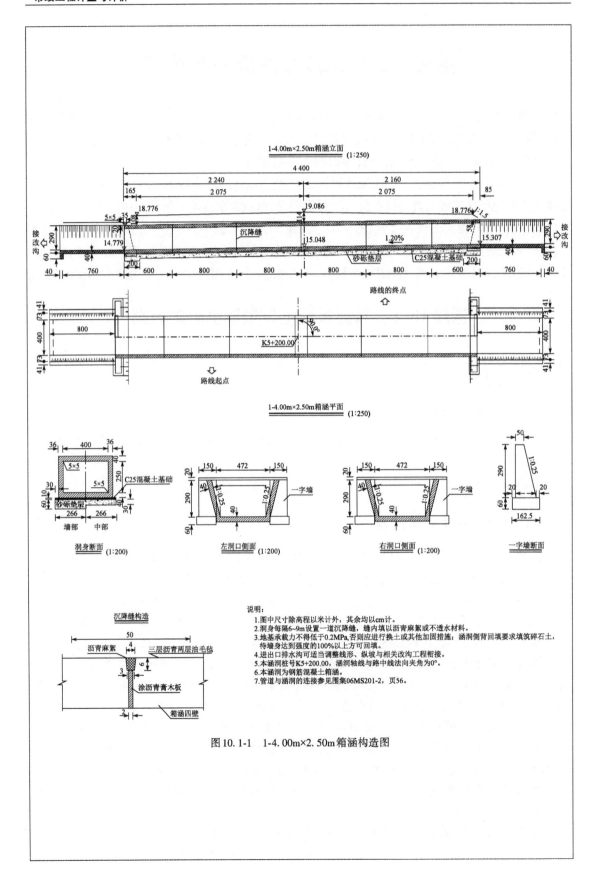

图10.1-1 1-4.00m×2.50m箱涵构造图

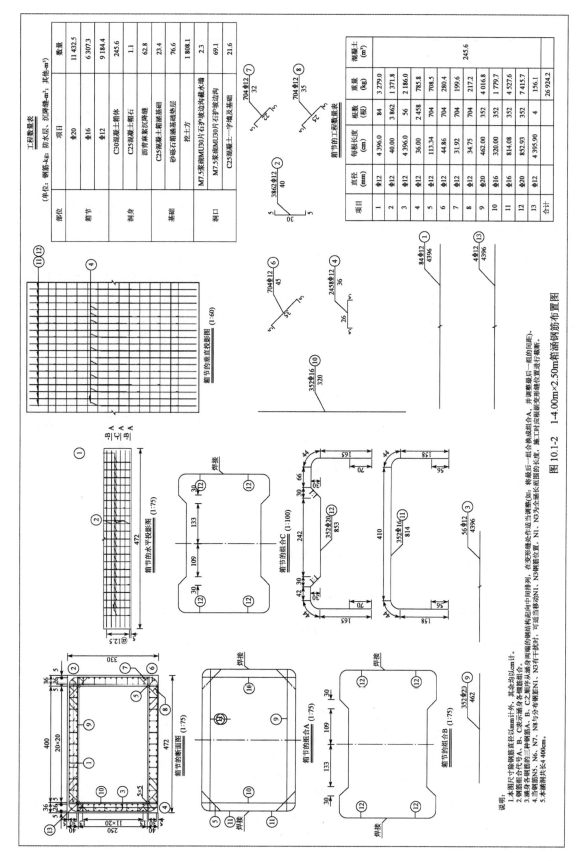

图 10.1-2 1-4.00m×2.50m箱涵钢筋布置图

分部分项工程项目清单表　　　　　　　　　　　　　　　　　表10.1-1

序号	项目编码	项目名称	项目特征	计量单位	工程量	金额(元)		
						综合单价	合价	其中：暂估价
						(投标单位填写)		

知识剖析

桥涵工程量清单按照《市政工程工程量计算规范》(GB 50857—2013)规定的统一格式编制，主要是分部分项工程量清单、措施项目清单、其他项目清单这3大清单的编制。

按照《市政工程工程量计算规范》(GB 50857—2013)结合此图纸中箱涵的施工流程罗列分部分项工程量清单。箱涵施工顺序：开挖沟槽土方、基础垫层、C25箱涵基础、C30箱涵洞身底板、C30箱涵洞身侧墙、C30箱涵洞身顶板、现浇C25混凝土涵台帽、现浇C25洞口基础、浆砌片石截水沟及边沟。另外，箱涵钢筋的工程量清单需根据规格单列；施工中还需额外考虑洞身沉降缝和洞身防水层，及单价措施中脚手架的搭建工作和现浇混凝土构件的模板施工。详见表10.1-2。

箱涵案例的分部分项工程项目清单与措施项目清单计价表　　　　表10.1-2

序号	项目编码	项目名称	项目特征描述	计量单位	工程量	金额(元)		
						综合单价	合价	其中：暂估价
1	040101002001	挖沟槽土方	1. 土壤类别：普通土； 2. 挖土深度：3m以内	m^3	1 808.10	(投标单位填写)		
2	040305001001	箱涵基础垫层	1. 材料品种：碎石； 2. 厚度：30~60mm	m^3	76.60			
3	040303002001	C25混凝土箱涵基础	1. 混凝土强度等级：C25； 2. 含模板	m^3	23.40			
4	040306003001	C30箱涵洞身底板	1. 混凝土强度等级：商品混凝土C30； 2. 底板支木模板	m^3	83.072			
5	040306004001	C30箱涵洞身侧墙	1. 混凝土强度等级：商品混凝土C30； 2. 防水层工艺要求：三层热沥青； 3. 支木模板	m^3	79.20			
6	040306005001	C30箱涵洞身顶板	1. 混凝土强度等级：商品混凝土C30； 2. 防水层工艺要求：三层热沥青； 3. 支木模板	m^3	83.072			
7	040306007001	箱涵接缝	1. 天然橡胶伸缩缝，每隔15m设置一道，缝宽30mm	m	80.20			

续上表

序号	项目编码	项目名称	项目特征描述	计量单位	工程量	金额(元)		
						综合单价	合价	其中:暂估价
8	040303004001	C25混凝土涵台帽	1. 部位:箱涵台帽; 2. 混凝土强度等级:C25商品混凝土	m³	1.085			
9	040303002002	C25混凝土洞口基础	1. 混凝土强度等级:商品混凝土C25; 2. 含模板	m³	21.60			
10	040305003001	浆砌片石	1. 部位:截水沟及边沟; 2. 材料品种、规格:M7.5水泥砂浆,MU30片石; 3. 砂浆强度等级:M7.5	m³	71.40			
11	040901001001	现浇构件钢筋⌀12	1. 钢筋种类:带肋钢筋HRB400; 2. 钢筋规格:⌀12	t	9.18			
12	040901001002	现浇构件钢筋⌀16	1. 钢筋种类:带肋钢筋HRB400; 2. 钢筋规格:⌀16	t	6.31			
13	040901001003	现浇构件钢筋⌀20	1. 钢筋种类:带肋钢筋HRB400; 2. 钢筋规格:⌀20	t	11.43			

二、桥涵工程量清单编制注意事项

桥涵工程分部分项工程量清单应根据《市政工程工程量计算规范》(GB 50857—2013)附录C规定的统一的项目编码、项目名称、计量单位、工程量计算规则编制。

【例10.1-1】 某新区桩基设计桩径ϕ1 500mm,单桩长40~42m,桩基总长854.00m;施工方通过细读地质构造图和现场踏勘,确定桩基施工工艺采用旋挖桩成孔。经计算的桩基工程量见表10.1-3。请根据桩基工程量表、《市政工程工程量计算规范》(GB 50857—2013)对分部分项工程量清单列项。

ϕ1 500mm桩基工程量表 表10.1-3

序号	工程内容	单位	数量
1	泥浆护壁成孔	m	854.00
2	旋挖钻机成孔,桩径≤1 500mm,土、砂砾类	m³	1 539.76
3	灌注桩钢护筒,桩径ϕ≤1 500mm;埋设深度大于2m	m	56.00
4	旋挖钻孔灌注桩:水下商品混凝土C30	m³	1 539.76
5	挖基坑土方装车:普通土	m³	40.00
6	自卸汽车运土方,实际运距5km	m³	40.00
7	泥浆池抹面:刷白水泥浆	m²	120.00
8	桩基础支架平台:陆上工作平台	m²	360.00
9	泥浆运输:实际运距3km	m³	314.11

续上表

序号	工程内容	单位	数量
10	截桩头	m³	26.457 1
11	自卸汽车运石碴,实际运距9km	m³	26.457 1
12	DN70×6桩基声测管	m	20.21
13	DN57×3桩基声测管	m	2 982.16
14	铁件预埋件	t	0.022 8
15	桩基灌注桩钢筋笼	t	螺纹钢筋 HRB400:99.298 2； 热轧圆钢 HPB300 :15.647 3

1.桥涵工程分部分项清单项目编制

(1)桥涵工程分部分项清单项目列项注意事项：

①主要明确桥涵工程的招标范围及其他相关内容。

②审读图纸、列出施工项目。桥涵工程施工图纸主要有桥涵总体布置平面图,桥涵总体布置立面图,桥涵总体布置横断面图,桥涵上、下部结构图及钢筋布置图,桥面系结构图,桥涵附属工程结构图等。编制分部分项工程量清单,必须认真阅读全套施工图纸,了解工程的总体情况,明确各部分的工程构造,并结合工程施工方法,按照工程的施工工序,逐个列出工程施工项目。

本案例中桥梁的基础是钻孔灌注桩基础(基础土方清单计算略)。所以在附录C的C.1桩基里找到项目编码040301004,对应项目名称为泥浆护壁成孔灌注桩,本子目清单项目的重点就在项目特征的描述上,要描述桩径、深度、岩土类别、混凝土强度等级,清单报价部分要包括桩基工作平台搭拆;成孔机械竖拆;护筒埋设;泥浆制作;钻孔成孔;余方弃置;灌注混凝土;凿除桩头;废料弃置等工作内容。阐明分部分项工程量清单的项目特征是确定一个清单项目综合单价的重要依据,在编制工程量清单时必须对项目特征进行准确和全面的描述,上述众多工作内容在机械成孔灌注桩工程量清单项目特征里缺一不可,遗漏任一项,都会给投标报价带来隐患,造成施工后期竣工结算的争议。

(2)清单项目工程量计算：清单项目列项后,根据施工图纸,按照清单项目的工程量计算规则、计算方法计算各清单项目的工程量。计算清单项目工程量时,要注意计量单位。

(3)编制分部分项工程量清单：按照分部分项工程量清单的统一格式,编制分部分项工程量清单。

2.措施项目清单的编制

措施项目清单的编制应根据工程招标文件、施工设计图纸、施工方法确定施工措施项目,并按照《市政工程工程量计算规范》(GB 50857—2013)规定的统一格式编制。措施项目清单编制的步骤如下:单价措施项目列项→总价措施项目列项→绿色施工安全防护措施项目清单编制。

3.其他项目清单的编制

其他项目清单主要根据招标文件的要求,按《市政工程工程量计算规范》(GB 50857—2013)规定的统一格式编制。如果招标文件中明确了预留金、材料购置费金额,则应在其他项目清单的"招标人"部分予以明确。如果招标文件中明确了工程总承包方可进行分包的范围,则应在其他项目清单"投标人"部分明确总承包服务费的计算基数以及费率。如果有零星工作项目,则应提供"零星工作项目表"。见表10.1-4。

桥涵工程案例分部分项工程项目清单与单价措施项目清单计价表　　表10.1-4

序号	项目编码	项目名称	项目特征	计量单位	工程量	综合单价	合价	其中:暂估价
						\multicolumn{3}{c}{金额(元)}

序号	项目编码	项目名称	项目特征	计量单位	工程量	综合单价	合价	其中:暂估价
1	040301004001	泥浆护壁成孔灌注桩	1. 灌注桩钢护筒安拆桩径≤1 500mm～钢护筒埋设深度大于2m; 2. 旋挖钻机成孔桩径≤1 500mm,土、砂砾类～单位工程的桩基工程量少于500m³; 3. 旋挖钻机成孔桩径≤1 500mm,软岩～单位工程的桩基工程量少于500m³; 4. 灌注混凝土旋挖钻孔～换:水下商品混凝土C30; 5. 灌注桩 泥浆运输运距1km以内～实际运距3km	m	854.00			
2	040301011001	截桩头	1. 桩类型:灌注桩; 2. 桩头截面高度:D=150cm; 3. 混凝土强度等级:C30混凝土	m³	26.457 1			
3	040301012001	声测管	1. 材质:无缝钢管; 2. 规格型号:$\phi 57 \times 3$	t	10 348.10			
4	040301012002	声测管	1. 材质:无缝钢管; 2. 规格型号:$\phi 70 \times 6$	t	191.40			
5	040901009001	预埋铁件	1. 材料种类:详见设计图纸	t	0.022 8			
6	040901004001	钢筋笼	1. 钢筋种类:HRB400; 2. 钢筋规格:$\phi 10$以上	t	99.298 2			
7	040901004002	钢筋笼	1. 钢筋种类:HPB300; 2. 钢筋规格:$\phi 10$	t	15.647 3			
\multicolumn{6}{c}{本页合计}			
\multicolumn{6}{c}{合计}			

课题10.2 掌握桥涵工程量计算方法

学习目标

通过本课题的学习,能运用基本计算方法计算桥梁工程量,夯实工程量清单编制基础,能够准确地进行桥梁工程量清单编制。与此同时,培养独立思考的习惯,增强技能操作能力。

相关知识

桥梁涵洞工程的工程量计算方法与其他专业工程量的计算方法原理基本相同:对于常规的、有规则的结构我们可以应用几何图形的计算方法计算其工程量,比如结构构件的长度、面积、体积、质量等;对于不规则的、复杂的结构我们就要借助相关工程软件计算,比如AUTOCAD软件、BIM软件等。

下面通过某市最新完成的桥梁工程示例介绍桥梁工程在编制分部分项工程量清单时涉及的清单列项、计算清单工程量的方法及思路,为后续清单组价及费用计算工作做铺垫。

案例背景

桥梁平、纵线形,桥面横坡均服从道路总体设计。全桥平面位于直线上,纵断面位于1.476%的单向坡上。桥梁横向为半幅路+半幅桥布置形式,左幅采用路基形式,右幅采用桥梁形式。某桥桥面路幅布置为:0.5m(防撞护栏)+7.25m(机动车道)+2.75m(非机动车道)+3.0m(人行道)=13.5m。桥梁全长180m,孔跨布置如下:3×30m+3×30m=180m,桥梁结构采用简支桥面连续预制预应力混凝土小箱梁。

10.2-1

扫描二维码10.2-1查看案例桥梁详尽施工说明、桥位平面图、案例桥梁BIM模型图。部分示意图见图10.2-1和图10.2-2。

为了使桥梁工程的预算编制工作更好地完成,工作人员必须做好桥梁工程的计量工作。在工程计量过程中,工作人员必须注意以下两个方面。

1. 必须明确工程预算的顺序

工程预算要想准确,工作人员就必须把所有的建筑部分的造价都进行预算,包括基础部分、上下部分及相应的辅助部分等。一般来说,我国的桥梁工程预算是按照以下顺序进行的:桥梁基础部分(包括基础挖掘和建造)→下部工程→上部工程→相关的辅助部分工程。必须按照一定的顺序进行,才能提高预算工作的效率,保证预算工作顺利完成。

2. 桥梁各部分的计量方法

桥梁工程的建设包括基础挖掘、基础工程、下部工程、上部工程以及辅助工程等。在进行计量工作时,必须从实际情况出发,各部分单独计量。

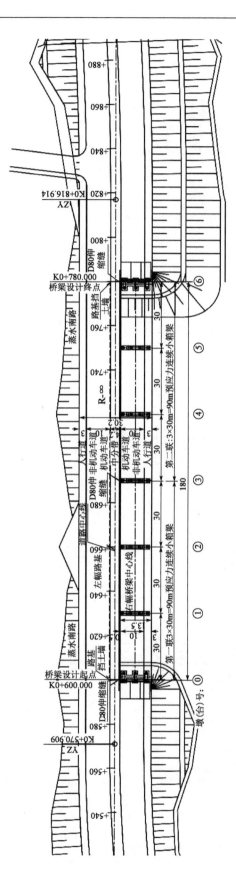

图 10.2-1

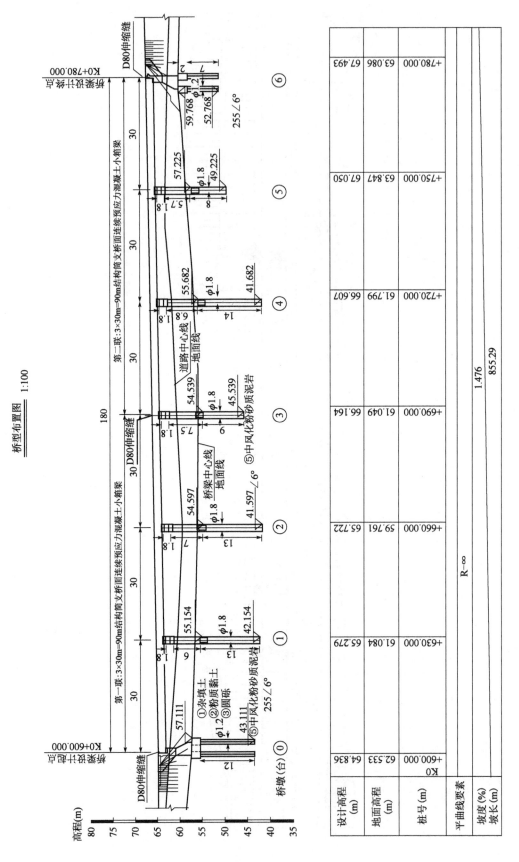

图 10.2-1

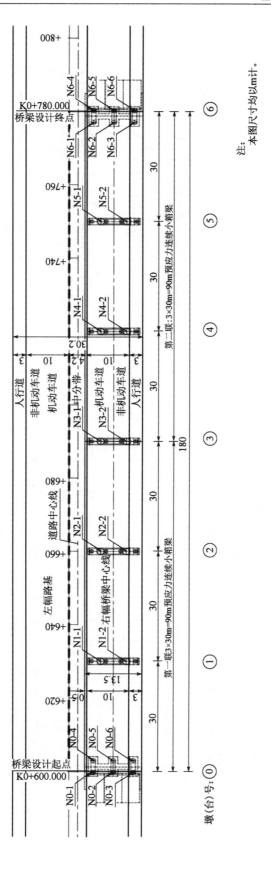

图 10.2-1 预制预应力混凝土小箱梁平面图及桥型布置示意图

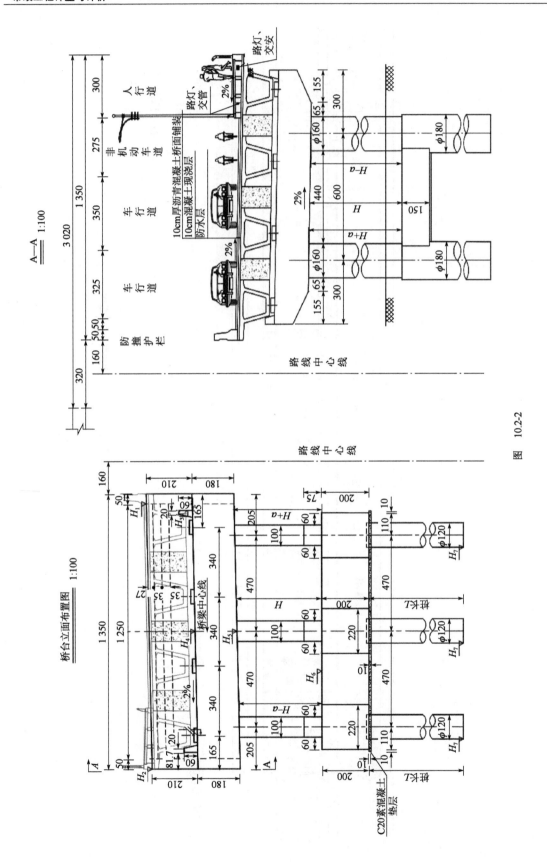

图 10.2-2

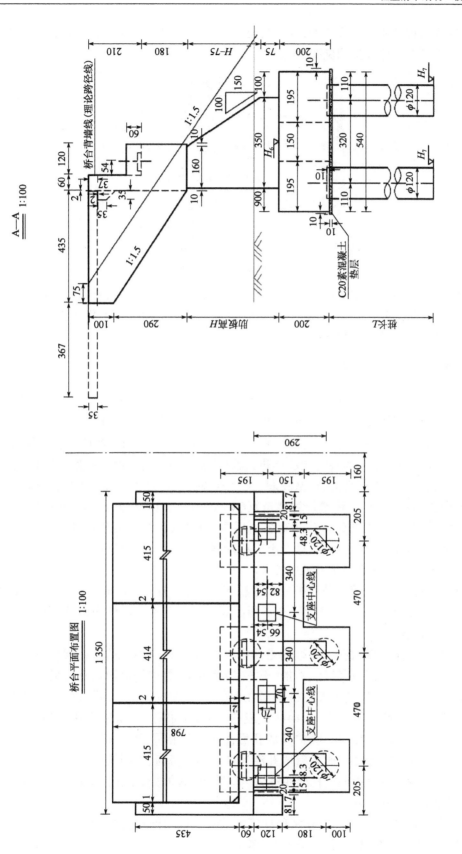

图10.2-2 箱梁桥台及基础布置图(尺寸单位:cm)

根据《市政工程工程量计算规范》(GB 50857—2013)附录 C 的分类及常见的桥梁工程结构部位分类,桥梁工程计算类别见图 10.2-3。

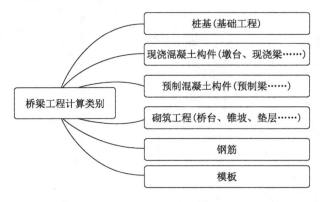

图 10.2-3 桥梁工程计算类别

钢筋及模板是桥梁工程的每个分部分项工程计量中必然涉及的,所以这两部分工程量的计算与桥梁案例的桩基工程、下部工程(主要为现浇混凝土构件)、上部工程(主要为预制混凝土构件)等工程量计算一起介绍。

一、桩基的工程量计算

《市政工程工程量计算规范》(GB 50857—2013)中,桩基清单项目包括十二项,即预制钢筋混凝土方桩、预制钢筋混凝土管桩、钢管桩、泥浆护壁成孔灌注桩、沉管灌注桩、干作业成孔灌注桩、挖孔桩土(石)方、人工挖孔灌注桩、钻孔压浆桩、灌注桩后注浆、截桩头、声测管。

由若干根设置于地基中的桩柱和承接建筑物(或构筑物)上部结构荷载的承台构成的基础为桩基础。它广泛用于荷载大、地基软弱、天然地基的承载力和变形不满足设计要求的情况。地层情况按《市政工程工程量计算规范》(GB 50857—2013)中表 A.1-1 和表 A.2-1 的规定,并根据岩土工程勘察报告按单位工程各地层所占比例(包括范围值)描述。对无法准确描述的地层情况,可注明由投标人根据岩土工程勘察报告自行决定报价。

考虑 1:泥浆护壁成孔灌注桩(040301004)
①计算规则:泥浆护壁成孔灌注桩的工程量有 3 种计算方式:以"m"计量,按设计图示尺寸以桩长(包括桩尖)计算;以"m³"计量,按不同截面在桩长范围内以体积计算;以"根"计量,按设计图示数量计算。

②工作内容:泥浆护壁成孔灌注桩的工作内容包括工作平台搭拆,桩机移位,护筒埋设,成孔、固壁,混凝土制作、运输、灌注、养护,土方、废浆外运,打桩场地硬化及泥浆池、泥浆沟。

③规则解读:泥浆护壁成孔灌注桩是指在泥浆护壁条件下成孔,采用水下灌注混凝土的桩。其成孔方法包括冲击钻成孔、冲抓锥成孔、回旋钻成孔、潜水钻成孔、泥浆护壁的旋挖成孔等。若实际市政工程中泥浆护壁成孔灌注桩均为相同截面、相同长度,则工程量以"根"计量;若实际市政工程中泥浆护壁成孔灌注桩为相同截面、不同长度,则工程量以"m"计量;若实际市政工程中泥浆护壁成孔灌注桩为不同截面、不同长度,则工程量以"m³"计量。

考虑 2:截桩头(040301011)
①计算规则:截桩头的工程量有两种计算方式:以"m³"计量,按设计桩截面乘桩头长度以体积计算;以"根"计量,按设计图示数量计算。

②工作内容:截桩头的工作内容包括截桩头,凿平和废料外运。

③规则解读:灌注桩施工时,桩底的沉渣和灌注过程中,泥浆中沉淀的杂质会在混凝土表面形成一层浮浆。为保证桩身整体质量,灌注时进行一定量的超灌,待混凝土凝固后,再将超灌部分凿除。同时,这个施工过程也是为了将桩顶的主筋露出来,以便进行后续承台的施工。若市政工程中截桩头的桩均为同一截面尺寸,则工程量以"根"计量;若市政工程中截桩头的桩为不同截面尺寸,则工程量以"m^3"计量。

考虑3:声测管(040301012)

①计算规则:声测管的工程量计算有两种方式:按设计图示尺寸以质量计算,按设计图示尺寸以长度计算。

②工作内容:声测管的工作内容包括检测管截断、封头,套管制作、焊接,定位、固定。

③规则解读:声测管是灌注桩进行超声检测时探头进入桩身内部的通道。常用的声测管的材质有钢管、钢质波纹管和塑料管。若材质选用钢管或钢质波纹管,则工程量以"t"计量;若材质选用塑料管,则工程量以"m"计量。

考虑4:钢筋工程(040901)

①计算规则:钢筋工程的工程量计算应区别现浇、预制构件,不同钢种和规格,分别按设计图示尺寸以"t"计算。

②工作内容:钢筋的工作内容包括钢筋的制作、运输、安装、定位。

③规则解读:"区别现浇、预制构件,不同钢种和规格",不同钢种是指圆钢、螺纹钢等,规格是指钢筋的直径,现浇构件钢筋、预制构件钢筋、圆钢、螺纹钢以及不同直径的钢筋的加工、运输、绑扎等施工工艺和施工难易程度各有不同,施工单价也各有差异。定额关于钢筋的子目设置是首先区分现浇构件钢筋和预制构件钢筋,然后再区分圆钢和螺纹钢,最后再区别直径范围(10mm以内,10mm以外,25mm以外)。因此,计算钢筋工程量时应结合定额子目设置情况分开汇总计算。

"按设计图示尺寸以t计算"即钢筋工程量按质量计算,定额单位为t。计算工程量时先根据图纸尺寸计算出钢筋的长度,再根据钢筋的直径计算出截面面积及质量。

1. 钢筋长度计算方法

读懂配筋图后,接下来就是计算钢筋长度,钢筋长度的计算分为以下5种情况。

(1)直线钢筋。直线钢筋示意图如图10.2-4所示。其计算公式:

$$\text{直线钢筋下料长度} = \text{构件长度} - \text{保护层厚度} + \text{弯钩增加长度} \quad (10.2\text{-}1)$$

式中,构件长度是指钢筋所在的梁、板、柱、基础等结构构件的图示外围尺寸。

保护层是指在混凝土构件中,起到保护钢筋避免钢筋直接裸露作用的那一部分混凝土。保护层厚度是指从混凝土表面到最外层钢筋公称直径外边缘之间的最小距离,一般梁、板、柱的保护层厚度为25mm,基础保护层厚度为30mm。

弯钩增加长度是指在实际钢筋加工中,会把钢筋两端弯成各种角度的弯钩,以加强钢筋和混凝土的黏结性。计算钢筋下料长度时必须加上弯钩的长度,不同角度的弯钩的增加长度不同。

(2)弯起钢筋。弯起钢筋示意图如图10.2-5所示。其计算公式为:

图10.2-4　直线钢筋示意图　　　　图10.2-5　弯起钢筋示意图

弯起钢筋下料长度 = 直段长度 + 斜段长度 − 量度差值（弯曲调整值）+ 弯钩增加长度

(10.2-2)

式中，直段长度和斜段长度都可以根据构件图示尺寸和保护层厚度，利用几何数学公式计算。弯钩增加长度计算方法同直线钢筋。

量度差值即弯曲调整值，是指钢筋外皮尺寸与中轴线尺寸的差额，通常计量计价时按钢筋的外皮尺寸计算预算长度，但是施工下料时以钢筋中轴线尺寸计算下料长度，所以，如果有弯曲的钢筋，预算长度与下料长度会有差异。钢筋弯曲调整值见表10.2-1。

钢筋弯曲调整值　　　　　　　　　表10.2-1

弯曲角度	30°	45°	60°	90°	135°
调整值	$0.35d$	$0.5d$	$0.85d$	$2d$	$2.5d$

弯钩增加长度见表10.2-2。

弯钩增加长度　　　　　　　　　表10.2-2

钢筋弯钩类型	半圆弯钩	直弯	斜弯
弯钩示例	（图示）	（图示）	（图示）
单个弯钩增加长度	$6.25d$	$3d$	$4.9d$

（3）分布钢筋。分布钢筋主要在板或板式基础中使用，用于大面积的构件内，纵横均匀分布。单根分布钢筋的长度计算同直线钢筋，主要要弄清楚分布筋根数。其计算公式为：

$$分布筋根数 = \frac{配筋长度}{间距} + 1 \quad (10.2-3)$$

（4）箍筋。箍筋（图10.2-6、图10.2-7）主要用于柱或梁等条形构件，用于固定纵筋和抵抗细长形构件侧面受扭，箍筋一般为矩形。箍筋下料长度计算公式为：

$$箍筋下料长度 = 箍筋周长 + 箍筋调整值 \quad (10.2-4)$$

式中，箍筋周长=2(外包宽度+外包长度)；外包宽度=$b-2c+2d$；外包长度=$h-2c+2d$；$b×h$=构件横截面宽×高（c指纵向钢筋的保护层厚度，d指箍筋直径）。

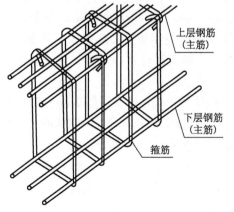
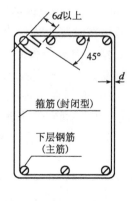

图10.2-6　钢筋箍筋示意图

图 10.2-7 钢筋箍筋形式图
a)90°/180°；b)90°/90°；c)135°/135°

在计算市政工程中箍筋下料长度时,我们可以简化为

$$箍筋下料长度 = 箍筋周长 = 2 \times (b + h)$$

(5)螺旋钢筋。螺旋箍筋(图10.2-8)展开就是一个三角形,其计算原理是勾股定理。

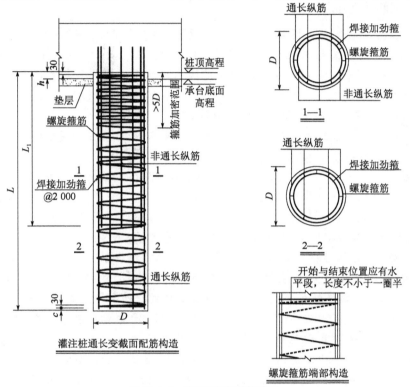

图 10.2-8　灌注桩螺旋筋构造图

①螺旋筋旋转一圈的长度

$$l = \text{Sqrt}（水平周长 \times 水平周长 + 螺旋筋间距 \times 螺旋筋间距） \quad (10.2\text{-}5)$$

即在一个间距内沿圆柱展开后的对角线长就是螺旋筋旋转一圈的长度；

式中：水平周长$=2\times\pi\times r$；

　　　Sqrt——开平方。

②螺旋箍筋总长度

$$L = l（加密区）\times n_1 + l（非加密区）\times n_2 + 1.5 \times 水平周长 + 1.5 \times 水平周长 + 2 \times 弯钩长度 \quad (10.2\text{-}6)$$

式中：　　　n——螺旋筋的圈数,$n=L/b$（螺旋筋之间的距离,螺距）；

1.5×水平周长——螺旋箍筋开始与结束的位置应有的水平段,长度不小于一圈半。搭接长度根据现场施工情况增加。

2. 钢筋质量计算

施工图纸反映各种规格的钢筋的长度,而定额里面钢筋的计量单位是t,所以,需要根据

钢筋长度计算钢筋质量。物理学质量计算公式为

$$m = \rho V$$

钢筋的密度一般按 $7.85t/m^3$ 或 $7850kg/m^3$ 计算。由于钢筋的几何空间形状是细长的圆柱体,所以,钢筋的体积公式为

$$V = \pi r^2 L = \frac{\pi D^2 L}{4}$$

可以推出钢筋质量的简化公式:

$$钢筋质量 = 0.00617 D^2 \times L \tag{10.2-7}$$

式中:m——钢筋质量(kg);
  D——钢筋直径(mm);
  L——钢筋长度(m)。

【例 10.2-1】 识读案例桥梁详尽桥型布置图、桩基钢筋图,K0+600 预应力箱梁桥的基础工程,根据《市政工程工程量计算规范》(GB 50857—2013)附录 C 桥涵工程 C.1 桩基计量规则"以'm^3'计量,按不同截面在桩长范围内以体积计算"计算该桥梁灌注桩的清单工程量。扫描二维码 10.2-2 查看案例桥梁详尽桥型布置图、桩基钢筋图。

10.2-2

解:考虑 1:泥浆护壁成孔灌注桩

① 其工程量有 3 种计算方式,根据图 10.2.1 可见,0 号、6 号桥台的 φ1.2m 桩基桩长为

$L_{0号、6号}$=12m[桩长]×6[根数]+7m[桩长]×6[根数]=114m;

1 号~5 号桥墩的 φ1.8m 桩基桩长为

$L_{1号~5号}$=13m[桩长]×2[根数]+13m×2+9m×2+14m×2+8m[桩长]×2[根数]=114m。

② 灌注桩项目特征描述为"1. 地层情况 2. 空桩长度、桩长 3. 桩径 4. 成孔方法 5. 混凝土种类、强度等级",所以灌注桩在分部分项工程列项时,需要根据以上项目特征分类列项。

结合《湖南省房屋建筑与装饰工程消耗量标准》(2020 年版)桩基工程章说明:旋挖钻、冲击钻、沉管、长螺旋钻机成孔项目,土质类别均综合考虑,极软岩执行土层子目。

工程量计算规则第二条"灌注桩:(1)旋挖钻成孔、冲击钻成孔、长螺旋钻成孔土层工程量按打桩前自然地坪高程至设计(或实际)桩底高程的成孔长度乘以设计桩径截面积,以体积计算。入岩成孔按实际入岩深度乘以设计桩径截面积,以体积计算。(2)混凝土按设计桩长加超灌长度乘以桩截面积以体积计算,若设计未明确超灌长度,水下混凝土桩的超灌长度按 0.8m 计算,非水下混凝土桩的超灌长度按 0.5m 计算。"

根据地质层状土分析计算桩基钻进不同地层的深度(表 10.2-3)。

桩基钻孔深度 表 10.2-3

地层类别\桩号	0 号桥台 φ1.2m 桩基	1 号桥墩 φ1.8m 桩基	2 号桥墩 φ1.8m 桩基	3 号桥墩 φ1.8m 桩基	4 号桥墩 φ1.8m 桩基	5 号桥墩 φ1.8m 桩基	6 号桥台 φ1.2m 桩基
土层成孔深度(m)	(62.533-47.000)×6 =93.198	(61.084-48.000)×2 =26.168	(59.761-48.500)×2 =22.522	(61.049-52.000)×2 =18.098	(61.799-48.000)×2 =27.598	—	(63.086-57.000)×6 =36.516
软岩成孔深度(m)	(47.000-43.111)×6 =23.334	(48.000-42.154)×2 =11.692	(48.500-41.597)×2 =13.806	(52.000-45.539)×2 =12.922	(48.000-41.682)×2 =12.636	(63.847-49.225)×2 =29.244	(57.000-52.768)×6 =25.392

分部分项工程的计算列项,特别是项目特征描述正确与否直接影响投标报价、审计结算等工作开展进度快慢。所以,根据《市政工程工程量计算规范》(GB 50857—2013)与实际案例分析,对该案例的桥梁桩基础进行分类列项,详见表 10.2-4。

桩基分部分项工程项目工程量计算表 1

表 10.2-4

序号	项目编码	项目名称	项目特征描述（简单描述）	计量单位	工程量计算公式	工程量
	A	桩基分部分项工程				
1	040301004005	泥浆护壁成孔φ1.2m灌注桩（0号、6号桥台部分）	1. 地层情况：综合土质类别； 2. 空桩长度，桩长 20m 以内； 3. 成孔方法：旋挖钻机成孔； 4. 桩径：φ1 200mm； 5. 混凝土种类、强度等级：C30商品混凝土（水下混凝土）； 6. 部位：0号、6号桥台； 7. 含泥浆制作及输送、出渣、清孔	m³	0.6×0.6[桩半径]×3.141 59[π]×(93.198+36.516)[土层成孔深度]	146.70
2	040301004006	泥浆护壁成孔φ1.2m灌注桩（0号、6号桥台较软岩部分）	1. 地层情况：中风化岩，岩体基本质量等级为Ⅳ类； 2. 空桩长度，桩长 20m 以内； 3. 成孔方法：旋挖钻机成孔； 4. 桩径：φ1 200mm； 5. 混凝土种类、强度等级：C30商品混凝土（水下混凝土）； 6. 部位：0号、6号桥台； 7. 含泥浆制作及输送、出渣、清孔	m³	0.6×0.6×3.141 59×(23.334+25.392)	55.11
3	040301004007	泥浆护壁成孔φ1.8m灌注桩（1号～5号桥墩部分）	1. 地层情况：综合土质类别； 2. 空桩长度，桩长 20m 以内； 3. 成孔方法：旋挖钻机成孔； 4. 桩径：φ1 800mm； 5. 混凝土种类、强度等级：C30商品混凝土（水下混凝土）； 6. 部位：1～5号桥墩； 7. 含泥浆制作及输送、出渣、清孔	m³	0.9×0.9×3.141 59×(26.168+22.522+18.098+27.598)	240.18
4	040301004008	泥浆护壁成孔φ1.8m灌注桩（1号～5号桥墩较软岩部分）	1. 地层情况：中风化岩，岩体基本质量等级为Ⅳ类； 2. 空桩长度，桩长 20m 以内； 3. 成孔方法：旋挖钻机成孔； 4. 桩径：φ1 800mm； 5. 混凝土种类、强度等级：C30商品混凝土（水下混凝土）； 6. 部位：1～5号桥墩； 7. 含泥浆制作及输送、出渣、清孔	m³	0.9×0.9×3.141 59×(11.692+13.806+12.922+12.636+29.244)	204.34

考虑2：截桩头

截桩头主要针对混凝土超灌部分,其工程量一般按设计桩截面乘桩头长度以体积计算,也可按现场实量长度乘桩截面积以体积计算。本案例此部分的分部分项工程清单工程量计算详见表10.2-5。

桩基分部分项工程项目工程量计算表2　　　　　表10.2-5

序号	项目编码	项目名称	项目特征描述	计量单位	工程量计算公式	工程量
	A	桩基分部分项工程				
5	040301011001	截桩头（桩径φ1.2m）	1. 桩类型：人工挖孔桩； 2. 桩头截面、高度：直径1.2m，单根桩长0.8m； 3. 混凝土强度等级：C30	m^3	0.6×0.6×3.14159×0.8【水中混凝土超灌长度】×6【桥台桩数量】×2	10.86
6	040301011002	截桩头（桩径φ1.8m）	1. 桩类型：人工挖孔桩； 2. 桩头截面、高度：直径1.8m，单根桩长0.8m； 3. 混凝土强度等级：C30	m^3	0.9×0.9×3.14159×0.8×10【1~5号桥墩共10根桩】	20.36

考虑3：声测管

声测管的工程量计算要考虑声测管设置数量与声测管的长度。桩基检测与声测管的埋设布置应契合《公路工程基桩检测技术规程》(JTG/T 3512—2020)的规则,声测管布置要求："1. 安装时桩径在0.6~1.0m之间的时候,和中心点三点一线布置两根；2. 安装时桩径在1.0~2.5m之间的时候,布置三根,位置以三根声测管呈等边三角形方式布置；3. 安装时桩径大于2.5m时,布置四根,位置要求四根声测管连接呈正方形布置。"本案例此部分的分部分项工程清单工程量计算详见表10.2-6。

桩基分部分项工程项目工程量计算表3　　　　　表10.2-6

序号	项目编码	项目名称	项目特征描述	计量单位	工程量计算公式	工程量
	A	桩基分部分项工程				
7	040301012001	声测管（SCG54×1.5-QY钢管）	1. 规格型号：无缝钢管φ54×1.5； 2. 材质：无缝钢管	m	(12+1)×3【0号桥台桩基声测管设置数量】×6+(7+1)×3×6	378
8	040301012002	声测管（SCG54×3-QY钢管）	1. 规格型号：无缝钢管φ54×3； 2. 材质：无缝钢管	m	(2×14+2×14+2×10+2×15+2×9)×4【桥墩桩基声测管设置数量】	496

考虑4：钢筋工程

一般结构钢筋详图会统计出钢筋的类别、规格、数量及质量。初期工作是要识读钢筋,如图10.2-9所示,并能核算钢筋的图纸工程量（图纸中钢筋工程量一般是净用量,其损耗量会在套用定额中的材料消耗量里体现）。

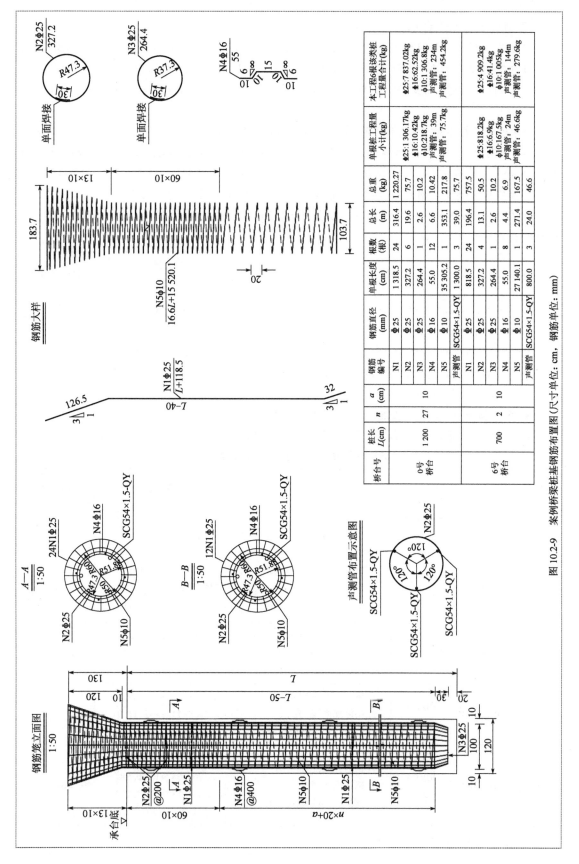

图 10.2-9 案例桥梁桩基钢筋布置图（尺寸单位：cm，钢筋单位：mm）

示例核算0号桥台桩基钢筋笼质量：

0号桥台编号N1钢筋25单根长度=L【桩长】$-40+126.5+32=1\ 318.5$(cm)=13.185(m)

0号桥台单根桩编号N1钢筋25质量=$13.185×24$【数量】$×0.006\ 17×25^2=1\ 220.27$(kg)

0号桥台编号N2钢筋25单根长度=$2×R_{N2}×\pi$+搭接长度=$2×0.473×3.141\ 59+0.3=3.272$(m)

0号桥台单根桩编号N2钢筋25质量=$3.272×(1\ 200/200)$【数量】$×0.006\ 17×25^2=75.70$(kg)

0号桥台编号N3钢筋25单根长度=$2×R_{N3}×\pi$+搭接长度=$2×0.373×3.141\ 59+0.3=2.644$(m)

0号桥台单根桩编号N3钢筋25质量=$2.644×1$【数量】$×0.006\ 17×25^2=10.20$(kg)

0号桥台编号N4钢筋16单根长度=$10+10+15+10+10=55$(cm)=0.55(m)

0号桥台单根桩编号N4钢筋16质量=$0.55×(1\ 200/400$【间距】$×4$【4个/每截面】$)×0.006\ 17×16^2=10.42$(kg)

0号桥台编号N5螺旋箍筋ϕ10单根长度=$\sqrt{\left(\dfrac{183.7+103.7}{2}×\pi\right)^2+10^2}×13+\sqrt{(103.7×\pi)^2+10^2}×60+\sqrt{(103.7×\pi)^2+20^2}×(1200-20-30-600)/20+183.7×\pi+103.7×\pi=354.4$(m)

0号桥台单根桩编号N5螺旋箍筋ϕ10质量=$354.4×1×0.006\ 17×10^2=218.7$(kg)

0号桥台ϕ10箍筋的质量：$M_{\phi10}=218.7×6$【6根桩/0号桥台】$=1\ 312.2$(kg)；

⌀16钢筋质量：$M_{16}=10.42×6=62.52$(kg)；

⌀25钢筋质量：$M_{25}=(1\ 220.27+75.70+10.20)×6=7\ 837.02$(kg)；

将核算的钢筋工程量填写到钢筋笼的分项工程量清单表中，见表10.2-7。

桩基分部分项工程项目工程量计算表4   表10.2-7

序号	项目编码	项目名称	项目特征描述	计量单位	工程量计算公式	工程量	备注
	A	桩基分部分项工程					
9	040901004001	钢筋笼（ϕ10）	1. 钢筋种类：HPB300钢筋； 2. 钢筋规格：ϕ10； 3. 部位：0~6号墩台桩基	t	(1 312.2+1 005+346.6×2+346.6×2+259.4×2+368.4×2+237.6×2)/1 000	5.434 4	查看图集
10	040901004002	钢筋笼（⌀16）	1. 钢筋种类：HRB400； 2. 钢筋规格：⌀16； 3. 部位：0~6号墩台桩基	t	(62.52+41.4+6.6×2+6.6×2+4.4×2+6.6×2+4.4×2)/1 000	0.161	
11	040901004003	钢筋笼（⌀20）	1. 钢筋种类：HRB400； 2. 钢筋规格：⌀20； 3. 部位：1~5号桥墩桩基	t	(78.8+11.9+78.8+11.9+52.5+11.9+92+11.9+52.5+11.9)×2/1 000	0.828 2	
12	040901004004	钢筋笼（⌀25）	1. 钢筋种类：HRB400； 2. 钢筋规格：⌀25； 3. 部位：0~6号墩台桩基	t	(7 837.02+4 909.2+1 960.6×2+1 960.6×2+1 344.1×2+2 114.7×2+1 189.9×2)/1 000	29.886 0	

特殊情况还需对单价措施项目进行列项。

二、下部结构工程的工程量计算

一般现浇混凝土下部结构(墩台)在清单列项时,基本选用现浇混凝土构件(040303)清单列项。

现浇混凝土构件清单项目二十五项,包括混凝土垫层、混凝土基础、混凝土承台、混凝土墩(台)帽、混凝土墩(台)身、混凝土支撑梁及横梁、混凝土墩(台)盖梁等混凝土构件。

考虑1:混凝土垫层(040303001)

①计算规则:混凝土垫层的工程量按设计图示尺寸以体积计算。

②工作内容:混凝土垫层的工作内容包括模板制作、安装、拆除,混凝土拌和、运输、浇筑、养护。

③规则解读:当桥涵工程采用钢筋混凝土扩大基础或条形基础时,施工时在基础与地基土之间需设置一层素混凝土垫层,作用是使其表面平整便于在上面绑扎钢筋,也起到保护基础的作用。混凝土垫层的工程量按设计图示尺寸以"m^3"计量。

考虑2:混凝土基础(040303002)

①计算规则:混凝土基础的工程量按设计图示尺寸以体积计算。

②工作内容:混凝土基础的工作内容包括模板制作、安装、拆除,混凝土拌和、运输、浇筑、养护。

③规则解读:桥涵工程的常用基础形式有明挖重力式扩大基础、钢筋混凝土条形基础、桩基础、沉井基础、地下连续墙基础、组合式基础等。除了桩基础按"桩基"部分进行列项以外,其余的基础类型均按混凝土基础考虑。混凝土基础的工程量以"m^3"计量。

考虑3:混凝土承台(040303003)

①计算规则:混凝土承台的工程量按设计图示尺寸以体积计算。

②工作内容:混凝土承台的工作内容包括模板制作、安装、拆除,混凝土拌和、运输、浇筑、养护。

③规则解读:混凝土承台指的是为了承受、分布由墩身传递的荷载,在桩基顶部设置的连接各桩顶的钢筋混凝土平台。

考虑4:混凝土墩(台)帽(040303004)

①计算规则:混凝土墩(台)帽的工程量按设计图示尺寸以体积计算。

②工作内容:混凝土墩(台)帽的工作内容包括模板制作、安装、拆除,混凝土拌和、运输、浇筑、养护。

③规则解读:混凝土墩帽是市政桥梁桥墩的一部分,也是桥墩顶端的传力部分,它通过支座承托上部结构的荷载并传递给墩身;混凝土台帽是市政桥梁桥台的一部分,也是桥台顶端的传力部分,它通过支座承托上部结构的荷载并传递给台身。

混凝土墩(台)帽的示意图详见图10.2-10。其工程量按设计图示尺寸以"m^3"计量。

考虑5:混凝土墩(台)身(040303005)

①计算规则:混凝土墩(台)身的工程量按设计图示尺寸以体积计算。

②工作内容:混凝土墩(台)身的工作内容包括模板制作、安装、拆除,混凝土拌和、运输、浇筑、养护。

③规则解读:混凝土墩(台)身是市政桥梁桥墩(台)的一部分,它承受墩(台)帽传递的桥

梁上部结构的荷载并将其进一步扩散并传递给下部的基础结构。

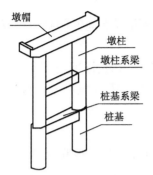

图10.2-10 混凝土墩身的示意图

混凝土墩(台)身的示意图如图10.2-10所示。其工程量按设计图示尺寸以"m^3"计量。

考虑6：混凝土支撑梁及横梁(040303006)

①计算规则：混凝土支撑梁及横梁的工程量按设计图示尺寸以体积计算。

②工作内容：混凝土支撑梁及横梁的工作内容包括模板制作、安装、拆除，混凝土拌和、运输、浇筑、养护。

③规则解读：混凝土支撑梁是指市政桥梁工程中，设置在单跨小跨径桥梁的轻型桥台之间的与河床齐平的水平梁，设置的目的是防止两侧桥台的水平变形。混凝土横梁又称为混凝土系梁，根据其所在的位置又可以分为桩基系梁和墩柱系梁。桩基系梁设置在桩与墩柱交界的位置，其目的是增加桥墩(台)的横向稳定性，使桩基整体承受上部荷载；墩柱系梁是桥墩高度较高时，设置于桥墩、墩柱之间的位置，其目的是增加桥墩的横向稳定性。

桩基系梁和墩柱系梁的示意图如图10.2-10所示，其工程量按设计图示尺寸以"m^3"计量。

考虑7：混凝土墩(台)盖梁(040303007)

①计算规则：混凝土墩(台)盖梁的工程量按设计图示尺寸以体积计算。

②工作内容：混凝土墩(台)盖梁的工作内容包括模板制作、安装、拆除，混凝土拌和、运输、浇筑、养护。

③规则解读：混凝土墩盖梁从功能作用上来说和混凝土墩帽是一样的构件。细分来看，对双柱以上桥墩，可以称为盖梁；对于薄壁墩，因墩身截面尺寸小，为满足支承上部构造要求，需扩大墩顶，此时称为墩帽。混凝土墩(台)盖梁的工程量按设计图示尺寸以"m^3"计量。

考虑8：混凝土模板工程(041102001～041102010)

①计算规则：按混凝土与模板接触面的面积计算。

②工作内容：模板制作、安装、拆除、整理、堆放，模板粘接物及模内杂物清理、刷隔离剂，模板场内外运输及维修。

③规则解读：混凝土模板及支架工程量清单项目设置、项目特征描述的内容、计量单位及工程量计算规则，应按规定执行。在全国公路预算定额中，模板不单独列项计算，而是被含在各个混凝土定额中，水利定额也同理；而大多省份的市政工程定额、土建工程定额等混凝土定额中是不含模板消耗的，模板费用需要单独列项计算。所以，如果沿用的本省市政定额中混凝土构件没有含模板工程的消耗量，则混凝土构件的模板就需单独计量，其工程量按混凝土与模板接触面的面积以"m^2"计量。

【例10.2-2】 桥梁墩台均位于陆地上，采用常规方法施工桩基立模浇筑墩台身，其中墩身根据墩高分节施工。桥墩：墩身、盖梁C40混凝土，系梁C35混凝土，桩身采用水下C30混凝土；桥台台身及肋板采用C40混凝土，搭板及承台采用C30混凝土，桩身采用水下C30混凝土。普通钢筋：采用HPB300和HRB400钢筋，技术性能应分别符合《钢筋混凝土用钢 第1部分：热轧光圆钢筋》(GB/T 1499.1—2017)和《钢筋混凝土用钢 第2部分：热轧带肋钢筋》(GB/T 1499.2—2018)的规定，对于直径≥12mm者均采用HRB400。钢板:采用符合《碳素结构钢》(GB/T 700—2006)标准的Q235钢板。本案例桥台构造图如图10.2-11所示。

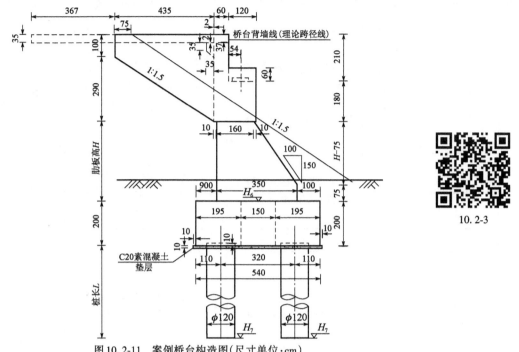

图10.2-11 案例桥台构造图(尺寸单位:cm)

扫描二维码10.2-3查看案例桥梁详尽桥台、桥墩构造图。

识读案例桥梁详尽桥台桥墩构造图,根据《市政工程工程量计算规范》(GB 50857—2013)附录C桥涵工程C.3现浇混凝土构件计量规则,对该桥梁下部结构进行清单列项,并计算相关清单工程量。

解:混凝土工程量按图纸设计尺寸以实体体积计算(不包括空心板、梁的空心体积),不扣除钢筋、铁丝、铁件、预留压浆孔道和螺栓所占的体积。现浇混凝土墙、板上单孔面积在 0.3m² 以内的孔洞体积不予扣除,洞侧壁模板面积亦不再计算;单孔面积在 0.3m² 以上的孔洞应予扣除,洞侧壁模板面积计算。本案例下部结构分部分项工程项目工程量计算表见表10.2-8。

下部结构分部分项工程项目工程量计算表1 表10.2-8

序号	项目编码	项目名称	项目特征描述	计量单位	工程量计算公式	工程量	备注
	B	下部结构分部分项工程					
	B.1	承台					
13	040303003001	混凝土承台(C30)	1. 混凝土强度等级:商品混凝土C30; 2. 断面尺寸:150cm×60cm; 3. 含模板安拆	m³	{(4.7+4.7+2.2)【承台长度】×(1.95+1.95+1.5)【承台宽度】-1.95×(4.7-2.2)×4}×2【承台高度】×2【承台数量】	172.56	查看图集

续上表

序号	项目编码	项目名称	项目特征描述	计量单位	工程量计算公式	工程量	备注
14	040303001001	承台素混凝土垫层（C20）	1. 材料品种、规格：商品混凝土C20； 2. 厚度：10cm； 3. 部位：0号、6号桥台承台	m^3	{(4.7×2+2.2+0.1×2)【垫层长度】×(5.4+0.1×2)【垫层宽度】-2.3×1.95×4}×0.1【垫层厚度】×2	9.628	垫层侧模
15	041102001001	垫层模板	1. 构件类型：垫层木模板； 2. 部位：承台垫层	m^2	(4.7+1.2+2.7+0.1+1.85×2)【1/4承台的侧模工程量】×4×0.14×2	13.888	侧模
B.2		桥台					
16	040303004001	混凝土桥台台帽（C40）	1. 部位：0号、6号桥台台帽； 2. 混凝土强度等级：商品混凝土C40	m^3	1.8×1.8【桥台台帽侧面积】×13.5【桥台台帽长】×2	87.48	
17	040303005001	混凝土桥台身（C40肋板）	1. 部位：0号、6号桥台； 2. 混凝土强度等级：商品混凝土C40	m^3	{0.75×3.5【肋板侧立面长方形部分面积】+(3.5+1.6)×(3.6-0.75)/2【肋板侧立面梯形部分面积】}×1【肋板厚度】×3【个/桥台】×2	59.355	以桥台中间肋板为准计算
18	040303007001	混凝土桥台耳背墙（C40）	1. 部位：0号、6号桥台耳背墙； 2. 混凝土强度等级：商品混凝土C40	m^3	24.5×2	49.00	
19	040303020001	混凝土桥头搭板（C30）	1. 部位：桥头搭板； 2. 混凝土强度等级：商品混凝土C30泵送	m^3	7.98【搭板长】×4.15【搭板宽】×0.35【搭板厚】×3【个/桥台】×2	69.5457	
B.3		桥墩					
20	040303007002	混凝土墩盖梁（C40）	1. 部位：1号~5号桥墩盖梁； 2. 混凝土强度等级：商品混凝土C40	m^3	{(1+1.8)×1.55/2×2【桥墩盖梁0~1.55m梯形截面积】+1.8×(12-1.55×2)}×1.8【盖梁厚度】×5	183.24	

续上表

序号	项目编码	项目名称	项目特征描述	计量单位	工程量计算公式	工程量	备注
21	040303005002	混凝土墩身(C40)	1. 部位:1号~5号桥墩墩身; 2. 混凝土强度等级:商品混凝土C30; 3. 模板制作、安装、拆除(模板采用钢支模,超高模板综合考虑); 4. 混凝土拌和、运输、浇筑; 5. 含养护	m^3	0.8×0.8×3.141 59【π】×6【1号桥墩高】×2【双柱桥墩】+ 0.8×0.8×3.141 59×7×2+ 0.8×0.8×3.141 59×7.5×2+ 0.8×0.8×3.141 59×6.8×2+ 0.8×0.8×3.141 59×5.7×2	132.70	
22	040303023001	混凝土地系梁(C35)	1. 部位:地系梁; 2. 混凝土强度等级:商品混凝土C35	m^3	8.97【AUTOCAD绘图测算】×5	44.85	
23	040305001002	系梁垫层(C20)	1. 部位:1号~5号桥墩; 2. 混凝土强度等级:C20商品混凝土(泵送)	m^3	0.568 3×5	2.841 5	
24	040303024002	混凝土垫石挡块、垫石(C50)	1. 名称、部位:支座垫石; 2. 混凝土强度等级:商品混凝土C5	m^3	[(0.3+0.4)×0.5÷2×1.8]×10+(0.7×0.6×0.15)×48	6.174	
25	040901001001	现浇下部结构构件钢筋(Φ8)	1. 钢筋种类:HPB300; 2. 钢筋规格:Φ8	t	0.066 6	0.066 6	
26	040901001002	现浇下部结构构件钢筋(Φ10)	1. 钢筋种类:HPB300; 2. 钢筋规格:Φ10	t	0.114 6+0.078+0.206 3+0.235 5+0.250 1+0.229 6+0.197 5	1.311 6	查看图集
27	040901001003	现浇下部结构构件钢筋(Φ12)	1. 钢筋种类:HRB400; 2. 钢筋规格:Φ12	t	1.478+0.945+2.044 6+9.381+1.284 5	15.133 1	

续上表

序号	项目编码	项目名称	项目特征描述	计量单位	工程量计算公式	工程量	备注
28	040901001004	现浇下部结构构件钢筋(⊈16)	1. 钢筋种类:HRB400; 2. 钢筋规格:⊈16	t	6.120+2.962 8+5.889 6+7.948 4+4.617+2.864 3+0.272 7	30.674 8	
29	040901001005	现浇下部结构构件钢筋(⊈20)	1. 钢筋种类:HRB400; 2. 钢筋规格:⊈20	t	0.367+6.909+0.035 2×4+0.235+3.571	11.222 8	
30	040901001006	现浇下部结构构件钢筋(⊈25)	1. 钢筋种类:HRB400; 2. 钢筋规格:⊈25	t	4.158+3.019 8+5.041 4+1.217 7+1.371 8+1.448 9+1.341+1.171 4+2.605 9	21.375 9	
31	040901001007	现浇下部结构构件钢筋(⊈28)	1. 钢筋种类:带肋钢筋HRB400; 2. 钢筋规格:⊈28	t	19.435	19.435	
32	040901003001	钢筋网片(D10热轧钢筋网片)	1. 材料品种:HRB400钢筋网; 2. 钢筋种类:镀锌钢丝网; 3. 钢筋规格:Φ10; 4. 包含钢筋制作、运输、安装	t	1.085	1.085	

在对市政桥梁工程的模板进行计量与组价时,要看该省的定额在混凝土构件中有没有包含该混凝土模板的消耗量及费用,如果有包含就不需要额外单列模板清单项和套用模板定额。如果没有包含,就需要额外计算这项费用:如果现浇或预制混凝土构件的分部分项工程量清单工作内容中包含模板的制作、安装、拆除(如040303),模板的费用可以包含在清单的综合单价中,也可以单列在单价措施项中;如果混凝土构件分部分项工程量清单的工作内容不含模板相关费用,模板费用就需要计入单价措施项中。脚手架的处理思路同上。

三、上部结构工程的工程量计算

预制混凝土构件包括预制混凝土梁,预制混凝土柱,预制混凝土板,预制混凝土挡土墙墙身,预制混凝土其他构件等清单项目。该桥梁案例中一般会有预制混凝土梁等相关清单项。

考虑1:预制混凝土梁(040304001)

①计算规则:预制混凝土梁的工程量按设计图示尺寸以体积计算。

②工作内容:预制混凝土梁的工作内容包括模板制作、安装、拆除,混凝土拌和、运输、浇

筑、养护,构件安装,接头灌缝,砂浆制作和运输。

③规则解读:预制混凝土梁的工程量按设计图示尺寸以"m³"计量。

预制空心构件按设计图示尺寸扣除空心体积,以实体体积计算。空心板梁的堵头板体积不计入工程量,其消耗量已在定额中考虑。预制空心板梁,凡采用橡胶囊做内模的,考虑其压缩变形因素,可增加混凝土数量(当梁长在16m以内时,可按设计计算体积增加7%;若梁长大于16m,则增加9%计算)。如设计图已注明考虑橡胶囊变形,不得再增加计算。如采用钢模,则不考虑内模压缩变形因素。

预应力混凝土构件的封锚混凝土数量并入构件混凝土工程量计算。

考虑2:预制混凝土板(040304003)

①计算规则:预制混凝土板的工程量按设计图示尺寸以体积计算。

②工作内容:预制混凝土板的工作内容包括模板制作、安装、拆除,混凝土拌和、运输、浇筑、养护,构件安装,接头灌缝,砂浆制作和运输。

③规则解读:预制混凝土板的工程量按设计图示尺寸以"m³"计量。

考虑3:预制混凝土其他构件(040304005)

①计算规则:预制混凝土其他构件的工程量按设计图示尺寸以体积计算。

②工作内容:预制混凝土其他构件的工作内容包括模板制作、安装、拆除,混凝土拌和、运输、浇筑、养护,构件安装,接头灌浆,砂浆制作和运输。

③规则解读:预制混凝土其他构件的工程量按设计图示尺寸以"m³"计量。

上述编码为040304001~040304005的清单项目,与现浇混凝土构件的主要区别是施工方式为先将柱、梁、板等构件在工厂或专门预制场地制作完成后再安装,其工程量与编码为040303001~040303025的清单项目的工程量计算原则相同。

考虑4:模板计算

计算规则与计算内容见桩基础的混凝土模板工程(041102001~041102010)。

规则解读:①预制构件中预应力混凝土构件及T形梁、I形梁、双曲拱、桁架拱等构件按模板接触混凝土的面积(包括侧模、底模)计算。②灯柱、端柱、栏杆等小型构件按平面投影面积计算。③预制构件中非预应力构件按模板接触混凝土的面积计算,不包括胎模、地模。④胎模:用砖或混凝土等材料筑成物件外形的模板。地模:用砖或混凝土在表面用水泥砂浆抹平做成的底模。⑤空心板梁中空心部分,如定额采用橡胶囊抽拔,其摊销量已包括在定额中,不再计算空心部分模板工程量。如采用钢模板时,模板的工程量按其与混凝土的接触面积计算。空心板中空心部分,可按模板接触混凝土的面积计算工程量。

【例10.2-3】 桥梁结构预应力混凝土主梁:采用C50混凝土,管道压浆采用M50水泥砂浆;全桥支座垫石:采用C40混凝土;承台垫层:采用C20混凝土;防撞护栏:采用C30混凝土;钢绞线及锚具:预应力束采用按《预应力混凝土用钢绞线》(GB/T 5224—2023)技术标准生产的高强度低松弛钢绞线,标准强度$f_{pk}=1\,860$MPa,张拉控制应力为$0.72f_{pk}=1\,339.2$MPa,公称直径$\phi^s15.2$mm,公称面积139mm,弹性模量$E_p=1.95\times10^5$MPa。

识读案例桥梁详尽小箱梁构造图(图10.2-12~图10.2-14),根据《市政工程工程量计算规范》(GB 50857—2013)对该桥梁上部结构进行清单列项,并完成相关清单工程量计算。

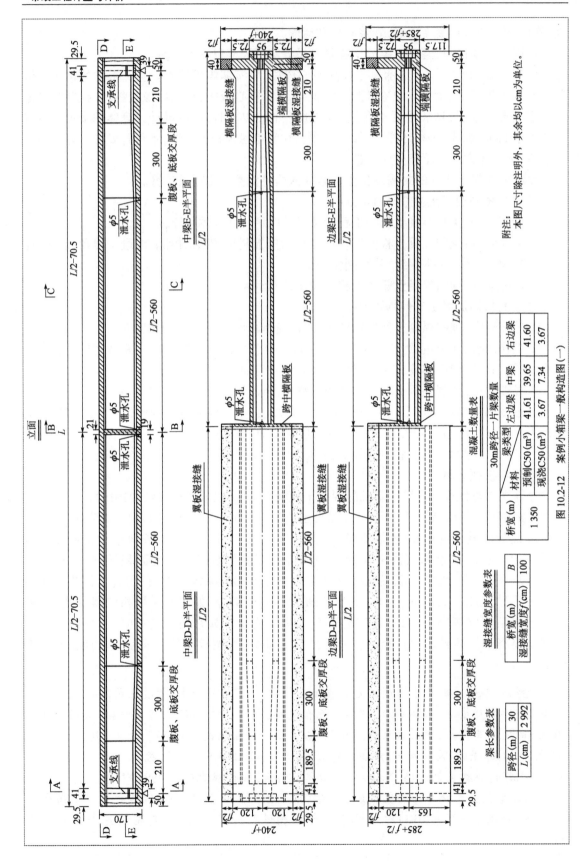

图 10.2-12 案例小箱梁一般构造图（一）

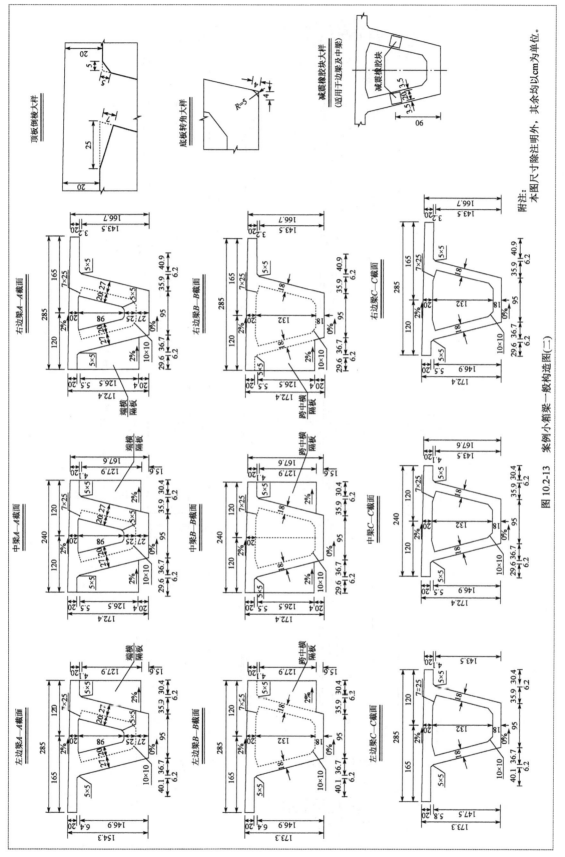

图 10.2-13 案例小箱梁一般构造图(二)

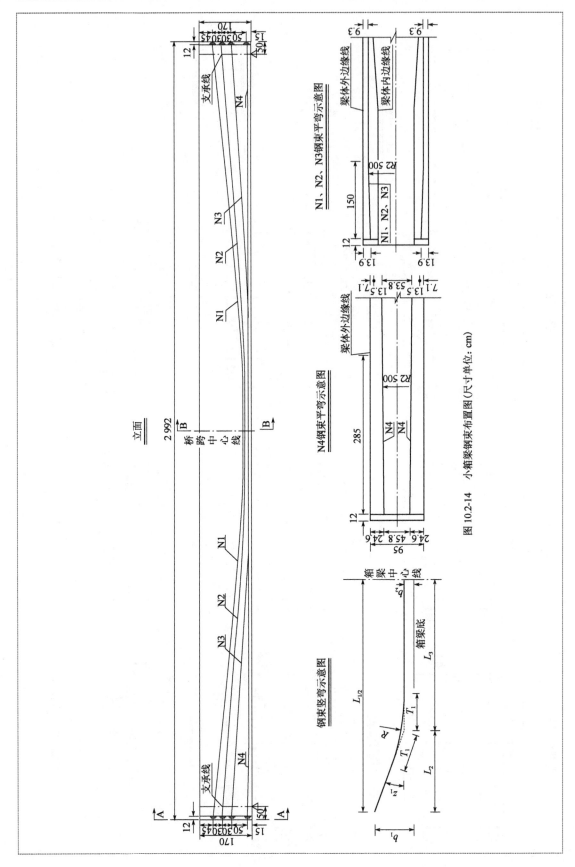

图 10.2-14 小箱梁钢束布置图(尺寸单位：cm)

扫描二维码10.2-4查看案例桥梁详尽小箱梁构造图。

10.2-4

解:汇总上部结构的工程量计算,见表10.2-9。

上部结构分部分项工程项目工程量计算表　　　　表10.2-9

序号	项目编码	项目名称	项目特征描述	计量单位	工程量计算公式	工程量	备注
	C	上部结构分部分项工程					
	C.1	箱梁					
33	040304001001	预制混凝土梁（边梁）	1. 部位:箱梁边梁; 2. 图集、图纸名称:详见箱梁设计图; 3. 构件代号、名称:预制箱梁; 4. 混凝土强度等级:C50泵送商品混凝土,混凝土用的河砂采用含泥质较少且质量符合规范的清水砂,骨料及水的质量符合相应规范; 5. 运距:2km; 6. 含现浇湿接缝,现浇中横隔板、端横梁。预制箱梁,吊,运输,安装	m³	(41.61【左边梁混凝土体积】+3.7【左边梁湿接缝体积】)×6【桥梁跨数】+(41.60+3.67)×6	543.48	箱梁的截面积利用AUTOCAD绘图软件计算面积功能计算较为准确
34	040304001002	预制混凝土梁（中梁）	1. 部位:桥梁中梁; 2. 图集、图纸名称:详见箱梁设计图; 3. 构件代号、名称:预制箱梁; 4. 混凝土强度等级:C50泵送商品混凝土,混凝土用的河砂采用含泥质较少且质量符合规范的清水砂,骨料及水的质量符合相应规范; 5. 运距:2km	m³	(39.65+7.34)×2【片/跨】×6	563.88	查看图集
35	041102011001	预制箱梁模板	1. 构件类型:预制边梁、中梁定制钢模板; 2. 支模高度:0～1.8m; 3. 说明:包含底模、侧模、芯模模板制作、安装、拆除等一切施工内容	m²	212.33【左边梁的侧模与底模面积】×6+201.53【中梁的侧模与底模面积】×12+212.48【右边梁的侧模与底模面积】×6	4 967.22	

续上表

序号	项目编码	项目名称	项目特征描述	计量单位	工程量计算公式	工程量	备注
36	041102011002	现浇湿接缝模板	1.构件类型:现浇湿接缝底模; 2.支模高度:1.6m; 3.说明:包含模板制作、安装、拆除等一切施工内容	m²	1.00【湿接缝的宽度】×180×3【湿接缝数量】	540.00	
37	041102011003	现浇端横梁模板	1.构件类型:端横梁底模、侧模模板; 2.支模高度:0~1.8m; 3.说明:包含模板制作、安装、拆除等一切施工内容	m²	(13.5×0.39+13.5×1.52)【底模面积+侧模面积】×2【桥梁端梁的数量】	51.57	
38	041102011004	现浇跨中横梁模板	1.构件类型:中横梁底模、侧模模板; 2.支模高度:0~0.18m; 3.说明:包含模板制作、安装、拆除等一切施工内容	m²	(13.5×0.19+13.5×1.52)【底模面积+侧模面积】×5【桥梁中横梁的数量】	115.425	

单元11 管网工程量清单编制

课题11.1 掌握管网工程量清单编制规则

学习目标

通过本课题的学习,能运用《市政工程工程量计算规范》(GB 50857—2013)编制管网工程量清单项目表。与此同时,培养创新思维,不断提高管网工程量清单编制的科学性和准确性。

相关知识

市政管网主要是供电管道、雨水管道、污水管道、给水管道、消防管道、燃气管道、通讯管道、小区智能化管道等工程。

一、熟悉管网工程量清单

熟读管网工程(编码:040501/040502/040503/040504)工程清单项目设置、项目特征描述的内容、计量单位及工程量计算规则。

市政管网工程分部分项工程量清单,应根据《市政工程工程量计算规范》(GB 50857—2013)附录E管网工程规定的统一项目编码、项目名称、项目特征、计量单位和工程量计算规则编制。市政管网工程包含的清单项目见表11.1-1。

管网工程包含的清单项目 表11.1-1

名称	包含的清单项目	备注
管道铺设	混凝土管,钢管,铸铁管,塑料管,直埋式预制保温管,管道架空跨越,隧道(沟、管)内管道,水平导向钻进,夯管,顶(夯)管工作坑,预制混凝土工作坑,顶管,土壤加固,新旧管连接,临时放水管线,砌筑方沟,混凝土方沟,砌筑渠道,混凝土渠道,警示(示踪)带铺设	
管件、阀门及附件安装	铸铁管管件,钢管管件制作、安装,塑料管管件,转换件,阀门,法兰,盲堵板制作、安装,套管制作、安装,水表,消火栓,补偿器(波纹管),除污器组成、安装,凝水缸,调压器,过滤器,分离器,安全水封,检漏(水)管	
支架制作及安装	砌筑支墩,混凝土支墩,金属支架制作、安装,金属吊架制作、安装	
管道附属构筑物	砌筑井、混凝土井、塑料检查井、砖砌井筒、预制混凝土井筒、砌体出水口、混凝土出水口、整体化粪池、雨水口	

思考11.1-1:某项目道路工程及主干道排水系统工程路面面积为27万m^2,并在每一条道路上均设有雨水管道,雨水管总长为17 300m,雨水管径为DN1000,埋深为1.0~4.6m,采用HDPE双壁波纹管,承插橡胶圈连接;DN800以上的管道采用玻璃纤维增强塑料夹砂管或钢肋增强聚乙烯螺旋波纹管。玻璃纤维增强塑料夹砂管采用承插橡胶圈连接,钢肋增强聚乙烯螺旋波纹管采用电热熔连接。并在干管上每隔40m设检查井,检查井采用砖砌雨水检查井,见《排水检查井》[02S515、02(03)S515]。投资估算约7 020万元人民币。其分部分项工程清单列项见表11.1-2。

分部分项工程清单列表 表11.1-2

工程名称:某项目道路工程及主干道排水系统工程

序号	项目编码	项目名称	项目特征	计量单位	数量	工作内容	备注
1		给排水工程					
1.1	010303003002	砖砌排水检查井	1. 井截面尺寸:1 000mm×1 300mm	座	433	1. 土方挖运;2. 砂浆制作	
	……						
1.3	030801003201	HDPE加筋缠绕管排水管(室外)	1. 材质:玻璃纤维增强塑料夹砂排水管,环刚度大于8kN/m^2;2. 型号、规格:DN1000	m	17 300	1. 管道、管件及弯管的制作、安装;2. 水压试验;3. 挖土、石方及基础砌筑;4. 回填中粗砂层	

请思考,清单列项是否正确?

招标单位在编制工程量清单时应区分好不同专业工程之间、相近工程项目之间的联系与区别。

> **知识剖析**

明确市政管网工程与通用安全工程的界限：
①给水管道执行界限如图11.1-1所示。

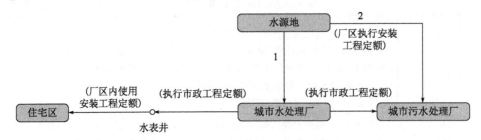

图11.1-1 给水管道执行界限示意图

②排水管道执行界限如图11.1-2所示。

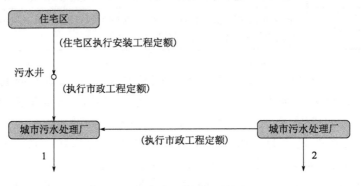

图11.1-2 排水管道执行界限示意图
注：1、2为排水管道。

思考11.1-2：熟读管网工程的清单工程量计算规则，根据下列工程背景编制管网工程分部分项工程清单，并填写表11.1-3。某市政给水管为DN300的球墨铸铁管（每节长4m），长度为80m，管道基础为砂垫层（厚100mm），工程量为10.08m^3，采用承插推入式橡胶圈连接，管道内防腐采用地面离心机械内涂，环氧煤沥青管道外防腐（二底二面），设计要求对管道进行水压试验及冲洗消毒，铺设管道时需挖土方。

分部分项工程项目清单表　　　　　　　表11.1-3

序号	项目编码	项目名称	项目特征描述	计量单位	工程量	金额(元)		
						综合单价	合价	其中：暂估价
						（投标单位填写）		

知识剖析

根据《市政工程工程量计算规范》(GB 50857—2013)附录E管网工程的项目特征描述要求，只需要列出铸铁管的清单项，与管道铺设相关的工程项目，比如铺设的砂砾垫层、水压试验、消毒冲洗、管道防腐的工程量及费用会在后续的清单组价中涉及。详见表11.1-4。

给水工程分部分项工程清单表　　　　　　表11.1-4

序号	项目编码	项目名称	项目特征描述	计量单位	工程量
1	040501003001	铸铁管	1. 垫层基础材质及厚度：砂垫层，厚100mm； 2. 管道材质及规格：球墨铸铁管DN300； 3. 接口方式：承插推入式橡胶圈接口； 4. 埋设深度：2m以内； 5. 管道检验及试验要求：水压试验，管道冲洗消毒； 6. 集中防腐：地面离心机械内涂，环氧煤沥青管道外防腐(二底二面)	m	80

注：定额工程量计算①砂垫层基础：10.08m^2；②管道铺设：80m；③管道水压试验：80m；④管道消毒冲洗：80m；⑤管道内防腐(地面离心机械内涂)：80m；⑥环氧煤沥青管道外防腐：0.3×3.141 6×80=75.40(m^2)。

二、清单编制注意事项

分部分项工程量清单编制的步骤如下：清单项目列项、编码→清单项目工程量计算→分部分项工程量清单编制。

(1)管道铺设项目设置中没有明确区分是给水、排水、燃气还是供热管道，它适用于市政管网管道工程。在列工程量清单时可冠以相应的专业名称以示区别。

(2)管道铺设中的管件、钢支架制作、安装及新旧管连接，应分别列清单项目。

(3)顶管清单项目，除不包括工作井的制作及工作井的挖、填方外，包括了其他所有顶管过程的全部内容。

(4)管道法兰连接应单独列清单项目的内容包括法兰片的焊接和法兰的连接，法兰管件安装的清单项目包括法兰片的焊接和法兰管体的安装。

(5)刷油、防腐、保温工程、阴极保护及牺牲阳极应按现行国家标准《通用安装工程工程量计算规范》(GB 50856—2013)附录M刷油、防腐蚀、绝热工程中相关项目编码列项。

(6)高压管道及管件、阀门安装，不锈钢管及管件、阀门安装，管道焊缝无损探伤应按现行国家标准《通用安装工程工程量计算规范》(GB 50856—2013)附录H工业管道工程中相关项目编码列项。

(7)管道检验及试验要求按各专业的施工验收规范设计要求，对已完管道工程进行的管道吹扫、冲洗消毒、强度试验、严密性试验、闭水试验等内容进行描述。

(8)阀门电动机需单独安装，应按现行国家标准《通用安装工程工程量计算规范》(GB 50856—2013)附录K给排水、采暖、燃气工程中相关项目编码列项。

(9)雨水口连接管应按管道铺设中相关项目编码列项。

课题11.2 掌握管网工程量计算方法

学习目标

通过本课题的学习,能运用基本计算方法计算管网工程量,夯实工程量清单编制基础,能够准确地进行管网工程量清单编制。与此同时,培养独立思考习惯,提升技能操作水平。

相关知识

管网工程量的计算主要是管道铺设、检查井、顶管、沉井相关清单项目工程量的计算。根据《市政工程工程量计算规范》(GB 50857—2013)附录E的分类及常见的管网工程结构分类(图11.2-1),其清单项目的计算规则及计算方法可以分成以下几种。

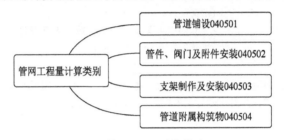

图11.2-1 管网工程量计算类别

一、管道铺设(040501)

管道铺设部分包括混凝土管,钢管,铸铁管,塑料管,直埋式预制保温管,管道架空跨越,隧道(沟、管)内管道,水平导向钻进,夯管,顶(夯)管工作坑,预制混凝土工作坑,顶管,土壤加固,新旧管连接,临时放水管线,砌筑方沟,混凝土方沟,砌筑渠道,混凝土渠道,警示(示踪)带铺设等清单项目。

管道的工程量计算规则:按设计图示中心线长度以"延长米"计算,不扣除附属构筑物、管件及阀门等所占长度,计量单位为"m"。

$$管道铺设清单工程量 = 设计图示管道铺设长度 \quad (11-1)$$

在计算工程量时,要根据具体工程的施工图纸,结合管道铺设清单项目的项目特征,划分不同的清单项目,分别计算其工程量。

如"混凝土管铺设",项目特征有6点,需结合工程实际加以区别:①管有筋无筋:是钢筋混凝土管还是素混凝土管;②规格:管道直径大小;③埋设深度;④接口形式:区分平(企)接口、承插接口、套环接口等形式;⑤垫层厚度、材料、品种:管道垫层是否相同;⑥基础断面形式、混凝土强度等级、石料最大粒径:管道基础形式、混凝土强度等级、混凝土配合比中石料的最大粒径是否相同。

如果上述6个项目特征有1个不同,就应是1个不同的具体的清单项目,其管道铺设的工程量应分别计算。

考虑1:混凝土管(040501001)

①计算规则。混凝土管的工程量按设计图示中心线长度以"延长米"计算。不扣除附属

构筑物、管件及阀门等所占长度。

②工作内容。混凝土管的工作内容包括垫层、基础铺筑及养护,模板制作、安装、拆除,混凝土拌和、运输、浇筑、养护,预制管枕安装,管道铺设,管道接口和管道检验及试验。

③规则解读。混凝土管是市政管网工程中排水管的主要管材。混凝土管的优点是刚度大、不受地底温度影响,不受埋设深度限制;缺点是自重大、体积大、运输成本高、施工难度大。混凝土管的工程量计算规则中不扣除的构件包括附属构筑物管件和阀门,其中附属构筑物主要是指管道上的检查井、出水口、雨水口等构筑物,管件是指管道的三通、弯头、管箍等构件。混凝土管的工程量按设计图示中心线长度以"延长米"计量。

考虑2:钢管(040501002)

①计算规则。钢管的工程量按设计图示中心线长度以"延长米"计算。不扣除附属构筑物、管件及阀门等所占长度。

②工作内容。钢管的工作内容包括垫层、基础铺筑及养护,模板制作、安装、拆除,混凝土拌和、运输、浇筑、养护,管道铺设,管道检验及试验和集中防腐运输。

③规则解读。钢管是市政管网工程中给水管的主要管材。钢管的优点是强度高,接口方便,承压力大;缺点是接头较多,埋地易受腐蚀,且造价较高。钢管的工程量按设计图示中心线长度以"延长米"计量。

考虑3:铸铁管(040501003)

①计算规则。铸铁管的工程量按设计图示中心线长度以"延长米"计算。不扣除附属构筑物、管件及阀门等所占长度。

②工作内容。铸铁管的工作内容包括垫层、基础铺筑及养护,模板制作、安装、拆除,混凝土拌和、运输、浇筑、养护,管道铺设,管道检验及试验和集中防腐运输。

③规则解读。铸铁管是市政管网工程给水管、天然气管的主要管材。铸铁管的常用类型是球墨铸铁管。球墨铸铁管的优点是易加工,防腐蚀,密封性强;缺点是不宜使用在高压管网上,且施工安装难度较大。铸铁管的工程量按设计图示中心线长度以"延长米"计量。

考虑4:塑料管(040501004)

①计算规则。塑料管的工程量按设计图示中心线长度以"延长米"计算。不扣除附属构筑物、管件及阀门等所占长度。

②工作内容。塑料管的工作内容包括垫层、基础铺筑及养护,模板制作、安装、拆除,混凝土拌和、运输、浇筑、养护,管道铺设和管道检验及试验。

③规则解读。塑料管是市政管网工程给水管、排水管的主要管材。塑料管的类型很多,常见的有硬聚氯乙烯管(UPVC)、高密度聚乙烯管(HDPE)、无规共聚聚丙烯管(PPR)、聚乙烯管(PE)、聚丙烯管(PP)等。塑料管的优点是保温,耐腐蚀,承压能力较强;缺点是接口要求高,工程造价较贵。塑料管的工程量按设计图示中心线长度以"延长米"计量。

【例11.2-1】 某道路K0+000~K0+280段污水管道工程,施工平面图如图11.2-2所示。该污水管采用钢筋混凝土管,管顶覆土深度≤4.5m,主管道管径φ700mm,采用Ⅱ级钢筋混凝土管;污水支管支管道管径φ600mm,采用钢带增强聚乙烯波纹管。管道采用承插口接口,管道基础采用180°砂石基础;D600~D800mm管道选用φ1 250mm圆形混凝土污水检查井,详见06MS201-3/25。试计算该污水管道的清单工程量,并列取该污水管道的分部分项工程清单项,填写表11.2-1。

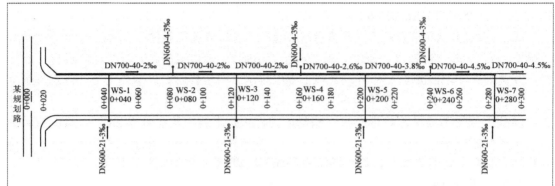

图 11.2-2　某道路污水管道平面图

分部分项工程清单表　　　　表 11.2-1

序号	项目编码	项目名称	项目特征描述	计量单位	工程量	金额(元)		
						综合单价	合价	其中：暂估价
						(投标单位填写)		

解：管道的工程量计算规则：按设计图示中心线长度以"延长米"计算，不扣除附属构筑物、管件及阀门等所占长度，计量单位为"m"。管道铺设清单工程量=设计图示管道铺设长度。

主管 $W_{S1} \sim W_{S7}$ 管道 DN700 长度 = 40×7 = 280(m)

支管 K0+040~K0+280 管道 DN600 长度 = 21+21+21+21 = 84(m)

列项污水管道工程分部分项工程项目清单详见表 11.2-2。

案例污水管道工程分部分项工程项目清单与措施项目清单计价表　　　　表 11.2-2

序号	项目编码	项目名称	项目特征描述	计量单位	工程量	金额(元)		
						综合单价	合价	其中：暂估价
1	040501001001	DN700Ⅱ级钢筋混凝土管	1. 规格：DN700； 2. 垫层、基础材质及厚度：180°砂石基础、200mm厚砂垫石垫层； 3. 接口方式：承插胶圈接口； 4. 铺设深度：5.5m 以内； 5. 混凝土强度等级：承插式钢筋混凝土管（Ⅱ级）； 6. 管道检验及试验要求：管道闭水试验； 7. 砂砾采用环保车运输	m	280.00	(投标单位填写)		
2	040501004001	DN600 钢带增强聚乙烯波纹管	1. 规格：DN600； 2. 材质及规格：钢带增强聚乙烯螺旋波纹管； 3. 垫层、基础材质及厚度：180°中粗砂基础； 4. 连接形式：橡胶圈接口； 5. 铺设深度：5.5m 以内； 6. 管道检验及试验要求：管道闭水检验； 7. 环刚度 SN10	m	84.00			

思考11.2-1：本道路给水管道DN600mm采用球墨铸铁管,如图11.2-3所示：壁厚级别系数K9级(扫描二维码11.2-1查看球墨铸铁管规格参数),公称压力PN为1.0MPa,T形橡胶圈柔性承插接口,管材成品防腐、质量、规格应符合现行《水及燃气管道用球墨铸铁管、管件和附件》(GB/T 13295)要求。橡胶圈应采用食品级橡胶,其性能指标应符合04S531-1/19中的要求。DN200管道采用PE100管材及管件,公称压力PN>1.0MPa。PE管与PE管用热熔连接,PE管与其他管材法兰连接。本设计选用的阀门、消火栓要求的公称压力PN为1.0MPa。

11.2-1

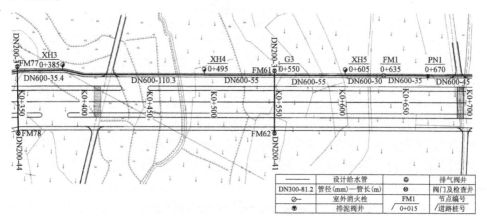

图11.2-3　某道路给水管道平面图

管道基础及施工方法：所有管段均采用20cm砂垫层基础,做法参见《给水排水管道工程施工及验收规范》(GB 50268—2008)。本工程给水管道均采用开槽施工。

球墨铸铁管在末端用承盘短管连接,并用盲板堵封；给水管沟槽回填：给水管道采用放坡开挖,管道设置在已处理合格的路基上(沟槽基底承载力特征值≥100kPa),给水管基础采用中粗砂200mm垫层基础。

防腐：阀门井内外露钢制管件及钢套管防腐做法具体如下：内防腐采用饮水容器防腐漆,外防腐采用环氧煤沥青漆。内防腐为一道底漆,两道面漆(二油),外防腐为底漆一道,面漆一道,玻璃布一道,再面漆一道,玻璃布一道,最后面漆两道(四油二布),底漆和面漆厚度不得小于0.4mm。管道敷设后须按《给水排水管道工程施工及验收规范》(GB 50268—2008)要求进行压力试验,冲洗、消毒并经水质化验合格后方可使用。

本工程给水管道试验压力：球墨铸铁管1.1MPa。试计算该给水管道的清单工程量,并列取该给水管道的分部分项工程清单项,填写表11.2-3。

分部分项工程项目清单表　　　　　　　　　　　　　　表11.2-3

序号	项目编码	项目名称	项目特征描述	计量单位	工程量	金额(元)		
						综合单价	合价	其中：暂估价
					(投标单位填写)			

知识剖析

管道的工程量计算规则:按设计图示中心线长度以"延长米"计算,不扣除附属构筑物、管件及阀门等所占长度,计量单位为"m";管道铺设清单工程量=设计图示管道铺设长度。

主管球墨铸铁给水管DN600长度=35.4+110.3+55.0+55.0+30.0+35+45=365.7(m)

支管K0+350~K0+700管道DN200长度=3+44+3+41=91(m)

扫描二维码11.2-2查看给水管道工程分部分项工程项目清单计价(答案)。

11.2-2

二、管件、阀门及附件安装(040502)

管件、阀门及附件安装包括铸铁管管件,钢管管件制作、安装,塑料管管件,转换件,阀门,法兰,盲堵板制作、安装,套管制作、安装,水表,消火栓,补偿器(波纹管),除污器组成、安装,凝水缸,调压器,过滤器,分离器,安全水封,检漏(水)管等清单项目。

考虑1:铸铁管管件(040502001)

①计算规则。铸铁管管件的工程量按设计图示数量计算。

②工作内容。铸铁管管件的工作内容包括安装。

③规则解读。铸铁管管件按设计图示数量以"个"计量。

考虑2:钢管管件制作、安装(040502002)

①计算规则。钢管管件制作、安装的工程量按设计图示数量计算。

②工作内容。钢管管件制作、安装的工作内容包括制作和安装。

③规则解读。钢管管件制作、安装按设计图示数量以"个"计量。

考虑3:塑料管管件(040502003)

①计算规则。塑料管管件的工程量按设计图示数量计算。

②工作内容。塑料管管件的工作内容包括安装。

③规则解读。塑料管管件按设计图示数量以"个"计量。

上述编码为040502001~040502003的清单项目,均是指不同材料种类管道的管件。所谓管件,是指将同种管材连接成管路的零件,如弯头、三通、四通、大小头等。

考虑4:转换件(040502004)

①计算规则。转换件的工程量按设计图示数量计算。

②工作内容。转换件的工作内容包括安装。

③规则解读。转换件也是管件,不同之处在于转换件特指不同管材之间连接时的过渡转换零件。转换件的工程量按设计图示数量以"个"计量。

考虑5:阀门(040502005)

①计算规则。阀门的工程量按设计图示数量计算。

②工作内容。阀门的工作内容包括安装。

③规则解读。阀门是管道系统中的控制部件,具有截止、调节、导流防止逆流稳压、分流或溢流泄压等功能。阀门的工程量按设计图示数量以"个"计量。

考虑6：法兰(040502006)

①计算规则。法兰的工程量按设计图示数量计算。

②工作内容。法兰的工作内容包括安装。

③规则解读。法兰是用于管端之间连接或阀门之间连接的管道附件。法兰的工程量按设计图示数量以"个"计量。

考虑7：盲堵板制作、安装(040502007)

①计算规则。盲堵板制作、安装的工程量按设计图示数量计算。

②工作内容。盲堵板制作、安装的工作内容包括制作和安装。

③规则解读。盲堵板也称为法兰盖,是中间不带孔的法兰,用于封堵管道口。盲堵板制作安装的工程量按设计图示数量以"个"计量。

考虑8：套管制作、安装(040502008)

①计算规则。套管制作、安装的工程量按设计图示数量计算。

②工作内容。套管制作、安装的工作内容包括制作和安装。

③规则解读。套管也称为穿墙管、墙体预埋管,是用来保护管道或者方便管道安装的管圈,同时也兼作防水之用。套管的材质有刚性和柔性。套管制作、安装的工程量按设计图示数量以"个"计量。

考虑9：消火栓(040502010)

①计算规则。消火栓的工程量按设计图示数量计算。

②工作内容。消火栓的工作内容包括安装。

③规则解读。消火栓是一种固定式消防设施,主要作用是控制可燃物,隔绝助燃物,消除着火源。根据其安装地点不同,分为室内消火栓和室外消火栓。消火栓的工程量按设计图示数量以"个"计量。

【例11.2-2】 本道路给水管道管径≥DN300(图11.2-4),管道三通、管堵(盲板)、弯头处(管道转弯角度>10°)设给水管道支墩,采用柔性接口给水管道支墩,见03SS505/107～127。①消火栓：如图11.2-5所示,采用SS100/65-1.0型室外地上式消火栓(干管安装有检修阀),详见标准图13S201/19;消火栓位于侧分带绿化带内,覆土平均深度为1.1m。②阀门井：采用钢筋混凝土闸阀井,详见07MS101-2。③排泥阀井：选用暗杆弹性座封闸阀,采用钢筋混凝土立式闸阀井,详见标准图07MS101-2。其中,排泥湿井出水管采用Ⅱ级 ϕ200mm 钢筋混凝土承插口管,承插式橡胶圈接口,详见标准图06MS201-1/23,180°砂石基础,详见标准图06MS201-1/11,坡度为0.01。所有井均安装防坠网。(给水管道平面图详见图11.2-3。)

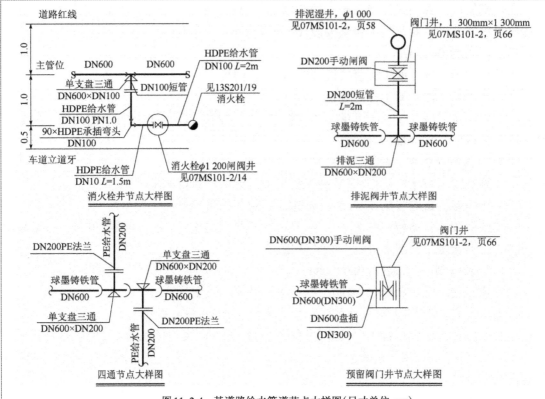

图 11.2-4 某道路给水管道节点大样图(尺寸单位:cm)

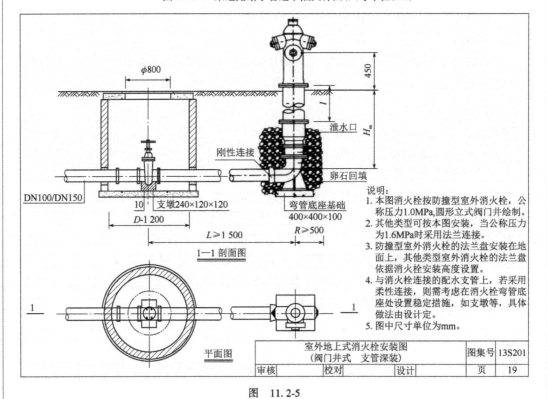

图 11.2-5

主要设备及材料表

编号	名称	规格 1.0MPa			规格 1.6MPa			材料	单位	数量	备注
1	地上式消火栓	SSF100/65-1.0	SSF150/65-1.0	SSF150/80-1.0	SSF100/65-1.6	SSF150/65-1.6	SSF150/80-1.6	—	套	1	本表格按防撞型绘制，普通型、泡沫型同样适用
2	闸阀	Z45X-10Q DN100	Z45X-10Q DN150	Z45X-10Q DN150	Z45X-16Q DN100	Z45X-16Q DN150	Z45X-16Q DN150	—	个	1	—
3	弯管底座	DN100×90°承法	DN150×90°承法	DN150×90°承法	DN100×90°双法	DN100×90°双法	DN150×90°双法	铸铁	个	1	—
4	短管甲	DN100	DN150	DN150	DN100	DN150	DN150	球铁	个	1	—
5	法兰直管	DN100	DN150	DN150	DN100	DN150	DN150	球铁	根	1	—
6	法兰接管	长度L(mm)=250、500…3 000						球铁	个	1	与消火栓配套供应，根据冻土深度定接管长度（订货时向厂家说明长度）
		DN100	DN150	DN150	DN100	DN150	DN150				
7	法兰短管	DN100	DN150	DN150	DN100	DN150	DN150	球铁	个	1	长度≥150mm
8	圆(矩)形立式闸阀井	D(mm)=1 200或1 100×1 100、1 300×1 300						—	座	1	
9	弯管底座基础	400mm×400mm×100mm						C25	m³	0.02	—
10	砖砌支墩	240mm×120mm×120mm						砖MU7.5 砂浆M7.5	m³	0.01	—

注：1.消火栓采用SS100/65-1.0型或SS100/65-1.6型地上式消火栓。该消火栓有两个DN65和一个DN100的出水口。
2.消火栓采用SS150/65-1.0型或SS150/65-1.6型地上式消火栓。该消火栓有两个DN65和一个DN150的出水口。
3.消火栓采用SS150/80-1.0型或SS150/80-1.6型地上式消火栓。该消火栓有两个DN80和一个DN150的出水口。
4.法兰接口、管道和管件的防腐做法详见国家标准《给水排水管道工程施工及验收规范》(GB 50268—2008)。
5.根据冻土深度，可选用不同长度的法兰接管，调整管道的覆土深度H_m，H_m可以从1 050mm逐档加高到4 000mm，每档宜为250mm。
6.法兰短管：用来调节实际安装深度与消火栓配套产品长度间的差值，若消火栓长度满足安装要求，法兰短管可取消。为便于安装，长度应不小于150mm。
7.表中1、3、6项为消火栓厂家供货范围。

室外地上式消火栓安装图附表及说明（阀门井式　支管深装）			图集号	13S201
审核	校对	设计	页	20

图 11.2-5　室外地上式消火栓安装通用图

试计算该给水管道管件的清单工程量,并列取该给水管道管件的分部分项工程项目清单,填写表11.2-5。

解:给水工程详尽的工程量清单计算见表11.2-4。

给水管道管件工程清单计算表　　　　　　　　　　　　　　　表11.2-4

编号	分项	名称	规格和型号	单位	公式	数量	备注
1	主要管材	球墨给水铸铁管	DN600滑入式T形接口	m	365.7	365.7	主管:PN1.0;K9级
2		PE100给水管	DN200电热熔连接	m	91	91	预留支管:PN1.0
3	室外消火栓3套	室外消火栓SSF100/65-1.0	SSF100/65-1.0	套	QDL	QDL	13S201
4		法兰接管DN100;L=500mm	DN100,L=500mm	个	QDL	QDL	13S201
5		法兰短管DN100	DN100(L≥150mm)	个	QDL	QDL	13S201
6		弯管底座DN100×90°	铸铁DN100×90°,P=1.0MPa	个	QDL	QDL	13S201
7		C25弯管底座基础	400mm×400mm×100mm		0.02	0.02×QDL	13S201
8		法兰直管DN150	DN150	个	QDL	QDL	13S201
9		HDPE给水管道DN100	HDPE给水管道DN100,L=2m	m	2×QDL	2×QDL	13S201
10		消火栓ϕ1 200闸阀井	ϕ1 200闸阀井	座	QDL	QDL	07MS101-2/14
11		闸阀	DN100,P=1.0MPa	个	QDL	QDL	13S201
12		砖砌支墩	240mm×120mm×120mm砖MU7.5,砂浆M7.5		0.01	0.01×QDL	13S201
13		HDPE给水管道DN100	HDPE给水管道DN100,L=1.5m	m	1.5×QDL	1.5×QDL	
14		90°HDPE承压弯头	90° HDPE	个	QDL	QDL	
15		弯头支墩	混凝土	座	QDL	QDL	
16		HDPE给水管道DN100	HDPE给水管道DN100	m			
17		DN100法兰短管	法兰短管DN100				
18		DN100法兰	PE给水管法兰	个	QDL	QDL	
19		单支盘三通DN600×DN100		个	QDL	QDL	
20		三通支墩	混凝土	座	QDL	QDL	

续上表

编号	分项	名称	规格和型号	单位	公式	数量	备注
21	闸阀及检查井2套(含四通)	单支盘三通	DN600×DN200 单支盘三通	个	2	2QDL	
22		三通支墩		座	2		
23		DN200 PE法兰		个	2	QDL	
24		DN200手动闸阀		个	1	QDL	
25		1 300mm×1 300mm 闸阀井		座	1	QDL	07MS101-2/66
26	闸阀及检查井2套	DN200手动闸阀		个	1	QDL	
27		1 300mm×1 300mm 闸阀井		座	1	QDL	
28	闸阀及检查井1套(主管)	闸阀DN600		个	1	QDL	
29		闸阀井1 500mm×2 100mm		座	1	QDL	07MS101-2/110
30	排泥阀	单支盘排泥三通DN600×DN200		个	QDL	QDL	
31		三通支墩	混凝土	座	QDL	QDL	
32		双盘短管DN200	DN200,$L=2m$				
33		法兰盘		个	8	8×QDL	
34		DN200手动闸阀		套	2	2×QDL	
35		1 300mm×1 300mm 闸阀井		座	QDL	QDL	07MS101-2/66
36		排泥湿井ϕ1 000mm		座	QDL	QDL	07MS101-2/58

分部分项工程项目清单表　　　　　　　　　　表11.2-5

序号	项目编码	项目名称	项目特征描述	计量单位	工程量	金额(元)		
						综合单价	合价	其中:暂估价
						(投标单位填写)		

扫描二维码11.2-3查看给水工程分部分项工程项目清单计价(答案)。

11.2-3

三、支架制作及安装(040503)

支架制作及安装包括砌筑支墩,混凝土支墩,金属支架制作、安装和金属吊架制作、安装等清单项目。

考虑1:砌筑支墩(040503001)

①计算规则。砌筑支墩的工程量按设计图示尺寸以体积计算。

②工作内容。砌筑支墩的工作内容包括模板制作、安装、拆除,混凝土拌和、运输、浇筑、养护,砌筑、勾缝、抹面。

③规则解读。支墩是指为防止管内水压引起水管配件接头移位而砌筑的礅座。砌筑支墩是指用砖、石等砌体材料,添加砂浆等黏结材料砌筑的支墩。非整体连接管道在垂直和水平方向转弯处、分叉处、管道端部堵头处,以及管径截面变化处设置支墩。砌筑支墩的工程量按设计图示尺寸以"m³"计量。

考虑2:混凝土支墩(040503002)

①计算规则。混凝土支墩的工程量按设计图示尺寸以体积计算。

②工作内容。混凝土支墩的工作内容包括模板制作、安装、拆除,混凝土拌和、运输、浇筑、养护,预制混凝土支墩安装和混凝土构件运输。

③规则解读。混凝土支墩是指采用混凝土现浇而成的,或事先预制好混凝土再安装的支墩。混凝土支墩的工程量按设计图示尺寸以"m³"计量。

【例11.2-3】 某道路给水管道水平弯头的混凝土支墩详图见图11.2-6,具体尺寸见表11.2-6,计算本道路给水管道90°水平弯头的混凝土支墩工程量。

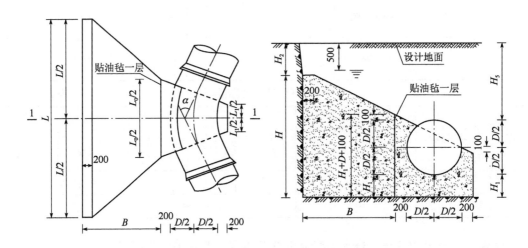

图11.2-6 给水管道水平弯头的混凝土支墩详图(尺寸单位:mm)

注:有地下水时,施工降水后,应在支墩底部铺设100mm厚碎石层。

无地下水90°水平弯管支墩($F_{wd,k}$=1.1MPa φ_d=20° D=100~2 000mm)									表11.2-6
管内径D (mm)	作用力$F_{wp,k}$ (kN)	管顶覆土H_s (mm)	支墩尺寸(mm)						
			L	L_0	L_1	H	H_1	H_2	B	α
100	23.93	700	1 600	200	200	720	420	500	900	1.00
		1 000	1 200	200	200	810	360	650	700	1.00
		1 500	1 000	200	200	680	280	1 200	600	1.00
		2 000	800	200	200	630	280	1 750	500	1.00

解：混凝土浇筑90°水平弯管支墩的体积：

V=1.0×0.2×0.68+(0.6-0.2)×(0.48+0.68)/2×[0.2+(1.0-0.2)/2]+(0.48+0.28+1.0/2)× 0.5/2×0.2-弯管体积=0.3(m³)

遇到支墩混凝土体积计算可以查10S505《柔性接口给水管道支墩》。

四、管道附属构筑物(040504)

管道附属构筑物包括砌筑井,混凝土井,塑料检查井,砖砌井筒,预制混凝土井筒,砌体出水口,混凝土出水口,整体化粪池,雨水口等清单项目。

考虑1：砌筑井(040504001)

①计算规则。砌筑井的工程量按设计图示数量计算。

②工作内容。砌筑井的工作内容包括垫层铺筑,模板制作、安装、拆除,混凝土拌和、运输、浇筑、养护,砌筑、勾缝、抹面,井圈、井盖安装,盖板安装,踏步安装和防水、止水。

③规则解读。砌筑井是指用砖砌筑的,为市政管网工程的维修、安装而设置的检查井、阀门井、碰头井、排气井、观察井、消防井等各类井的总称。砌筑井的主要功能是方便设备检查、维修和安装。砌筑井从形状上划分,可分为砖砌矩形检查井和砖砌圆形检查井两大类。砖砌圆形检查井(D≤400mm)如图5.100所示。砌筑井的工程量按设计图示数量以"座"计量。

考虑2：混凝土井(040504002)

①计算规则。混凝土井的工程量按设计图示数量计算。

②工作内容。混凝土井的工作内容包括垫层铺筑,模板制作、安装、拆除,混凝土拌和、运输、浇筑、养护,井圈、井盖安装,盖板安装,踏步安装和防水、止水。

③规则解读。混凝土井是用混凝土现浇或预制的,为市政管网工程的维修、安装而设置的检查井、阀门井、碰头井、排气井、观察井、消防井等各类井的总称。混凝土井的主要功能是方便设备检查、维修和安装。混凝土井从形状上划分,可分为混凝土矩形检查井和混凝土圆形检查井两大类。混凝土井的工程量按设计图示数量以"座"计量。

考虑3：塑料检查井(040504003)

①计算规则。塑料检查井的工程量按设计图示数量计算。

②工作内容。塑料检查井的工作内容包括垫层铺筑,模板制作、安装、拆除,混凝土拌和、运输、浇筑、养护,检查井安装和井筒、井圈、井盖安装。

③规则解读。塑料检查井俗称塑料窨井,是设置在塑料排水管道交汇处、转弯处、管径

或坡度改变处、跌水的地方或直线管段上每隔一定距离处,便于定期检查、清洁、疏通管道的排水附属构筑物。塑料检查井的基本结构类型与砖砌井或混凝土检查井是类似的,也包括井座、井筒、井盖等构造。塑料检查井的工程量按设计图示数量以"座"计量。

考虑4:砖砌井筒(040504004)

①计算规则。砖砌井筒的工程量按设计图示尺寸以"延长米"计算。

②工作内容。砖砌井筒的工作内容包括砌筑、勾缝、抹面和踏步安装。

③规则解读。井筒是指井盖或井圈与井身连接的管状构件。

考虑5:预制混凝土井筒(040504005)

①计算规则。预制混凝土井筒的工程量按设计图示尺寸以"延长米"计算。

②工作内容。预制混凝土井筒的工作内容包括运输和安装。

③规则解读。预制混凝土井筒是事先用混凝土制作好的,后续再安装的构件。

考虑6:雨水口(040504009)

①计算规则。雨水口的工程量按设计图示数量计算。

②工作内容。雨水口的工作内容包括垫层铺筑,模板制作、安装、拆除,混凝土拌和、运输、浇筑、养护,砌筑、勾缝、抹面和雨水箅子安装。

③规则解读。雨水口是指管道排水系统汇集地表水的设施,由进水箅、井身及支管等组成,分为偏沟式、平箅式和联合式。偏沟式雨水口是指通过侧石收集雨水的雨水口;平箅式雨水口是雨水箅子平铺于路面上,通过道路路面的横坡收集雨水;联合式则是指集合了偏沟式和平箅式两种雨水收集方式的雨水口。雨水口的工程量按设计图示数量以"座"计量。

【**例11.2-4**】 识读砖砌圆形立式闸阀井图(图11.2-7),结合给水管道案例的消火栓井的详图,计算消火栓 $\phi1\,200$ 闸阀井的相关工程量,填写闸阀井的工程量表(表11.2-7)。

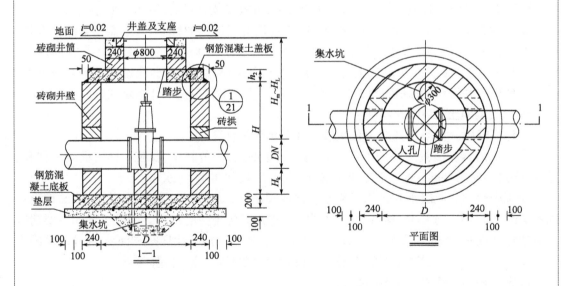

图11.2-7 砖砌圆形立式闸阀井详图(尺寸单位:mm)

消火栓井结构工程量表

表11.2-7

编号	分项	名称	规格和型号	单位	公式	数量	备注
1	消火栓φ1 200闸阀井	C10混凝土垫层		m³			详见图集07MS101-2/14
2		C25混凝土底板		m³			详见图集07MS101-2/14
3		MU10级砖砌井壁+M10水泥砂浆井壁		m³			详见图集07MS101-2/14
4		MU10级砖砌井筒+M10水泥砂浆井壁		m³			详见图集07MS101-2/14
5		DB-I-1底板钢筋φ10		t			详见图集07MS101-2/14
6		DB-I-1底板钢筋φ12		t			详见图集07MS101-2/14
7		井顶C25预制盖板(人孔板)		m³			详见图集07MS101-2/14
8		井顶C25预制盖板钢筋φ10		t			详见图集07MS101-2/14
9		井顶C25预制盖板钢筋φ12		t			详见图集07MS101-2/14
10		井顶C25预制盖板钢筋φ14		t			详见图集07MS101-2/14
11		防水砂浆抹面		m²			详见图集07MS101-2/14
12		汽车运输混凝土构件		m³			详见图集07MS101-2/14
13		井座及井盖		套			详见图集07MS101-2/14
14		井筒保温隔板					详见图集07MS101-2/14
15		铸铁踏步		个			详见图集07MS101-2/14
16		油麻+水泥砂浆		套			
17		垫层模板		m²			
18		基础模板		m²			
19		检查井双排脚手架		m²			

解：一般井类的管道附属构筑物在清单工程量计算和后续定额套用计算的工程量中均以"座"为单位进行计量。但在审计工作中需要很清楚每个构筑物的构成工程量的来源，不能依靠定额或其他规范统一定量。管道附属构筑物组成部位的工程量计算方法基本为运用几何公式计算。计算出的消火栓井结构工程量见表11.2-8。

消火栓井结构工程量表

表11.2-8

编号	分项	名称	规格和型号	单位	公式	数量	备注
1	消火栓 $\phi1\,200$ 闸阀井	C10混凝土垫层		m^3	$\pi\times(1.2/2+0.24+0.1+0.1)^2\times0.1$	0.34×QDL	07MS101-2/14
2		C25混凝土底板		m^3	$\pi\times(1.2/2+0.24+0.1)^2\times0.2$	0.56×QDL	07MS101-2/14
3		MU10级砖砌井壁+M10水泥砂浆井壁		m^3	$\pi\times\{(1.2/2+0.24)^2-(1.2/2)^2\}\times1.5$	1.629×QDL	07MS101-2/14
4		MU10级砖砌井筒+M10水泥砂浆井壁		m^3	$\pi\times\{(0.8/2+0.24)^2-(0.8/2)^2\}\times\{3-(1.5-0.1-0.3)-0.15\}$	1.372×QDL	07MS101-2/14
5		DB-I-1底板钢筋 $\phi10$		t	$0.006\,17\times10^2\times48/1\,000$	0.030×QDL	07MS101-2/14
6		DB-I-1底板钢筋 $\phi12$	HRB335	t	$0.006\,17\times12^2\times35/1\,000$	0.031×QDL	07MS101-2/14
7		井顶C25预制盖板（人孔板）	YB-I-1	m^3	$\pi\times\{(1.58/2)^2-(0.8/2)^2\}\times0.15$	0.22×QDL	07MS101-2/14
8		井顶C25预制盖板钢筋 $\phi10$		t	$0.006\,17\times10^2\times7/1\,000$	0.0043×QDL	07MS101-2/14
9		井顶C25预制盖板钢筋 $\phi12$	HRB335	t	$0.006\,17\times12^2\times(4+23)/1\,000$	0.024×QDL	07MS101-2/14
10		井顶C25预制盖板钢筋 $\phi14$	HRB335	t	$0.006\,17\times14^2\times10/1\,000$	0.012×QDL	07MS101-2/14
11		防水砂浆抹面	5%防水剂1:2防水水泥砂浆抹面	m^2	$(\pi DH-\pi d^2/4\times2)\times QDL$	9.74×QDL	07MS101-2/14
12		汽车运输混凝土构件		m^3		0.22×QDL	07MS101-2/14
13		井座及井盖		套	1	QDL	07MS101-2/14
14		井筒保温隔板	松木+热沥青	m^2	$(\pi DH-\pi d^2/4\times2)\times QDL$	9.74×QDL	07MS101-2/14
15		铸铁踏步		个	$(3+0.1+0.3)/0.36-1$	8×QDL	07MS101-2/14
16		油麻+水泥砂浆		套	2	2×QDL	
17		垫层模板		m^2	$2\times\pi\times(1.2+0.24\times2+0.1\times2+0.1\times2)\times0.1$	1.31×QDL	
18		基础模板		m^2	$2\times\pi\times(1.2+0.24\times2+0.1\times2)\times0.2$	2.36×QDL	
19		检查井双排脚手架		m^2	$2\times\pi\times(1.2+0.24\times2+0.1\times2)\times(3+0.1+0.3+0.2)$	42.52×QDL	

扫描二维码11.2-4查看该案例的消火栓井分部分项工程清单项目表答案。

11.2-4

模块 4

工程量清单计价

课程导入

近些年来,我国加快了工程造价管理市场化改革的进程,计价环节全面推行工程量清单计价模式,工程造价各项制度不断完善。本模块以《市政工程工程量计算规范》(GB 50857—2013)为依据,学习计价思路,搭建整套计价体系。

在工程量清单编制完毕后,要进行招标控制价的编制;一般有经验的咨询单位或编制人会协同工程量清单与招标控制价一起编制。招标控制价编制完毕,发包人会将招标控制价和工程量清单随招标文件发给投标人。投标人可以根据项目内容、市场环境、自己企业的承揽实力进行报价。无论是编制招标控制价还是投标报价,计价思路基本一致。

学习要求

现将本模块内容分解成若干单元,并依据内容的篇幅和重要性赋予了相应的权重(下表),供学习者参考。

模块内容		单元分解		权重
单元12	工程量清单计价基本知识	课题12.1	掌握工程量清单计价基本知识	20%
		课题12.2	掌握工程量清单计价过程	
单元13	土石方工程量清单计价	课题13.1	掌握土石方工程量清单的费用计算	20%
单元14	道路工程量清单计价	课题14.1	掌握道路工程量清单的费用计算	20%
单元15	桥梁工程量清单计价	课题15.1	掌握桥梁工程量清单的费用计算	20%
单元16	管网工程量清单计价	课题16.1	掌握管网工程量清单的费用计算	20%

单元12 工程量清单计价基本知识

课题12.1 掌握工程量清单计价基本知识

学习目标

通过本课题的学习,理解招标控制价、投标价、签约合同价、结算价的区别与应用,了解工程量清单计价的程序与应用,能有效地进行工程量清单的编制管理和计价,不断提高工程项目预算管理能力。与此同时,培养严谨、探索的科学精神。

相关知识

一、工程量清单计价相关概念

工程量清单计价,是指计算完成工程量清单所需的全部费用,包括分部分项工程项目费、措施项目费、其他项目费、规费、税金等。工程量清单计价是一种国际通用的工程造价计价方式,是经评审后合理中标的工程造价计价方式。

> 思考12.1-1:建设工程工程量清单计价可以运用在工程建设活动中的哪些阶段?
>
> ....
>
> ....

知识剖析

建设工程工程量清单计价涵盖了建设工程发承包及实施阶段从招投标活动开始到工程竣工结算办理的全部过程,包括工程量清单招投标控制价的编制、工程量清单投标报价的编制、工程合同价款的确定、工程计量与价款的支付、工程价款的调整、工程价款中期支付、工程竣工结算、支付合同解除的价款结算、支付合同价款争议的解决等。

(一)综合单价

综合单价是按照国家现行产品标准、设计规范、施工验收规范、质量评定标准、安全操作规程等要求,考虑施工地形、施工环境、施工条件等影响因素以及合同约定的一定范围与幅度内的风险,完成一个规定工程量清单项目的全部工作所需的人工费、材料费、施工机械使用费和企业管理费与利润,以及一定范围内的风险费用。综合单价法是先编制施工分部分项工程量清单、清单综合单价，然后用综合单价来计算工程量清单分部分项工程费，再按照计算程序计算措施项目费、规费、税金的编制施工图预算的方法。值得注意的是，"营改增"后的综合单价中各费用均不包括增值税可抵扣进项税额的价格计算。

(二)招标控制价、投标价、签约合同价、结算价

1. 招标控制价

《建设工程工程量清单计价规范》(GB 50500—2013)第2.0.24条规定：招标控制价指招标人根据国家或省级、行业建设主管部门颁发的有关计价依据和办法，以及拟定的招标文件和招标工程量清单，编制的招标工程的最高投标限价。招标人在工程造价控制目标的限额范围内，设置的招标控制价，一般应包括总价及分部分项工程费、措施项目费、其他项目费、规费、税金，用以控制工程将设项目的合同价格。

综上，招标控制价是招标人的最高限价，是随同招标文件公开的，如果投标人报价高于控制价会被废标；而标底是招标人认为按预算编制的最合理价格，可以作为在评标时的参考，在开标前必须保密。但并没有强制规定必须得有标底，主要还是由招标人自主决定。

2. 投标价

《建设工程工程量清单计价规范》(GB 50500—2013)规定，投标价是投标人参与工程项目投标时报出的工程造价。即投标价是指工程招标发包过程中，由投标人或其委托具有相应资质的工程造价咨询人按照招标文件的要求以及有关计价规定，依据发包人提供的工程量清单，施工图设计图纸，结合项目工程特点，施工现场情况及企业自身的施工技术、装备和管理水平等，对已标价工程量清单汇总后的标明的总价。

3. 签约合同价

签约合同价即中标价，指合同双方签订合同时在协议书中列明的合同价格，对于以单价合同形式招标的项目，工程量清单中各种价格的总计即为合同价。其包括了分部分项工程费、措施项目费、其他项目费、规费和税金。

4. 结算价

结算价是指在合同实施阶段，在工程结算时按合同调价范围和调价方法，对实际发生的工程量增减、设备和材料价差等进行调整后计算和确定的价格。结算价是结算工程的实际价格。竣工结算价为发承包双方依据国家有关法律、法规和标准规定，按照合同约定确定的最终工程造价，包括在履行合同过程中，按合同约定进行的工程变更、索赔和价款调整，是承包人按合同约定完成了全部承包工作后，发包人应付给承包人的合同总金额。

思考12.1-2：签约合同价与竣工结算价是否等同？

> **知识剖析**
>
> 签约合同价是协议书中确定的总金额。而竣工结算阶段确认的结算价格为全部合同权利义务的清算价格,不仅包括构成工程实体的造价(即结算造价),还包括合同当事人应支付的违约金、赔偿金等。可见,签约合同价和竣工结算价并非是一样的,竣工结算价的范围明显更广,是变化的。这两者不能等同。

二、工程量清单计价方法

工程量清单计价内容可参见课题1.2,总结如图12.1-1所示。

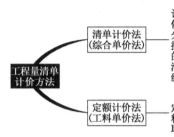

图12.1-1 工程量清单计价方法图

> **知识剖析**
>
> 《湖南省市政工程消耗量标准》(2020年版)第3.2.1条规定"本省行政区域内使用国有资金投资的建设工程,应该用工程量清单计价",第3.2.2条规定"非国有资金投资的建设工程,可采用工程量清单计价",第3.2.4条规定"工程量清单应采用综合单价计价。"
>
> 这些条款主要有两方面规定:①投标单位需要根据国家或省级、行业建设主管部门颁发的相关计价办法及工程量清单规则进行报价,这是强制性要求;②鼓励企业编制企业定额,执行市场价格自主报价,这是推荐性要求。

三、工程量清单计价依据

工程量清单计价应用广泛,特别是投标报价活动。投标人需响应招标文件要求对招标工程量清单进行费用计算并汇总总价,工程量清单计价依据如图12.1-2所示。

四、工程量清单计价原则

工程量清单编制必须符合"四个统一"的要求:项目编码统一,项目名称统一,计量单位统一,工程量计算规则统一,如图12.1-3所示。工程量清单计价要满足"三个自主""两个分离"。

"三个自主"工程量清单计价是市场形成工程造价的主要形式,《建设工程工程量清单计价规范》(GB 50500—2013)第6.1.2条规定:除本规范强制性规定外,投标人应依据招标文件及其工程量清单自主确定报价成本,如图12.1-4所示。

"两个分离",即量与价的分离是以定额计价方式来表达的。因为定额计价方式采用定额基价计算直接费,工料机消耗量是固定的,工料机单价也是固定的,采用价差进行调价,量价没有分离。而工程量清单计价是自主确定工料机消耗量,自主确定工料机单价,量价是分离的。如图12.1-5所示。

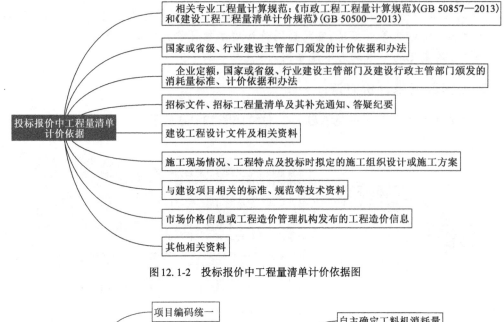

图12.1-2　投标报价中工程量清单计价依据图

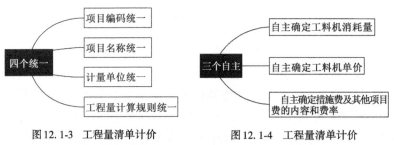

图12.1-3　工程量清单计价
"四个统一"图

图12.1-4　工程量清单计价
"三个自主"图

图12.1-5　工程量清单计价
"两个分离"图

　　清单工程量与计价工程量分离是以工程量清单报价方式来描述的。清单工程量是根据《建设工程工程量清单计价规范》(GB 50500—2013)、《市政工程工程量计算规范》(GB 50587—2013)编制的,计价工程量是根据选定的消耗量定额计算的,一项清单工程量可能要对应几项消耗量定额,两者的计算规则也不一样,所以一项清单工程量可能要对应几项计价工程量时,清单工程量与计价工程量是分离的。

五、工程量清单计价程序与应用

　　思考12.1-3:结合课题7.2的工程量清单编制步骤,厘清工程量清单中哪些费用需要计算?说明其计价程序。

....

....

知识剖析

1. 工程量清单计价程序

①根据分部分项工程量清单、《建设工程工程量清单计价规范》(GB 50500—2013)、《市政工程工程量计算规范》(GB 50857—2013)、施工图、消耗量定额等对工程量清单进行分解并对分解子项进行组价。

②根据计价工程量、消耗量定额、工料机市场价、管理费率、利润率和分部分项工程量清单计算综合单价;并填写综合单价分析表,形成分部分项工程费。

③根据措施项目清单、施工图等确定措施项目清单费。

④根据其他项目清单,确定其他项目清单费。

⑤根据分部分项工程清单费、措施项目清单费、其他项目清单费和税率计算税金(增值税)。

⑥将上述五项费用汇总,即为拟建工程工程量清单计价。如图12.1-6所示。

图12.1-6 工程量清单计价程序图

2. 工程量清单计价应用

如图12.1-7所示,从招标人、投标人、发承包人三主体角度探究工程量清单计价应用。

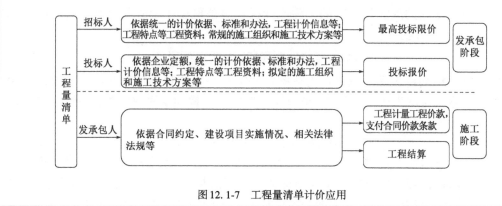

图12.1-7 工程量清单计价应用

课题12.2 掌握工程量清单计价过程

学习目标

通过本课题的学习,熟悉工程量清单编制的原则与依据,掌握工程量清单计价步骤,增强独立思考和操作能力,为后续实操工程量清单计价奠定理论基础。与此同时,要不断提升解决实际工程量清单计价问题的能力。

相关知识

一、掌握工程造价中"营改增"的基本知识

12.2-1

"营改增"专题造价文件简读:扫描二维码12.2-1查看近期相关市政工程计价文件。财政部、国家税务总局于2016年3月23日发布《财政部 国家税务总局关于全面推开营业税改征增值税试点的通知》(财税〔2016〕36号),自2016年5月1日起,在全国范围内全面推开营业税改征增值税试点,建筑业、房地产业、金融业、生活服务业等全部营业税纳税人,纳入试点范围,由缴纳营业税改为缴纳增值税。

二、"营改增"相关知识

营业税(business tax)是对在中国境内提供应税劳务、转让无形资产或销售不动产的单位和个人,就其所取得的营业额征收的一种税。营业税属于价内税,税金包含在商品和劳务价格中,应纳税额计算公式为:

$$应纳税额=营业额(含营业税)\times 税率 \qquad (12.2\text{-}1)$$

建筑业税率为3%,建筑业应纳税额计算公式为:

$$应纳税额=营业额(不含营业税)\times 3\% / (1\% \sim 3\%) \qquad (12.2\text{-}2)$$

增值税(value added tax)是以商品(含应税劳务)在流转过程中产生的增值额为计税依据而征收的一种流转税。从计税原则上说,增值税是对商品生产、流通、劳务服务中多个环节的新增价值或商品的附加值征收的一种流转税。增值税属于价外税,税金附加在商品或劳务价格之外,一般计税方法为:

$$应纳税额=当期销项税额-当期进项税额 \qquad (12.2\text{-}3)$$

销项税额是指纳税人发生应税行为按照销售额和增值税税率计算并收取的增值税额。建筑行业的增值税税率为9%(湘建价〔2019〕47号文指示,销项税税率为9%),销售税额计算公式为:

$$销项税额=销售额(不含销项税)\times 9\% \qquad (12.2\text{-}4)$$

进项税额是指纳税人购进货物、加工修理修配劳务、服务、无形资产或者不动产,支付或者应负担的增值税额。建筑施工企业向材料供应商购买的材料所取得的增值税发票上的增值税额、向劳务发包方购买劳务取得的增值税发票上的增值税额、向设备供应商购买设备机械所取得的增值税发票上的增值税额等,都属于建筑施工企业的进项税额。

工程造价由分部分项工程费、措施项目费、其他项目费、规费和税金组成。营改增扣的工程造价中的税金细则计入工程造价内的增值税销项税额。

思考12.2-1:"营改增"前后税收变化:

1. 计税特点

(1) 建设工程营业税的特点

$$\text{营业税} = (\text{分部分项工程费} + \text{措施项目费} + \text{其他项目费} + \text{规费} + \text{营业税}) \times \text{营业税率}$$
$$= (\text{税前工程造价} + \text{营业税}) \times \text{营业税率} \quad (12.2\text{-}5)$$

上面的营业税计算基数含营业税,即工程造价计算包括营业税,故称营业税为价内税。

(2) 增值税计算特点

增值税是价外税,其计算不含增值税本身。

增值税销项税额是指纳税人提供应税服务,按照销售额和增值税税率计算的增值税额。销项税额计算公式为:

$$\text{销项税额} = \text{销售额} \times \text{增值税率} \quad (12.2\text{-}6)$$
$$\text{销项税额} = \text{税前工程造价} \times \text{增值税率} \quad (12.2\text{-}7)$$

2. 计税类型

增值税条件下,计税方法包括一般计税法和简易计税法,详见课题1.1。

三、工程量清单计价过程

(1) 参见《湖南省建设工程计价办法》(2020年版)单位工程费用计价表(一般计税法)(表12.2-1),建筑工程工程量清单计价的基本程序如下:

$$\text{分部分项工程费} = \sum (\text{分部分项工程量} \times \text{相应分部分项工程单价}) \quad (12.2\text{-}8)$$

其中,分部分项工程单价由人工费、材料费(除税)、机械使用费(除税)、管理费(除税)、利润等组成,并考虑风险费用,即分部分项工程综合单价。

$$\text{单价(施工技术)措施项目费} = \sum (\text{单价措施项目工程量} \times \text{单价措施项目综合单价})$$
$$(12.2\text{-}9)$$

其中单价措施项目综合单价的构成与分部分项工程单价的构成类似。

$$\text{总价(施工组织)措施项目费} = \sum (\text{费用计算基数} \times \text{相应总价措施项目费费率})$$
$$(12.2\text{-}10)$$

$$\text{绿色施工安全防护措施项目费} = \sum (\text{绿色施工安全防护措施费计费基数} \times$$
$$\text{绿色施工安全防护措施费总费率}) \quad (12.2\text{-}11)$$

$$\text{施工措施项目费} = \text{施工技术措施项目费} + \text{施工组织措施项目费} +$$
$$\text{绿色施工安全防护措施项目费} \quad (12.2\text{-}12)$$

$$\text{单位工程报价} = \text{分部分项工程费} + \text{施工措施项目费} + \text{其他项目费} +$$
$$\text{规费(含在人工费中)} + \text{税金} \quad (12.2\text{-}13)$$

$$\text{单项工程报价} = \sum \text{单位工程报价} \quad (12.2\text{-}14)$$

$$\text{建设项目总报价} = \sum \text{单项工程报价} \quad (12.2\text{-}15)$$

单位工程费用计算表(招标控制价/投标报价) 表12.2-1
(一般计税法)

工程名称: 标段:单位工程名称:道路给水工程 第 页 共 页

序号	工程内容	计费基础说明	费率(%)	金额(元)	备注
一	分部分项工程费	分部分项合计		748 225.59	分部分项费用合计
1	直接费	1.1+1.2+1.3		690 583.81	

续上表

序号	工程内容	计费基础说明	费率(%)	金额(元)	备注
1.1	人工费	分部分项人工费		58 663.12	
1.2	材料费	分部分项材料费		619 823.90	
1.2.1	其中:工程设备费/其他	分部分项设备费+分部分项单株超过3万元的苗木费			
1.3	机械费	分部分项机械费		12 096.79	
2	管理费	分部分项管理费		30 621.22	
3	其他管理费	分部分项其他管理费			
4	利润	分部分项利润		27 018.84	
二	措施项目费	2.1+2.2+2.3		16 372.69	
2.1	单价措施项目费	单价措施费			单价措施项目费合计
2.1.1	直接费	2.1.1.1+2.1.1.2+2.1.1.3			
2.1.1.1	人工费	单价措施-人工费			
2.1.1.2	材料费	单价措施-材料费			
2.1.1.3	机械费	单价措施-机械费			
2.1.2	管理费	单价措施-管理费	6.8		
2.1.3	利润	单价措施-利润	6		
2.2	总价措施项目费	总价措施费		1 197.16	
2.3	绿色施工安全防护措施项目费	绿色施工安全防护措施项目费	3.37	15 175.53	
2.3.1	其中安全生产费	安全生产费	2.63	11 843.22	
三	其他项目费	其他项目费		4 587.59	
四	税前造价	一+二+三		769 185.87	
五	销项税额	四-甲供合计	9	69 226.73	
单位工程建安造价		四+五		838 412.60	

注:1. 采用一般计税法时,材料、机械台班单价均执行除税单价;

2. 建安费=直接费用+间接费用+利润;

3. 按附录F其他项目计价表列项计算汇总本项(详见F.1)。其中,材料(工程设备)暂估价进入直接费用与综合单价,此处不重复汇总。

(2)对比参见《2021年版全国一级造价工程师职业资格考试培训教材:建设工程计价》,工程量清单计价的基本程序如下:

分部分项工程费=∑(分部分项工程量×相应分部分项工程单价)　　(12.2-16)

其中,分部分项工程单价由人工费、材料费(除税)、机械使用费(除税)、管理费(除税)、利润等组成,并考虑风险费用,即分部分项工程综合单价。

单价(施工技术)措施项目费=∑(单价措施项目工程量×单价措施项目综合单价)

(12.2-17)

其中,单价措施项目综合单价的构成与分部分项工程综合单价的构成类似。

总价(施工组织)措施项目费=∑(费用计算基数×相应总价措施项目费费率)

(12.2-18)

施工措施项目费=施工技术措施项目费+施工组织措施项目费　(12.2-19)

单位工程报价=分部分项工程费+施工措施项目费+其他项目费+

规费(含在人工费中)+税金　　(12.2-20)

单项工程报价=∑单位工程报价　　(12.2-21)

建设项目总报价=∑单项工程报价　　(12.2-22)

四、分部分项工程费用的计算

1. 计算直接费

直接费(不含增值税可抵扣进项税)=人工费+材料费+施工机械台班费用　(12.2-23)

某地区规定:人工费、材料费、工程设备费和施工机具使用费均不包含增值税可抵扣的进项税。

(1)人工费调整

人工费不做调整,故营改增后人工费仍为营改增前人工费。

人工费的计算公式:

人工费=完成单位清单项目所需人工的工日数量×每工日的人工日工资单价　(12.2-24)

2016年后,营改增下的人工费出现过两种形式:

第一种:根据《湖南省住房和城乡建设厅关于发布2019年湖南省建设工程人工工资单价的通知》(湘建价〔2019〕130号)文件精神,我市建筑工程建安工程人工单价由90元/工日调整为110元/工日。

第二种:根据《湖南省建设工建设工程人工费、机械费动态调整办法》(湘建价〔2020〕56号文):

第一条　为实现2020湖南省建设工程消耗量标准动态管理,建立我省建设工程人工费、机械费动态调整长效机制制定办法。

第二条　本办法的建设工程人工费是按工资总额构成规定支付给从事建筑安装工程施工的生产工人和附属生产工人的各项费用。本办法中的建设工程机械费是指施工作业中发生的费用。

第三条　本办法中的人工费、机械费指数,以基期为计算基础,反应测算期机械的变化情况。其中,机械以2020年10月1日实施的湖南省建设工程消耗量标准为基础。

第四条　建设工程人工费、机械费指数原则上每年测算并发布一次。当市场波动幅度较大时,增加测算发布次数。

第九条　人工费指数、机械费指数为综合指数。2020年湖南省建设工程消耗量标准,各专业工人人工费和机械费调整均按综合指数执行人工费。

即:人工费(不含税)=基期人工费×工程量(清单工程量/定额工程量)×综合指数

(12.2-25)

当人工费指数为1时,人工费(不含税)没有变化。

(2)材料费调整

湘建价〔2016〕72号文中一般计税方法的材料价格使用规定提到:"根据增值税条件下工程计价要求,税前工程造价中材料应采取不含税价格,材料原价、运杂费等所含税金采取综合税率除税,公式如下:

材料除税预算价格(或市场价格)=材料含税预算价格(或市场价格)/(1+综合税率)"

(12.2-26)

湖南地区的除税用综合税率标准可参见湘建价〔2019〕47号文"湖南省一般计税办法条件下材料含税预算价格中综合税率调整"规定。

湖南省一般计税办法条件下材料含税预算价格中综合税率调整如表12.2-2~表12.2-4所示:

①适用增值税税率3%的自产自销材料的综合税率。

增值税税率3%的自产自销材料的综合税率表　　　表12.2-2

序号	材料分类名称	综合税率
1	砂	
2	石子	3.60%
3	水泥为原料的普通及轻骨料商品混凝土	

②适用增值税税率13%的材料的综合税率。

增值税税率13%的材料的综合税率表　　　表12.2-3

序号	材料分类名称	综合税率
1	水泥、砖、瓦、灰及混凝土制品	
2	沥青混凝土、特种混凝土等其他混凝土	12.95%
3	砂浆及其他配合比材料	
4	黑色及有色金属	

③适用增值税税率9%的材料的综合税率。

增值税税率9%的材料的综合税率表　　　表12.2-4

序号	材料分类名称	综合税率
1	园林苗木	9.0%
2	自来水	

④其他未列明分类的材料增值税综合税率为12.95%。

具体材料及其品种参考《湖南省住房和城乡建设厅关于印发〈关于增值税条件下计费程序和计费标准的规定〉及〈关于增值税条件下材料价格发布与使用的规定〉的通知》(湘建价〔2016〕72号)附件2《关于增值税条件下材料价格发布与使用的规定》。

材料费的计算公式:

材料费=∑完成单位清单项目所需各种材料、半成品的数量×

各种材料除税预算价格(或市场价格)　　　(12.2-27)

(3)施工机具使用费调整方法

施工机具使用费的计算公式:

施工机具使用费=∑完成单位清单项目所需各种施工机具使用的台班数量×

各种施工机具的台班单价(不含进项税额)　　　(12.2-28)

2016年后,营改增下的机械费出现过三种形式:

第一种:施工机具使用费应扣除现行定额中机械台班价格包含的进项税额,湘建价〔2016〕72号文提到,当采用一般计税法时,机械费按湘建价〔2014〕113号文相关规定计算,并区别不同单位工程乘系数:

①机械土石方、强夯、钢板桩和预制管桩的沉桩、结构吊装等大型机械施工的工程乘0.92;

②其他工程乘0.95。

即:施工机具使用费(不含税)=∑完成单位清单项目所需各种施工机具使用的台班数量×各种施工机具的台班单价(调整可变费用后)×施工机具的除税系数　　　　　　　　　　　　　　　　(12.2-29)

第二种:湖南省建设工程造价管理总站《关于机械费调整及有关问题的通知》(湘建价市〔2020〕46号):

"一、执行2020年《湖南省建设工程消耗量标准》(2020年《湖南省安装工程消耗量标准》除外)的工程,机械费调整系数为0.92。"

即:施工机具使用费(不含税)=∑基期施工机具台班使用费×工程量(清单工程量/定额工程量)×综合指数　　　　　　　　　　　　　　　　　　　　　　　　　　(12.2-30)

第三种:参见2022年10月湖南省住房和城乡建设厅发布《湖南省建设工程计价依据动态调整汇编(2022年度第一期)》:"二、机械费调整说明:施工机械台班费用组成中的'燃料动力费(含汽油、柴油、电、煤、木柴、水等)'按各市州建设工程造价管理部门发布的信息价格调整;施工机械台班费用组成中的'人工费'按发布的人工费系数调整;施工机械的原价变化较大时,由总站统一发布施工机械台班费用组成中其他费用的调整系数。"

即:施工机具使用费(不含税)=∑施工机具台班使用费(动态调整后)×工程量(清单工程量/定额工程量)　　　　(12.2-31)

2. 计算基期直接费

2022年10月湖南省住房和城乡建设厅发布《湖南省建设工程计价依据动态调整汇编(2022年度第一期)》:

基期直接费包含分部分项工程和单价措施项目中按消耗量标准基期基价计算的人工费、材料费和机械费,基价表中未计价材料基期价格见各《专业补充材料基期价格表》。

即:基期直接费=∑基期人工费(不调差)+∑材料费(不调差)+∑机械费(不调差)

(12.2-32)

人工费取费基数为基期人工费,基期人工费包含分部分项工程和单价措施项目中按消耗量标准基期人工费计算的人工费;人工费调整系数及材料、机械价差不计入基期直接费取费基数。

3. 计算企业管理费和利润

营改增方案实施后,城市维护建设税、教育费附加、地方教育附加的计算基数均为应纳增值税额(即销项税额-进项税额),但在工程造价的前期预测时,无法明确可抵扣的进项税额的具体数额,造成三项附加税无法计算,根据《财政部关于印发〈增值税会计处理规定〉的通知》(财会〔2016〕22号),城市维护建设税、教育费附加、地方教育附加在管理费中核算。

2022年10月湖南省住房和城乡建设厅发布《湖南省建设工程计价依据动态调整汇编（2022年度第一期）》：企业管理费和利润是以计算基数乘相应的费率（表12.2-5）。其中，企业管理费不包含增值税可抵扣的进项税额，企业管理费中已包括了城市维护建设税、教育费附加、地方教育附加费等附加税。

施工企业管理费及利润表　　　　　　表12.2-5

序号	项目名称		计费基础	费率标准(%)	
				企业管理费	利润
1	建筑工程		基期直接费	9.65	6
2	装饰工程			6.8	
3	安装工程		基期人工费	32.16	20
4	园林绿化工程			8	
5	仿古建筑工程			9.65	
6	市政工程	道路、管网、市政排水设施维护、综合管廊、水处理工程	基期直接费	6.8	6
7		桥涵、隧道、生活垃圾处理工程		9.65	
8		机械土石方(含强夯地基)工程		9.65	
9		桩基工程、地基处理、基坑支护工程		9.65	
10	其他管理费		设备费	2	—

4. 计算不含税的综合单价，形成分部分项工程清单费用

综合单价是完成一个规定清单项目所需的人工费、材料和工程设备费、施工机具使用费和企业管理费、利润，以及一定范围内的风险费用。

$$综合单价＝人工费＋材料费＋机械费＋管理费＋利润＋一定风险费用 \quad (12.2-33)$$

注意：①考虑一定范围内的风险因素而增加的费用（风险的含义不应只理解为材料价格的变化，应是广义的，包括组成综合单价的全部内容。既可综合考虑，也可分项考虑，考虑的范围和幅度应以招标文件的规定为准，计算有限度的风险，风险计入要素的费用中）。工程量清单计价包括单位工程造价计价和综合单价计价。综合单价不但适用于分部分项工程量清单，也适用于措施项目清单、其他项目清单。

②当招标人提供的其他项目清单中列示了材料暂估价时，应根据招标提供的价格计算材料费，并在分部分项工程量清单与计价表中表现出来。

③综合单价中的直接费、管理费和利润均不含增值税中的进项税。

思考12.2-2：表12.2-6是某市政项目招标工程量清单，其中"沟槽回填"清单项需要进行报价，你将如何处理？

序号	项目编码	项目名称	项目特征描述	计量单位	工程量	金额(元)		
						综合单价	合价	其中：暂估价
1	040103001001	回填方	机械回填沟槽 1. 填方材料：中粗砂； 2. 填方粒径要求：按设计图纸要求； 3. 填方来源/运距：投标自主决定	m³	100.00			

案例土石方分部分项工程清单计价表　　表12.2-6

在投标报价过程中，查阅招标文件、消耗量标准（单位估价表）、当地最新市场信息价等资讯，得出如下信息：

"机械回填中粗砂沟槽"的定额基价（定额人工费+定额材料费+定额施工机械使用费）是34 870.05元/100m³，经过市场工料机价格调整后"机械回填中粗砂沟槽"的直接费（不含税的市场价）是29 132.20元/100m³；计算出其管理费为1 980.99元/100m³；利润为1 747.93元/100m³；不考虑风险费用。你能算出该回填方的清单报价是多少吗？

知识剖析

根据综合单价的定义，它是完成一个规定计量单位的清单项目所需的人工费、材料费、施工机械使用费、企业管理费与利润，并考虑一定范围内的风险费用。

"机械回填中粗砂沟槽"的综合单价=（直接费+管理费+利润+风险费）/工程量=（29 132.20+1 980.99+1 747.93+0）/100=328.61（元/m³）；

合计32 861.12元。

五、计算措施项目清单费

措施项目费由两种计费组成，按固定费率计算的措施费和按工程量计量的措施费：

$$总价措施清单费 = \sum(各项费用的计算基数 \times 对应费率) \quad (12.2\text{-}34)$$

$$单价措施清单费 = \sum(计量措施项目清单量 \times 综合单价) \quad (12.2\text{-}35)$$

招投标：绿色施工安全防护措施项目费=∑（绿色施工安全防护措施费计费基数×
　　　　　　　　　　　　　　　　　　　绿色施工安全防护措施费总费率）

(12.2-36)

结算：绿色施工安全防护措施项目费=∑（安全文明施工费计费基数×绿色施工安全防护措施费固定费率）+∑（绿色施工措施工程量×综合单价）

(12.2-37)

绿色施工安全防护措施项目费的费率由省级建设行政主管部门发布，其在招投标阶段和竣工结算阶段的计取具体要求如下：

（1）招标投标文件、招标控制价及各类施工图预算编制时，绿色施工安全防护措施项目费均按绿色施工安全防护措施项目费（总费率）表（表12.2-7）中规定费率执行，不得作为竞争性费用。

绿色施工安全防护措施项目费(总费率)　　　　　　表12.2-7

序号	工程	取费基数	绿色施工安全防护措施项目费总费率(%)	其中安全生产费率(%)
1	建筑工程	基期直接费	6.25	3.29
2	装饰工程	基期直接费	3.59	3.29
3	安装工程	基期人工费	11.50	10
4	园林绿化工程	基期直接费	2.93	2.63
5	仿古建筑工程	基期直接费	6.25	3.29
6	道路、管网、市政排水设施维护、综合管廊、水处理工程	基期直接费	3.37	2.63
7	桥涵、隧道、生活垃圾处理工程	基期直接费	4.13	2.63
8	机械土石方(强夯地基)工程	基期直接费	5.25	3.29
9	桩基工程、地基处理、基坑支护工程	基期直接费	4.52	3.29

(2)竣工结算阶段,绿色施工安全防护措施项目费包括固定费率部分和按工程量计算部分。其中固定费率按绿色施工安全防护措施费(固定费率)表(表12.2-8)中规定费率执行,不得优惠;按工程量计算部分则依据实际发生的工程内容计算工程量,套用相应定额或按项计算,并根据专业工程取费表计算管理费、利润,不得优惠。

绿色施工安全防护措施项目费(固定费率)　　　　　　表12.2-8

序号	工程	取费基数	绿色施工安全防护措施项目费固定费率
1	建筑工程	基期直接费	4.05%
2	装饰工程	基期直接费	2.46%
3	安装工程	基期人工费	7%
4	园林绿化工程	基期直接费	1.14%
5	仿古建筑工程	基期直接费	4.05%
6	道路、管网、市政排水设施维护、综合管廊、水处理工程	基期直接费	2.4%
7	桥涵、隧道、生活垃圾处理工程	基期直接费	2.67%
8	机械土石方(强夯地基)工程	基期直接费	3.61%
9	桩基工程、地基处理、基坑支护工程	基期直接费	3.12%

六、计算其他项目清单费

在招标控制价和投标报价的"其他项目清单费用"计算中,包含暂列金额、计日工、暂估价和施工总承包中实际发生项的合价之和计算。

1. 暂列金额

暂列金额是业主在招标文件中明确规定了数额的一笔资金,标明用于工程施工,或保物与材料,或提供服务,或应付意外情况,此金额在施工过程中会根据实际情况有所变化。暂列金额由招标人支配,实际发生后才得以支付。暂列金额由招标人根据工程特点,按有关规定进行估算确定,一般可以分部分项工程费的10%~15%为参考。

参见《湖南省建设工程计价办法》(2020年版)附录D其他有关规定与说明:"6. 暂列金额应根据工程特点按有关规定估算,但不应超过分部分项工程费的15%"。

在投标活动中,暂列金额应按照招标人提供的其他项目清单金额进行填写,不得随意变动;在竣工结算活动中,暂列金额应减去工程价款调整(包括索赔、现场签证)金额计算,余额归发包人所有。案例见表12.2-9。

暂列金额明细表　　　　　　　　　　　　　　　　　　　表12.2-9

工程名称:　　　　　　　　标段:　　　　　　　　第1页　共1页

序号	项目名称	计量单位	暂定金额（元）	备注
1	不可预见费	项	300 000	
2	检验试验费	项	10 000	
2.1	桥梁桩基检测费用	项	10 000	
3	工程量偏差与设计变更	项	500 000	
4				
	合计		820 000	

2. 计日工

计日工是指计算现场发生的零星项目或工作产生的费用的计价方式。在招投标活动中,招标人通过对完成零星项目或工作发生的人工工日、材料数量、机械台班的消耗量进行预估,给出一个暂定数量的计日工表格,见表12.2-10。投标人在进行投标报价时,应按照招标人提供的其他项目清单列出项目和估算的数量,根据自身情况自主确定各项综合单价并计算其费用。

即：　　　计日工费用=∑招标工程清单的计日工数量×计日工的综合单价　　（12.2-38）

计日工表　　　　　　　　　　　　　　　　　　　　　表12.2-10

工程名称:　　　　　　　　标段:　　　　　　　　第1页　共1页

编号	项目名称	单位	暂定数量	实际数量	综合单价（元）	合价(元)	
						暂定	实际
一	人工						
1	桥梁工程综合人工	工日	50		300	15 000	
	人工小计					15 000	
二	材料						
1	水泥42.5	t	10		620	6 200	
2	钢筋(规格见施工图)	t	0.8		4 200	3 360	

续上表

编号	项目名称	单位	暂定数量	实际数量	综合单价（元）	合价（元）	
						暂定	实际
3	钢绞线	t	0.12		4 600	552	
4	砂袋	个	20		1.5	30	
	材料小计					10 142	
三	施工机械						
1	混凝土振动器	台班	4		15	60	
2	灰浆搅拌机	台班	5		220	1 100	
	施工机械小计					1 160	
	总 计					26 302	

注：1. 此表项目名称、暂定数量由招标人填写，编制招标控制价时，单价由招标人按有关计价规定确定；投标时，单价由投标人自主报价，按暂定数量计算合价并计入投标总价中；结算时，按发承包双方确认的实际数量计算合价。
2. 计日工表综合单价应包含费用和利润。

任一计日工项目实施结束，承包人应按照确认的计日工现场签认报告核实该类项目的工程数量，并根据核实的工程数量和承包人已标价工程量清单中的计日工单价计算。

即： 计日工支付费用=∑签认报告核实工程量×已标价清单的计日工单价 (12.2-39)

发包人通知承包人以计日工方式实施零星项目、零星工作或需要采用计日工计价的变更，承包人应予执行。对于采用计日工计价的任何一项工作，在其实施过程中，承包人应按合同约定提交下列报表和有关凭证报送发包人核实：

①工作名称、内容和数量；
②投入该项工作所有人员的姓名、工种、级别和耗用工时；
③投入该项工作的材料名称、类别和数量；
④投入该项工作的施工设备型号、台数和耗用台时；
⑤发包人要求提交的其他资料和凭证。

3. 暂估价

暂估价是招标人在招标文件中提供的用于支付必然要发生但暂时不能确定价格的材料、工程设备的单价以及专业工程的金额。为方便合同管理和计价，材料、工程设备暂估单价需要纳入分部分项工程量项目综合单价中，即分部分项工程的综合单价中应当包含该项组价。专业工程暂估价以"项"为计量单位列项在综合暂估价中。案例见表12.2-11、表12.2-12。

材料暂估单价及调整表   表12.2-11

工程名称：　　　　　　　　标段：　　　　　　　　第1页 共1页

序号	材料名称、规格、型号	计量单位	数量		暂估（元）		确认（元）		差额±（元）		备注
			暂估	确认	单价	合价	单价	合价	单价	合价	
1	彩色花岗岩 600mm×600mm	m²	500		200	100 000					

续上表

序号	材料名称、规格、型号	计量单位	数量		暂估(元)		确认(元)		差额±(元)		备注
			暂估	确认	单价	合价	单价	合价	单价	合价	
2	铁件	t	0.2		4 700	940					
	合计					100 940					

注:此表由招标人填写"暂估单价",并在备注栏说明暂估价的材料、工程设备拟用在哪些清单项目上,投标人应将上述材料、工程设备暂估单价计入工程量清单综合单价报价中。

专业工程/分部分项工程暂估价及结算价表 表12.2-12

工程名称: 标段: 第1页 共1页

序号	工程名称	工程内容	暂估金额(元)	结算金额(元)	差额±(元)	备注
	专业工程暂估价					
1	拆除基层与老路面		160 000			20元×8 000m²
2						
	分部分项工程暂估价					
1						
2						
3						
	合计		160 000			

注:此表"暂估金额"由招标人填写,投标人应将"暂估金额"计入投标总价中。结算时按合同约定结算金额填写。

投标报价时,暂估价不得变动和更改。暂估价中的材料、工程设备暂估价必须按照招标人提供的暂估单价计入清单项目的综合单价,专业工程暂估价必须按照招标人提供的其他项目清单列出的金额填写。

4. 总承包服务费

总承包服务费由建设单位在招标控制价中根据总包服务范围和有关计价规定编制,施工企业投标时自主报价,施工过程中按签约合同价执行。参见《湖南省建设工程计价办法》(2020年版)附录D其他有关规定与说明:

"总承包服务费"应根据招标文件列出的内容和要求在其他项目清单中计取,该费用由发包人向总承包人支付并计入工程造价。其中,专业工程服务费可按分部分项工程费的2%计算。

"工程配套费"是指在建设单位依法分包的专业工程中,专业工程分包单位利用总包单位脚手架、施工及生活用水用电、临时设施等所发生的费用,应由专业工程分包单位与总承包单位自行协商,并由分包单位支付给总承包单位,不应在各阶段工程造价列项。工程配套费以分部分项工程费为计算基础;参考费率:空调专业3%,其他专业2%。

对比参见《2021年版全国一级造价工程师职业资格考试培训教材:建设工程计价》"总承包服务费"规定:

a. 仅要求对发包人发包的专业工程进行总承包管理和协调时,按专业工程造价的1.5%计算;

b. 要求对发包人发包的专业工程进行总承包管理和协调,并同时要求提供配合服务,按专业工程造价的3%~5%计算;

c. 配合发包人自行供应材料的,按发包人供应材料价值的1%计算(不含部分保管费)。

案例见表12.2-13。

总承包服务费计价表　　　　　　　　　　表12.2-13

工程名称:　　　　　　　标段:　　　　　　　第1页　共1页

序号	项目名称	项目价值（元）	服务内容	计算基础	费率（%）	金额（元）
1	发包人专业工程服务费	200 000	按专业工程承包人的要求提供施工工作面并对施工现场进行统一管理,对竣工资料进行统一整理汇总	分部分项工程费	2	4 000
2	工程配套费	200 000	为专业工程承包人提供垂直运输机械和焊接电源接入点,并承担垂直运输费和电费	分部分项工程费	2	4 000
3	发包人提供材料采保费	100 000	对发包人供应的材料进行验收及保管和使用发放	发包人提供材料总值	1	1 000
	合计					9 000

5. 部分其他项目费

优质工程增加费应按招标工程量清单中列出的项目,按照国家、省级、行业建设主管部门颁发的计价文件及其计价办法、市场定价方法、类似工程计价方法计算。

建设工程产品质量标准是按合格产品考虑的,对发包方要求且经评定其质量达到优良工程或鲁班工程者,发包单位与承包单位双方应在合同中就奖励费用予以约定。费用标准可参照以下规定计取:优质工程奖或年度项目考评优良工地按分部分项工程费与措施项目费总额的1.60%计取,芙蓉奖按分部分项工程费与措施项目费总额的2.20%计取,鲁班工程奖按分部分项工程费与措施项目费总额的3.0%计取。同时获得多项的按最高奖项计取。

压缩工期措施增加费的计取:建设工程招标阶段确定的工期,按照《建筑安装工程工期定额》(TY 01-89—2016),标准压缩工期在5%内(含5%)不计算压缩工期措施增加费;压缩工期超过工期定额的5%者,发包单位与承包单位双方应在合同中明确压缩工期措施增加费的计费标准。其计费标准可按分部分项工程费与单价措施项目费中的人工费和机械费分别乘系数确定,参考系数如下:

①压缩工期在5%以上10%内(含10%)者,乘系数1.05;

②压缩工期在10%以上15%内(含15%)者,乘系数1.10;

③压缩工期在15%以上20%内(含20%)者,乘系数1.15;

④当招标人要求压缩工期超过20%时,招标人应组织相关专业的专家对施工方案进行可行性论证,并承担保证工程质量和安全的责任,压缩工期所增加的人工、材料、机械用量依据专家论证的施工方案计算并计入工程造价。

提前竣工措施增加费的计取:工程承包合同签订后在履约过程中,承包人应发包人的要求而采取加快工程进度措施,使合同工程工期缩短所发生的费用,其计算方式和标准应由发承包双方在合同中具体约定或根据实际实施情况协商确定。

安全责任险、环境保护税应按招标工程量清单中列出的项目,按国家或省级、行业建设主管部门的规定计算。案例见表12.2-14。

部分其他项目费计价表 表12.2-14

工程名称: 标段: 第1页 共1页

序号	项目名称	计算基数	费率(%)	金额(元)	备注
1	优质工程增加费	分部分项工程费+措施项目费			
2	安全责任险、环境保护税	分部分项工程费+措施项目费	1	49 496.79	
3	提前竣工措施增加费	按合同约定			
	合计			49 496.79	

七、计算税金及单位工程汇总

根据《住房城乡建设部办公厅关于做好建筑业营改增建设工程计价依据调整准备工作的通知》(建办标〔2016〕4号)的规定,工程造价可按下式计算:

$$\text{工程造价} = \text{税前工程造价} \times (1 + 9\%) \quad (12.2\text{-}40)$$

式中:9%为建筑业拟征增值税税率,税前工程造价为人工费、材料费、施工机具使用费、企业管理费、利润和规费之和,各费用项目均以不包含增值税可抵扣进项税额的价格计算,相应计价依据按上述方法调整。

在增值税计税模式下,工程造价的构成不变,只是计税方法改变,计算销项税额的基础为不含进项税额的税前造价,用下式表示:

工程造价=人工费+材料费(除税)+机械费(除税)+企业管理费(除税)+利润+规费+
  应纳销项税+应纳附加税(注:人工费、利润、规费不需要除税) (12.2-41)
  工程造价=税前工程造价+应纳销项税+应纳附加税 (12.2-42)

式中:税前工程造价=不含进项税额的税前造价=人工费+材料费(除税)+机械费(除税)+
  企业管理费(除税)+利润+规费 (12.2-43)
  应纳销项税=税前工程造价×9% (12.2-44)

应纳附加税=应纳销项税×附加税率(在增值税下对附加税的计算比较复杂,现在的处理方式是放入企业管理费中)。故,

  工程造价=税前工程造价+应纳销项税=税前工程造价×(1+9%) (12.2-45)

目前,我国各省(自治区、直辖市)的计价定额的基价受营业税计价模式的影响,其中的人工费、材料费、机械费、企业管理费和利润等费用都是含税价,故需要对材料费、机械费、企业管理费进行除税。但由于各省(自治区、直辖市)的计价定额的水平不同,目前的具体操作方法是各省(自治区、直辖市)颁布针对本地区工程造价计价依据的调整办法,以满足营改增工作的要求。

八、工程量清单报价的格式

工程量清单报价应采用统一格式,由下列内容组成:①封面;②编制说明;③投标总价;④工程项目总表;⑤单项工程投标报价汇总表;⑥单位工程投标报价汇总表;⑦分部分项工程量清单与措施项目清单计价表;⑧综合单价分析表;⑨总价措施项目清单计价表;⑩其他项目清单计价表;⑪绿色施工安全防护措施项目费计价表;⑫其他项目清单与计价汇总表;⑬暂列金额明细表;⑭材料暂估单价及调整表;⑮专业工程/分部分项工程暂估价表;⑯计日工表;⑰总承包服务费计价表;⑱部分其他项目费计价表;⑲人工、材料、机械汇总表。

单元13 土石方工程量清单计价

课题13.1 掌握土石方工程量清单的费用计算

学习目标

通过本课题的学习,熟悉土石方工程清单计价办法,能运用相关预算定额(消耗量标准)编制土石方工程量清单计价,不断提高土石方工程清单计价技能。与此同时,养成独立思考、勇于探索、严谨治学的学习态度。

相关知识

土石方工程通常是市政道路、管网、桥涵工程的组成部分。土石方工程计量与计价实际上是道路、管网、桥涵等市政工程计量与计价的一部分,所以土石方工程计量与计价必须结合具体的工程项目予以考虑。

模块3单元8介绍了土石方工程量清单的编制,本课题任务就是将工程量清单编制好以确定施工方案,从而确定各清单项目的组合工作内容,并按照各工作内容对应的定额计算规则计算计价工程量,确定人工、材料、机械台班单价,再根据工程类别和《湖南省建设工程计价办法》(2020年版)确定管理费、利润的费率,计算各清单项目的综合单价。然后根据《湖南省建设工程计价办法》(2020年版)的费用计算程序计算分部分项工程量清单项目费、措施项目清单费、其他项目清单费、税金,最后合计得到工程造价。工程量清单计价费用计算流程如图 13.1-1 所示。

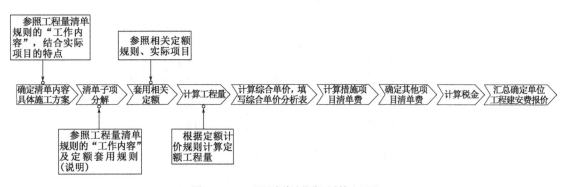

图 13.1-1 工程量清单计价费用计算流程图

【例 13.1-1】 某市开发区新建 1 条道路,起点桩号为 K0+350、终点桩号为 K0+700。给水管道施工平面图、纵断面图、沟槽断面图分别如图 13.1-2～图 13.1-4 所示;该给水管为球墨铸铁管,主管道管径为 600mm,支管道管径为 200mm,管道均采用钢筋混凝土管,承插式橡胶圈接口,基础均采用钢筋混凝土条形基础,管道基础结构如图 13.1-4 所示。(其中,该路段土质类型为三类土;反铲挖掘机挖土,坑上作业;自卸汽车运土,运距 10km;装载机装土;原土夯实采用夯实机,支管道的原地面高程与同桩号的主管道原地面高程相同)。管道土方量计算表见表 13.1-1～表 13.1-5。

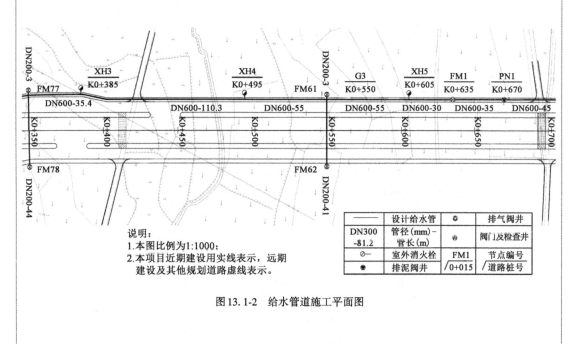

图 13.1-2 给水管道施工平面图

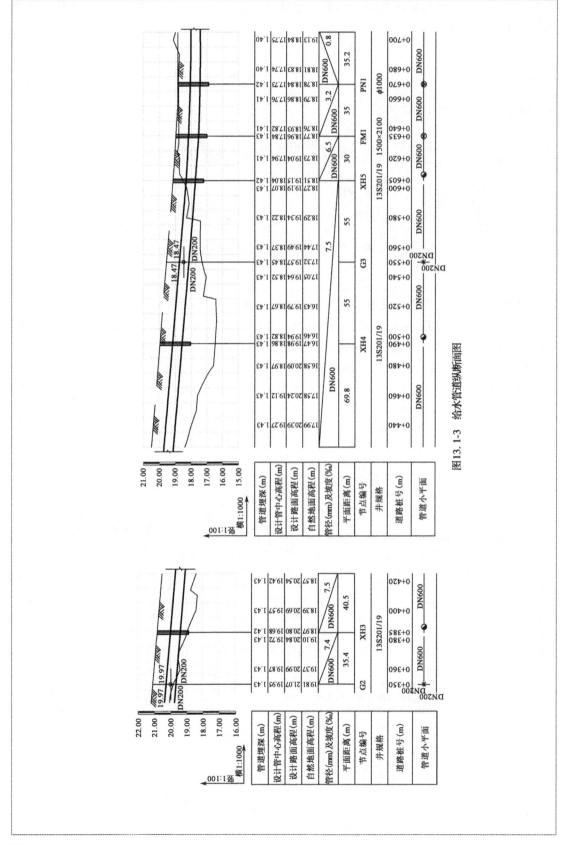

图13.1-3 给水管道纵断面图

13.1-1

规格	底宽 B(mm)
DN200	1 400
DN300	1 700
DN600	2 200
DN1000	2 800

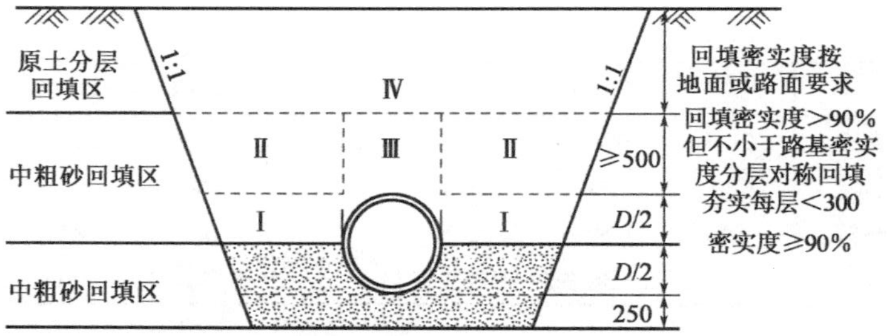

给水管道沟槽断面图

说明：
1. 图中标注尺寸均以mm计；D为管道外径，B为管道沟槽底宽。
2. 本图适用于本项目的给水管道。DN200球墨铸铁管的给水管道壁厚6.3mm；DN600球墨铸铁管的给水管道壁厚9.9mm。
3. 管道回填要求：回填，管道回填土各部位密实度要求：Ⅰ区密实度＞0.95；Ⅱ区密实度＞0.90；Ⅲ区密实度＞0.85；Ⅳ区可进行机械施工，但应对施工设备荷载予以控制，本区域回填土材料及密实度按道路路基要求执行。
4. 管道基础材料及沟槽回填材料要求：回填时应清除沟槽内杂物并排出积水，不得带水回填，不得回填淤泥、有机物、石块、砖块及大于25mm的土块。球墨铸铁管Ⅰ、Ⅱ、Ⅲ区的回填材料采用中粗砂。
5. 管道基础地基承载力要求不低于100kPa。
6. 管道沟槽回填在道路基层范围内的回填土压实度以道路设计要求为准。
7. 其他未尽事宜按设计总说明及《给水排水管道工程施工及验收规范》(GB 50268—2008)等现行规范、标准执行。
8. 场地岩土层的分布和岩性特征：沿线上覆盖层以冲积粉质黏土、冲洪积老黏土为主，下伏基岩为白垩系砂岩。

扫描二维码13.1-1查看场地岩土工程地质特征。

图13.1-4 给水管道沟槽横断面图

表13.1-1

主管管道土方量计算表

附属构造物起点桩号	附属构造物终点桩号	管内径D (m)	管沟长 (m)	管壁厚t (mm)	起点管埋深度 (m)	终点管埋深度 (m)	管内平均深度 (m)	管底垫层厚度 (m)	路面结构层厚度 (m)	土方开挖深度 (m)	沟槽开挖宽度 (m)	放坡系数	开挖截面积 (m²)	计算土方开挖体积 (m³)
K0+350	K0+385	0.60	35.40	9.90	1.43	1.42	1.425	0.25	0.330	1.345	2.2	1	4.768	168.79
K0+385	K0+420	0.60	40.50	9.90	1.42	1.43	1.425	0.25	0.330	1.345	2.2	1	4.768	193.11
K0+420	K0+495	0.60	69.80	9.90	1.43	1.43	1.430	0.25	0.330	1.350	2.2	1	4.793	334.52
K0+495	K0+550	0.60	55.00	9.90	1.43	1.43	1.430	0.25	0.330	1.350	2.2	1	4.793	263.59
K0+550	K0+605	0.60	55.00	9.90	1.42	1.43	1.425	0.25	0.330	1.345	2.2	1	4.768	262.24
K0+605	K0+635	0.60	30.00	9.90	1.43	1.42	1.425	0.25	0.330	1.345	2.2	1	4.768	143.04
K0+635	K0+670	0.60	35.00	9.90	1.42	1.43	1.425	0.25	0.330	1.345	2.2	1	4.768	166.88
K0+670	K0+700	0.60	35.20	9.90	1.40	1.4	1.410	0.25	0.330	1.330	2.2	1	4.695	165.26
主管土方开挖总量							168.79+193.11+334.52+263.59+262.24+143.04+166.88+165.26							1 697.43

表13.1-2

支管管道土方量计算表

起点附属构造物编号	终点附属构造物编号	管内径D (m)	管沟长 (m)	管壁厚t (mm)	管中心高程 (m)	设计路面高程 (m)	管埋深度 (m)	管底垫层厚度 (m)	路面结构层厚度 (m)	土方开挖深度 (m)	沟槽开挖宽度 (m)	放坡系数	开挖截面积 (m²)	计算土方开挖体积 (m³)
FM77	FM78	0.20	44.00	6.30	19.97	21.07	1.206	0.25	0.330	1.13	1.4	1	2.845	125.20
FM61	FM62	0.20	44.00	6.30	18.47	19.57	1.206	0.25	0.330	1.13	1.4	1	2.845	125.20
支管土方开挖总量							125.2+125.2							250.40
管道沟槽开挖总量							1 697.43+250.40							1 947.83
沟槽全部挖土量							1 947.83×(1+25%)							2 435

表13.1-3

主管道土方回填量计算表

附属构造物起点桩号	附属构造物终点桩号	管内径D (m)	管沟长 (m)	管壁厚t (mm)	计算土方开挖体积 (m³)	砂石基础面积 (m²)	砂石基础体积 (m³)	中粗砂回填深度 (m)	中粗砂回填面积 (m²)	中粗砂回填体积 (m³)	素土回填面积 (m²)	素土回填 (m³)	余方外运 (m³)
K0+350	K0+385	0.60	35.40	9.90	168.79	1.394	49.362	0.475	3.072	108.745	0	0	
K0+385	K0+420	0.60	40.50	9.90	193.11	1.394	56.474	0.475	3.072	124.412	0	0	
K0+420	K0+495	0.60	69.80	9.90	334.52	1.394	97.330	0.480	3.096	216.127	0	0	
K0+495	K0+550	0.60	55.00	9.90	263.59	1.394	76.693	0.480	3.096	170.301	0	0	
K0+550	K0+605	0.60	55.00	9.90	262.24	1.394	76.693	0.475	3.072	168.955	0	0	
K0+605	K0+635	0.60	30.00	9.90	143.04	1.394	41.832	0.475	3.072	92.157	0	0	
K0+635	K0+670	0.60	35.00	9.90	166.88	1.394	48.804	0.475	3.072	107.517	0	0	
K0+670	K0+700	0.60	35.20	9.90	165.26	1.394	49.083	0.460	2.999	105.557	0	0	
K0+700													
主管土方开挖总量					1 697.43								

表13.1-4

支管道土方回填量计算表

起点附属构造物编号	终点附属构造物编号	管内径D (m)	管沟长 (m)	管壁厚t (mm)	计算土方开挖体积 (m³)	砂石基础面积 (m²)	砂石基础体积 (m³)	中粗砂回填深度 (m)	中粗砂回填面积 (m²)	中粗砂回填体积 (m³)	素土回填面积 (m²)	素土回填 (m³)	余方外运 (m³)
FM77	FM78	0.20	44.00	6.30	125.20	0.608	26.753	0.664	1.246	54.833	0.955 643 5	42.05	
FM61	FM62	0.20	44.00	6.30	125.20	0.608	26.753	0.664	1.246	54.833	0.955 643 5	42.05	
支管土方开挖总量					250.40								
管道沟槽开挖总量	1 697.43+250.40				1 947.83								
沟槽全部挖土量	1 947.83×(1+25%)				2 435			550.000		1 204.000		85.00	2 350.00

分部分项工程项目清单与措施项目清单计价表(招标)

表13.1-5

工程名称:开发区新建道路土石方工程　　　标段:　　　第1页 共1页

序号	项目编码	项目名称	项目特征描述	计量单位	工程量	金额(元)		
						综合单价	合价	其中:暂估价
1	040101002001	挖沟槽土方	1. 土壤类别:松土; 2. 挖土深度:1.350m以内; 3. 管道开挖	m³	2 435.00			
2	040103001001	回填方 (管道中粗砂垫层)	1. 密实度要求:压实系数不小于0.94; 2. 填方材料品种:中粗砂; 3. 填方粒径要求:按设计、规范要求; 4. 填方来源、运距:根据现场情况综合考虑; 5. 管道垫层	m³	550.00			
3	040103001002	回填方 (中粗砂)	1. 密实度要求:Ⅰ区回填压实度系数不小于95%,详见设计图纸; 2. 填方材料品种:中粗砂回填; 3. 填方粒径要求:按设计、规范要求; 4. 填方来源、运距:根据现场情况综合考虑; 5. 人工回填	m³	1 204.00			
4	040103001003	回填方 (素土回填)	1. 密实度要求:按设计及规范要求对填土进行碾压; 2. 填方材料品种:原土回填; 3. 填方粒径要求:按设计和规范要求; 4. 填方来源、运距:本桩利用; 5. 机械回填	m³	85.00			
5	040103002001	余方弃置	1. 废弃料品种:余土,挖机装车; 2. 运距:5km	m³	2 350.00			
6	041106001001	大型机械设备进出场及安拆(推土机)	1. 机械设备名称:履带式推土机; 2. 机械设备规格型号:投标人可根据实际情况决定机械型号	台·次	1.00			
7	041106001002	大型机械设备进出场及安拆(挖掘机)	1. 机械设备名称:挖掘机; 2. 机械设备规格型号:投标人可根据实际情况决定机械型号	台·次	1.00			
8	041106001003	大型机械设备进出场及安拆(压路机)	1. 机械设备名称:压路机; 2. 机械设备规格型号:投标人可根据实际情况决定机械型号	台·次	1.00			

根据招标分部分项工程量清单,试完成下列任务:
①完成清单计价程序中的市政土石方工程案例子项套价;
②完成清单计价程序中的市政土石方工程案例综合单价计算,并填写综合单价分析表;
③完成清单计价程序中的市政土石方工程案例措施项目清单费用计算;
④完成清单计价程序中的市政土石方工程案例其他项目清单费用计算;
⑤完成清单计价程序中的市政土石方工程案例增值税中销项税的计算;
⑥完成市政土石方工程案例单位工程建安费的报价金额计算,填写汇总表。

一、子项套价

子项套价涵盖的内容有:①参照工程量清单规则的"工作内容",结合实际项目特点,制定具体的施工方案;②参照工程量清单规则及当地定额的套用说明将清单进行子项分解,以便后续定额的准确套用;③根据分解思路和相关定额规则、实际项目施工方案进行定额套用及调整;④根据定额的计量规则计算每个定额的工程量。以上步骤为后续计算直接费、管理利润费奠定基础。子项套价步骤如下:

(1)确定分部分项工程的施工方案

在招投标活动中,投标单位拿到招标工程量清单(不含价工程量清单)后要进行具体项目的投标报价。在清单套用定额前或是套用实际市场价格前需要根据实际项目和工程量清单规则的"工作内容"确定具体施工方案。需要区别的是,分部分项工程的施工内容或施工流程可以初步确定分部分项工程量清单项,而具体施工方案可以影响分部分项工程清单项的定额套用或是市场价格套用。比如单元8示例8.1-2通过施工流程或是需要施工的内容(挖、填、借、弃)可以确定分部分项工程量清单有【040101001001 挖一般土方】、【040103001001 回填方(场内平衡)】、【040103001002 回填方(外购土方)】、【040103002001 余方弃置】四个分部分项工程清单项;其中,【040101001001 挖一般土方】这个清单项就可以有几种土方开挖方案:人工开挖、机械开挖(单一或是多种不同规格型号的机械配合开挖)、人工配合机械开挖;投标方选择不同施工方案最后计算出的综合单价(报价)都不一样。所以,对清单子项进行分解套用定额前需要确定该清单项的具体施工方案。

思考13.1-1:该案例土方开挖以设计图纸为准,请确定土石方工程清单编制中的开挖土石方工程的施工方案。

知识剖析

①沟槽挖土:主要采用挖掘机挖土,机械作业不到的地方用人工开挖,人工挖方量按总挖方量的10%考虑;挖掘机装土外运部分在余方弃置里面考虑。
②回填中粗砂及原土:根据设计详图可知,管沟0.25m+D/2范围内是中粗砂垫层及基础,

一般人工回填;管沟Ⅰ~Ⅲ区内回填中粗砂的压实度要求为85%~95%,人工回填;其余部分原土回填可采用机械回填;采用压路机碾压密实,每层厚度不超过30cm,并分层检验密实度。

③余方弃置:余方采用挖掘机装土,自卸汽车运土,运距5km。

(2)分部分项工程量清单/单价措施工程量清单的子项分解

把清单项目所包含的工作内容进行分解,分解到更小、更便于计量计价的计价单元,形成多个可以独立计量计价的清单子项,见表13.1-6;分解后各子项所包含的工作内容必须完全等同于清单项目工作内容,不能多或少,否则会造成综合单价报价不准确。

分部分项工程项目清单与措施项目清单计价表(招标) 表13.1-6

工程名称:开发区新建道路土石方工程　　　　标段:　　　　第1页 共 页

项目编码	项目名称	项目特征	计量单位	数量	工程内容
040101002001	挖沟槽土方	1. 土壤类别:松土; 2. 挖土深度:1.350m以内; 3. 管道开挖	m³	2 435.00	1. 排地表水(图纸无要求,或单项计入费用); 2. 土方开挖(主要计算); 3. 围护(挡土板)及拆除(设计说明无要求); 4. 基底钎探(设计说明无要求); 5. 场内运输(施工图纸无"远运利用工程量",场外运输计入"余方弃置"的清单项)
挖沟槽土方的清单分解思路主要参见表13.1-1、表13.1-2		1. 沟槽开挖项的施工方案应考虑挖掘机开挖90%的土方量 2. 沟槽开挖项的施工方案应考虑采用人工开挖10%的土方量 3. 场内运输主要算利用方。弃方运输列入"余方弃置"里			
040103001001	回填方 (管道中粗砂垫层)	1. 密实度要求:压实系数不小于0.94; 2. 填方材料品种:中粗砂; 3. 填方粒径要求:按设计、规范要求; 4. 填方来源、运距:根据现场情况综合考虑; 5. 管道垫层	m³	550.00	1. 运输(中粗砂运输费用可计入材料单价中); 2. 回填和碾压的费用在本清单中重点计入; (注意:中粗砂垫层的费用也可计到管道铺设的清单中如040501)
中粗砂垫层清单分解		1. 中粗砂拌料、摊铺、找平、夯实、检查高程、材料运输			
040103001002	回填方 (中粗砂)	1. 密实度要求:Ⅰ区回填压实度系数不小于95%,详见设计图纸; 2. 填方材料品种:中粗砂回填; 3. 填方粒径要求:按设计、规范要求; 4. 填方来源、运距:根据现场情况综合考虑; 5. 人工回填	m³	1 204.00	1. 运输(中粗砂运输费用可计入材料单价中); 2. 回填和碾压的费用在本清单中重点计入

续上表

项目编码	项目名称	项目特征	计量单位	数量	工程内容
中粗砂回填清单分解		1. 中粗砂回填、摊平、夯实			
040103001003	回填方(素土回填)	1. 密实度要求:按设计及规范要求对填土进行碾压; 2. 填方材料品种:原土回填; 3. 填方粒径要求:按设计和规范要求; 4. 填方来源、运距:本桩利用; 5. 机械回填	m³	85.00	1. 运输(原土回填本桩利用可不考虑运距); 2. 回填和碾压的费用在本清单中重点计入; (不计原土材料费用)
素土回填清单分解		1. 槽坑边5m内取土回填、分层推平、洒水、碾压			
040103002001	余方弃置	1. 废弃料品种:余土,挖机装车; 2. 运距:5km	m³	2 350.00	考虑装车及运输费用
余方弃置清单分解		1. 余方装车费用 2. 场外运输弃置费用			
041106001001	大型机械设备进出场及安拆(推土机)	1. 机械设备名称:履带式推土机; 2. 机械设备规格型号:履带式推土机90kW以内	台·次	1.00	根据施工组织设计仅考虑场外运输费用
041106001002	大型机械设备进出场及安拆(挖掘机)	1. 机械设备名称:挖掘机; 2. 机械设备规格型号:履带式单斗液压挖掘机,斗容量1/m³	台·次	1.00	根据施工组织设计仅考虑场外运输费用
041106001003	大型机械设备进出场及安拆(压路机)	1. 机械设备名称:压路机; 2. 机械设备规格型号:钢轮振动压路机,工作质量18t	台·次	1.00	根据施工组织设计仅考虑场外运输费用

(3)分部分项工程量清单/单价措施工程量清单的子项套用相关定额

子项套价的目标是获取每个子项的单价,清单子项单价的获取可套用各种定额,也可根据实际成本计算。清单计价鼓励市场竞争,可以结合各单位的实际施工技术水平和工程成本灵活自主报价,也可以套用政府颁布的统一定额,有企业定额的可以套用企业定额,也可以在统一定额基础上调整组价。本书案例统一采用政府造价管理机构颁布的省统一定额《湖南省市政工程消耗量标准》(2020年版),详见表13.1-7。

分部分项工程项目清单与措施项目清单计价表(含子目)　　　表13.1-7

项目编码	项目名称	项目特征	计量单位	数量
040101002001	挖沟槽土方	1. 土壤类别:松土; 2. 挖土深度:1.350m以内; 3. 管道开挖	m^3	2 435.00
1.1	D1-4	人工挖沟槽、基坑土方/普通土/深度在2m以内	$100m^3$	—
1.2	D1-40	挖掘机挖沟槽、基坑土方/挖土不装车/普通土	$1\,000m^3$	—
040103001001	回填方 (管道中粗砂垫层)	1. 密实度要求:压实系数不小于0.94; 2. 填方材料品种:中粗砂; 3. 填方粒径要求:按设计、规范要求; 4. 填方来源、运距:根据现场情况综合考虑; 5. 管道垫层	m^3	550.00
2.1	D5-1	垫层砂	$10m^3$	—
040103001002	回填方(中粗砂)	1. 密实度要求:Ⅰ区回填压实度系数不小于95%,详见设计图纸; 2. 填方材料品种:中粗砂回填; 3. 填方粒径要求:按设计、规范要求; 4. 填方来源、运距:根据现场情况综合考虑; 5. 人工回填	m^3	1 204.00
3.1	D1-24	人工回填沟槽、基坑砂	$100m^3$	—
040103001003	回填方(素土回填)	1. 密实度要求:按设计及规范要求对填土进行碾压; 2. 填方材料品种:原土回填; 3. 填方粒径要求:按设计和规范要求; 4. 填方来源、运距:本桩利用; 5. 机械回填	m^3	85.00
4.1	D1-67	机械回填沟槽、基坑 土方	$100m^3$	—
040103002001	余方弃置	1. 废弃料品种:余土,挖机装车; 2. 运距:5km	m^3	2 350.00
5.1	D1-37	挖掘机挖土方 挖土装车 普通土	$1\,000m^3$	—
5.2	D1-59 + D1-60×4换	自卸汽车运土方 运距1km内~实际运距5km	$1\,000m^3$	—
041106001001	大型机械设备进出场及安拆(推土机)	1. 机械设备名称:履带式推土机; 2. 机械设备规格型号:履带式推土机 90kW以内	台·次	1.00

续上表

项目编码	项目名称	项目特征	计量单位	数量
6.1	J14-25	场外运费:履带式推土机90kW以内	台·次	1.00
041106001002	大型机械设备进出场及安拆(挖掘机)	1. 机械设备名称:挖掘机; 2. 机械设备规格型号:履带式单斗液压挖掘机,斗容量1m^3	台·次	1.00
7.1	J14-20	场外运费:履带式挖掘机1m^3以内	台·次	1.00
041106001003	大型机械设备进出场及安拆(压路机)	1. 机械设备名称:压路机; 2. 机械设备规格型号:钢轮振动压路机,工作质量18t	台·次	1.00
8.1	J14-35	场外运费:压路机	台·次	1.00

(4)计算计价工程量(定额工程量)

清单计价规则就是实现"量价的分离",清单工程量一般是净用量,而套用定额后的工程量需要考虑子项套用定额后,根据各子项的定额工程量计算规则,按照图纸的尺寸数量信息计算各子项工程量。计算时首先按物理单位计算出工程量。计算结果按定额计量单位进行单位转换。详见表13.1-8。

分部分项工程项目清单与措施项目清单计价表(含子目) 表13.1-8

项目编码	项目名称	项目特征	计量单位	工程量计算公式	数量
040101002001	挖沟槽土方	1. 土壤类别:松土; 2. 挖土深度:1.350m以内; 3. 管道开挖	m^3	QDL【清单量】	2 435.00
1.1	D1-4	人工挖沟槽、基坑土方:普通土/深度在2m以内	100m^3	(QDL【清单量】×10%)/100	2.435
1.2	D1-40	挖掘机挖沟槽、基坑土方:挖土不装车/普通土	1 000m^3	(QDL【清单量】×90%)/1 000	2.191 5
040103001001	回填方(管道中粗砂垫层)	1. 密实度要求:压实系数不小于0.94; 2. 填方材料品种:中粗砂; 3. 填方粒径要求:按设计、规范要求; 4. 填方来源、运距:根据现场情况综合考虑; 5. 管道垫层	m^3	QDL	550.00
2.1	D5-1	垫层砂	10m^3	QDL/10	55.00
040103001002	回填方(中粗砂)	1. 密实度要求:Ⅰ区回填压实度系数不小于95%,详见设计图纸; 2. 填方材料品种:中粗砂回填; 3. 填方粒径要求:按设计、规范要求; 4. 填方来源、运距:根据现场情况综合考虑; 5. 人工回填	m^3	QDL	1 204.00

续上表

项目编码	项目名称	项目特征	计量单位	工程量计算公式	数量
3.1	D1-24	人工回填沟槽、基坑砂	100m³	QDL/100	12.04
040103001003	回填方（素土回填）	1. 密实度要求：按设计及规范要求对填土进行碾压； 2. 填方材料品种：原土回填； 3. 填方粒径要求：按设计和规范要求； 4. 填方来源、运距：本桩利用； 5. 机械回填	m³	QDL	85.00
4.1	D1-67	机械回填沟槽、基坑 土方	100m³	QDL/100	0.85
040103002001	余方弃置	1. 废弃料品种：余土，挖机装车； 2. 运距：5km	m³	QDL	2 350.00
5.1	D1-37	挖掘机挖土方 挖土装车 普通土	1 000m³	QDL/1000	2.35
5.2	D1-59 + D1-60×4换	自卸汽车运土方 运距1km内～实际运距5km	1 000m³	QDL/1000	2.35
041106001001	大型机械设备进出场及安拆（推土机）	1. 机械设备名称：履带式推土机； 2. 机械设备规格型号：履带式推土机90kW以内	台·次	QDL	1.00
6.1	J14-25	场外运费：履带式推土机90kW以内	台·次	QDL	1.00
041106001002	大型机械设备进出场及安拆（挖掘机）	1. 机械设备名称：挖掘机； 2. 机械设备规格型号：履带式单斗液压挖掘机，斗容量1m³；	台·次	QDL	1.00
7.1	J14-20	场外运费：履带式挖掘机1m³以内	台·次	QDL	1.00
041106001003	大型机械设备进出场及安拆（压路机）	1. 机械设备名称：压路机； 2. 机械设备规格型号：钢轮振动压路机，工作质量18t	台·次	QDL	1.00
8.1	J14-35	场外运费：压路机	台·次	QDL	1.00

二、综合单价的计算

(一)计算分部分项工程直接工程费

直接费(不含增值税可抵扣进项税)=人工费+材料费+施工机械台班费用

某地区规定：人工费、材料费、工程设备费和施工机具使用费均不包含增值税可抵扣的进项税。

其中： 人工费=完成单位清单项目所需人工的工日数量×每工日的人工日工资单价

材料费=∑完成单位清单项目所需各种材料、半成品的数量×各种材料除税预算价格（或市场价格）

机械费=∑完成单位清单项目所需各种机械的台班数量×各种机械的台班单价（不含进项税额）

工料机单价的调整详见课题 12.2"三、工程量清单计价过程"。

①执行当地住建部最新市政造价文件：执行《湖南省住房和城乡建设厅关于调整建设工程销项税额税率和材料价格综合税率计费标准的通知》湘建价〔2019〕47号、《湖南省住房和城乡建设厅关于发布〈湖南省建设工程计价依据动态调整汇编（2022年度第一期）〉的通知》（湘建价〔2022〕146号）；②参见湖南省政府造价管理机构颁布的统一定额《湖南省市政工程消耗量标准》（2020年）；③当期造价站发布的材料信息价（市场价）。扫描二维码13.1-2查看土石方工程材料市场价。

13.1-2

1. 040101002001挖沟槽土方的直接费

（1）D1-4 人工挖沟槽的人工费=4 255.88【定额人工费】×1【人工费除税系数】×2.435【清单数量】=10 363.067 8(元)≈10 363.07元

D1-4 直接费=10 363.07元；基期直接费=10 363.07元

（2）D1-40 挖掘机挖沟槽的人工费=2 207.50×1×2.191 5=4 837.736(元)

①75kW履带式推土机的机械台班单价(J1-1调整后)=1 511.97+(320-320)【机上人工费不调整】+(7.205-7.16)×56.50【燃料动力费调整】=1 514.51(元/台班)

75kW履带式推土机的机械费=1 514.51×0.134×2.191 5=444.75(元)

②1m³履带式单斗挖掘机的机械台班单价(J1-7调整后)=2 128.11+(320-320)【机上人工费不调整】+(7.205-7.16)×63.00【燃料动力费调整】=2 130.95(元/台班)

1m³履带式单斗挖掘机的机械费=2 130.95×1.892×2.191 5=8 835.60(元)

D1-40挖掘机挖土方的机械费=444.75+8 835.60=9 280.35(元)

D1-40 直接费=4 837.74+9 280.35=14 118.09(元)；基期直接费=基价×工程量=6 436.49×2.191 5=14 105.57(元)

综上：040101002001挖沟槽土方的直接费=10 363.07+14 118.09=24 481.16(元)

挖沟槽土方的基期直接费=10 363.07+14 105.57=24 468.64(元)

2. 040103001001回填方(管道中粗砂垫层)的直接费

（1）D5-1 垫层砂的人工费=521.25×1×55.0=28 668.75(元)

天然中粗砂的材料费=205.76【当期材料不含税信息价】×12.930×55.0=146 326.22(元)

其他材料费=51.955×1.0×55.0=2 857.53(元)

（2）D5-1 垫层砂的材料费=146 326.22+2 857.53=149 183.75(元)

250 (N·m)夯击能量电动夯实机的机械台班单价(J1-35调整后)=28.270+(0.775-0.8)×16.6=27.86(元/台班)

D5-1 250 (N·m)夯击能量电动夯实机的机械费=27.86×0.459 0×55.0=703.33(元)

D5-1 直接费=28 668.75+149 183.75+703.33=178 555.83(元)

基期直接费=基价×工程量=4 049.87×55.0=222 742.85(元)
综上:040103001001回填方(管道中粗砂垫层)的直接费=178 555.83元
回填方(管道中粗砂垫层)的基期直接费=222 742.85元

3. 040103001002回填方(中粗砂)的直接费

D1-24人工回填沟槽、基坑的人工费=1 412.5×1×12.04=17 006.5(元)
天然中粗砂的材料费=205.76【当期材料不含税信息价】×124×12.04=307 191.45(元)
水的材料费=4.40×24.80×12.04=1 313.80(元)
其他材料费=1×499.89×12.04=6 018.68(元)
D1-24人工回填沟槽、基坑的材料费=307 191.45+1 313.80+6 018.68=314 523.93(元)
250(N·m)夯击能量电动夯实机的机械台班单价(J1-35调整后)=28.270+(0.775-0.8)×16.6=27.86(元/台班)
D1-24 250(N·m)夯击能量电动夯实机的机械费=27.86×7.93×12.04=2 660.00(元)
D1-24直接费=17 006.5+314 523.93+2 660.00=334 190.43(元)
基期直接费=基价×工程量=35 462.56×12.04=426 969.22(元)
综上:040103001002回填方(中粗砂)的直接费=334 190.43(元)
回填方(中粗砂)的基期直接费=426 969.22(元)

4. 040103001003回填方(素土回填)的直接费

D1-67机械回填沟槽、基坑的人工费=215×1×0.85=182.75(元)
水的材料费=4.40×1.55×0.85=5.80(元)
其他材料费=1×0.102×0.85=0.09(元)
D1-67机械回填沟槽、基坑的材料费=5.80+0.09=5.89(元)
①1m³履带式单斗液压挖掘机的机械台班单价(J1-7调整后)=2 128.11+(7.205-7.16)×63.00【燃料动力费调整】=2 130.95(元/台班)
1m³履带式单斗液压挖掘机的机械费=2 130.95×0.180×0.85=326.04(元)
②8t钢轮振动压路机的机械台班单价(J1-29调整后)=1 082.78+(7.205-7.16)×31.850=1 084.21(元/台班)
8t钢轮振动压路机的机械费=1 084.21×0.43×0.85=396.28(元)
D1-67机械回填沟槽、基坑的机械费=326.04+396.28=722.32(元)
D1-67直接费=182.75+5.89+722.32=910.96(元)
基期直接费=基价×工程量=1 070.57×0.85=909.98(元)
综上:040103001003回填方(素土回填)的直接费=910.96元
回填方(素土回填)的基期直接费=909.98元

5. 040103002001余方弃置的直接费

(1)D1-37挖掘机挖装普通土的人工费=500×1×2.35=1 175(元)
①75kW履带式推土机的机械台班单价(J1-1调整后)=1 511.97+(7.205-7.16)×56.50=1 514.51(元/台班)
75kW履带式推土机的机械费=1 514.51×0.152×2.35=540.98(元)
②1m³履带式单斗挖掘机的机械台班单价(J1-7调整后)=2 128.11+(7.205-7.16)×

63.00=2 130.95(元/台班)

1m³履带式单斗挖掘机的机械费=2 130.95×1.486×2.35=7 441.49(元)

D1-37挖掘机挖装普通土的机械费=540.98+7 441.49=7 982.47(元)

D1-37的直接费=1 175+7 982.47=9 157.47(元);基期直接费=基价×工程量=3 892.19×2.35=9 146.65(元)

(2)D1-59 + D1-60×4换自卸汽车运土方的人工费=0元

水的材料费=4.40×12×2.35=124.08(元)

其他材料费=1×0.79×2.35=1.86(元)

D1-59 + D1-60×4换自卸汽车运土方的材料费=124.08+1.86=125.94(元)

①12t自卸汽车的机械台班单价(J4-13调整后)=1 156.43+(7.205−7.16)×46.59=1 158.53(元/台班)

12t自卸汽车的机械费=1 158.53×(6.62+4×1.73)×2.35=36 863.27(元)

②4 000L洒水车的机械台班单价(J4-33调整后)=533.34+(8.51−8.72)×30.210=527.00(元/台班)

4 000L洒水车的机械费=527.00×0.586×2.35=725.73(元)

D1-59 + D1-60×4换自卸汽车运土方的机械费=36 863.27+725.73=37 589.00(元)

D1-59 + D1-60×4换的直接费=0+125.94+37 589.00=37 714.94(元);

基期直接费=基价×工程量=(8 021.57+4×2 000.62)×2.35=37 656.52(元)。

综上,040103002001余方弃置的直接费=9 157.47+37 714.94=46 872.41(元);

余方弃置的基期直接费=9 146.65+37 656.52=46 803.17(元)。

(二)计算分部分项工程企业管理费和利润

执行《湖南省建设工程计价办法》(2020年版)"附录C 建筑安装工程费用标准",管理费、利润表,见表12.2-5。

重点参见《湖南省建设工程计价办法》(2020年版)附录D其他有关规定与说明:"槽、坑土石方并入相应专业取费,一般土石方不分工程量大小均按机械土石方工程取费"。

1.040101002001挖沟槽土方的管理费、利润

①040101002001挖沟槽土方的管理费=基期直接费×9.65%=24 468.64×9.65%=2 361.22(元)

②040101002001挖沟槽土方的利润=基期直接费×6%=24 468.64×6%=1 468.12(元)

2.040103001001回填方(管道中粗砂垫层)的管理费、利润

①040103001001回填方(管道中粗砂垫层)的管理费=基期直接费×9.65%=222 742.85×9.65%=21 494.69(元)

②040103001001回填方(管道中粗砂垫层)的利润=基期直接费×6%=222 742.85×6%=13 364.57(元)

3.040103001002回填方(中粗砂)的管理费、利润

①040103001002回填方(中粗砂)的管理费=基期直接费×9.65%=426 969.22×9.65%=41 202.53(元)

②040103001002回填方(中粗砂)的利润=基期直接费×6%=426 969.22×6%=

25 618.15(元)

4.040103001003回填方(素土回填)的管理费、利润

①040103001003回填方(素土回填)的管理费=基期直接费×9.65%=909.98×9.65%=87.81(元)

②040103001003回填方(素土回填)的利润=基期直接费×6%=909.98×6%=54.60(元)

5.040103002001余方弃置的管理费、利润

①040103002001余方弃置的管理费=基期直接费×9.65%=46 803.17×9.65%=4 516.51(元)

②040103002001余方弃置的利润=基期直接费×6%=46 803.17×6%=2 808.19(元)

(三)计算综合单价,完成《综合单价分析表》的填写

综合单价包括完成《市政工程工程量计算规范》(GB 50857—2013)一个规定计量单位的分部分项工程量清单项目或是措施清单项目的所有工程内容的费用(表13.1-9~表13.1-16)。

综合单价=分部分项工程费/清单工程量=($\sum$直接费+$\sum$管理费+$\sum$利润+$\sum$风险)/清单工程量

①040101002001挖沟槽土方的综合单价=(24 481.16+2 361.22+1 468.12)/2 435=28 310.50/2 435=11.63(元/m^3)

②040103001001回填方(管道中粗砂垫层)的综合单价=(178 555.83+21 494.69+13 364.57)/550.0=213 415.09/550.0=388.03(元/m^3)

③040103001002回填方(中粗砂)的综合单价=(334 190.43+41 202.53+25 618.15)/1 204=401 011.11/1 204=333.07(元/m^3)

④040103001003回填方(素土回填)的综合单价=(910.96+87.81+54.60)/85.00=1 053.37/85.00=12.39(元/m^3)

⑤040103002001余方弃置的综合单价=(46 872.41+4 516.51+2 808.19)/2 350=54 197.11/2 350=23.06(元/m^3)

综上,分部分项工程费=697 985.41元。

分部分项工程基期直接费=24 468.64+222 742.85+426 969.22+909.98+46 803.17=721 893.85(元)。

三、计算措施项目清单费

措施项目费由两种计费组成,按固定费率计算的措施费和按工程量计量的措施费:

单价措施清单费=$\sum$(计量措施项目清单量×综合单价)

总价措施清单费=$\sum$(各项费用的计算基数×对应费率)

招投标:绿色施工安全防护措施项目费=$\sum$(绿色施工安全防护措施费计费基数×绿色施工安全防护措施费总费率)

1.单价措施清单费

单价措施清单费计算方法、表格填写与分部分项工程清单的综合单价计算、表格填写相同。

综合单价分析表（分部分项工程）

工程名称：开发区新建道路土石方工程　　标段：　　表13.1-9　第1页 共 页

清单编码	项目名称	计量单位	数量	综合单价（元）	合价（元）
040101002001	挖沟槽土方	m³	2 435.00	11.63	28 310.48

消耗量标准编号	项目名称	单位	数量	单价（元）							合价（元）
				合计（直接费）	人工费	材料费	机械费	管理费	其他管理费	利润	
								9.65%	2.00%	6.00%	
D1-4	人工挖沟槽、基坑土方：普通土深度在2m以内	100m³	2.435	4 255.88	4 255.88			1 000.03		621.78	11 984.88
D1-40	挖掘机挖沟槽、基坑土方：挖土不装车/普通土	1 000m³	2.191 5	6 442.20	2 207.50		4 234.70	1 361.18		846.34	16 325.60
累计（元）				24 481.16	15 200.80		9 280.35	2 361.22	2 435.00	1 468.12	28 310.48

材料费明细表	材料名称、规格、型号	单位	数量	单价	合价	暂估单价	暂估合价
	材料费合计	元	—	—	—	—	

注：1. 本表用于编制招投标综合单价时，招标文件提供了暂估单价的材料，应按暂估的单价填入表内"暂估单价"及"暂估合价"栏。

2. 本表用于编制工程竣工结算时，其材料单价应按双方约定的（结算单价）填写。

综合单价分析表(分部分项工程)

工程名称:开发区新建道路土石方工程 标段: 表13.1-10 第2页 共 页

清单编码	040103001001	项目名称	垫层方(管道中粗砂垫层)		计量单位	m³	数量	55.00		综合单价(元)	388.03

消耗量标准编号	项目名称	单位	数量	单价(元)				合价(元)			
				合计(直接费)	人工费	材料费	机械费				
D5-1	垫层砂	10m³	55.00	3 246.46	521.25	2 712.43	12.78				
累计(元)				178 555.83	28 668.75	149 183.75	703.33				
					管理费	其他管理费	利润				
					9.65%	2.00%	6.00%				
					21 494.69	550.00	13 364.57				

材料费明细表	材料名称、规格、型号	单位	数量	单价	合价	暂估单价	暂估合价
	天然中粗砂	m³	711.150	205.76	146 326.22		
	其他材料费	元	2 857.525	1.00	2 857.53		
	材料费合计	元	—	—	149 183.75	—	

注:1. 本表用于编制招投标综合单价时,招标文件提供了暂估单价的材料,应按暂估的单价填入表内"暂估单价"及"暂估合价"栏。
2. 本表用于编制工程竣工结算时,其材料单价应按双方约定的(结算单价)填写。

综合单价分析表（分部分项工程）

工程名称：开发区新建道路土石方工程　　标段：　　　　　第3页 共 页　　表13.1-11

清单编码	0401030C1002		项目名称	人工回填方(中粗砂)		计量单位	100m³	数量	12.04

消耗量标准编号	项目名称	单位	数量	单价(元)				合价(元)	
				人工费	材料费	机械费	管理费	利润	
D1-24	人工回填沟槽、基坑、砂	100m³	12.04	1 412.50	26 123.25	220.85	41 202.53	6.00%	333.07
累计(元)				17 006.50	314 523.93	2 660.00	41 202.53		
合计(直接费)				27 756.60				综合单价(元)	合价(元)
				334 189.46				25 618.15	401 010.11
								25 618.15	401 010.11

材料费明细表	材料名称、规格、型号	单位	数量	单价	合价	其他管理费	暂估单价	暂估合价
	天然中粗砂	m³	1 492.960	205.76	307 191.45	1 204.00		
	水	t	298.592	4.40	1 313.80	2.00%		
	其他材料费	元	6 018.676	1.00	6 018.68			
	材料费合计	元	—	—	314 523.93	—		暂估合价

注：1. 本表用于编制招投标综合单价时，招标文件提供了暂估单价的材料，应按暂估的单价填入表内"暂估单价"及"暂估合价"栏。
　　2. 本表用于编制工程竣工结算时，其材料单价应按双方约定的(结算单价)填写。

综合单价分析表（分部分项工程）

工程名称：开发区新建道路土石方工程　　标段：　　第4页 共 页　表13.1-12

清单编码	040103001003	项目名称	回填方(素土回填)	计量单位	m³	数量	85.00	综合单价(元)	12.39

			单价(元)					合价(元)	
消耗量标准编号	项目名称	单位	数量	合计(直接费)	人工费	材料费	机械费	管理费	其他管理费	利润		

消耗量标准编号	项目名称	单位	数量	合计(直接费)	人工费	材料费	机械费	管理费 9.65%	其他管理费 2.00%	利润 6.00%	合价(元)
D1-67	机械回填沟槽、基坑 土方	100m³	0.85	1 071.71	215.00	6.92	849.79	87.81		54.60	1 053.37
累计(元)				910.95	182.75	5.89	722.32	87.81		54.60	1 053.37

材料费明细表	材料名称、规格、型号	单位	数量	单价	合价	暂估单价	暂估合价
	水	t	1.318	4.40	5.8	—	
	其他材料费	元	0.087	1.00	0.09	—	
	材料费合计	元	—	—	5.89	—	

注：1. 本表用于编制招投标综合单价时，招标文件提供了暂估单价的材料，应按暂估的单价填入表内"暂估单价"及"暂估合价"栏。
2. 本表用于编制工程竣工结算时，其材料单价应按双方约定的(结算单价)填写。

综合单价分析表（分部分项工程）

工程名称：开发区新建道路土石方工程　　　标段：　　　表13.1-13　第5页 共 页

清单编码	项目名称										综合单价(元)	合价(元)
040103002001	余方弃置			计量单位								23.06
				m³					2 350			

消耗量标准编号	项目名称	单位	数量	单价(元)							综合单价(元)	合价(元)
				合计(直接费)	人工费	材料费	机械费	管理费	其他管理费	利润		
D1-37	挖掘机挖土方 挖土装车普通土	1000m³	2.35	3 896.80	500.00		3 396.80	882.66			548.80	10 588.94
D1-59+ D1-60×4换	自卸汽车运土方运距1km内～实际运距5km	1000m³	2.35	16 048.91		53.59	15 995.32	3 633.85			2 259.38	43 608.17
累计(元)				46 872.41	1 175.00	125.94	45 571.48	4 516.51			2 808.19	54 197.11
				9.65%					2.00%	6.00%		

材料费明细表	材料名称、规格、型号	单位	数量	单价	合价	暂估单价	暂估合价
	水	t	28.200	4.40	124.08		
	其他材料费	元	1.857	1.00	1.86	—	
	材料费合计	元	—	—	125.94	—	

注：1. 本表用于编制招投标综合单价时，招标文件提供了暂估单价的材料，应按暂估的单价填入表内"暂估单价"及"暂估合价"栏。
2. 本表用于编制工程竣工结算时，其材料单价应按双方约定的（结算单价）填写。

市政工程计量与计价

综合单价分析表(单价措施项目)

表13.1-14

工程名称:开发区新建道路土石方工程　　　　标段:　　　　第1页 共 页

清单编码	041106001001	项目名称	大型机械设备进出场及安拆(推土机)	计量单位	台·次	数量	1	综合单价(元)	2 047.96

综合单价组成明细

消耗量标准编号	项目名称	单位	数量	单价(元)					合价(元)
				合计(直接费)	人工费	材料费	机械费	管理费	
J14-25	场外运费:履带式推土机 90kW以内	台·次	1	1 816.79		501.97	1 314.82	6.80%	
								其他管理费 2.00%	利润 6.00%
累计(元)				1 816.79		501.97	1 314.82	122.81	108.36	2 047.96

材料费明细表	材料名称、规格、型号	单位	数量	单价	合价	暂估单价	暂估合价
	枕木	m³	0.080	965.80	77.26	—	
	镀锌铁丝	kg	5.000	5.50	27.50	—	
	草袋	m²	6.380	3.044	19.42	—	
	其他材料费	元	14.430	1.00	14.43	—	
	材料费合计	元	—	—	501.97	—	

说明:已计入25%的回程费用。

综合单价分析表（单价措施项目）

工程名称：开发区新建道路土石方工程　　　　标段：　　　　第2页 共　 页　　表13.1-15

清单编码	041106001002	项目名称		数量	1.00	计量单位	台·次		综合单价（元）	2 162.51
消耗量标准编号	项目名称	单位	大型机械设备进出场及安拆（挖掘机）		合计（直接费）	单价（元）				合价（元）
						人工费	材料费	机械费	管理费	利润
J14-20	场外运费：履带式挖掘机 1m³ 以内	台·次		1.00	1 918.35		507.85	1 410.50	6.80% 129.71	6.00% 114.45
	累计（元）				1 918.35		507.85	1 410.50	129.71	114.45	2 162.51

材料费明细表	材料名称、规格、型号	单位	数量	单价	合价	其他管理费	暂估单价	暂估合价
	枕木	m³	0.080	965.80	77.26	2.00%	—	
	镀锌铁丝	kg	5.000	5.50	27.50			
	草袋	m²	6.380	3.044	19.42			
	材料费合计	元	—		507.85			2 162.51

说明：已计入25%的回程费用。

综合单价分析表(单价措施项目)

工程名称:开发区新建道路土石方工程　　标段:　　　　　　　　　　　第3页 共 页　　表13.1-16

清单编码	041106001003	项目名称		场外运费:压路机		计量单位	台·次	数量	1.00	综合单价(元)	2 603.73	合价(元)	2 603.73

综合单价组成明细

消耗量标准编号	项目名称	单位	数量	单价(元)					合计(直接费)	大型机械设备进出场及安拆(压路机)
				人工费	材料费	机械费	管理费	利润		
J14-35	场外运费:压路机	台·次	1.00	320.00	569.57	1 419.87	156.34	137.95	2 309.44	1.00
累计(元)				320.00	569.57	1 419.87	156.34	137.95	2 309.44	
					6.80%		2.00%	6.00%		

材料费明细表	材料名称、规格、型号	单位	数量	单价	合价	暂估单价	暂估合价
	枕木	m³	0.080	965.80	77.26		
	镀锌铁丝	kg	2.000	5.50	11.00		
	草袋	m²	6.380	3.044	19.42		
	材料费合计	元	—	—	569.57	—	

说明:已计入25%的回程费用。

综上,单价措施费=2 047.96+2 162.51+2 603.73=6 814.20(元)

2. 计算总价措施费(表13.1-17)

041109004001冬雨季施工增加费=(分部分项工程费+单价措施项目费)×0.16%=(697 987.18+6 814.2)×0.16%=1 127.68(元)

总价措施项目清单计费表

表13.1-17

工程名称:开发区新建道路土石方工程   标段: 第 页 共 页

序号	项目编码	项目名称	计算基础	费率(%)	金额(元)	备注
1	041109004001	冬雨季施工增加费	分部分项工程费+单价措施项目费	0.16	1 127.68	
					1 127.68	

3. 计算绿色施工安全防护施工措施费

①绿色施工安全防护措施项目费=(分部分项工程基期直接费+单价措施项目基期直接费)×3.37%=(24 468.64+222 742.85+426 969.22+909.98+46 803.17+1 809.99+1 907.5+2 299.14)×3.37%=727 910.49×3.37%=24 530.58(元)

②安全生产费=(分部分项工程基期直接费+单价措施项目基期直接费)×2.63%=727 910.49×2.63%=19 144.05(元)。见表13.1-18。

绿色施工安全防护措施项目费计价表(招投标)

表13.1-18

工程名称:开发区新建道路土石方工程   标段: 第1页 共1页

序号	工程内容	计费基数	费率(%)	金额(元)	备注
一	绿色施工安全防护措施项目费	基期直接费	3.37	24 530.58	
	其中:安全生产费	基期直接费	2.63	19 144.05	

综上,措施项目费=单价措施费+总价措施费+绿色施工安全防护措施项目费=6 814.20+1 127.68+24 530.58=32 472.46(元)。

四、计算其他项目清单费用(表13.1-19)

其他项目清单与计价汇总表(招投标)

表13.1-19

工程名称:开发区新建道路土石方工程   标段: 第1页 共1页

序号	项目名称	计费基础/单价	费率/数量	合计金额(元)	备注
1	暂列金额				
2	暂估价				
2.1	材料(工程设备)暂估价				
2.2	专业工程暂估价				

续上表

序号	项目名称	计费基础/单价	费率/数量	合计金额（元）	备注
2.3	分部分项工程暂估价				
3	计日工				
4	总承包服务费				
5	优质工程增加费				
6	安全责任险、环境保护税		0.6	4 382.74	
7	提前竣工措施增加费				
8	索赔签证				
9	其他项目费合计			4 382.74	

注：材料暂估单价计入清单项目综合单价，此处不汇总。

安全责任险、环境保护税=(分部分项工程费+措施项目费)×0.6%=(697 987.18+32 472.46)×0.6%=4 382.76(元)。

五、计算增值税

增值税 =销项税额=税前造价×9%=(697 987.18+32 472.46+4 382.76)×9%=66 135.82(元)

六、表格汇总（表13.1-20）

单位工程投标报价汇总表（招投标）　　　　表 13.1-20

工程名称：开发区新建道路土石方工程　　　　标段：　　　　第 1 页　共 1 页

序号	工程内容	计费基础说明	费率（%）	金额（元）	其中：暂估价(元)
一	分部分项工程费	分部分项费用合计		697 987.18	
1	直接费				
1.1	人工费				
1.2	材料费				
1.2.1	其中:工程设备费/其他				
1.3	机械费				
2	管理费		9.65		
3	其他管理费		2		
4	利润		6		
二	措施项目费	1+2+3		32 472.46	
1	单价措施项目费	单价措施项目费合计		6 814.20	
1.1	直接费				

续上表

序号	工程内容	计费基础说明	费率(%)	金额(元)	其中:暂估价(元)
1.1.1	人工费				
1.1.2	材料费				
1.1.3	机械费				
1.2	管理费		6.8		
1.3	利润		6		
2	总价措施项目费			1 127.68	
3	绿色施工安全防护措施项目费		3.37	24 530.58	
3.1	其中安全生产费		2.63	19 144.05	
三	其他项目费			4 382.76	
四	税前造价	一+二+三		734 842.40	
五	销项税额	四	9	66 135.82	
	单位工程建安造价	四+五		800 978.22	

单元14 道路工程量清单计价

课题14.1 掌握道路工程量清单的费用计算

学习目标

通过本课题的学习,熟悉道路工程量清单计价办法,能运用相关预算定额(消耗量标准)编制道路工程量清单计价,不断提高道路工程清单计价技能。与此同时,培养独立思考、勇于探索、严谨治学的学习态度。

相关知识

单元9介绍了道路工程量清单的编制,本课题任务就是在工程量清单编制好后确定施工方案,从而确定各清单项目的组合工作内容。分部分项工程量清单计价应根据招标文件中分部分项工程量清单进行。由于分部分项工程量清单是不可调整的闭口清单,分部分项工程量清单计价表中各清单项目的项目名称、项目编码、工程数量必须与分部分项工程量清单完全一致。

【例14.1-1】 某市开发区新建一条道路,设计红线宽50m。起点桩号为K0+000,截取其中一段主线到桩号K0+106.699,道路断面形式为三块板,其中机动车道15m,人行道及树池1.5m×1.5m,绿化带种植草坪采用人工开挖三类土(绿化带种植土换填由绿化承包商负责)。某市开发区新建道路平面图、路面结构图、人行道铺装、树池布置如图14.1-1～图14.1-3所示,道路路面结构工程量见表14.1-1,扫描二维码14.1-1查看完整的招标分部分项工程量清单。

14.1-1

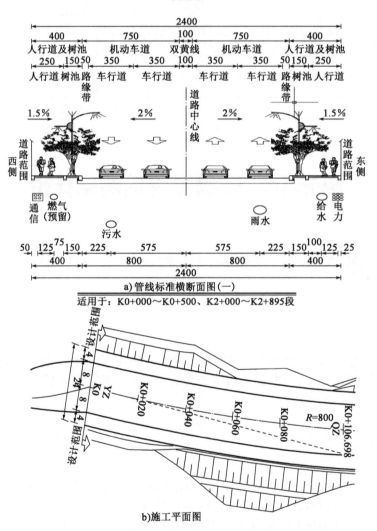

图14.1-1 道路施工平面图及横断面图(尺寸单位:cm)

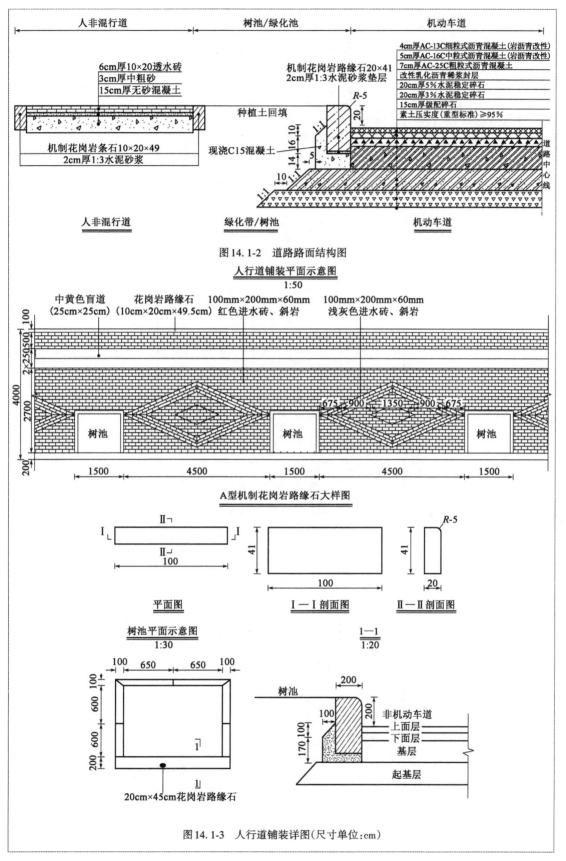

图 14.1-3　人行道铺装详图(尺寸单位:cm)

道路路面结构工程量

表14.1-1

起讫桩号	长度	机动车道、辅道（1000m²）								人行道铺装（1000m²）			路缘石		2cm厚水泥砂浆垫层	C15混凝土靠背
		面层			稀浆封层	5%水泥稳定碎石上基层	3%水泥稳定碎石下基层	级配碎石底基层	黏层	透层	环保型透水砖	中粗砂	无砂混凝土	20cm×41cm	10cm×20cm		
		AC-13C岩沥青改性 厚4cm	AC-16C岩沥青改性 厚5cm	AC-25C下面层 厚7cm	厚1cm	厚20cm	厚20cm	厚15cm			厚6cm	厚3cm	厚15cm				
2	3	4	5	6	7	8	9	10	11	12	13	14	15	16	17	19	20
														m	m	m³	m³
K0+000~K0+106.699	106.699	1.707	1.707	1.707	1.707	1.707	1.803	1.862	3.414	1.707	0.723	0.723	0.723	213.40	352.8	1.559	13.4

根据招标分部分项工程量清单,试完成下列任务:
①完成清单计价程序中的市政道路案例子项套价;
②完成清单计价程序中的市政道路案例清单综合单价计算,并填写综合单价分析表;
③完成清单计价程序中的市政道路案例清单措施项目清单费用计算;
④完成清单计价程序中的市政道路案例其他项目清单费用计算;
⑤完成清单计价程序中的市政道路案例清单增值税中销项税的计算;
⑥完成市政道路案例单位工程建安费的报价金额计算,填写汇总表。

一、子项套价

无论是业主单位委托咨询公司编制招标控制价还是投标单位根据招标工程量清单进行投标报价,综合单价的计算都是分部分项工程清单计价的关键,而子项套价步骤则是决定综合单价合理与否的关键。

1. 确定分部分项工程的施工方案

分部分项工程清单编制思路要结合项目的施工内容和施工流程,做到不漏项不重项;而项目的施工方案则直接影响分部分项工程清单中综合单价和最终单位工程的建安费。

> 思考 14.1-1:若该项目施工场地有限,主材尽量以外购为主;请确定市政道路案例分部分项工程量清单中涉及路面结构层的施工方案。
>
> _____
>
> _____

知识剖析

本案例的行车道是沥青混凝土路面,路面结构层由下至上的施工工艺有:路床整形、级配碎石底基层(柔性基层)、水泥稳定类基层(半刚性基层)、沥青混凝土面层(柔性路面)。

(1)行车道路床整形:由振动压路机或三轮压路机对路床进行碾压;碾压应遵循由低到高、从边到中、先轻后重、先慢后快,后轮重叠1/3~1/2轮宽的原则。

(2)级配碎石底基层:粗、细碎石集料和石屑各占一定比例的混合料,当其颗粒组成符合密实级配要求时,称为级配碎石。

级配碎石底基层混合料可采用集中厂拌和或外购,拌和好的混合料用15辆自卸汽车(18t以上)运输到施工现场。首先用平地机或者装载机摊铺平整,人工辅助刮出路拱,消除粗、细集料离析现象。对于平地机难以工作的地方,进行人工平整。摊铺50~70m时可进行碾压。碾压时先用压路机静压1遍,再用振动压路机振压3遍。直线段和不设超高的平曲线段,由外侧路肩开始向内碾压。碾压时碾压轮横向错半轮,后轮压完路面全宽时,即为1遍。

(3)水泥稳定碎石基层:水泥稳定碎石的主要原材料有水泥、石屑及级配碎石,基层项目的工作内容包括拌和、运输、铺筑、找平、碾压和养护。水泥稳定碎石基层混合料的拌和方式可以为厂拌法,综合考虑多合土运输的距离;也可以外购商品水泥稳定碎石基层材料,运输费可以综合考虑在其材料单价中，可不额外考虑运输费用。水泥稳定碎石基层混合料可采用摊铺机或是平地机摊铺，整平后立即使用压路机进行压实。碾压遵循"先轻后重，先边后中，先慢后快"的原则，并在水泥终凝前完成。对于已施工完成的路段，终压完成并经检验压实度合格，立即进行养生，养生时间不少于7d。养生方法可采用全幅覆盖土工膜和洒水养生。

(4) 透层、封层、黏层：基层碾压后6h内必须喷洒透层油，透层油采用乳化沥青PC-2 (PC-2表示慢裂喷洒型阳离子乳化沥青)，用量可按$1.0 \sim 1.5 L/m^2$通过试洒确定，透入基层深度不小于5mm。

喷洒透层油后铺筑乳化沥青下封层，乳化沥青用量$1.0 L/m^2$，集料粒径采用$0.5 \sim 1cm$，厚度1cm。

铺筑沥青混凝土之前，在下封层上、上下面层之间及路缘石、雨水口、检查井等构筑物侧面必须喷洒黏层油，黏层油采用乳化沥青PC-3，用量$0.5 L/m^2$。

(5) 沥青混凝土面层：沥青混合料由沥青、粗集料、细集料、矿粉组成。城市道路面层优先采用A级沥青。道路石油沥青主要技术指标有：针入度、软化点、60度动力黏度等。

沥青混凝土类型有热拌沥青混合料面层、冷拌沥青混合料面层、温拌沥青混合料面层、沥青贯入式面层、沥青表面处治层。热拌沥青混合料方孔筛系列类别：沥青混凝土粗粒式AC-30/AC-25、中粒式AC-20/AC-16、细粒式AC-13/AC-10、砂粒式AC-5、抗滑表层AK-13/AK-16。

沥青混凝土面层采用机械、人工摊铺，在机械无法摊铺到的或已摊铺到的地方，如构筑物边缘局部缺料、局部混合料明显离析、基层表面有明显不平整，沿线单位小型路口，采用人工摊铺。

> 思考14.1-2：请自行确定人行道铺装、树池砌筑的施工方案、工艺。
>
> ....
> ....

2. 分部分项工程量清单/单价措施工程量清单分解

根据工程量清单、施工设计文件和施工方案，把道路工程各清单子目包含的工作内容进行分解，分解到定额子目，并保证拆分后所有定额子目所包含的工作内容之和与清单子目所包含的工作内容一致。清单子目按照《湖南省市政工程消耗量标准》(2020年版)定额进行分解。详见表14.1-2。

分部分项工程项目清单与措施项目清单计价表　　　　　　　表14.1-2

工程名称：开发区新建道路　　　　标段：　　　　第1页 共 页

项目编码	项目名称	项目特征	计量单位	数量	工程内容
040202001001	路床(槽)整形	1. 部位：行车道路床整形碾压； 2. 范围：路床；素土压实(重型压实度≥95%)	m²	1 877.90	1. 放样； 2. 整修路拱； 3. 碾压成型

续上表

项目编码	项目名称	项目特征	计量单位	数量	工程内容
	路床（槽）整形清单分解思路	考虑行车道路床施工放样、推土机整平、找平、碾压、人工配合处理机械碾压不到之处			
040202011001	级配碎石底基层	1. 石料规格：级配碎石底基层； 2. 厚度：15cm； 现场机械拌和	m²	1 862.00	1. 拌和； 2. 运输； 3. 铺筑； 4. 找平； 5. 碾压； 6. 养护
	级配碎石底基层清单分解思路	考虑级配碎石底基层放线、配料、洒水、拌和、摊铺、整形、碾压、场内运输；注意：①压实厚度是定额调整的重点，若压实厚度超过30cm，应分解为两个结构层铺筑计算；②级配碎石底基层不考虑养护			
040202015001	水泥稳定碎石下基层（3%商品水泥稳定碎石）	1. 水泥含量：3%商品水泥稳定碎石； 2. 石料规格：按设计要求； 3. 厚度：20cm； 下基层，含养护	m²	1 803.00	1. 拌和； 2. 运输； 3. 铺筑； 4. 找平； 5. 碾压； 6. 养护
	水泥稳定碎石下基层清单分解思路	考虑水泥稳定碎石基层放线、清理路床、摊铺、整形、碾压、场内运输			
		基层含有水泥，需要考虑养护[《湖南省市政工程消耗量标准》（2020年版）一般是顶层基层考虑养护，2020年版定额有所变动]			
040202015002	水泥稳定碎石上基层（5%商品水泥稳定碎石）	1. 水泥含量：5%商品水泥稳定碎石； 2. 石料规格：按设计要求； 3. 厚度：20cm； 上基层，含养护	m²	1 707.00	1. 拌和； 2. 运输（本案例若考虑外购主材，此部分费用就涵盖在材料单价中）； 3. 铺筑； 4. 找平； 5. 碾压； 6. 养护
	水泥稳定碎石上基层清单分解思路	考虑水泥稳定碎石基层放线、清理路床、平地机摊铺整形、压路机碾压、场内运输			
		基层含有水泥，需要考虑养护			
040203004001	稀浆封层	1. 材料品种：乳化沥青； 2. 喷油量：1L/m²； 3. 厚度：1cm； 4. 集料：粒径0.5~1cm	m²	1 707.00	1. 清理下承面； 2. 喷油、布料； 3. 压实

续上表

项目编码	项目名称	项目特征	计量单位	数量	工程内容
稀浆封层清单分解思路		考虑清扫基层、运油、加热、稀浆封层机喷洒乳化沥青,压路机压实			
040203003001	透层	1. 材料品种:PC-2 阳离子改性乳化沥青; 2. 喷油量:1.0L/m²	m²	1 707.00	1. 清理下承面; 2. 喷油、布料
透层清单分解思路		考虑清扫基层、运油、加热、沥青喷洒机喷洒乳化沥青			
040203003002	黏层	1. 材料品种:改性乳化沥青(PC-3); 2. 喷油量:0.5L/m²	m²	3 414.00	1. 清理下承面; 2. 喷油、布料
黏层清单分解思路		考虑清扫基层、运油、加热、沥青喷洒机喷洒乳化沥青			
040203006001	粗粒式沥青混凝土 AC-25C(下面层)	1. 沥青混凝土种类:粗粒式沥青混凝土 AC-25C; 2. 沥青品种:70 号 A 级道路石油沥青; 3. 石料粒径:AC-25C; 4. 厚度:7cm	m²	1 707.00	1. 清理下承面; 2. 拌和、运输; 3. 摊铺、整形; 4. 压实
粗粒式沥青混凝土清单分解思路		考虑施工沥青混凝土面层清扫路基、整修侧缘石、测温、摊铺、接茬、找平、点补、撒垫料、清理(注意调整沥青混合料的压实厚度)			
040203006002	中粒式改性沥青混凝土 AC-16C(中面层)	1. 沥青混凝土种类:AC-16C 中粒式改性沥青混凝土; 2. 沥青品种:SBS 改性沥青 AH-70; 3. 石料粒径:AC-16C,玄武岩; 4. 厚度:5cm	m²	1 707.00	1. 清理下承面; 2. 拌和、运输; 3. 摊铺、整形; 4. 压实
中粒式沥青混凝土清单分解思路		考虑施工沥青混凝土面层清扫路基、整修侧缘石、测温、摊铺、接茬、找平、点补、撒垫料、清理(注意调整沥青混合料的压实厚度)			
040203006003	细粒式改性沥青混凝土 AC-13C(上面层)	1. 沥青混凝土种类:细粒式沥青混凝土 AC-13C(面层); 2. 沥青品种:SBS 改性沥青 AH-70; 3. 石料粒径:AC-13C,玄武岩; 4. 厚度:4cm	m²	1 707.00	1. 清理下承面; 2. 拌和、运输; 3. 摊铺、整形; 4. 压实
细粒式沥青混凝土清单分解思路		考虑施工沥青混凝土面层清扫路基、整修侧缘石、测温、摊铺、接茬、找平、点补、撒垫料、清理(注意调整沥青混合料的压实厚度)			
040204001001	人行道整形碾压	1. 部位:人行道整形碾压; 2. 其他:质量应满足招标文件、设计图纸及规范的要求,施工方法由施工单位自定	m²	713.00	1. 放样; 2. 碾压
人行道整形碾压清单分解思路		考虑人行道路床施工放样、推土机整平、找平、碾压、人工配合处理机械碾压不到之处			

续上表

项目编码	项目名称	项目特征	计量单位	数量	工程内容
040204002001	人行道块料铺设（盲道）	1. 块料品种、规格：250mm×250mm×60mm 机制混凝土黄色盲道砖； 2. 基础、垫层材料品种、厚度：15cm厚无砂混凝土基础+3cm厚中粗砂垫层； 3. 图形：见设计详图	m²	106.70	1. 基础、垫层铺筑； 2. 块料铺设
人行道块料铺设清单分解思路		考虑人行道混凝土基础混合料的取（定）料、摊铺、整平、浇筑等施工工序			
		考虑人行道中粗砂垫层混合料的取（定）料、摊铺、整平、浇筑等施工工序			
		考虑人行道250mm×250mm×60mm机制混凝土盲道砖的安砌，包括放样、运料、配料、拌和、灌缝、扫缝等工序			

扫描二维码14.1-2查看分部分项工程量清单/单价措施工程量清单分解（全部答案）。

14.1-2

3. 分部分项工程量清单/单价措施工程量清单的子项套用相关定额

根据分解的子项套用各组合对应的定额子目，定额套用细节按遵循定额说明，做到"不重套不漏套"；本案例定额参见《湖南省市政工程消耗量标准》（2020年版）。套用结果详见表。

4. 计算计价工程量（定额工程量）

根据各子项定额工程量计算规则，按照图纸的尺寸数量信息计算工程量，计算结果按定额计量单位转换单位；值得再强调的是：清单项目的工程量是按清单的计算规则计算的，清单项目组合工作内容的工程量是按定额的计算规则计算的。计算结果详见表14.1-3。

分部分项工程项目清单与措施项目清单计价表

表14.1-3

工程名称：开发区新建道路　　　　标段：　　　　第1页 共 页

项目编码	项目名称	项目特征（定额明细）	计量单位	工程量计算公式	数量
040202001001	路床（槽）整形	1. 部位：行车道路床整形碾压； 2. 范围：路床；素土压实（重型压实度≥95%）	m²	QDL【清单量】	1 877.90
1.1	D2-6	路床（槽）整形行车道路床整形碾压	100m²	QDL【清单量】/100	18.78
040202011001	级配碎石底基层	1. 石料规格：级配碎石底基层； 2. 厚度：15cm； 现场机械拌和	m²	QDL	1 862.00
2.1	D2-46 + D2-47×（-5）换	级配碎石基层 机械拌和实际厚度15cm	100m²	QDL/100	18.62

续上表

项目编码	项目名称	项目特征(定额明细)	计量单位	工程量计算公式	数量
040202015001	水泥稳定碎石下基层(3%商品水泥稳定碎石)	1. 水泥含量:3%商品水泥稳定碎石; 2. 石料规格:按设计要求; 3. 厚度:20cm; 下基层,含养护	m²	QDL	1 803.00
3.1	D2-42换	水泥稳定料基层 水泥稳定碎石 厚度20cm~ 换:商品水泥稳定料 水泥稳定碎石基层3%	100m²	QDL/100	18.03
3.2	D2-56	多合料基层养生 洒水养护	100m²	QDL/100	18.03
040202015002	水泥稳定碎石上基层(5%商品水泥稳定碎石)	1. 水泥含量:5%商品水泥稳定碎石; 2. 石料规格:按设计要求; 3. 厚度:20cm; 上基层,含养护	m²	QDL	1 707.00
4.1	D2-42换	水泥稳定料基层 水泥稳定碎石 厚度20cm~ 换:商品水泥稳定料 水泥稳定碎石基层5%	100m²	QDL/100	17.07
4.2	D2-56	多合料基层养生 洒水养护	100m²	QDL/100	17.07
040203004001	稀浆封层	1. 材料品种:乳化沥青; 2. 喷油量:1L/m²; 3. 厚度:1cm; 4. 集料:粒径0.5~1cm	m²	QDL	1 707.00
5.1	D2-90	喷洒沥青油料 稀浆封层	100m²	QDL/100	17.07
040203003001	透层	1. 材料品种:PC-2阳离子改性乳化沥青; 2. 喷油量:1.0L/m²	m²	QDL	1 707.00
6.1	D2-86换	喷洒沥青油料 透层 乳化沥青油量(1.0L/m²)~ 换:PC-2阳离子乳化沥青	100m²	QDL/100	17.07
040203003002	黏层	1. 材料品种:改性乳化沥青(PC-3); 2. 喷油量:0.5L/m²	m²	QDL	3 414.00
7.1	D2-88	喷洒沥青油料 黏层 乳化沥青油量(0.5L/m²)	100m²	QDL/100	34.14
040203006001	粗粒式沥青混凝土AC-25C(下面层)	1. 沥青混凝土种类:粗粒式沥青混凝土AC-25C; 2. 沥青品种:70号A级道路石油沥青; 3. 石料粒径:AC-25C; 4. 厚度:7cm	m²	QDL	1 707.00

续上表

项目编码	项目名称	项目特征(定额明细)	计量单位	工程量计算公式	数量
8.1	D2-98 + D2-99换	粗粒式沥青混凝土路面 机械摊铺 厚度6cm～实际厚度7cm	100m²	QDL/100	17.07
040203006002	中粒式改性沥青混凝土AC-16C（中面层）	1. 沥青混凝土种类：AC-16C中粒式改性沥青混凝土； 2. 沥青品种：SBS改性沥青AH-70； 3. 石料粒径：AC-16C，玄武岩； 4. 厚度：5cm	m²	QDL	1 707.00
9.1	D2-102换	中粒式沥青混凝土路面 机械摊铺 厚度5cm～换：中粒式改性沥青混凝土AC-16(商品混凝土)	100m²	QDL/100	17.07
040203006003	细粒式改性沥青混凝土AC-13C（上面层）	1. 沥青混凝土种类：细粒式沥青混凝土AC-13C(面层)； 2. 沥青品种：SBS改性沥青AH-70； 3. 石料粒径：AC-13C，玄武岩； 4. 厚度：4cm	m²	QDL	1 707.00
10.1	D2-106 + D2-107×2换	细粒式沥青混凝土路面 机械摊铺 厚度3cm～实际厚度4cm	100m²	QDL/100	17.07
040204001001	人行道整形碾压	1. 部位：人行道整形碾压； 2. 其他：质量应满足招标文件、设计图纸及规范的要求，施工方法由施工单位自定	m²	QDL	713.00
11.1	D2-7	路床(槽)整形 人行道整形碾压	100m²	QDL/100	7.13
040204002001	人行道块料铺设（盲道）	1. 块料品种、规格：250mm×250mm×60mm 机制混凝土黄色盲道砖； 2. 基础、垫层材料品种、厚度：15cm厚无砂混凝土基础+3cm厚中粗砂垫层； 3. 图形：见设计详图	m²	QDL	106.70
12.1	D2-158换	人行道板安砌透水砖面层 厚6cm内～换：250mm×250mm×60mm机制混凝土盲道砖	100m²	QDL/100	1.07
12.2	D2-151 + D2-152×5换	人行道板垫层混凝土垫层 实际厚度15cm	100m²	QDL/100	1.07

续上表

项目编码	项目名称	项目特征(定额明细)	计量单位	工程量计算公式	数量
12.3	D2-147 + D2-148×(-2)换	人行道板垫层 砂垫层 实际厚度3cm	100m²	QDL/100	1.07

扫描二维码14.1-3查看分部分项工程量清单/单价措施工程量清单计算定额工程量(全部答案)。

二、综合单价的计算

(一)计算分部分项工程直接工程费

直接费(不含增值税可抵扣进项税)=人工费+材料费+施工机械台班费用

某地区规定:人工费、材料费、工程设备费和施工机具使用费均不包含增值税可抵扣的进项税。

其中： 人工费=完成单位清单项目所需人工的工日数量×每工日的人工日工资单价

材料费=∑完成单位清单项目所需各种材料、半成品的数量×各种材料除税预算价格(或市场价格)

机械费=∑完成单位清单项目所需各种机械的台班数量×各种机械的台班单价(不含进项税额)

工料机单价的调整详见课题12.2"三、工程量清单计价过程"。

扫描二维码14.1-4查看道路路面工程材料市场价。

①执行当地住建部最新市政造价文件:执行湘建价〔2019〕47号文件《湖南省住房和城乡建设厅关于调整建设工程销项税额税率和材料价格综合税率计费标准的通知》、湘建价市〔2020〕46号文件《湖南省建设工程造价管理总站关于机械费调整及有关问题的通知》;②参见湖南省政府造价管理机构颁布的统一定额《湖南省市政工程消耗量标准》(2020年版);③《湖南省住房和城乡建设厅关于发布〈湖南省建设工程计价依据动态调整汇编(2022年度第一期)〉的通知》(湘建价〔2022〕146号);④当期造价站发布的材料信息价(市场价)。

扫描二维码14.1-5查看分部分项工程直接工程费计算(全部答案)(以下数据为节选部分)。

14.1-3

14.1-4

14.1-5

1.040203006003细粒式改性沥青混凝土 AC-13C(上面层)的直接费

①D2-106+D2-107×2换细粒式沥青混凝土机械摊铺路面的人工费=1×(383.75+2×63.75)×17.07=8 727.04(元)

柴油0#的材料费=7.205×(3+2×1)×17.07=614.95(元)

商品沥青混凝土AC-13的材料费=1 201.45×(3.03+2×0.51)×17.07=83 061.44(元)

其他材料费=1×(46.689+2×7.912)×17.07=1 067.10(元)

②D2-106+D2-107×2换细粒式沥青混凝土机械摊铺路面的材料费=614.95+83 061.04+1 067.10=84 743.09(元)

10t钢轮振动压路机机械台班单价(J1-30调整后)=1 226.25+(7.205-7.16)×45.43=1 228.29(元)

10t钢轮振动压路机的机械费=1 228.29×0.046×17.07=964.48(元)

13t钢轮振动压路机机械台班单价(J1-32调整后)=1 518.49+(7.205-7.16)×74.51=1 521.84(元)

13t钢轮振动压路机的机械费=1 521.84×0.046×17.07=1 194.98(元)

8t沥青混凝土摊铺机机械台班单价(J1-55调整后)=1 452.02+(7.205-7.16)×40.03=1 453.82(元)

8t沥青混凝土摊铺机的机械费=1 453.82×0.040×17.07=992.67(元)

③D2-106 + D2-107 ×2换细粒式沥青混凝土机械摊铺路面的机械费=964.48+1 194.98+992.67=3 152.13(元)

D2-106 + D2-107 ×2换细粒式沥青混凝土机械摊铺路面的直接费=8 727.04+84 743.09+3 152.13=96 622.26(元)

D2-106 + D2-107 ×2换细粒式沥青混凝土机械摊铺路面的基期直接费=(3 727.37+599.11×2)×17.07=84 079.82(元)

综上,040203006003细粒式改性沥青混凝土 AC-13C(上面层)的直接费=96 622.26元

040203006003细粒式改性沥青混凝土 AC-13C(上面层)的基期直接费=84 079.82元

2. 040204001001人行道整形碾压的直接费

①D2-7路床(槽)整形 人行道整形碾压的人工费=215×1×7.13=1 532.95(元)

12t钢轮振动压路机机械台班单价(J1-31调整后)=1 344.46+(7.205-7.16)×59=1 347.115(元)

12t钢轮振动压路机的机械费=1 347.115×0.011×7.13=105.65(元)

②D2-7路床(槽)整形 人行道整形碾压的机械费=105.65元

D2-7人行道整形碾压的直接费=1 532.95+105.65=1 638.60(元)

D2-7人行道整形碾压的基期直接费=229.79×7.13=1 638.40(元)

综上,040204001001人行道整形碾压的直接费=1 638.60(元)

040204001001人行道整形碾压的基期直接费=1 638.40(元)

3. 040204002001人行道块料铺设(盲道)的直接费

①D2-158换人行道块料安砌(盲道)的人工费=1×3 868.75×1.07=4 139.56(元)

水的材料费=4.4×1.15×1.07=5.41(元)

天然中粗砂的材料费=205.76×3.16×1.07=695.72(元)

250mm×250mm×60mm机制混凝土盲道砖的材料费=54.37×102×1.07=5 933.94(元)

其他材料费=1×66.323×1.07=70.97(元)

D2-158换人行道块料安砌(盲道)的材料费=5.41+695.72+5 933.94+70.97=6 706.04(元)

D2-158换人行道块料安砌(盲道)的直接费=4 139.56+6 706.04=10 845.60(元)

D2-158换人行道块料安砌(盲道)的基期直接费=8 356.62×1.07=8 941.58(元)

②D2-151 + D2-152 ×5 换人行道板混凝土垫层的人工费=(560+62.5×5)×1×1.07=933.58(元)

水的材料费=4.4×(2+0.2×5)×1.07=14.12(元)

C15商品混凝土(砾石)材料费=487.60×(10.2+1.02×5)×1.07=7 982.50(元)

其他材料费=1×(80.567+5×8.057)×1.07=129.31(元)

D2-151+D2-152×5 换人行道板混凝土垫层的材料费=14.12+7 982.50+129.31=8 125.93(元)

平板式混凝土振动器的机械台班单价(J6-20调整后)=11.22+(0.775-0.80)×5.4=11.09(元/台班)

平板式混凝土振动器的机械费=(2.180+5×0.022)×11.09×1.07=27.17(元)

D2-151+D2-152 ×5 换人行道板混凝土垫层机械费=27.17元

D2-151+D2-152 ×5 换人行道板混凝土垫层的直接费=933.58+8 125.93+27.17=9 086.68(元)

D2-151+D2-152 ×5 换人行道板混凝土垫层的基期直接费=(6 036.15+607.92×5)×1.07=9 711.05(元)

③D2-147+D2-148×(-2)换人行道板砂垫层的人工费=(276.25-55.00×2)×1×1.07=177.89(元)

水的材料费=4.4×(0.79-0.16×2)×1.07=2.21(元)

天然中粗砂的材料费=205.76×(6.44-1.29×2)×1.07=849.83(元)

其他材料费=1×(25.929-2×5.194)×1.07=16.63(元)

D2-147+D2-148×(-2)换人行道板砂垫层的材料费=2.21+849.83+16.63=868.67(元)

D2-147+D2-148×(-2)换人行道板砂垫层的直接费=177.89+868.67=1 046.56(元)

D2-147+D2-148×(-2)换人行道板砂垫层的基期直接费=(2 030.79-406.46×2)×1.07=1 303.12(元)

综上,040204002001人行道块料铺设(盲道)的直接费=10 845.60+9 086.68+1 046.56=20 978.84(元)

040204002001人行道块料铺设(盲道)的基期直接费=8 941.58+9 711.05+1 303.12=19 955.75(元)

(二)计算分部分项工程企业管理费和利润

执行《湖南省建设工程计价办法》(2020年版)"附录C 建筑安装工程费用标准",管理费、利润,见表12.2-5。

扫描二维码14.1-6查看分部分项工程企业管理费和利润计算(全部答案)。

14.1-6

1. 040203006003 细粒式改性沥青混凝土 AC-13C（上面层）的管理费、利润

①040203006003 细粒式改性沥青混凝土 AC-13C（上面层）的管理费＝基期直接费×6.8%＝84 079.82×6.8%＝5 717.43（元）

②040203006003 细粒式改性沥青混凝土 AC-13C（上面层）的利润＝基期直接费×6%＝84 079.82×6%＝5 044.79（元）

2. 040204001001 人行道整形碾压的管理费、利润

①040204001001 人行道整形碾压的管理费＝基期直接费×6.8%＝1 638.40×6.8%＝111.41（元）

②040204001001 人行道整形碾压的利润＝基期直接费×6%＝1 638.40×6%＝98.30（元）

3. 040204002001 人行道块料铺设（盲道）的管理费、利润

①040204002001 人行道块料铺设（盲道）的管理费＝基期直接费×6.8%＝19 955.75×6.8%＝1 356.99（元）

②040204002001 人行道块料铺设（盲道）的利润＝基期直接费×6%＝19 955.75×6%＝1 197.34（元）

(三)计算综合单价，完成《综合单价分析表》的填写

综合单价包括完成《市政工程工程量计算规范》(GB 50857—2013)一个规定计量单位的分部分项工程量清单项目或是措施清单项目的所有工程内容的费用。

综合单价＝（∑直接费+∑管理费+∑利润+∑风险）/清单工程量

扫描二维码 14.1-7 查看道路案例综合单价计算(全部答案)。

①040203006003 细粒式改性沥青混凝土 AC-13C（上面层）的综合单价＝(96 622.26+5 717.43+5 044.79)/1 707＝107 384.48/1 707.00＝62.91（元/m²）；详见表 14.1-4。

②040204001001 人行道整形碾压的综合单价＝(1 638.60+111.44+98.30)/713.00＝1 848.34/713.00＝2.59（元/m²）；详见表 14.1-5。

③040204002001 人行道块料铺设（盲道）的综合单价＝(20 978.84+1 356.99+1 197.34)/106.699＝23 533.17/106.70＝220.56（元/m²）；详见表 14.1-6。

a. 分部分项工程费＝3 958.68+8 6342.62+174 310.30+146 895.76+18 428.42+6 812.23+6 233.47+172 741.74+108 283.16+107 384.48+1 848.34+23 533.17+111 481.59+22 551.42+24 982.44+13 556.63+9 905.65+7 070.79＝1 046 320.28（元）

b. 分部分项工程基期直接费＝3 505.1+77 699.96+148 573.33+140 662.61+17 273.99+5 807.04+6 093.31+130 285.92+95 058.22+84 079.82+1 638.40+19 955.75+101 198.99+19 092.72+16 300.49+7 657.36+6 188.29+4 681.14＝885 752.44（元）

三、计算措施项目清单费

1. 单价措施清单费

单价措施清单费＝∑（计量措施项目清单量×综合单价）

单价措施清单费计算方法、表格填写与分部分项工程清单的综合单价计算、表格填写相同，详见表 14.1-7、表 14.1-8。

综合单价分析表(分部分项工程)

工程名称:开发区新建道路　　　　标段:　　　　　　　　　　　　　　第10页　共18页
表14.1-4

清单编码	040203006003	项目名称	细粒式改性沥青混凝土 AC-13C(上面层)	计量单位	m²	数量	1 707.00	综合单价(元)	62.91	合价(元)	107 384.48

消耗量标准编号	项目名称	单位	数量	单价(元)					合价		
				合计(直接费)	人工费	材料费	机械费	管理费		其他管理费	利润
D2-106 + D2-107×2换	细粒式沥青混凝土路面机械摊铺厚度3cm~实际厚度4cm	100 m²	17.07	5 660.32	511.25	4 964.41	184.66	6.80%	5 717.43	2.00%	6.00%
累计(元)				96 621.66	8 727.04	84 743.09	3 152.13		5 717.43		5 044.79

材料费明细表	材料名称、规格、型号	单位	数量	单价	合价	暂估单价	暂估合价
	柴油 0#	kg	85.350	7.205	614.95		
	商品沥青混凝土 AC-13	m³	69.134	1 201.45	83 061.04		
	其他材料费	元	1 067.097	1.00	1 067.10	—	
	材料费合计	元	—		84 743.09	—	

综合单价分析表（分部分项工程）

工程名称：开发区新建道路　　　　标段：　　　　第 11 页　共 18 页

表 14.1-5

清单编码	040204011001	项目名称	路床（槽）整形 人行道整形碾压		计量单位	m²	数量	713.00	综合单价（元）	2.59
消耗量标准编号	项目名称	单位	数量	单价（元）						
				合计（直接费）	人工费	材料费	机械费	管理费	其他管理费	利润
								6.80%	2.00%	6.00%
D2-7	路床（槽）整形 人行道整形碾压	100 m²	7.13	229.82	215.00		14.82	111.41		98.30
累计（元）				1 638.60	1 532.95		105.65	111.41		98.30	1 848.34
材料费明细表	材料名称、规格、型号	单位	数量	单价	合价	暂估单价	暂估合价			
		元	—	—	1 848.34					
	材料费合计									

247

综合单价分析表（分部分项工程）

表 14.1-6
第 12 页 共 18 页

工程名称：开发区新建道路 标段：

清单编码	040204002001	项目名称		人行道块料铺设（盲道）		计量单位	m²	数量	106.70	综合单价（元）	220.56
消耗量标准编号	项目名称	单位	数量	单价（元）					合价（元）		
				合计（直接费）	人工费	材料费	机械费	管理费 6.80%	其他管理费 2.00%	利润 6.00%	
D2-158换	人行道板安砌 透水砖面层厚6cm 内~换:250mm×250mm×60mm机制混凝土盲道砖	100 m²	1.07	10 136.07	3 868.75	6 267.33		608.03		536.49	11 990.12
D2-151+D2-152×5换	人行道板垫层 混凝土垫层厚度10cm~实际厚度15cm	100 m²	1.07	8 492.22	872.50	7 594.33	25.39	660.35		582.66	10 329.69
D2-147+D2-148×(-2)换	人行道砌垫层 砂垫层厚度5cm~实际厚度3cm	100 m²	1.07	978.09	166.25	811.84		88.61		78.19	1 213.36
累计（元）				20 978.84	5 251.03	15 700.64	27.17	1 356.99		1 197.34	23 533.17

材料费明细表	材料名称、规格、型号	单位	数量	单价	合价	暂估单价	暂估合价
	天然中粗砂	m³	7.511	205.76	1 545.55		
	水	t	4.943	4.40	21.75		
	250mm×250mm×60mm 机制混凝土盲道砖	m²	109.140	54.37	5 933.94		
	其他材料费	元	216.906	1.00	216.91		
	商品混凝土（砾石）C15	m³	16.371	487.60	7 982.50		
	材料费合计	元	—	—	15 700.65	—	

综合单价分析表（单价措施项目）

工程名称：开发区新建道路　　标段：　　　　　　　　　　　　　表14.1-7　第1页　共5页

清单编码	041102037001	项目名称	桥梁混凝土现浇模板 地梁、侧石、缘石		计量单位	m^2	数量	94.2	综合单价（元）	71.2	合价（元）

消耗量标准编号	项目名称	单位	数量	单价（元）					合价		
				合计（直接费）	人工费	材料费	机械费	管理费		利润	
D11-52	其他现浇构件模板（C15现浇混凝土基座模板）	$10m^2$	9.42	627.92	376.25	245.15	6.52	420.51	6.8%	2.00%	6.00%
累计（元）				5 915.01	3 544.28	2 309.31	61.42	420.51	94.2	371.05	6 706.57
										371.05	6 706.57

材料费明细表	材料名称、规格、型号	单位	数量	单价	合价	暂估单价	暂估合价
	铁钉	kg	5.888	5.03	29.62		
	镀锌铁丝 Φ3.5	kg	7.348	5.47	40.19		
	脱模剂	kg	9.420	2.62	24.68		
	杉木锯材	m^3	0.320	1 289.77	412.73		
	嵌缝膏	kg	4.710	2.67	12.58		
	模板竹胶合板 15mm 双面覆膜	m^2	28.260	57.28	1 618.73		
	支撑钢管及扣件	kg	23.889	5.54	132.35		
	其他材料费	元	38.104	1	38.10		
	材料费合计	元	—	—	2 308.98	—	

表14.1-8

综合单价分析表(单价措施项目)

第2页 共5页

工程名称：开发区新建道路　　标段：

清单编码	041106001002	项目名称	大型机械设备进出场及安拆(履带式推土机)	计量单位	台·次	数量	3.00	综合单价(元)	2432.48

单价(元) / 合价(元)

消耗量标准编号	项目名称	单位	数量	合计(直接费)	人工费	材料费	机械费	管理费	其他管理费	利润	合价(元)
J14-25	场外运费 履带式推土机 90kW以内	台·次	1.00	1816.79		501.97	1314.82	122.81	2.00%	108.36	2047.96
J14-26	场外运费 履带式推土机 90kW以外	台·次	2.00	2328.25		604.26	1723.99	315.02		277.96	5249.44
累计(元)				6473.29		1710.49	4762.80	437.83		386.32	7297.44

材料费明细表	材料名称、规格、型号	单位	数量	单价	合价	暂估单价	暂估合价
	枕木	m³	0.240	965.80	231.79		
	镀锌铁丝	kg	15.000	5.50	82.50	—	—
	草袋	m²	19.140	3.044	58.26	—	—
	其他材料费	元	43.290	1.00	43.29		
	材料费合计	元	—	—	1710.49		

250

扫描二维码14.1-8查看单价措施清单计算的全部答案。

综上,单价措施清单费=6 706.57+7 297.44+2 162.51+13 018.65+11 011.58=40 196.75(元)。

单价措施项目基期直接费=35 765.77元。

2. 计算总价措施费(表14.1-9)

041109004001 冬雨季施工增加费=(分部分项工程费+单价措施项目费)×0.16%=(1 046 320.28+40 196.75)×0.16%=1 738.43(元)

总价措施项目清单计费表   表14.1-9

工程名称:开发区新建道路　　　　　标段:　　　　　第1页 共1页

序号	项目编码	项目名称	计算基础	费率(%)	金额(元)	备注
1	041109004001	冬雨季施工增加费	分部分项工程费+单价措施项目费	0.16	1 738.43	
					1 738.43	

3. 计算绿色施工安全防护施工措施费

① 绿色施工安全防护措施项目费=(分部分项工程基期直接费+单价措施项目基期直接费)×3.37%=(885 752.44+35 765.77)×3.37%=31 055.16(元)。

② 安全生产费=(分部分项工程基期直接费+单价措施项目基期直接费)×2.63%=(885 752.44+35 765.77)×2.63%=24 235.93(元)。见表14.1-10。

绿色施工安全防护措施项目费计价表(招投标)　　表14.1-10

工程名称:开发区新建道路　　　　　标段:　　　　　第1页 共 页

序号	工程内容	计费基数	费率(%)	金额(元)	备注
一	绿色施工安全防护措施项目费	分部分项工程基期直接费+单价措施项目基期直接费	3.37	31 055.16	
	其中:安全生产费	分部分项工程基期直接费+单价措施项目基期直接费	2.63	24 235.93	

综上,措施项目费=单价措施费+总价措施费+绿色施工安全防护措施项目费=40 196.75+1 738.43+31 055.16=72 990.34(元)。

四、计算其他项目清单费用

安全责任险、环境保护税=(分部分项工程费+措施项目费)×0.6%=(1 046 320.28+72 990.34)×0.6%=6 715.86(元)。见表14.1-11。

其他项目清单与计价汇总表　　表14.1-11

工程名称:开发区新建道路　　　　　标段:　　　　　第1页 共1页

序号	项目名称	计费基础/单价	费率(%)	合计金额(元)	备注
1	暂列金额				
2	暂估价				

续上表

序号	项目名称	计费基础/单价	费率(%)	合计金额（元）	备注
2.1	材料（工程设备）暂估价				
2.2	专业工程暂估价				
2.3	分部分项工程暂估价				
3	计日工				
4	总承包服务费				
5	优质工程增加费				
6	安全责任险、环境保护税		0.6	6 715.86	
7	提前竣工措施增加费				
8	索赔签证				
9	其他项目费合计			6 715.86	

五、计算增值税

增值税 = 销项税额 = 税前造价×9% = （分部分项工程费+措施项目费+其他项目费）×9% = （1 046 320.28+72 990.34+6 715.86）×9% = 101 342.38（元）。

六、表格汇总

单位工程投标报价汇总表   表14.1-12

工程名称：开发区新建道路　　　标段：　　　　第1页 共1页

序号	工程内容	计费基础说明	费率（%）	金额（元）	其中：暂估价（元）
一	分部分项工程费	分部分项费用合计		1 046 320.28	
1	直接费				
1.1	人工费				
1.2	材料费				
1.2.1	其中：工程设备费/其他				
1.3	机械费				
2	管理费		9.65		
3	其他管理费		2		
4	利润		6		
二	措施项目费	1+2+3		72 990.34	

续上表

序号	工程内容	计费基础说明	费率(%)	金额(元)	其中：暂估价(元)
1	单价措施项目费	单价措施项目费合计		40 196.75	
1.1	直接费				
1.1.1	人工费				
1.1.2	材料费				
1.1.3	机械费				
1.2	管理费		6.8		
1.3	利润		6		
2	总价措施项目费			1 738.43	
3	绿色施工安全防护措施项目费		3.37	31 055.16	
3.1	其中：安全生产费		2.63	24 235.93	
三	其他项目费			6 715.86	
四	税前造价	一+二+三		1 126 026.48	
五	销项税额	四	9	99 528.69	
	单位工程建安造价	四+五		1 227 368.86	

单元15 桥梁工程量清单计价

课题15.1 掌握桥梁工程量清单的费用计算

学习目标

通过本课题的学习,熟悉桥梁工程清单计价办法,能运用相关预算定额(消耗量标准)编制桥梁工程量清单计价,不断提高桥梁工程清单计价技能。与此同时,培养独立思考、勇于探索、严谨治学的学习态度。

相关知识

桥梁工程量清单计价是在大型公路桥梁等大型工程招投标过程中,招标人或委托方委托具有相关工程造价资质的机构,按照招标文件和相关规范、标准的规定,以工程量清单计价的方式编制招标文件。结合施工现场的实际情况和工程设计图纸,确定工程量清单,对施工过程中的消耗和实际消耗进行估算,将工程量清单作为招标文件的重要组成部分,投标人根据工程量清单确定施工项目的分部分项工程项目、工程量等,结合自身的管理水平、人员和设备等进行报价。

工程量清单计价编制内容包括：子项套价、综合单价的确定、措施项目费的确定、其他项目费的确定、计算税金和汇总单位工程建安费。

单元10介绍了桥梁工程量清单的编制,本课题任务就是在工程量清单编制好后确定施工方案,从而确定各清单项目的组合工作内容。分部分项工程量清单计价应根据招标文件中分部分项工程量清单进行编制。

【例15.1-1】 桥梁结构预应力混凝土主梁：采用C50混凝土,管道压浆采用M50水泥浆；全桥支座垫石：采用C40混凝土；承台垫层：采用C20混凝土；防撞护栏：C30混凝土。见图15.1-1。

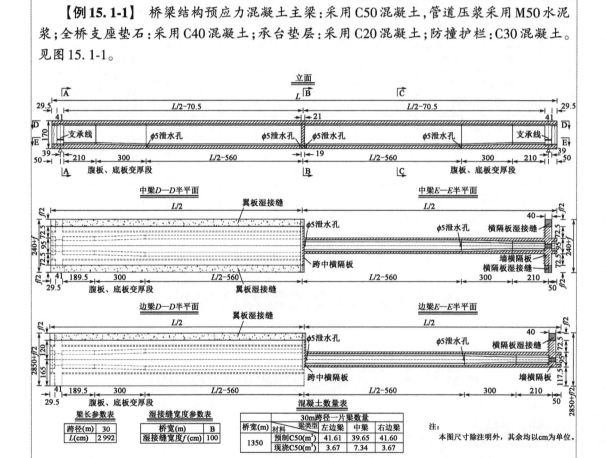

图15.1-1 案例小箱梁一般构造图(一)

钢绞线及锚具：预应力束采用按《预应力混凝土用钢绞线》(GB/T 5224—2023)技术标准生产的高强度低松弛钢绞线,标准强度$f_{pk}=1\ 860$MPa,张拉控制应力为$0.72f_{pk}=1\ 339.2$MPa,公称直径$\Phi^s15.2$mm,公称面积139mm²,弹性模量$E_p=1.95\times10^5$MPa。

本工程风险费暂不考虑,无创标准化工程要求,不分包,无暂列金额与计日工。见表15.1-1。

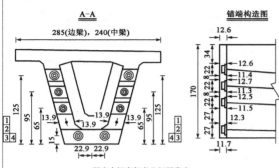

图 15.1-2 小箱梁钢束布置图(二)

分部分项工程项目清单与措施项目清单计价表(招标)   表 15.1-1

工程名称:预应力连续箱梁桥　　　标段:　　　　第1页 共 页

序号	项目编码	项目名称	项目特征描述	计量单位	工程量	金额(元) 综合单价	合价	其中:暂估价
	C		上部结构分部分项工程					
	C.1		箱梁					
1	040304001001	预制混凝土梁(边梁)	1. 部位:箱梁边梁; 2. 图集、图纸名称:详见箱梁设计图; 3. 构件代号、名称:预制箱梁; 4. 混凝土强度等级:C50泵送商品混凝土,混凝土用的河砂采用含泥质较少且质量符合规范的清水砂,骨料及水的质量符合相应规范; 5. 运距:2km; 6. 含现浇湿接缝,现浇中横隔板、端横梁;预制箱梁吊装、运输	m³	686.4			

续上表

序号	项目编码	项目名称	项目特征描述	计量单位	工程量	金额（元）		
						综合单价	合价	其中：暂估价
2	040304001002	预制混凝土梁（中梁）	1. 部位：桥梁中梁； 2. 图集、图纸名称：详见箱梁设计图； 3. 构件代号、名称：预制箱梁； 4. 混凝土强度等级：C50泵送商品混凝土，混凝土用的河砂采用含泥质较少且质量符合规范的清水砂，骨料及水的质量符合相应规范； 5. 运距：2km； 6. 含现浇湿接缝，现浇中横隔板、端横梁。预制箱梁吊装、运输	m³	693.6			
3	040901002001	预制构件钢筋（Φ8）	1. 钢筋种类：HPB300钢筋； 2. 钢筋规格：圆钢HPB300 Φ8； 3. 部位：预制箱梁构造钢筋	t	2.217 6			
4	040901002002	预制构件钢筋（Φ10）	1. 钢筋种类：HPB300钢筋； 2. 钢筋规格：圆钢HPB300 Φ10； 3. 部位：封锚钢筋、预应力定位钢筋	t	5.159 04			
5	040901002003	预制构件钢筋（Φ10）	1. 钢筋种类：HRB400钢筋； 2. 钢筋规格：螺纹钢筋HRB400 Φ10； 3. 部位：预制箱梁、湿接缝、中横梁、端横梁钢筋	t	63.016			
6	040901002004	预制构件钢筋（Φ12）	1. 钢筋种类：HRB400钢筋； 2. 钢筋规格：螺纹钢筋HRB400 Φ12； 3. 部位：封锚、箱梁构造、湿接缝、中横梁钢筋	t	125.343 2			
7	040901002005	预制构件钢筋（Φ16）	1. 钢筋种类：HRB400钢筋； 2. 钢筋规格：螺纹钢筋HRB400 Φ16； 3. 部位：桥梁连续构造湿接缝	t	2.295 6			

续上表

序号	项目编码	项目名称	项目特征描述	计量单位	工程量	综合单价	合价	其中：暂估价
8	040901002006	预制构件钢筋(⏀20)	1. 钢筋种类：HRB400钢筋； 2. 钢筋规格：螺纹钢筋HRB400 ⏀20； 3. 部位：箱梁构造	t	17.7144			
9	040901002007	预制构件钢筋(⏀28)	1. 钢筋种类：HRB400钢筋； 2. 钢筋规格：螺纹钢筋HRB400 ⏀28； 3. 部位：中横梁、端横梁钢筋	t	3.4612			
10	040901006001	后张法预应力钢筋（钢绞线）	1. 部位：预制箱梁； 2. 预应力筋种类：钢绞线； 3. 预应力筋规格：钢绞线 $\phi^s15.2$； 4. 锚具种类、规格：M15-6:192套；M15-7:192套； 5. 压浆管材质、规格：SBG塑料波纹管，压浆采用强度不低于50MPa的水泥浆并加入阻锈剂和微膨胀剂	t	42.7968			
11	040309004001	200mm×200mm×20mm减震橡胶块	1. 规格、型号：200mm×200mm×20mm橡胶减震块； 2. 形式：详见设计图； 3. 材质：防震橡胶垫块	个	96.00			
		以综合单价形式计价的措施项目						
12	041102011001	预制箱梁模板	1. 构件类型：预制边梁、中梁定制钢模板； 2. 支模高度：0~1.8m； 3. 说明：包含底模、侧模、芯模模板制作、安装、拆除等一切施工内容	m²	8051.52			
13	041102011002	现浇湿接缝模板	1. 构件类型：现浇湿接缝底模； 2. 支模高度：1.6m； 3. 说明：包含模板制作、安装、拆除等一切施工内容	m²	540.00			

续上表

序号	项目编码	项目名称	项目特征描述	计量单位	工程量	金额(元)		
						综合单价	合价	其中：暂估价
14	041102011003	现浇端横梁模板	1. 构件类型：端横梁底模、侧模模板； 2. 支模高度：0~1.8m； 3. 说明：包含模板制作、安装、拆除等一切施工内容	m²	555.66			
15	041102011004	现浇跨中横梁模板	1. 构件类型：中横梁底模、侧模模板； 2. 支模高度：0~0.18m； 3. 说明：包含模板制作、安装、拆除等一切施工内容	m²	261.63			
16	041102040001	金属结构吊装设备（双导梁）	1. 部位：主梁安装； 2. 规格：投标人根据情况决定	10 t 金属设备	13.00			
17	041102040002	金属结构吊装设备（门式起重机）	1. 部位：预制场起吊设备； 2. 规格：投标人根据情况决定	10 t 金属设备	3.52			
18	041106001001	大型机械设备进出场及安拆（架桥机）	1. 机械设备名称：架桥机； 2. 机械设备规格型号：投标人自行综合考虑	台·次	1.00			
19	041106001002	大型机械设备进出场及安拆（门式起重机）	1. 机械设备名称：门式起重机； 2. 机械设备规格型号：按施工组织设计，投标人自行决定	台·次	2			

知识剖析

根据招标分部分项工程量清单，试完成下列任务：

①完成清单计价程序中的市政桥梁案例箱梁的子项套价；

②完成清单计价程序中的市政桥梁案例箱梁的清单综合单价计算，并填写综合单价分析表；

③完成清单计价程序中的市政桥梁案例箱梁的清单措施项目清单费用计算；

④完成清单计价程序中的市政桥梁案例箱梁的其他项目清单费用计算；

⑤完成清单计价程序中的市政桥梁案例箱梁的清单增值税中销项税的计算；

⑥完成市政桥梁案例箱梁的单位工程建安费的报价金额计算，填写汇总表。

一、子项套价

完成好分部分项工程量清单/单价措施项清单编制后,就要根据清单规则中的工程内容套用相关定额,或是根据实际成本计算,进而完成工程量清单的费用计算。子项套价步骤如下:

1. 确定分部分项工程的施工方案

分部分项工程清单编制思路要结合项目的施工内容和施工流程,做到不漏项不重项;而项目的施工方案则直接影响分部分项工程清单中综合单价和最终单位工程的建安费。

> 思考15.1-1:请确定6×30m预应力组合箱梁桥上部结构的分部分项工程量清单中涉及的施工方案。

知识剖析

本案例的桥梁上部结构施工方案及要点:预应力箱梁采用预制场预制,龙门架出坑,架桥机架设安装。

①底模预制:台座采用C20混凝土浇筑,厚度为30cm素混凝土,宽度为100cm,长度为32m。在底模设置对拉螺杆孔,以固定箱梁外侧模,同时在底模板上设置吊梁口。

②钢筋制作与安装:将制作好的钢筋采用人工进行绑扎。安装时首先绑扎底板和腹板钢筋,同时按波纹管设计坐标布设定位筋,且与箱梁钢筋焊接牢固。钢筋绑扎完成后,沿定位钢筋穿波纹管,再穿塑料衬管,完成以上步骤后,再绑扎保护层垫块。

③模板制作与安装:除底模外其余模板依据设计图纸在厂家定制,模板进场先进行打磨、试拼。外模采用大面积定型钢模,模板表面应平整,接缝错台小于1mm,打磨浮锈、清洁钢模表面,并均匀涂抹一层脱模剂。

④混凝土浇筑:混凝土可以在拌和站集中拌和,罐车运至现场入料斗,门式起重机运至指定位置浇筑;也可以购买商品混凝土,混凝土汽车输送泵在预制场进行预制梁浇筑。

混凝土养生、拆模、凿毛:混凝土浇筑完毕后及时进行养生,在顶部覆盖工布;箱梁侧面采用定时自动式淋喷,进行不间断的洒水降温。混凝土浇筑完毕4~5h后开始拆除芯模。芯模拔出后立即在箱梁内部定时自动淋喷进行洒水养护,同时顶板也洒水养护,箱梁养护不留死角。

⑤预应力张拉:当预应力箱梁混凝土龄期大于7d,且当强度达到设计强度的90%后,方可张拉预应力钢束。预应力钢绞线张拉采用双控指标,即锚下张拉力和延伸量,以锚下张拉力为主,延伸量校核。

⑥预应力钢束张拉完成后应尽早进行孔道压浆,采用真空压浆技术压浆饱满。压浆采用强度不低于50MPa的水泥浆并加入阻锈剂和微膨胀剂。压浆前应对孔道进行清洁处理。

⑦移梁和存梁:

a. 起吊:在制梁台上进行起吊,穿钢丝绳时注意钢丝绳要顺直,排列整齐,不得出现挤压、弯死现象,以免钢丝绳受力不均而挤绳,预制梁时在梁底预留吊装孔;

b. 行走:门式起重机行走轨道应结实、平顺,没有三角坑,门式起重机应慢速行走;

c. 存梁:按编号有规划地将梁存放在指定的位置,以方便架梁时取梁。

⑧主梁安装:利用平板车(运梁车)将待安装的箱梁由预制场运送到架桥机后部主梁内,依次改用起吊天车吊运安装梁。在运梁时两平车都采用6m/min的速度,当前起吊天车起吊梁后,起吊天车和后运梁平车都以3m/min的速度运行,直到后起吊天车起吊梁后,两天车以3m/min的速度安装梁,此时喂梁工作完成,运梁平车返回运梁。

就位后,当翼缘板湿接缝的混凝土设计强度达到70%以上,并采取压力扩散措施后,方可在其上运梁。

2. 分部分项工程量清单/单价措施工程量清单的子项分解

根据工程量清单、施工设计文件和施工方案,把桥梁工程上部各清单子目包含的工作内容进行分解,分解到定额子目,并保证拆分后所有定额子目所包含的工作内容之和与清单子目所包含的工作内容一致。清单子目按照《湖南省市政工程消耗量标准》(2020年版)定额进行分解,详见表15.1-2。

分部分项工程项目清单与措施项目清单计价表　　　　表15.1-2

工程名称:预应力连续箱梁桥　　　　标段:　　　　第1页 共1页

项目编码	项目名称	项目特征	计量单位	数量	工程内容
	C	上部结构分部分项工程			
	C.1	箱梁			
040304001001	预制混凝土梁(边梁)	1. 部位:箱梁边梁; 2. 图集、图纸名称:详见箱梁设计图; 3. 构件代号、名称:预制箱梁; 4. 混凝土强度等级:C50泵送商品混凝土,混凝土用的河砂采用含泥质较少且质量符合规范的清水砂,骨料及水的质量符合相应规范; 5. 运距:2km; 6. 含现浇湿接缝,现浇中横隔板、端横梁。预制箱梁吊装、运输	m³	686.4	1. 模板制作、安装、拆除; 2. 混凝土拌和、运输、浇筑; 3. 养护; 4. 构件安装; 5. 接头灌缝; 6. 砂浆制作; 7. 运输

续上表

项目编码	项目名称	项目特征	计量单位	数量	工程内容
	预制混凝土梁清单分解思路	考虑预制混凝土箱梁,包括混凝土的浇筑、捣固、抹平、养护等			
		考虑预制箱梁商品混凝土的运输、泵送;包括混凝土运输车机械就位、泵管安拆、清理等			
		考虑预制箱梁由预制区至存梁区出坑堆放工序,采用门式起重机起吊			
		考虑预应力组合箱梁双导梁安装(后张法);起吊设备就位、整修构件、吊装、固定等			
		考虑预制混凝土平板拖车组运输预制梁构件:挂钩、起吊、装车、固定构件、待装卸等			
040304001002	预制混凝土梁(中梁)	1. 部位:桥梁中梁; 2. 图集、图纸名称:详见箱梁设计图; 3. 构件代号、名称:预制箱梁; 4. 混凝土强度等级:C50泵送商品混凝土,混凝土用的河砂采用含泥质较少且质量符合规范的清水砂,骨料及水的质量符合相应规范; 5. 运距:2km; 6. 含现浇湿接缝,现浇中横隔板,端横梁。预制箱梁吊装、运输	m³	693.6	1. 模板制作、安装、拆除; 2. 混凝土拌和、运输、浇筑 3. 养护; 4. 构件安装; 5. 接头灌缝; 6. 砂浆制作; 7. 运输
	预制混凝土梁清单分解思路	考虑预制混凝土箱梁,包括混凝土的浇筑、捣固、抹平、养护等			
		考虑预制箱梁商品混凝土的运输、泵送;包括混凝土运输车机械就位、泵管安拆、清理等			
		考虑预制箱梁由预制区至存梁区出坑堆放工序,采用门式起重机起吊			
		考虑预应力组合箱梁双导梁安装(后张法);起吊设备就位、整修构件、吊装、固定等			
		考虑预制混凝土平板拖车组运输预制梁构件:挂钩、起吊、装车、固定构件、待装卸等			
040901002001	预制构件钢筋(φ8)	1. 钢筋种类:HPB300钢筋; 2. 钢筋规格:圆钢 HPB300 φ8; 3. 部位:预制箱梁构造钢筋	t	2.2176	1. 制作; 2. 运输; 3. 安装
	预制构件钢筋清单分解思路	考虑HPB300 φ8钢筋制作安装:钢筋解捆、除锈、调直、下料、弯曲、焊接、除渣、绑扎成型、场内运输、入模			

续上表

项目编码	项目名称	项目特征	计量单位	数量	工程内容
040901002002	预制构件钢筋(φ10)	1. 钢筋种类:HPB300钢筋; 2. 钢筋规格:圆钢 HPB300 φ10; 3. 部位:封锚钢筋、预应力定位钢筋	t	5.159 04	1. 制作; 2. 运输; 3. 安装
预制构件钢筋清单分解思路		考虑HPB300 φ10钢筋制作安装:钢筋解捆、除锈、调直、下料、弯曲、焊接、除渣、绑扎成型、场内运输、入模			
040901002003	预制构件钢筋(φ10)	1. 钢筋种类:HRB400钢筋; 2. 钢筋规格:螺纹钢筋 HRB400 φ10; 3. 部位:预制箱梁、湿接缝、中横梁、端横梁钢筋	t	63.016	1. 制作; 2. 运输; 3. 安装
预制构件钢筋清单分解思路		考虑HRB400 φ10钢筋制作安装:钢筋解捆、除锈、调直、下料、弯曲、焊接、除渣、绑扎成型、场内运输、入模			
040901002004	预制构件钢筋(⊈12)	1. 钢筋种类:HRB400钢筋; 2. 钢筋规格:螺纹钢筋 HRB400 ⊈12; 3. 部位:封锚、箱梁构造、湿接缝、中横梁钢筋	t	125.343 2	1. 制作; 2. 运输; 3. 安装
预制构件钢筋清单分解思路		考虑HRB400 ⊈12钢筋制作安装:钢筋解捆、除锈、调直、下料、弯曲、焊接、除渣、绑扎成型、场内运输、入模			
040901002005	预制构件钢筋(⊈16)	1. 钢筋种类:HRB400钢筋; 2. 钢筋规格:螺纹钢筋 HRB400 ⊈16; 3. 部位:桥梁连续构造湿接缝	t	2.295 6	1. 制作; 2. 运输; 3. 安装
预制构件钢筋清单分解思路		考虑HRB400 ⊈16钢筋制作安装:钢筋解捆、除锈、调直、下料、弯曲、焊接、除渣、绑扎成型、场内运输、入模			
040901002006	预制构件钢筋(⊈20)	1. 钢筋种类:HRB400钢筋; 2. 钢筋规格:螺纹钢筋 HRB400 ⊈20; 3. 部位:箱梁构造	t	17.714 4	1. 制作; 2. 运输; 3. 安装
预制构件钢筋清单分解思路		考虑HRB400 ⊈20钢筋制作安装:钢筋解捆、除锈、调直、下料、弯曲、焊接、除渣、绑扎成型、场内运输、入模			
040901002007	预制构件钢筋(⊈28)	1. 钢筋种类:HRB400钢筋; 2. 钢筋规格:螺纹钢筋 HRB400 ⊈28; 3. 部位:中横梁、端横梁钢筋	t	3.461 2	1. 制作; 2. 运输; 3. 安装

续上表

项目编码	项目名称	项目特征	计量单位	数量	工程内容
预制构件钢筋清单分解思路		考虑HRB400 ⫽28钢筋制作安装:钢筋解捆、除锈、调直、下料、弯曲、焊接、除渣、绑扎成型、场内运输、入模			
040901006001	后张法预应力钢筋（钢绞线）	1. 部位:预制箱梁; 2. 预应力筋种类:钢绞线; 3. 预应力筋规格:钢绞线 φ^{s}15.2; 4. 锚具种类、规格:M15-6:192套;M15-7:192套; 5. 压浆管材质、规格:SBG塑料波纹管,压浆采用强度不低于50MPa的水泥浆并加入阻锈剂和微膨胀剂	t	42.796 8	1. 预应力筋孔道制作、安装; 2. 锚具安装; 3. 预应力筋制作、张拉; 4. 安装压浆管道; 5. 孔道压浆
后张法预应力钢筋清单分解思路		考虑后张法预应力钢筋制作张拉:钢绞线的调直、切断、编束、穿束,安装锚具、张拉、锚固、拆除、切割钢丝(束)、封锚等(注意钢绞线的束长、锚具的型号及规格)			
		考虑预应力钢筋孔道制作安装:波纹管的制作、定位固定、管内塞钢筋或充气,缠裹接头,抽拔,清洗胶管,清孔等			
		考虑预应力管道压浆:砂浆配制、拌和、运输,管道压浆等			
040309004001	200mm×200mm×20mm减震橡胶块	1. 规格、型号:200mm×200mm×20mm橡胶减震块; 2. 形式:详见设计图; 3. 材质:防震橡胶垫块	个	96.00	安装
减震橡胶块清单分解思路		考虑减震橡胶块的安装:定位、固定等			
		以综合单价形式计价的措施项目			
041102011001	预制箱梁模板	1. 构件类型:预制边梁、中梁定制钢模板; 2. 支模高度:0~1.8m; 3. 说明:包含底模、侧模、芯模模板制作、安装、拆除等一切施工内容	m²	8 051.52	1. 模板制作、安装、拆除、整理、堆放; 2. 模板粘接物及模内杂物清理、刷隔离剂; 3. 模板场内外运输及维修
预制箱梁模板清单分解思路		考虑箱梁定制钢模板制作、安装、拆除、清理、涂脱模剂、维护、整堆等			
041102011002	现浇湿接缝模板	1. 构件类型:现浇湿接缝底模; 2. 支模高度:1.6m; 3. 说明:包含模板制作、安装、拆除等一切施工内容	m²	540.00	1. 模板制作、安装、拆除、整理、堆放; 2. 模板粘接物及模内杂物清理、刷隔离剂; 3. 模板场内外运输及维修

续上表

项目编码	项目名称	项目特征	计量单位	数量	工程内容
现浇湿接缝模板清单分解思路		考虑现浇湿接缝模板制作、安装、拆除、清理、涂脱模剂、维护、整堆等			
041102011003	现浇端横梁模板	1. 构件类型:端横梁底模、侧模模板; 2. 支模高度:0~1.8m; 3. 说明:包含模板制作、安装、拆除等一切施工内容	m²	555.66	1. 模板制作、安装、拆除、整理、堆放; 2. 模板粘接物及模内杂物清理、刷隔离剂; 3. 模板场内外运输及维修
现浇端横梁模板清单分解思路		考虑现浇端横梁模板制作、安装、涂脱模剂、拆除、修理、整堆、场内运输等			
041102011004	现浇跨中横梁模板	1. 构件类型:中横梁底模、侧模模板; 2. 支模高度:0~0.18m; 3. 说明:包含模板制作、安装、拆除等一切施工内容	m²	261.63	1. 模板制作、安装、拆除、整理、堆放; 2. 模板粘接物及模内杂物清理、刷隔离剂; 3. 模板场内外运输及维修
现浇跨中横梁模板清单分解思路		考虑现浇跨中横梁模板制作、安装、涂脱模剂、拆除、修理、整堆、场内运输等			
041102040001	金属结构吊装设备(双导梁)	1. 部位:主梁安装; 2. 规格:投标人根据情况决定	10t金属设备	13.00	1. 地基处理; 2. 设备的搭设、使用及拆除
双导梁金属结构吊装设备清单分解思路		考虑双导梁全套金属设备(包括起吊设备及钢轨)的安装、拆除;脚手架、绞车平台、张拉工作台、底板工作台、铁(木)梯等附属设备的制作、安装、拆除;混凝土枕块、平衡重的预制、安装;安装设备用机械操作;机具设备的擦拭、保养、堆放			
041102040002	金属结构吊装设备(门式起重机)	1. 部位:预制场起吊设备; 2. 规格:投标人根据情况决定	10t金属设备	3.52	1. 地基处理; 2. 设备的搭设、使用及拆除
门式起重机金属结构吊装设备清单分解思路		考虑门式起重机全套金属设备(包括起吊设备及钢轨)的安装、拆除;脚手架、绞车平台、张拉工作台、底板工作台、铁(木)梯等附属设备的制作、安装、拆除;混凝土枕块、平衡重的预制、安装;安装设备用机械操作;机具设备的擦拭、保养、堆放			

续上表

项目编码	项目名称	项目特征	计量单位	数量	工程内容
041106001001	大型机械设备进出场及安拆（架桥机）	1. 机械设备名称：架桥机； 2. 机械设备规格型号：投标人自行综合考虑	台·次	1.00	1. 安拆费包括施工机械、设备在现场进行安装拆卸所需人工、材料、机械和试运转费用以及机械辅助设施的折旧、搭设、拆除等费用； 2. 进出场费包括施工机械、设备整体或分体自停放地点运至施工现场或由一施工地点运至另一施工地点所发生的运输、装卸、辅助材料等费用
大型机械设备进出场及安拆清单分解思路		考虑架桥机的场外运输费			
041106001002	大型机械设备进出场及安拆（门式起重机）	1. 机械设备名称：门式起重机； 2. 机械设备规格型号：按施工组织设计，投标人自行决定	台·次	2	1. 安拆费包括施工机械、设备在现场进行安装拆卸所需人工、材料、机械和试运转费用以及机械辅助设施的折旧、搭设、拆除等费用； 2. 进出场费包括施工机械、设备整体或分体自停放地点运至施工现场或由一施工地点运至另一施工地点所发生的运输、装卸、辅助材料等费用
大型机械设备进出场及安拆清单分解思路		考虑龙门架的场外运输费			
绿色施工安全防护单价措施					
041104001001	施工便道	1. 结构类型：路基成形、碾压，上铺40cm厚块石； 2. 便道维护及使用时间：暂按6个月计算； 3. 宽度：4.5m	m²	1 600	投标单位自行报价
041104001002	预制场场地硬化	1. 结构类型：碎石底基层+水泥混凝土路面； 2. 含预制梁张拉台座	m²	2 500	投标单位自行报价

3. 分部分项工程量清单/单价措施工程量清单的子项套用相关定额

根据各子项定额工程量计算规则,按照图纸的尺寸、数量信息计算工程量,计算结果按定额计量单位转换单位;值得再强调的是:清单项目的工程量是按清单的计算规则计算的,清单项目组合工作内容的工程量是按定额的计算规则计算的。计算结果节选见表15.1-3。

分部分项工程项目清单与措施项目清单计价表(节选)　　表15.1-3

工程名称:预应力连续箱梁桥　　　　　　　标段:　　　　　第1页　共　页

项目编码	项目名称	项目特征	计量单位	工程量计算公式	数量
	C	上部结构分部分项工程			
	C.1	箱梁			
040304001001	预制混凝土梁（边梁）	1. 部位:箱梁边梁; 2. 图集、图纸名称:详见箱梁设计图; 3. 构件代号、名称:预制箱梁; 4. 混凝土强度等级:C50泵送商品混凝土,混凝土用的河砂采用含泥质较少且质量符合规范的清水砂,骨料及水的质量符合相应规范; 5. 运距:2km; 6. 含现浇湿接缝,现浇中横隔板、端横梁。预制箱梁吊装、运输	m³	(53.53+3.67)×6+ (53.53+3.67)×6	686.40
1.1	D3-90换	预制混凝土箱形梁 换:商品混凝土(碎石、清水砂)C50	10m³	QDL【清单量】/10	68.64
1.2	D3-53	混凝土泵车输送	10m³	QDL/10	68.64
1.3	D3-161+ D3-162换	预制混凝土轨道平车运输/构件质量120t以内门式起重机装车~实际运距100m	10m³	QDL/10	68.64
1.4	D3-95	预应力组合箱梁安装(后张法)双导梁跨径:30m	10m³	QDL/10	68.64
1.5	D3-143+ D3-144换	预制混凝土平板拖车组拖运/构件长度30m以内/运距1km以内~实际运距2km	10m³	QDL/10	68.64
040304001002	预制混凝土梁（中梁）	1. 部位:桥梁中梁; 2. 图集、图纸名称:详见箱梁设计图; 3. 构件代号、名称:预制箱梁; 4. 混凝土强度等级 C50泵送商品混凝土,混凝土用的河砂采用含泥质较少且质量符合规范的清水砂,骨料及水的质量符合相应规范; 5. 运距:2km; 6. 含现浇湿接缝,现浇中横隔板、端横梁。预制箱梁吊装、运输	m³	(50.46+7.34)×12	693.60

续上表

项目编码	项目名称	项目特征	计量单位	工程量计算公式	数量
2.1	D3-90换	预制混凝土箱形梁 换:商品混凝土(碎石、清水砂)C50	10m³	QDL【清单量】/10	69.36
2.2	D3-53	混凝土泵车输送	10m³	QDL/10	69.36
2.3	D3-161+ D3-162换	预制混凝土轨道平车运输/构件质量120t以内/龙门架装车~实际运距100m	10m³	QDL/10	69.36
2.4	D3-95	预应力组合箱梁安装(后张法)双导梁跨径:30m	10m³	QDL/10	69.36
2.5	D3-143+ D3-144换	预制混凝土平板拖车组拖运/构件长度30m以内/运距1km以内~实际运距2km	10m³	QDL/10	69.36
040901002001	预制构件钢筋 (φ8)	1.钢筋种类:HPB300钢筋; 2.钢筋规格:圆钢 HPB300 φ8; 3.部位:预制箱梁构造钢筋	t	92.4×24/1 000	2.217 6
3.1	D9-5换	非预应力钢筋制作安装预制 圆钢(直径mm)φ10以内~换:圆钢 φ8	t	QDL	2.217 6
040901002002	预制构件钢筋 (φ10)	1.钢筋种类:HPB300钢筋; 2.钢筋规格:圆钢 HPB300 φ10; 3.部位:封锚钢筋、预应力定位钢筋	t	(28.38×24+186.58×24)/1 000	5.159 04
4.1	D9-5换	非预应力钢筋制作安装预制 圆钢(直径mm)φ10以内~换:圆钢 φ10	t	QDL	5.159 04
040901002003	预制构件钢筋 (⌀10)	1.钢筋种类:HRB400钢筋; 2.钢筋规格:螺纹钢筋 HRB400 ⌀10; 3.部位:预制箱梁、湿接缝、中横梁、端横梁钢筋	t	(2 565.5×24+42.6×18+41.7×4+127.6×4)/1 000	63.016
5.1	D9-7换	非预应力钢筋制作安装/带肋钢筋 (直径mm)⌀10以内~换:螺纹钢筋 HRB400 ⌀10	t	QDL	63.016
040901002004	预制构件钢筋 (⌀12)	1.钢筋种类:HRB400钢筋; 2.钢筋规格:螺纹钢筋 HRB400 ⌀12; 3.部位:封锚、箱梁构造、湿接缝、中横梁钢筋	t	(111.1×24+4 110.5×12+4 089×12+1 018.2×3×6+495.8×4+993×4)/1 000	125.343 2
6.1	D9-8换	非预应力钢筋制作安装/带肋钢筋 (直径mm)⌀10以外~换:螺纹钢筋 HRB400 ⌀12	t	QDL	125.343 2

扫描二维码15.1-1查看完整桥梁工程分部分项清单与措施项目清单分解表。

15.1-1

二、综合单价的计算

(一)计算分部分项工程直接工程费

直接费(不含增值税可抵扣进项税)=人工费+材料费+施工机械台班费用

某地区规定:人工费、材料费、工程设备费和施工机具使用费均不包含增值税可抵扣的进项税。

其中：　　人工费=完成单位清单项目所需人工的工日数量×每工日的人工日工资单价

材料费=∑完成单位清单项目所需各种材料、半成品的数量×各种材料除税预算价格(或市场价格)

机械费=∑完成单位清单项目所需各种机械的台班数量×各种机械的台班单价(不含进项税额)

工料机单价的调整详见课题12.2"三、工程量清单计价过程"。

扫描二维码15.1-2查看桥梁工程材料市场价。

15.1-2

①执行当地住建部最新市政造价文件:执行湘建价〔2019〕47号文件《湖南省住房和城乡建设厅关于调整建设工程销项税额税率和材料价格综合税率计费标准的通知》、湘建价市〔2020〕46号文件《湖南省建设工程造价管理总站关于机械费调整及有关问题的通知》;②参见湖南省政府造价管理机构颁布的统一定额《湖南省市政工程消耗量标准》(2020年);③当期造价站发布的材料信息价(市场价)。以下为分部分项工程直接费的计算(节选)。

1.040304001001预制混凝土梁(边梁)的直接费

①D3-90换预制混凝土箱形梁的人工费=1 201.25×1×68.64=82 453.80(元)

商品混凝土(碎石、清水砂)C50的材料费=10.15×68.64×474.24=330 401.11(元)

无纺土工布的材料费=2.438×2.23【当期材料不含税信息价】×68.64=373.18(元)

水的材料费=4.4×7.22×68.64=2 180.56(元)

其他材料费=1×94.406×68.64=6 480.03(元)

D3-90换预制混凝土箱形梁的材料费=373.18+2 180.56+6 480.03+330 401.11=339 434.88(元)

a.平板式混凝土振动器的机械台班单价(J6-20调整后)=11.22+(0.775-0.8)×5.4【燃料动力费调整】=11.09(元/台班)

平板式混凝土振动器的机械费=11.09×0.65×68.64=494.79(元)

b.插入式混凝土振动器的机械台班单价(J6-21调整后)=11.19+(0.775-0.8)×5.4【燃料动力费调整】≈11.07(元/台班)

插入式混凝土振动器的机械费=11.07×0.684×68.64=519.73(元)

D3-90换预制混凝土箱形梁的机械费=494.79+519.73=1 014.52(元)

D3-90换预制混凝土箱形梁的直接费=82 453.80+339 434.88+1 014.52=422 903.2(元);基期直接费=基价×工程量=7 604.35×68.64=521 962.58(元)

②D3-53混凝土泵车输送的人工费=0元

水的材料费=0.95×68.64×4.4=286.92(元)

其他材料费=0.063×68.64×1=4.32(元)

D3-53混凝土泵车输送的材料费=286.92+4.32=291.24(元);

混凝土汽车式输送泵46m的机械台班单价(J6-7调整后)=5 216.46+(320-320)【机上人工费不调整】+(7.205-7.16)×179.03【燃料动力费调整】=5 224.52(元/台班)

混凝土汽车式输送泵46m的机械费=0.052×5 224.52×68.64=18 647.77(元)

D3-53混凝土泵车输送的机械费=18 647.77元

D3-53混凝土泵车输送的直接费=291.24+18 647.77=18 939.01(元);基期直接费=275.49×68.64=18 909.63(元)

③D3-161预制混凝土轨道平车运输的人工费=68.64×12.50×1=858(元)

加工铁件的材料费=0.06×68.64×10.73【当期材料不含税信息价】=44.19(元)

松木锯材的材料费=0.009×68.64×1 222.13【当期材料不含税信息价】=754.98(元)

其他材料费=0.239×68.64×1=16.40(元)

D3-161的预制混凝土轨道平车运输的材料费=44.19+754.98+16.40=815.57(元)

a. 电动单筒慢速卷扬机50kN的机械台班单价(J5-10调整后)=217.177+(160-160)【机上人工费不调整】+(0.775-0.8)×33.6【燃料动力费调整】=216.34(元/台班)

电动单筒慢速卷扬机50kN的机械费=0.062×216.34×68.64=920.67(元)

b. 其他机械费=8.579×1×68.64=588.86(元)

D3-161预制混凝土轨道平车运输的机械费=920.67+588.86=1 509.53(元)

D3-161预制混凝土轨道平车运输的直接费=858+815.57+1 509.53=3 183.1(元);基期直接费=50.71×68.64=3 480.73(元)。

④D3-95预应力组合箱梁安装(后张法)双导梁跨径的人工费=987.50×1×68.64=67 782(元)

a. 电动单筒慢速卷扬机30kN的机械台班单价(J5-9调整后)=210.59+(160-160)【机上人工费不调整】+(0.775-0.8)×31.5【燃料动力费调整】=209.80(元/台班)

电动单筒慢速卷扬机30kN的机械费=0.412×209.80×68.64≈5 933.35(元)

b. 电动单筒慢速卷扬机50kN的机械台班单价(J5-10调整后)=217.177+(160-160)【机上人工费不调整】+(0.775-0.8)×33.6【燃料动力费调整】=216.34(元/台班)

电动单筒慢速卷扬机50kN的机械费=0.617×216.34×68.64=9 162.19(元)

D3-95预应力组合箱梁安装(后张法)双导梁跨径的机械费=5 933.35+9 162.19=15 095.54(元)

D3-95预应力组合箱梁安装(后张法)双导梁跨径的直接费=67 782+15 095.54=82 877.54(元);基期直接费=1 208.26×68.64=82 934.97(元)

⑤D3-143 + D3-144 换预制混凝土平板拖车组拖运的人工费=64.38×1×68.64=4 419.04(元)

加工铁件的材料费=0.4×68.64×10.73【当期材料不含税信息价】=294.60(元)

松木锯材的材料费=0.025×68.64×1 222.13【当期材料不含税信息价】=2 097.18(元)

其他材料费=0.701×1×68.64=48.12(元)

D3-143+D3-144换预制混凝土平板拖车组拖运的材料费=294.60+2 097.18+48.12=2 439.9(元)

a. 汽车式起重机75t的机械台班单价(J3-30调整后)=5 414.06+(7.205-7.16)×62.49【燃料动力费调整】≈5 416.88(元/台班)

汽车式起重机75t的机械费=0.064×5 416.87×68.64≈23 796.14(元)

b. 平板拖车组50t的机械台班单价(J4-20调整后)=1 887.7+(7.205-7.16)×62.38【燃料动力费调整】=1 890.51(元/台班)

平板拖车组50t的机械费=(0.105+0.053)×1 890.51×68.64=20 502.81(元)

D3-143+D3-144换预制混凝土平板拖车组拖运的机械费=23 796.14+20 502.81=44 298.95(元)

D3-143+D3-144换预制混凝土平板拖车组拖运的直接费=4 419.04+2 439.9+44 298.95=51 157.89(元);基期直接费=(656.5+100.05)×68.64=51 929.59(元)

综上,040304001001预制混凝土梁(边梁)的直接费=422 903.2+18 939.01+3 183.1+82 877.54+51 157.89=579 060.74(元);

基期直接费=521 962.58+18 909.63+3 480.73+82 934.97+51 929.59=679 217.5(元);

扫二维码15.1-3查看桥梁分部分项工程直接工程费计算(全部答案)。

2. 040901002001预制构件钢筋(Φ8)的直接费

D9-5换非预应力钢筋制作安装预制圆钢的人工费=1 453.30×1×2.217 6=3 222.84(元)

圆钢Φ8的材料费=1 020×2.217 6×4.361【当期材料不含税信息价】=9 864.37(元)

镀锌铁丝Φ0.7的材料费=9.54×5.47【当期材料不含税信息价】×2.217 6=115.72(元)

其他材料费=66.403×1×2.217 6=147.26(元)

D9-5换非预应力钢筋制作安装预制圆钢的材料费=9 864.37+115.72+147.26=10 127.35(元)

a. 电动单筒慢速卷扬机50kN的机械台班单价(J5-10调整后)=217.177+(160-160)【机上人工费不调整】+(0.775-0.8)×33.6【燃料动力费调整】=216.34(元/台班)

电动单筒慢速卷扬机50kN的机械费=0.23×2.2 176×216.34=110.34(元)

b. 钢筋切断机40mm的机械台班单价(J7-2调整后)=47.79+(0.775-0.8)×32.1【燃料动力费调整】=46.99(元/台班)

钢筋切断机40mm的机械费=0.808×2.2176×46.99=84.20(元)

c. 钢筋弯曲机40mm的机械台班单价(J7-3调整后)=29.24+(0.775-0.8)×12.8【燃料动力费调整】=28.92(元/台班)

钢筋弯曲机40mm的机械费=0.14×2.217 6×28.92=8.98(元)

d. 点焊机75kV×A的机械台班单价(J9-14调整后)=153.13+(0.775-0.8)×154.63【燃料动力费调整】≈149.27(元/台班)

点焊机 75kV·A=0.663×2.217 6×149.27=219.47(元)

D9-5 换非预应力钢筋制作安装预制圆钢的机械费=110.34+84.20+8.98+219.47=422.99(元)

D9-5 换非非预应力钢筋制作安装预制圆钢的直接费=3 222.84+10 127.35+422.99=13 773.18(元);基期直接费=6 140.72×2.217 6=13 617.66(元)

综上,040901002001 预制构件钢筋(φ8)的直接费=13 773.18元;基期直接费=13 617.66元。

3.040309004001 200mm×200mm×20mm 减震橡胶块直接费

D3-289 换 040309004001 200mm×200mm×20mm 减震橡胶块的人工费=2.5×1×768=1 920(元)

200mm×200mm×20mm 橡胶减震块的材料费=18.5×1×768=14 208(元)

其他材料费=1×0.088×768=67.58(元)

D3-289 换 040309004001 200mm×200mm×20mm 减震橡胶块的材料费=14 208+67.58=14 275.58(元)

D3-289 换 040309004001 200mm×200mm×20mm 减震橡胶块的直接费=1 920+14 275.58=16 195.58(元)

综上,040309004001 200mm×200mm×20mm 减震橡胶块直接费=16 195.58元;基期直接费=8.47×768=6 504.96(元)。

(二)计算分部分项工程企业管理费和利润

计算分部分项工程企业管理费和利润:

执行《湖南省建设工程计价办法》(2020年版)"附录C 建筑安装工程费用标准"的管理费、利润,见表15.1-4。

施工企业管理费及利润表　　　　　　　　　　　　　　　　　表15.1-4

序号	项目名称		计费基础	费率标准(%)	
				企业管理费	利润
1	建筑工程		基期直接费	9.65	6
2	装饰装修工程			6.8	
3	安装工程		基期人工费	32.16	20
4	园林景观绿化		基期直接费	8	
5	仿古建筑			9.65	
6	市政工程	道路、管网、市政排水设施维护、综合管廊、水处理		6.8	6
7		桥涵、隧道、生活垃圾处理工程		9.65	
8		机械土石方(含强夯地基)工程		9.65	
9		桩基工程、地基处理、基坑支护		9.65	
10	其他管理费		设备费	2	—

扫码15.1-4查看案例桥梁分部分项工程管理费与利润计算(全部答案)。

1. 040304001001预制混凝土梁(边梁)的管理费、利润

①040304001001预制混凝土梁(边梁)的管理费=基期直接费×9.65%=679 217.5×9.65%=65 544.49(元)

②040304001001预制混凝土梁(边梁)的利润=基期直接费×6%=679 217.5×6%=40 753.05(元)

2. 040901002001预制构件钢筋(φ8)的管理费、利润

①040901002001预制构件钢筋(φ8)的管理费=基期直接费×9.65%=13 617.66×9.65%=1 314.10(元)

②040901002001预制构件钢筋(φ8)的利润=基期直接费×6%=13 617.66×6%=817.06(元)

3. 040309004001 200mm×200mm×20mm减震橡胶块的管理费、利润

①040309004001 200mm×200mm×20mm减震橡胶块的管理费=基期直接费×9.65%=6 504.96×9.65%=627.73(元)

②040309004001 200mm×200mm×20mm减震橡胶块的利润=基期直接费×6%=6 504.96×6%=390.30(元)

(三)计算综合单价,完成《综合单价分析表》的填写

综合单价=(∑直接费+∑管理费+∑利润+∑风险)/清单工程量

桥梁案例综合单价分析表节选见表15.1-4~表15.1-7,扫描二维码15.1-5查看桥梁案例综合单价计算(全部答案)。

(1)040304001001预制混凝土梁(边梁)的综合单价=(579 060.74+65 544.49+40 753.05)/686.40=998.48(元/m^3),详见表15.1-5。

(2)040901002001预制构件钢筋(φ8)的综合单价=(13 773.18+1 314.10+817.06)/2.217 6=7 171.87(元/t)详见表15.1-6。

(3)040309004001 200mm×200mm×20mm减震橡胶块综合单价=(16 195.58+627.73+390.30)/96.00=179.31(元/个),详见表15.1-7。

a. 分部分项工程费=685 358.28+692 547.09+15 904.34+35 152.94+435 058.19+764 652.73+14 145.43+108 610.89+23 137.15+533 157.05+17 213.61=3 324 937.7(元)

b. 分部分项工程基期直接费=679 217.5+686 342.17+13 617.66+31 680.22+380 756.54+655 608.86+12 007.16+92 655.35+18 103.84+436 628.28+6 504.96=3 013 122.54(元)

三、计算措施项目清单费

1. 单价措施清单费

单价措施清单费=∑(计量措施项目清单量×综合单价)

工程名称：预应力连续箱梁桥

表15.1-5　第1页 共11页

综合单价分析表（分部分项工程）

标段：

清单编码	项目名称	计量单位	数量	综合单价(元)
040304001001	预应力混凝土连续箱梁（边梁）	m³	686.40	998.48

清单编号 标准编号	项目名称	单位	数量	单价(元)						合价(元)
				合计(直接费)	人工费	材料费	机械费	管理费 9.65%	利润 6.00%	其他管理费 2.00%
D3-90换	预制混凝土 混凝土箱形梁 换：商品混凝土(碎石,清水砂) C50	10m³	68.64	6 161.18	1 201.25	4 945.15	14.78	50 369.39	31 317.75	504 590.34
D3-53	混凝土输送泵车	10m³	68.64	275.92	12.50	4.24	271.68	1 824.78	1 134.58	21 898.37
D3-161	预制混凝土轨道平车运输 构件质量120t以内 运距50m以内 龙门架装车(出坑堆放)	10m³	68.64	46.37	12.50	11.88	21.99	335.89	208.84	3 727.83
D3-95	预应力混凝土预应力组合箱梁 安装(后张法) 双寻梁跨径30m	10m³	68.64	1 207.42	987.50		219.92	8 003.22	4 976.10	95 856.86

续上表

清单编码	040304001001	项目名称		预制混凝土梁(边梁)				计量单位	m³	数量	686.40	综合单价(元)	998.48 合价(元)
消耗量标准编号		项目名称	单位	数量	单价(元)					管理费	其他管理费	利润	
					合计(直接费)	人工费	材料费	机械费		9.65%	2.00%	6.00%	
D3-143+D3-144换		预制混凝土平板掩车板掩车组拖运构件长度30m以内 运距2km以内	10m³	68.64	745.31	64.38	35.55	645.38		5 011.21		3 115.78	59 284.87
累计(元)					579 060.74	155 512.84	342 981.59	80 566.31		65 544.49		40 753.05	685 358.28

材料费明细表

材料名称、规格、型号	单位	数量	单价	合价	暂估单价	暂估合价
无纺土工布	m²	167.344	2.23	373.18		
水	t	560.789	4.40	2 467.47		
商品混凝土(碎石,清水砂)C50	m³	696.696	474.24	330 401.11		
其他材料费	元	6 548.874	1.00	6 548.87		
加工铁件	kg	31.574	10.73	338.79		
松木锯材	m³	2.334	1 222.13	2 852.45		
材料费合计	元	—	—	342 981.59	—	

注:1. 本表用于编制招投标综合单价时,招标文件提供了暂估单价的材料,应按暂估的单价填入表内"暂估单价"及"暂估合价"栏。
2. 本表用于编制工程竣工结算时,其材料单价应按双方约定的(结算单价)填写。

综合单价分析表（分部分项工程）

工程名称：预应力连续箱梁
标段：
第 2 页 共 11 页
表 15.1-6

清单编码	040901002001	项目名称		预制构件钢筋（Φ8）	计量单位	t	数量	2.2176	综合单价（元）	7 171.87
消耗量标准编号	项目名称	单位	数量	单价（元）						合价（元）
				合计（直接费）	人工费	材料费	机械费	管理费	利润 6.00%	
D9-5换	非预应力钢筋制作安装 预制 圆钢（直径mm）Φ10以内～换：圆钢Φ8	t	2.2176	6 210.85	1453.30	4 566.81	190.74	1 314.10	817.06	15 904.34
累计（元）				13 773.18	3 222.84	10 127.35	422.99	1 314.10	817.06	15 904.34

材料费明细表	材料名称、规格、型号	单位	数量	单价	合价	暂估单价	暂估合价
	圆钢 Φ8	kg	2 261.952	4.361	9 864.37		
	镀锌铁丝 Φ0.7	kg	21.156	5.47	115.72		
	其他材料费	元	147.255	1.00	147.26		
	材料费合计	元	—		10 127.35		

注：1.本表用于编制招投标综合单价时，招标文件提供了暂估单价的材料，应按暂估的单价填入表内"暂估单价"及"暂估合价"栏。
2.本表用于编制工程竣工结算时，其材料单价应按双方约定的（结算单价）填写。

综合单价分析表（分部分项工程）

工程名称：预应力连续箱梁桥　　　　　标段：　　　　　表15.1-7　第3页 共11页

清单编码	040309004001	项目名称		200mm×200mm×20mm 减震橡胶块		计量单位	个	数量		96.00	综合单价（元）	179.31
消耗量标准编号	项目名称	单位	数量	单价(元)								合价（元）
				合计（直接费）	人工费	材料费	机械费	管理费	其他管理费	利润		
D3-289换	安装板式橡胶支座～换:200mm×200mm×20mm橡胶减震块	100cm³	768.00	21.09	2.50	18.59	—	9.65%	2.00%	6.00%	390.30	17 215.15
累计（元）				16 195.58	1 920.00	14 275.58	—	627.73	96.00	390.30		17 215.15

材料费明细表	材料名称、规格、型号	单位	数量	单价	合价	暂估单价	暂估合价
	200mm×200mm×20mm橡胶减震块	100cm³	768.000	18.50	14 208.00	暂估价	
	其他材料费	元	—	1.00	67.58	—	
	材料费合计	元	—	—	14 275.58	—	

注：1. 本表用于编制招投标综合单价时，招标文件提供了暂估单价的材料，应按暂估的单价填入表内"暂估单价"及"暂估合价"栏。

2. 本表用于编制工程竣工结算时，其材料单价应按双方约定的（结算单价）填写。

综合单价分析表（单价措施）

工程名称：预应力连续箱梁桥　　　　　标段：　　　　　　　　　　　　　　　　　表15.1-8
　　　　　　　　　　　　　　　　　　　　　　　　　　　　　　　　　　　　　　第1页　共8页

清单编码	041102011001	项目名称	桥梁预制混凝土模板：预制箱形梁		计量单位	m²	数量	8 051.52	综合单价（元）	78.07	合价（元）
消耗量标准编号	项目名称	单位	数量	预制箱梁模板 单价（元）							
				合计（直接费）	人工费	材料费	机械费	管理费	利润		
D11-65	桥梁预制混凝土模板：预制箱形梁	10m²	805.152	674.34	426.13	206.67	41.54	9.65%	6.00%	32 818.00	628 549.96
累计（元）				542 946.20	343 099.42	166 400.76	33 446.01	52 785.77	8 051.52	32 818.00	628 549.96

材料费明细表	材料名称、规格、型号	单位	数量	单价	合价	暂估单价	暂估合价
	脱模剂	kg	805.152	2.62	2 109.50		
	嵌缝膏	kg	402.576	2.67	1 074.88		
	钢支撑（钢构件）Φ25	kg	2 628.821	4.90	12 881.22		
	定型钢模板	kg	18 975.822	7.08	134 348.82		
	钢模板连接件	kg	1 900.159	7.09	13 472.13		
	其他材料费	元	2 517.710	1.00	2 517.71		
	材料费合计	元	—	—	166 400.76	—	

注：1. 本表用于编制招投标综合单价时，招标文件提供了暂估单价的材料，应按暂估的单价填入表内"暂估单价"及"暂估合价"栏。
　　2. 本表用于编制工程竣工结算时，其材料单价应按发承包双方约定的（结算单价）填写。

综合单价分析表（单价措施）

工程名称：预应力连续箱梁桥　　标段：　　　　　　　　　　　　　　　　　　　　表 15.1-9　第 2 页　共 8 页

清单编码	项目名称	计量单位	数量	综合单价（元）	合价（元）
041102040001	金属结构吊装设备：双导梁	10t 金属设备	13.00	28 418.56	369 441.28

消耗量标准编号	项目名称	单位	数量	单价（元）				合价	管理费 9.65%	利润 6.00%	其他管理费 2.00%	综合单价（元）	合价（元）
				合计（直接费）	人工费	材料费	机械费						
D11-207 换	金属结构吊装设备：双导梁	10t 金属设备	13.00	24 549.88	5 696.50	18 284.29	569.09	31 011.24			13.00	19 281.60	369 441.28
累计（元）				319 148.44	74 054.50	237 695.77	7 398.17					19 281.60	369 441.28

材料费明细表

材料名称、规格、型号	单位	数量	单价	合价	暂估单价	暂估合价
钢丝绳 综合	kg	39.000	7.02	273.78		
铁钉	kg	2.600	5.03	13.08		
铁丝 φ2.8～4.0mm 加工铁件	kg	31.200	5.52	172.22		
板方材	m³	42.900	10.73	460.32		
设备摊销费	元	5.096	1 201.33	6 121.98		
其他材料费	元	228 800.00	1.00	228 800.00		
材料费合计	元	1 854.385	1.00	1 854.39	—	
				237 695.77		

注：1. 本表用于编制招投标综合单价时，招标文件提供了暂估单价的材料，应按暂估的单价填入表内"暂估单价"及"暂估合价"栏。
2. 本表用于编制工程竣工结算时，其材料单价应按双方约定的（结算单价）填写。

综合单价分析表(单价措施)

工程名称:预应力连续箱梁桥 标段: 表15.1-10 第3页 共8页

清单编码	041106001001	项目名称		大型机械设备进出场及安拆(架桥机)	计量单位	台·次	数量	1.00	综合单价(元)	15 128.55

消耗量标准编号	项目名称	单位	数量	单价(元)					合价(元)
				合计(直接费)	人工费	材料费	机械费	管理费	
J14-44	场外运费:架桥机160t以内	台·次	1.00	13 081.32			13 081.32	1 262.35	15 128.55
累计(元)				13 081.32			13 081.32	1 262.35	15 128.55
材料费明细表	材料名称、规格、型号	单位	数量	单价			合价	暂估单价	暂估合价
	材料费合计	元	—					—	

管理费 9.65% 其他管理费 2.00% 利润 6.00%

注:1. 本表用于编制招投标综合单价时,招标文件提供了暂估单价的材料,应按暂估的单价填入表内"暂估单价"及"暂估合价"栏。
2. 本表用于编制工程竣工结算时,其材料单价应按双方约定的(结算单价)填写。

15.1-6

扫描二维码15.1-6查看桥梁案例单价措施清单计算(全部答案)。

单价措施清单费=628 549.96+62 835.48+68 955.18+32 467.24+369 441.28+83 256.03+15 128.55+11 845.00=1 272 478.72(元)

2. 总价措施清单费

041109004001冬雨季施工增加费=(分部分项工程费+单价措施项目费)×0.16%=(3 324 937.7+1 272 478.72)×0.16%=7 355.87(元),见表15.1-10。

总价措施项目清单计费表　　　　　　　　　　　　　　　　表15.1-10

工程名称:预应力连续箱梁桥　　　　标段:　　　　第1页 共 页

序号	项目编码	项目名称	计算基础	费率(%)	金额(元)	备注
1	041109004001	冬雨季施工增加费	分部分项工程费+单价措施项目费	0.16	7 355.87	
					7 355.87	

注:按施工方案计算的措施费,若无"计算基础"和"费率"的数值,也可只填"金额"数值,但应在备注栏说明施工方案出处或计算方法。

3. 绿色施工安全防护施工措施费

详见表15.1-11、表15.1-12。

①绿色施工安全防护措施项目费=(分部分项工程基期直接费+单价措施项目基期直接费)×4.13%=(3 013 122.54+547 028.32+56 332.8+60 608.61+28 537.29+321 360+72 639.71+13 081.32+10 242.12)×4.13%=170 277.95(元)

②安全生产费=(分部分项工程基期直接费+单价措施项目基期直接费)×2.63%=(3 013 122.54+547 028.32+56 332.8+60 608.61+28 537.29+321 360+72 639.71+13 081.32+10 242.12)×2.63%=108 433.66(元)

绿色施工安全防护措施项目单价措施计价表　　　　　　　　表15.1-11

工程名称:预应力连续箱梁桥　　　　标段:　　　　第1页 共1页

序号	项目编码	项目名称	项目特征描述	计量单位	工程量	金额(元)	
						综合单价	合价
1	041104001001	施工便道	1. 结构类型:路基成形、碾压,上铺40cm厚块石; 2. 便道维护及使用时间:暂按6个月计算; 3. 宽度:4.5m	m²	1 600.00	50.52	80 832.00
	D11-298	施工便道路基宽4.5m		km	0.32	19 633.54	6 282.73
	D11-300	施工便道路面(天然砂砾)宽3.5m		km	0.32	203 677.61	65 176.84
	D11-302	施工便道 便道维护 路基宽4.5m		km·月	2.08	4 505.21	9 370.84
2	041104001002	场地硬化	1. 结构类型:碎石底基层+水泥混凝土路面; 2. 含预制梁张拉台座	m²	2 500.00	158.21	395 525.00
	D2-66 + D2-67× (-10)换	碎石底层:10cm厚度		100m²	23.50	3 571.96	83 941.06

续上表

序号	项目编码	项目名称	项目特征描述	计量单位	工程量	金额(元)	
						综合单价	合价
	D2-118+D2-119×(-5)换	水泥混凝土路面 厚度15cm换:商品混凝土(砾石)C25		100m²	22.22	13 248.87	294 419.44
	D3-3	现浇混凝土 混凝土基础(张拉台座)		10m³	2.56	6 709.31	17 175.83
			本页合计				476 357.00
			合　计				476 357.00

③按工程量计算部分

绿色施工安全防护措施项目费计价表(招投标)　　　　表15.1-12

工程名称:预应力连续箱梁桥　　　　标段:　　　　第1页共1页

序号	工程内容	计费基数	费率(%)	金额(元)	备注
一	绿色施工安全防护措施项目费	基期直接费	4.13	170 277.95	
	其中:安全生产费	基期直接费	2.63	108 433.66	
二	按工程量计算部分			476 357.00	
1	单价措施项目费		100	476 357.00	

措施项目费=单价措施费+总价措施费+绿色施工安全防护措施项目费=1 272 478.72+7 355.87+170 277.95+476 357.00=1 926 469.54(元)

四、计算其他项目清单费用

其他项目费=(分部分项工程费+措施项目费)=(3 324 937.7+1 926 469.54)×0.6%=31 508.44(元),见表15.1-13。

其他项目清单与计价汇总表　　　　表15.1-13

工程名称:预应力连续箱梁桥　　　　标段:　　　　第1页共1页

序号	项目名称	计费基础/单价	费率(%)	合计金额(元)	备注
1	暂列金额				
2	暂估价				
2.1	材料(工程设备)暂估价				
2.2	专业工程暂估价				
2.3	分部分项工程暂估价				

续上表

序号	项目名称	计费基础/单价	费率(%)	合计金额（元）	备注
3	计日工				
4	总承包服务费				
5	优质工程增加费				
6	安全责任险、环境保护税		0.6	31 508.44	
7	提前竣工措施增加费				
8	索赔签证				
9	其他项目费合计			31 508.44	

注：材料暂估单价计入清单项目综合单价，此处不汇总。

五、计算增值税

增值税 =销项税额=税前造价×9%=（分部分项工程费+措施项目费+其他项目费）×9%
=（3 324 937.7+1 926 469.54+31 508.45）×9%
=475 462.41（元）

六、表格汇总

单位工程投标报价汇总表

表 15.1-14

工程名称：预应力连续箱梁桥　　　　标段：　　　　　第1页 共1页

序号	工程内容	计费基础说明	费率(%)	金额（元）	其中：暂估价(元)
一	分部分项工程费	分部分项费用合计		3 324 937.7	
1	直接费				
1.1	人工费				
1.2	材料费				
1.2.1	其中:工程设备费/其他				
1.3	机械费				
2	管理费		9.65		
3	其他管理费		2		
4	利润		6		
二	措施项目费	1+2+3		1 926 469.54	
1	单价措施项目费	单价措施项目费合计		1 272 478.72	
1.1	直接费				
1.1.1	人工费				
1.1.2	材料费				

续上表

序号	工程内容	计费基础说明	费率(%)	金额(元)	其中：暂估价(元)
1.1.3	机械费				
1.2	管理费		9.65		
1.3	利润		6		
2	总价措施项目费			7 355.87	
3	绿色施工安全防护措施项目费			646 634.95	
3.1	其中安全生产费		2.63	108 433.66	
三	其他项目费			31 508.44	
四	税前造价	一+二+三		5 282 915.69	
五	销项税额	四	9	475 462.41	
单位工程建安造价		四+五		5 758 378.10	

单元16　管网工程量清单计价

课题16.1　掌握管网工程量清单的费用计算

学习目标

通过本课题的学习,熟悉管网工程量清单计价办法,能运用相关预算定额(消耗量标准)编制管网工程量清单计价,不断提升管网工程量清单计价技能。与此同时,培养独立思考、勇于探索、严谨治学的学习态度。

相关知识

分部分项工程量清单计价应根据招标文件中分部分项工程量清单进行,由于分部分项工程量清单是不可调整的闭口清单,分部分项工程量清单计价表中各清单项目的项目名称、项目编码、工程数量必须与分部分项工程量清单完全一致。分部分项工程量清单计价的关键是确定分部分项工程量清单项目的综合单价。管网工程量清单计价编制内容包括：子项套价、综合单价的确定、措施项目费的确定、其他项目费的确定、计算税金和汇总单位工程建安费。

单元11介绍了管网工程量清单编制,本课题将根据例11.2-1完成其工程量清单计价工作。

【例 16.1-1】 本道路给水管道DN600采用球墨铸铁管:壁厚级别系数K9级,公称压力PN为1.0MPa,T型橡胶圈柔性承插接口,管材成品防腐性、质量、规格应符合《水及燃气管道用球墨铸铁管、管件和附件》(GB/T 13295—2008)标准。橡胶圈应采用食品级橡胶,其性能指标应符合04S531-1/19中的要求,≤DN200管道采用PE100管材及管件,公称压力PN>1.0MPa。PE管接PE管用热熔连接,PE管与其他管材采用法兰连接。PE给水管应符合《给水用聚乙烯(PE)管材》(GB/T 13663—2000)标准。本设计所选用的阀门、消火栓要求的公称压力PN为1.0MPa。给水管道管径≥DN300,管道三通、管堵(盲板)、弯头处(管道转弯角度>10°)设给水管道支墩,采用的柔性接口给水管道支墩见03SS505/107~127。①消火栓:采用SS100/65-1.0型室外地上式消火栓(干管安装有检修阀),详见标准图13S201-19;消火栓位于侧分带绿化带内。②阀门井:阀门井采用钢筋混凝土闸阀井,详见07MS101-2。③排泥阀井:选用暗杆弹性座封闸阀,采用钢筋混凝土立式闸阀井,详见标准图07MS101-2。其中,排泥湿井出水管采用Ⅱ级D200mm钢筋混凝土承插口管,承插式橡胶圈接口,详见标准图06MS201-1/23,180°砂石基础,详见标准图06MS201-1/11,坡度为0.01。所有井均安装防坠网。

图纸详见课题11.2中示例11.2-2图纸:图11.2-3~图11.2-5。

根据招标分部分项工程量清单,试完成下列任务:
①完成清单计价程序中的市政管网工程案例的子项套价;
②完成清单计价程序中的市政管网工程案例的清单综合单价计算,并填写综合单价分析表;
③完成清单计价程序中的市政管网工程案例的清单措施项目费用计算;
④完成清单计价程序中的市政管网工程案例的清单增值税中销项税的计算;
⑤完成市政管网工程案例的单位工程建安费的报价金额计算,填写汇总表。

16.1-1

扫描二维码16.1-1查看案例管网工程分部分项工程项目清单计价表(完整版),节选见表16.1-1。

分部分项工程项目清单与措施项目清单计价表(招标节选)　　表16.1-1

工程名称:本道路管网工程　　　　　标段:　　　　　第1页 共 页

序号	项目编码	项目名称	项目特征描述	计量单位	工程量	金额(元)		
						人工	材料	机械
1	040501003001	铸铁管(K9离心球墨铸铁给水管DN600)	1.垫层、基础材质及厚度:20cm砂垫层基础; 2.材质及规格:球墨铸铁给水管DN600; 3.连接形式:胶圈接口; 4.铺设深度:按设计综合考虑; 5.管道检验及试验要求:管道冲洗、消毒、压力试验; 6.防腐要求:内防腐采用饮水容器防腐漆,外防腐采用环氧煤沥青漆; 7.集中防腐运距:自带内外防腐	m	365.70			

续上表

序号	项目编码	项目名称	项目特征描述	计量单位	工程量	金额(元)		
						人工	材料	机械
2	040501004001	塑料管(PE给水管DN200-PN1.0)	1. 垫层、基础材质及厚度:20cm砂垫层基础; 2. 材质及规格:PE管DN200; 3. 连接形式:热熔连接; 4. 管道检验及试验要求:管道压力试验、消毒冲洗; 5. 铺设深度:按设计综合考虑	m	91.00			
3	040502001001	室外消火栓SS100/65-1.0	1. 规格:室外消火栓SS100/65-1.0; 2. 安装部位、方式:室外地上; 3. 做法:详见图集13S201	个	3.00			
4	040502001007	DN600×DN200排泥三通	1. 种类:DN600×DN200排泥三通; 2. 材质及规格:球墨铸铁管DN600+HDPE管DN200; 3. 接口形式:承插连接	个	1.00			
5	040502003001	HDPE DN100承压90°弯头	1. 种类:承压90°弯头; 2. 材质及规格:HDPE DN100×90°弯头; 3. 连接方式:承插连接	个	3.00			
6	040502005002	闸阀DN200	1. 种类:闸阀; 2. 材质及规格:DN200; 3. 连接方式:法兰连接; 4. 试验要求:详见设计图纸,含清洗、试压	个	5.00			
7	040503001001	砌筑支墩240mm×120mm×20mm	1. 砌筑材料、规格、强度等级:MU7.5机砖; 2. 砂浆强度等级、配合比:砂浆M7.5	m³	0.03			
8	040504001001	排泥湿井φ1 000mm	1. 垫层、基础材质及厚度:100mm厚C10商品混凝土垫层; 2. 砌筑材料品种、规格、强度等级:M10水泥砂浆砌MU10砖; 3. 勾缝、抹面要求:防水砂浆抹面; 4. 砂浆强度等级、配合比:水泥砂浆M10; 5. 混凝土强度等级:底板C25商品混凝土; 6. 踏步材质、规格:塑钢踏步; 7. 防渗、防水要求:详见设计规范07MS101-2页58	座	1.00			

续上表

序号	项目编码	项目名称	项目特征描述	计量单位	工程量	金额(元)		
						人工	材料	机械
9	040504001002	消火栓 φ1 200mm 闸阀井	1. 垫层、基础材质及厚度：100mm厚混凝土垫层，200mm厚钢筋混凝土底板； 2. 砌筑材料品种、规格、强度等级：M10砂浆砌MU10普通砖砌块； 3. 勾缝、抹面要求：M10水泥砂浆抹面； 4. 砂浆强度等级、配合比：水泥42.5水泥砂浆M10； 5. 混凝土强度等级：C25商品混凝土； 6. 盖板材质、规格：φ800球墨铸铁井盖； 7. 井盖、井圈材质及规格：C25混凝土井圈； 8. 踏步材质、规格：塑钢踏步； 9. 防渗、防水要求：按规范要求； 10. 平均井深2.00m。 详见图集07MS201-2页14	座	3.00			
10	041101005001	井字架	1. 井深：4m以内； 2. 脚手架材质、规格：投标人自行考虑	座	10.00			

一、子项套价

完成好分部分项工程量清单/单价措施项清单编制后，就要根据清单规则中的工程内容套用相关定额，或是根据实际成本计算，进而完成工程量清单的费用计算，见表16.1-2。子项套价步骤如下：

（1）确定分部分项工程的施工方案

分部分项工程清单编制思路要结合项目的施工内容和施工流程，做到不漏项不重项；而项目的施工方案则直接影响分部分项工程清单中综合单价和最终单位工程的建安费。

扫描二维码16.1-2查看管网工程涉及的施工方案。

> 思考16.1-1：请根据《市政工程工程量计算规范》(GB 50857—2013)附录E管网工程规定，结合给水案例图纸工程情况，确定该分部分项工程量清单中涉及的施工方案。

（2）分部分项工程量清单/单价措施工程量清单的子项分解

扫描二维码16.1-3查看案例管网工程完整分部分项工程项目清单表（工程分解表）。

16.1-2

16.1-3

分部分项工程项目清单与措施项目清单计价表(节选)

表 16.1-2

工程名称:本道路管网工程　　　　　标段:　　　　　第1页 共 页

项目编码	项目名称	项目特征	计量单位	数量	工程内容
040501003001	铸铁管(K9离心球墨铸铁给水管DN600)	1. 垫层、基础材质及厚度:20cm砂垫层基础; 2. 材质及规格:球墨铸铁给水管DN600; 3. 连接形式:胶圈接口; 4. 铺设深度:按设计综合考虑; 5. 管道检验及试验要求:管道冲洗、消毒、压力试验; 6. 防腐要求:内防腐采用饮水容器防腐漆,外防腐采用环氧煤沥青漆; 7. 集中防腐运距:自带内外防腐	m	365.70	1. 垫层、基础铺筑及养护; 2. 模板制作、安装、拆除; 3. 混凝土拌和、运输、浇筑、养护; 4. 预制管枕安装; 5. 管道铺设; 6. 管道接口; 7. 管道检验及试验; 8. 集中防腐运输
铸铁管清单分解思路		考虑DN600球墨铸铁管安装(胶圈接口):管道安装、上胶圈(注:有地区定额含有管道检查及吹扫、切管)			
		考虑DN600球墨铸铁管管道消毒冲洗:溶解漂白粉、灌水消毒、冲洗			
		考虑DN600管道液压试验:制安盲(堵)板、安拆打压设备、灌水加压、清理现场			
		考虑DN600球墨铸铁管管道内涂防腐:包括刮管、冲洗、内涂、搭拆工作台(注:管材防腐要按照设计要求,如果材料厂商提供的管道内防腐不符合设计要求,则需额外套用内防腐定额)			
		考虑DN600球墨铸铁管管道外涂防腐:四油两布,包括管道表面清理、熬沥青、调油刷油、缠保护层(注:管材防腐要按照设计要求,如果材料厂商提供的管道外防腐不符合设计要求,则需额外套用外防腐定额)			
040501004001	塑料管(PE给水管DN200-PN1.0)	1. 垫层、基础材质及厚度:20cm砂垫层基础; 2. 材质及规格:PE管DN200; 3. 连接形式:热熔连接; 4. 管道检验及试验要求:管道压力试验、消毒冲洗; 5. 铺设深度:按设计综合考虑	m	91.00	1. 垫层、基础铺筑及养护; 2. 模板制作、安装、拆除; 3. 混凝土拌和、运输、浇筑、养护; 4. 管道铺设; 5. 管道检验及试验
塑料管清单分解思路		考虑DN200塑料管(电熔管件熔接)管道安装:切管、对口、下管、找坡、找正、直管安装等			
		考虑DN200塑料管管道液压试验:制安盲(堵)板、安拆打压设备、灌水加压、清理现场			
		考虑DN200塑料管管道消毒冲洗:溶解漂白粉、灌水消毒、冲洗			
040502001001	室外消火栓SS100/65-1.0	1. 规格:室外消火栓SS100/65-1.0; 2. 安装部位、方式:室外地上; 3. 做法:详见图集13S201	个	3.00	安装

续上表

项目编码	项目名称	项目特征	计量单位	数量	工程内容
室外消火栓清单分解思路		考虑室外消火栓SS100/65-1.0安装:管口除沥青、制垫、加垫、紧螺栓、消火栓安装			
040502001007	DN600×DN200排泥三通	1. 种类:DN600×DN200排泥三通; 2. 材质及规格:球墨铸铁管 DN600+HDPE管DN200; 3. 接口形式:承插连接	个	1.00	安装
DN600×DN200排泥三通清单分解思路		考虑DN600×DN200单支盘排泥三通安装:切管、管口(膨胀水泥接口)处理、管件安装、调制接口材料、接口、养护(注:考虑单支盘排泥三通的主材费用)			
040502003001	HDPE DN100承压90°弯头	1. 种类:承压90°弯头; 2. 材质及规格:HDPE DN100×90°弯头; 3. 连接方式:承插连接	个	3.00	安装
HDPE管承压弯头清单分解思路		考虑HDPE管件 DN100×90°安装(胶圈连接):切管、坡口、清理工作面、管件安装、上胶圈			
040502005002	闸阀DN200	1. 种类:闸阀; 2. 材质及规格:DN200; 3. 连接方式:法兰连接; 4. 试验要求:详见设计图纸,含清洗、试压	个	5.00	安装
闸阀DN200清单分解思路		考虑DN200闸阀的安装:制垫、加垫、紧螺栓等过程(注:考虑DN200闸阀的主材费用)			
		考虑DN200闸阀解体、清洗:阀门解体、检查、填料更换或增加、清洗、研磨等操作过程			
		考虑DN200闸阀水压试验:除锈、切管、焊接、制垫、加垫、固定、紧螺栓、压力试验等操作过程			
040503001001	砌筑支墩 240mm×120mm×120mm	1. 砌筑材料、规格、强度等级:MU7.5机砖; 2. 砂浆强度等级、配合比:砂浆M7.5	m³	0.03	1. 模板制作、安装、拆除; 2. 混凝土拌和、运输、浇筑、养护; 3. 砌筑; 4. 勾缝、抹面
砌筑支墩清单分解思路		考虑MU7.5砌筑支墩施工:清底、挂线、调制砂浆、选砌砖石、抹平			
040504001001	排泥湿井 φ1 000mm	1. 垫层、基础材质及厚度:100mm厚C10商品混凝土垫层; 2. 砌筑材料品种、规格、强度等级:M10水泥砂浆砌MU10砖; 3. 勾缝、抹面要求:防水砂浆抹面; 4. 砂浆强度等级、配合比:水泥砂浆M10; 5. 混凝土强度等级:底板C25商品混凝土; 6. 踏步材质、规格:塑钢踏步; 7. 防渗、防水要求:详见设计规范07MS101-2页58	座	1.00	1. 垫层铺筑; 2. 模板制作、安装、拆除; 3. 混凝土拌和、运输、浇筑、养护; 4. 砌筑、勾缝、抹面; 5. 井圈、井盖安装; 6. 盖板安装; 7. 踏步安装; 8. 防水、止水

续上表

项目编码	项目名称	项目特征	计量单位	数量	工程内容
排泥湿井φ1000清单分解思路		考虑Φ1000砖砌圆形阀门井排泥湿闸阀井施工:垫层施工、混凝土浇捣、混凝土养护、砌砖、勾缝、钢筋下料制作、踏步安装、井室砖砌、各类模板安装等			
040504001002	消火栓φ1 200mm闸阀井	1. 垫层、基础材质及厚度:100mm厚混凝土垫层,200mm厚钢筋混凝土底板; 2. 砌筑材料品种、规格、强度等级:M10砂浆砌MU10普通砖砌块; 3. 勾缝、抹面要求:M10水泥砂浆抹面; 4. 砂浆强度等级、配合比:水泥42.5水泥砂浆 M10; 5. 混凝土强度等级:C25商品混凝土; 6. 盖板材质、规格:φ800mm球墨铸铁井盖; 7. 井盖、井圈材质及规格:C25混凝土井圈; 8. 踏步材质、规格:塑钢踏步; 9. 防渗、防水要求:按规范要求; 10. 平均井深2.00m。 详见图集07MS201-2页14	座	3.00	1. 垫层铺筑; 2. 模板制作、安装、拆除; 3. 混凝土拌和、运输、浇筑、养护; 4. 砌筑、勾缝、抹面; 5. 井圈、井盖安装; 6. 盖板安装; 7. 踏步安装; 8. 防水、止水
消火栓Φ1200闸阀井清单分解思路		考虑Φ1200砖砌圆形消火栓立式闸阀井施工:垫层施工、混凝土浇捣、混凝土养护、砌砖、勾缝、钢筋下料制作、踏步安装、井室盖板预制安装、井座井盖安装、井室砖砌、各类模板安装等(注:考虑平均井深2.00m)			
041101005001	井字架	1. 井深:4m以内; 2. 脚手架材质、规格:投标人自行考虑	座	10.00	1. 清理场地; 2. 搭、拆井字架; 3. 材料场内外运输
井字架清单分解思路		考虑搭建井字架各种扣件安装、铺翻板子、拆除、堆放整齐、场内外运输			

(3)分部分项工程量清单/单价措施工程量清单的子项套用相关定额

根据分解的子项套用各组合对应的定额子目,定额套用细节遵循定额说明,做到"不重套不漏套";本案例定额参见《湖南省市政工程消耗量标准(2020版)》。套用结果详见表16.1-3。

(4)计算计价工程量(定额工程量)

根据各子项定额工程量计算规则,按照图纸的尺寸数量信息计算工程量,计算结果按定额计量单位转换单位。值得再强调的是:清单项目的工程量是按清单的计算规则计算的,清单项目组合工作内容的工程量是按定额的计算规则计算的。计算结果详见表16.1-3。

扫描二维码16.1-4查看案例管网工程完整分部分项工程清单计价表(子项套用)。

16.1-4

分部分项工程项目清单与措施项目清单计价表(节选含子目)

表 16.1-3

工程名称:本道路管网工程　　　　　标段:　　　　　第1页 共 页

项目编码	项目名称	项目特征	计量单位	工程量计算公式	数量
040501003001	铸铁管(K9离心球墨铸铁给水管DN600)	1. 垫层、基础材质及厚度:20cm 砂垫层基础; 2. 材质及规格:球墨铸铁给水管DN600; 3. 连接形式:胶圈接口; 4. 铺设深度:按设计综合考虑; 5. 管道检验及试验要求:管道冲洗、消毒、压力试验; 6. 防腐要求:内防腐采用饮水容器防腐漆,外防腐采用环氧煤沥青漆; 7. 集中防腐运距:自带内外防腐	m	35.4+110.3+55+55+30+35+45	365.70
1.1	D5-201	球墨铸铁管安装(胶圈接口):公称直径(mm以内)600~补:球墨铸铁给水管K9 DN600	100m	QDL【清单量】/100	3.657
1.2	D5-844	管道消毒冲洗:公称直径(mm以内)600	100m	QDL/100	3.657
1.3	D5-804	液压试验:公称直径(mm以内)600	100m	QDL/100	3.657
1.4	C12-576换	FVC防腐蚀涂料:管道底漆/第一遍~在管道间(井)、管廊内防腐蚀	10m²	(0.6152【内径】×3.14159×QDL)/10	70.68
1.5	C12-578换	FVC防腐蚀涂料:管道面漆/第一遍~在管道间(井)、管廊内防腐蚀	10m²	(0.6152【内径】×3.14159×QDL)/10	70.68
1.6	C12-579换	FVC防腐蚀涂料:管道面漆/增一遍~在管道间(井)、管廊内防腐蚀	10m²	(0.6152【内径】×3.14159×QDL)/10	70.68
1.7	C12-630	管道沥青防腐:沥青玻璃布/一布二油	10m²	(0.635【外径】×3.14159×QDL)/10	72.95
1.8	C12-631	管道沥青防腐:沥青玻璃布/每增一布一油	10m²	(0.635【外径】×3.14159×QDL)/10	72.95
040501004001	塑料管(PE给水管DN200-PN1.0)	1. 垫层、基础材质及厚度:20cm 砂垫层基础; 2. 材质及规格:PE管 DN200; 3. 连接形式:热熔连接; 4. 管道检验及试验要求:管道压力试验、消毒冲洗; 5. 铺设深度:按设计综合考虑	m	44+3+41+3	91.00
2.1	D5-242	塑料管安装(电熔管件熔接):管外径(mm以内)200~补:PE塑料管DN200×11/PE塑料管件 DN200	100m	QDL/100	0.91
2.2	D5-800	液压试验:公称直径(mm以内)200	100m	QDL/100	0.91
2.3	D5-840	管道消毒冲洗:公称直径(mm以内)200	100m	QDL/100	0.91

续上表

项目编码	项目名称	项目特征	计量单位	工程量计算公式	数量
040502001001	室外消火栓 SS100/65-1.0	1. 规格:室外消火栓SS100/65-1.0; 2. 安装部位、方式:室外地上; 3. 做法:详见图集13S201	个	QDL	3.00
4.1	C9-146	室外地上式消火栓 公称直径(mm以内) 100~补:地上式消火栓 07MS101-1	套	QDL	3.00
040502001007	DN600×DN200 排泥三通	1. 种类:DN600×DN200排泥三通; 2. 材质及规格:球墨铸铁管DN600+HDPE管DN200; 3. 接口形式:承插连接	个	QDL	1.00
11.1	D5-977	铸铁管件安装:胶圈接口公称直径(mm以内)600~补:DN600×DN200单支盘排泥三通	个	QDL	1.00
040502003001	HDPE DN100 承压90°弯头	1. 种类:承压90°弯头; 2. 材质及规格:HDPE DN100×90°弯头; 3. 连接方式:承插连接	个	QDL	3.00
12.1	D5-1179	塑料管件(胶圈连接)管外径(mm以内)125~补:HDPE DN100承压90°弯头	个	QDL	3.00
040502005002	闸阀DN200	1. 种类:闸阀; 2. 材质及规格:DN200; 3. 连接方式:法兰连接; 4. 试验要求:详见设计图纸,含清洗、试压	个	QDL	5.00
17.1	D5-1335	法兰阀门安装:公称直径(mm以内)200~补:手动阀门DN200	个	QDL	5.00
17.2	D5-1372	低压阀门检查、解体、清洗、研磨:公称直径(mm以内)200	个	QDL	5.00
040503001001	砌筑支墩 240×120×120	1. 砌筑材料、规格、强度等级:MU7.5机砖; 2. 砂浆强度等级、配合比:砂浆M7.5	m^3	0.01×3	0.03
19.1	D5-6×C0.92换	基础:砖石平基~ 机械×0.92	$10m^3$	QDL/10	0.003
040504001001	排泥湿井 φ1000	1. 垫层、基础材质及厚度:100mm厚C10商品混凝土垫层; 2. 砌筑材料品种、规格、强度等级:M10水泥砂浆砌MU10砖; 3. 勾缝、抹面要求:防水砂浆抹面; 4. 砂浆强度等级、配合比:水泥砂浆M10; 5. 混凝土强度等级:底板C25商品混凝土; 6. 踏步材质、规格:塑钢踏步; 7. 防渗、防水要求:详见设计规范07MS101-2 页58	座	QDL	1.00

续上表

项目编码	项目名称	项目特征	计量单位	工程量计算公式	数量
24.1	D5-1881换	非定型井砌筑,砖砌,圆形井：换:水泥42.5水泥砂浆M10；删:铸铁爬梯	10m³	(5.6×QDL)/1	0.56
24.2	D5-1901换	非定型检查井安装：铸铁井盖、座：换:防盗铸铁井盖井座Φ800,换:涤纶防坠网	10套	QDL/10	0.10
24.3	D6-44换	现浇钢筋混凝土池/半地下室池底平池底(厚度)50cm以内/非定型混凝土井,换:商品混凝土(砾石)C25	10m³	(0.44×QDL)/10	0.044
24.4	D5-1886	非定型井砖墙抹灰；井内侧	100m²	(46.75×QDL)/100	0.4675
24.5	D5-5换	混凝土垫层,换:商品混凝土(砾石)C10	10m³	(0.28×QDL)/10	0.028
24.6	D11-163	地下综合管廊混凝土模板；混凝土垫层	10m²	(0.59×QDL)/10	0.059
24.7	D11-147	管、渠道基础及附属模板,管、渠道平基木模	10m²	(1.06×QDL)/10	0.106
24.8	D11-153	管、渠道基础及附属模板,顶(盖)板木模	10m²	(0.5×QDL)/10	0.05
040504001002	消火栓φ1200闸阀井	1. 垫层、基础材质及厚度:100mm厚混凝土垫层,200mm厚钢筋混凝土底板； 2. 砌筑材料品种、规格、强度等级:M10砂浆砌MU10普通砖砌块； 3. 勾缝、抹面要求:M10水泥砂浆抹面； 4. 砂浆强度等级、配合比:水泥42.5水泥砂浆M10； 5. 混凝土强度等级:C25商品混凝土； 6. 盖板材质、规格:φ800球墨铸铁井盖； 7. 井盖、井圈材质、规格:C25混凝土井圈； 8. 踏步材质、规格:塑钢踏步； 9. 防渗、防水要求:按规范要求； 10. 平均井深2.00m。 详见图集07MS201-2页14	座	QDL	3.00
25.1	D5-1881换	非定型井砌筑,砖砌,圆形井：换水泥42.5水泥砂浆M10；删:铸铁爬梯	10m³	(3.06×QDL)/10	0.918
25.2	D5-1901换	非定型检查井安装 铸铁井盖、座：换:防盗铸铁井盖井座Φ800,换:涤纶防坠网	10套	QDL/10	0.30
25.3	D6-44换	现浇钢筋混凝土池/半地下室池底平池底(厚度)50cm以内/非定型混凝土井,换:商品混凝土(砾石)C25	10m³	(0.56×QDL)/10	0.168

续上表

项目编码	项目名称	项目特征	计量单位	工程量计算公式	数量
25.4	D5-686换	钢筋混凝土盖板的预制：井室盖板，换：商品混凝土(砾石)C25	10m³	(0.22×QDL)/10	0.066
25.5	D5-5换	垫层混凝土，换：商品混凝土(砾石)C10	10m³	(0.34×QDL)/10	0.102
25.6	D9-4	非预应力钢筋制作安装：现浇带肋钢筋(直径mm)φ10以外	t	0.061×QDL	0.183
25.7	D9-6换	非预应力钢筋制作安装：预制圆钢(直径mm)φ10以外，换：圆钢φ12	t	0.004×QDL	0.012
25.8	D9-8	非预应力钢筋制作安装：预制带肋钢筋(直径mm)φ10以外	t	0.037×QDL	0.111
25.9	D11-163	地下综合管廊混凝土模板：混凝土垫层	10m²	0.65×QDL/10	0.195
25.10	D11-147	管、渠道基础及附属模板：管、渠道平基木模	10m²	1.18×QDL/10	0.354
25.11	D11-153	管、渠道基础及附属模板：顶(盖)板木模	10m²	1.12×QDL/10	0.336
27.8	D9-6换	非预应力钢筋制作安装：预制圆钢(直径mm)φ10以外～换：圆钢φ12	t	0.005×QDL	0.005
27.9	D9-7	非预应力钢筋制作安装：预制带肋钢筋(直径mm)φ10以内	t	(0.003+0.029)×QDL	0.032
27.10	D9-8	非预应力钢筋制作安装：预制带肋钢筋(直径mm)φ10以外	t	0.088×QDL	0.088
27.11	C8-3302	柔性防水套管制作：公称直径(mm以内)600	个	2×QDL	2.00
27.12	D11-163	地下综合管廊混凝土模板：混凝土垫层	10m²	(1.04×QDL)/10	0.104
27.13	D11-147	管、渠道基础及附属模板：管、渠道平基木模	10m²	(2.20×QDL)/10	0.22
27.14	D11-151	管、渠道基础及附属模板：渠(涵)直墙木模	10m²	(48×QDL)/10	4.80
27.15	D11-153	管、渠道基础及附属模板：顶(盖)板木模	10m²	(2.18×QDL)/10	0.218
041101005001	井字架	1. 井深：4m以内； 2. 脚手架材质、规格：投标人自行考虑	座	QDL	10.00
28.1	D11-181	井字架：井深(m以内)4	座	QDL	10.00

二、综合单价的计算

(一)计算分部分项工程直接工程费

①执行当地住建厅最新市政造价文件：如执行湘建价〔2019〕47号文件《湖南省住房和城乡建设厅关于调整建设工程销项税额税率和材料价格综合税率计费标准的通知》、湘建价市

〔2020〕46号文件《湖南省建设工程造价管理总站关于机械费调整及有关问题的通知》;②参见湖南省政府造价管理机构颁布的统一定额《湖南省市政工程消耗量标准》(2020版);③当期造价站发布的材料信息价(市场价)。

扫描二维码16.1-5查看案例管网工程材料市场价。

1.040501003001铸铁管(K9离心球墨铸铁给水管DN600)的直接费

①D5-201球墨铸铁管安装(胶圈接口)的人工费=3 530.00×1×3.657=12 909.21(元)

润滑油的材料费=2.18×3.657×6.92=55.17(元)

乙炔气的材料费=2.11×3.657×16.04=123.77(元)

氧气的材料费=6.33×3.657×5.13=118.75(元)

球墨铸铁给水管K9 DN600的材料费=100×3.657×920.32=336 561.02(元)

其他材料费=1.34×3.657×1=4.90(元)

D5-201球墨铸铁管安装(胶圈接口)的材料费=55.17+123.77+118.75+336 561.02+4.90=336 863.61(元)

a. 汽车式起重机8t的机械台班单价(J3-19调整后)=964.18+(7.205−7.16)×28.43=965.46(元/台班)

汽车式起重机8t的机械费=0.805×965.46×3.657=2 842.20(元)

b. 载重汽车5t的机械台班单价(J4-4调整后)=481.47+(7.205−7.16)×32.19=482.92(元/台班)

载重汽车5t的机械费=0.418×482.92×3.657=738.20(元)

D5-201球墨铸铁管安装(胶圈接口)的机械费=2 842.2+738.2=3 580.40(元)

D5-201球墨铸铁管安装(胶圈接口)的直接费=12 909.21+336 863.61+3 580.40=353 353.22(元)

D5-201球墨铸铁管安装(胶圈接口)的基期直接费=4 598.1×3.657+807.47【主材球墨铸铁管DN600基期价格(见各专业补充材料基期价格表)】×100【定额消耗量】×3.657=312 107.03(元)

②D5-844管道消毒冲洗的人工费=398.75×1×3.657=1 458.23(元)

漂白粉的材料费=4.75×3.657×1.25=21.71(元)

水的材料费=168×3.657×4.4=2 703.25(元)

其他材料费=11.157×3.657×1=40.80(元)

D5-844管道消毒冲洗的材料费=21.71+2 703.25+40.80=2 765.76(元)

D5-844管道消毒冲洗的直接费=1 458.23+2 765.76=4 223.99(元)

D5-844管道消毒冲洗的基期直接费=1 153.70×3.657=4 219.08(元)

③C12-576换FVC防腐蚀涂料:管道底漆/第一遍防腐蚀的人工费=88.656×1×70.679 06=6 266.12(元)

C12-576换FVC防腐涂料:管道底漆/第一遍防腐蚀的材料费=1.65×14.55×70.679 06=1 696.83(元)

C12-576换FVC防腐蚀涂料:管道底漆/第一遍防腐蚀的直接费=6 266.12+1 696.83=7 962.95(元)

C12-576换FVC防腐蚀涂料:管道底漆/第一遍防腐蚀的基期直接费=88.66×70.679 06=6 266.41(元)

④C12-578换FVC防腐蚀涂料:管道面漆/第一遍防腐蚀的人工费=81.456×1×70.679 06=5 757.23(元)

C12-578换FVC防腐蚀涂料:管道面漆/第一遍防腐蚀的材料费=1.57×14.55×70.679 06=1 614.56(元)

C12-578换FVC防腐蚀涂料:管道面漆/第一遍防腐蚀的直接费=5 757.23+1 614.56=7 371.79(元)

C12-578换FVC防腐蚀涂料:管道面漆/第一遍防腐蚀的基期直接费=81.456×70.679 06=5 757.23(元)

⑤C12-579换FVC防腐蚀涂料:管道面漆/增一遍防腐蚀的人工费=78.90×1×70.679 06=5 576.58(元)

C12-579换FVC防腐蚀涂料:管道面漆/增一遍防腐蚀的材料费=1.55×14.55×70.679 06=1 593.99(元)

C12-579换FVC防腐蚀涂料:管道面漆/增一遍防腐蚀的直接费=5 576.58+1 593.99=7 170.57(元)

C12-579换FVC防腐蚀涂料:管道面漆/增一遍防腐蚀的基期直接费=78.90×70.679 06=5 576.58(元)

⑥C12-630管道沥青防腐:沥青玻璃布/一布二油的人工费=207.50×1×72.953 85=15 137.92(元)

10号石油沥青材料费=40×3.579×72.953 85=10 444.07(元)

滑石粉材料费=18×0.59×72.953 85=774.77(元)

煤的材料费=5.5×0.46×72.953 85=184.57(元)

木柴的材料费=2×1.79×72.953 85=261.17(元)

玻璃纤维丝布δ0.5mm的材料费=13×1.62×72.953 85=1 536.41(元)

其他材料费=0.42×1×72.953 85=30.64(元)

C12-630管道沥青防腐:沥青玻璃布/一布二油的材料费=10 444.07+774.77+184.57+261.17+1 536.41+30.64=13 231.63(元)

C12-630管道沥青防腐:沥青玻璃布/一布二油的直接费=15 137.92+13 231.63=28 369.55(元)

C12-630管道沥青防腐:沥青玻璃布/一布二油的基期直接费=374.48×72.953 85=27 319.76(元)

⑦C12-631管道沥青防腐:沥青玻璃布/每增一布一油的人工费=172.50×1×72.953 85=12 584.54(元)

10号石油沥青的材料费=24.5×3.579×72.95 385=6 396.99(元)

滑石粉的材料费=11×0.59×72.953 85=473.47(元)

煤的材料费=4.5×0.46×72.953 85=151.01(元)

木柴的材料费=1×1.79×72.953 85=130.59(元)

玻璃纤维丝布δ0.5mm的材料费=13×1.62×72.953 85=1 536.41(元)

其他材料费=0.42×1×72.953 85=30.64(元)

C12-631管道沥青防腐:沥青玻璃布/每增一布一油的材料费=6 396.99+473.47+151.01+130.59+1 536.41+30.64=8 719.11(元)

C12-631管道沥青防腐:沥青玻璃布/每增一布一油的直接费=12 584.54+8 719.11=21 303.65(元)

C12-631管道沥青防腐:沥青玻璃布/每增一布一油的基期直接费=275.74×72.953 85=20 116.29(元)

所以综上,040501003001铸铁管(K9离心球墨铸铁给水管DN600)的直接费=353 353.22+4 223.99+7 962.95+7 371.79+7 170.57+28 369.55+21 303.65=429 755.72(元)

040501003001铸铁管(K9离心球墨铸铁给水管DN600)的基期直接费=312 107.03+4 219.08+6 266.41+5 757.23+5 576.58+27 319.76+20 116.29=381 362.38(元)

16.1-6

扫描二维码16.1-6查看案例管网工程分部分项工程直接工程费计算(全部答案)。

2. 040501004001塑料管(PE给水管DN200-PN1.0)的直接费

①D5-242塑料管(PE给水管DN200-PN1.0)的人工费=1 230.75×0.91×1=1 119.98(元)

电的材料费=13.72×0.91×0.775=9.68(元)

PE塑料管DN200×11的材料费=101×0.91×87.72=8 062.35(元)

PE塑料管件DN200的材料费=10×0.91×45.21=411.41(元)

其他材料费=1×0.165×0.91=0.15(元)

D5-242塑料管(PE给水管DN200-PN1.0)的材料费=9.68+8 062.35+411.41+0.15=8 483.59(元)

a. φ315电熔管件熔接机的机械台班单价(J9-31调整后)=101.19+(0.775−0.8)×26=100.54(元/台班)

φ315电熔管件熔接机的机械费=3.43×0.91×100.54=313.82(元)

b. 8t载重汽车的机械台班单价(J4-6调整后)=566.16+(7.205−7.16)×35.49=567.76(元/台班)

8t载重汽车的机械费=0.03×0.91×567.76=15.50(元)

D5-242塑料管(PE给水管DN200-PN1.0)的机械费=313.82+15.50=329.32(元)

D5-242塑料管(PE给水管DN200-PN1.0)的直接费=1 119.98+8 483.59+329.32=9 932.89(元)

D5-242塑料管(PE给水管DN200-PN1.0)的基期直接费=1 605.96×0.91+116.12【主材PE给水管DN200基期价格(见各专业补充材料基期价格表)】×101×0.91+113.3×10×0.91=13 165.04(元)

②D5-800液压试验:公称直径(mm以内)200的人工费=352.00×0.91×1=320.32(元)

法兰阀门DN50的材料费=0.007×0.91×187.05=1.19(元)

热轧中钢板δ4.5~10mm的材料费=3.786×0.91×2.46=8.48(元)

石棉橡胶板δ1~6mm的材料费=0.91×0.9×8.91=7.30(元)

精制六角螺栓带帽带垫M12×65的材料费=27×0.91×0.76=18.67(元)

碳钢电焊条J422 φ4.0的材料费=0.3×0.91×6.16=1.68(元)

乙炔气的材料费=0.128×0.91×16.04=1.87(元)
氧气的材料费=0.385×0.91×5.13=1.80(元)
镀锌钢管 DN50 的材料费=1.02×0.91×25.56=23.72(元)
碳钢平焊法兰 DN50 1.6MPa 的材料费=0.013×0.91×19.73=0.23(元)
水的材料费=3.45×0.91×4.4=13.81(元)
其他材料费=1.289×0.91×1=1.17(元)
D5-800 液压试验：公称直径(mm 以内)200 的材料费=1.19+8.48+7.30+18.67+1.68+1.87+1.80+23.72+0.23+13.81+1.17=79.92(元)

　　a.25mm 立式钻床的机械台班单价(J7-32 调整后)=9.92+(0.775−0.8)×4.03=9.82(元/台班)
25mm 立式钻床的机械费=0.03×0.91×9.82=0.27(元)
　　b.3MPa 试压泵的机械台班单价(J8-33 调整后)=18.82+(0.775−0.8)×10.870=18.55(元/台班)
3MPa 试压泵的机械费=0.22×0.91×18.55=3.71(元)
　　c.20kV 直流弧焊机的机械台班单价(J9-10 调整后)=82.46+(0.775−0.8)×72.46=80.65(元/台班)
20kV 直流弧焊机的机械费=0.116×0.91×80.65=8.51(元)
　　d.60×50×75(cm³)电焊条烘干箱的机械台班单价(J9-41 调整后)=30.63+(0.775−0.8)×13.9=30.28(元/台班)
60×50×75(cm³)电焊条烘干箱的机械费=0.011×0.91×30.28=0.30(元)
D5-800 液压试验：公称直径(mm 以内)200 的机械费=0.27+3.71+8.51+0.30=12.79(元)
D5-800 液压试验：公称直径(mm 以内)200 的直接费=320.32+79.92+12.79=413.03(元)
D5-800 液压试验：公称直径(mm 以内)200 的基期直接费=453.55×0.91+340.71×0.007×0.91=414.90(元)

　　③D5-840 管道消毒冲洗：公称直径(mm 以内)200 的人工费=229.25×0.91×1=208.62(元)
漂白粉的材料费=0.53×0.91×1.25=0.60(元)
水的材料费=22×0.91×4.4=88.09(元)
其他材料费=1.459×0.91×1=1.33(元)
D5-840 管道消毒冲洗：公称直径(mm 以内)200 的材料费=0.6+88.09+1.33=90.02(元)
D5-840 管道消毒冲洗：公称直径(mm 以内)200 的直接费=208.62+90.02=298.64(元)
D5-840 管道消毒冲洗：公称直径(mm 以内)200 的基期直接费=327.99×0.91=298.47(元)
所以综上，040501004001 塑料管(PE 给水管 DN200-PN1.0)的直接费=9 932.89+413.03+298.64=10 644.56(元)

040501004001 塑料管(PE 给水管 DN200-PN1.0)的基期直接费=13 165.04+414.90+298.47=13 878.41(元)

3.040502001001 室外消火栓 SS100/65-1.0 的直接费

C9-146 室外消火栓 SS100/65-1.0 的人工费=155×3×1=465(元)
石棉橡胶板 δ0.8~6mm 的材料费=0.17×3×8.61=4.39(元)
精制六角螺栓带帽带垫 M16×65~80 的材料费=8.2×3×0.96=23.62(元)
低碳钢焊条 J422ϕ3.2 的材料费=0.22×3×6.06=4.00(元)
普通硅酸盐水泥(P·O)42.5 级的材料费=0.47×3×0.471=0.66(元)

清油 C01-1 的材料费=0.02×3×6.68=0.40(元)

白铅油的材料费=0.1×3×6.98=2.09(元)

乙炔气的材料费=0.05×3×16.04=2.41(元)

氧气的材料费=0.16×3×5.13=2.46(元)

黑玛钢丝堵(堵头)DN15 的材料费=1.01×3×0.58=1.76(元)

碳钢平焊法兰 DN100 1.6MPa 的材料费=1×3×33.00=99.00(元)

其他材料费=1.523×3×1=4.57(元)

地上式消火栓 07MS101-1 的材料费=1×3×826.2=2 478.6(元)

C9-146 室外消火栓 SS100/65-1.0 的材料费=4.39+23.62+4.00+0.66+0.40+2.09+2.41+2.46+1.76+99.00+4.57+2478.6=2 623.96(元)

　　a. 容量(kVA)32 交流弧焊箱的机械台班单价(J9-2 调整后)=95.9+(0.775-0.8)×96.53=93.49(元/台班)

容量(kVA)32 交流弧焊箱的机械费=0.06×3×93.49=16.83(元)

　　b. 60×50×75(cm³)电焊条烘干箱的机械台班单价(J9-41 调整后)=30.63+(0.775-0.8)×13.9=30.28(元/台班)

60×50×75(cm³)电焊条烘干箱的机械费=0.01×3×30.28=0.91(元)

C9-146 室外消火栓 SS100/65-1.0 的机械费=16.83+0.91=17.74(元)

所以综上,040502001001 室外消火栓 SS100/65-1.0 的直接费=465+2 623.96+17.74=3 106.70(元)

040502001001 室外消火栓 SS100/65-1.0 的基期直接费=213.34×3=640.02(元)

4. 040502001007 DN600×DN200 排泥三通的直接费

D5-977 铸铁管件 DN600×DN200 排泥三通安装的人工费=351.88×1×1=351.88(元)

橡胶圈 DN600 的材料费=2.06×1×45.35=93.42(元)

润滑油的材料费=0.263×1×6.92=1.82(元)

乙炔气的材料费=0.253×1×16.04=4.06(元)

氧气的材料费=0.759×1×5.13=3.89(元)

其他材料费=1.476×1×1=1.48(元)

DN600×DN200 排泥三通的材料费=1×1×978.31=978.31(元)

D5-977 铸铁管件 DN600×DN200 排泥三通安装的材料费=93.42+1.82+4.06+3.89+1.48+978.31=1 082.98(元)

　　a. 汽车式起重机 8t 的机械台班单价(J3-19 调整后)=964.18+(7.205-7.16)×28.43=965.46(元/台班)

汽车式起重机 8t 的机械费=0.032×1×965.46=30.89(元)

　　b. 载重汽车 5t 的机械台班单价(J4-4 调整后)=481.47+(7.205-7.16)×32.19=482.92(元/台班)

载重汽车 5t 的机械费=0.008×1×482.92=3.86(元)

D5-977 铸铁管件 DN600×DN200 排泥三通安装的机械费=30.89+3.86=34.75(元)

D5-977 铸铁管件 DN600×DN200 排泥三通安装的直接费=351.88+1 082.98+34.75=1 469.61(元)

所以综上,040502001007 DN600×DN200排泥三通的直接费=1 469.61(元)

040502001007 DN600×DN200排泥三通的基期直接费=486.48×1+1 380.53【主材基期价格(见各专业补充材料基期价格表)】×1=1 867.01(元)

5. 040502003001 HDPE DN100承压90°弯头的直接费

D5-1179塑料管件 HDPE DN100承压90°弯头(胶圈连接)的人工费=23.75×3×1=71.25(元)

橡胶圈DN125的材料费=2.06×15.3×3=94.55(元)

润滑油的材料费=0.091×6.92×3=1.89(元)

其他材料费=0.382×1×3=1.15(元)

HDPE DN100承压90°弯头的材料费=1×3×19.09=57.27(元)

D5-1179塑料管件 HDPE DN100承压90°弯头(胶圈连接)的材料费=94.55+1.89+1.15+57.27=154.86(元)

木工圆锯机500mm的机械台班单价(J7-12调整后)=28.49+(0.775-0.8)×24=27.89(元/台班)

木工圆锯机500mm的机械费=0.003×3×27.89=0.25(元)

D5-1179塑料管件 HDPE DN100承压90°弯头(胶圈连接)的机械费=0.25(元)

D5-1179塑料管件 HDPE DN100承压90°弯头(胶圈连接)的直接费=71.25+154.86+0.25=226.36(元)

所以综上,040502003001HDPE DN100承压90°弯头的直接费=226.36元

040502003001HDPE DN100承压90°弯头的基期直接费=53.48×3+49.69×3=309.51(元)

6. 040502005002 闸阀DN200的直接费

①D5-1335法兰阀门手动闸阀DN200安装的人工费=82.50×5×1=412.50(元)

石棉橡胶板δ0.8~6mm的材料费=0.33×5×8.61=14.21(元)

其他材料费=0.044×5×1=0.22(元)

手动阀门DN200的材料费=1×5×1 022.13=5 110.65(元)

D5-1335法兰阀门手动闸阀DN200安装的材料费=14.21+0.22+5 110.65=5 125.08(元)

D5-1335法兰阀门手动闸阀DN200安装的直接费=412.5+5 125.08=5 537.58(元)

D5-1335法兰阀门手动闸阀DN200安装的基期直接费=85.46×5+1 362.83【主材基期价格(见各专业补充材料基期价格表)】×5=7 241.45(元)

②D5-1372低压阀门检查、解体、清洗、研磨的人工费=345.75×1×5=1 728.75(元)

热轧中钢板δ20mm的材料费=0.875×5×3.772=16.50(元)

石棉橡胶板δ0.8~6mm的材料费=0.576×5×8.61=24.80(元)

碳钢电焊条J422 φ4.0的材料费=0.165×5×6.16=5.08(元)

乙炔气的材料费=0.149×5×16.04=11.95(元)

氧气的材料费=0.447×5×5.13=11.47(元)

无缝钢管 φ22×2.5的材料费=0.1×5×6.19=3.10(元)

塑料软管 DN25的材料费=0.2×5×1.29=1.29(元)

铜螺纹截止阀 J11T-16T DN15的材料费=0.2×5×17.55=17.55(元)

压力表0~4.0MPa的材料费=0.2×5×42.82=42.82(元)

压力表补芯 16×65的材料费=0.2×5×8.21=8.21(元)

水的材料费=0.006×5×4.4=0.13(元)

其他材料费=0.444×5×1=2.22(元)

D5-1372 低压阀门检查、解体、清洗、研磨的材料费=16.50+24.80+5.08+11.95+11.47+3.10+1.29+17.55+42.82+8.21+0.13+2.22=145.12(元)

a. 6MPa试压泵的机械台班单价(J8-29调整后)=21.16+(0.775-0.8)×13.14=20.83(元/台班)

6MPa试压泵的机械费=0.09×5×20.83=9.37(元)

b. 20kV直流弧焊机的机械台班单价(J9-10调整后)=82.46+(0.775-0.8)×72.46=80.65(元/台班)

20kV直流弧焊机的机械费=0.035×5×80.65=14.11(元)

c. 60×50×75(cm³)电焊条烘干箱的机械台班单价(J9-41调整后)=30.63+(0.775-0.8)×13.9=30.28(元/台班)

60×50×75(cm³)电焊条烘干箱的机械费=0.003×5×30.28=0.45(元)

D5-1372 低压阀门检查、解体、清洗、研磨的机械费=9.37+14.11+0.45=23.93(元)

D5-1372 低压阀门检查、解体、清洗、研磨的直接费=1 728.75+145.12+23.93=1 897.80(元)

D5-1372 低压阀门检查、解体、清洗、研磨的基期直接费=380.66×5=1 903.30(元)

所以综上,040502005002闸阀DN200的直接费=5 537.58+1 897.80=7 435.38(元)

040502005002闸阀DN200的基期直接费=7 241.45+1 903.30=9 144.75(元)

7. 040503001001砌筑支墩240mm×120mm×120mm的直接费

D5-6×C0.92换基础:砖石平基(机械×0.92)的人工费=1 529.75×0.003=4.59(元)

标准砖240×115×53的材料费=5.377×0.003×550=8.87(元)

水的材料费=1.134×0.003×4.4+0.287×2.419×0.003×4.4=0.02(元)

其他材料费=57.271×0.003×1=0.17(元)

普通硅酸盐水泥(P·O) 42.5级【水泥42.5水泥砂浆M7.5材料分解】的材料费=2.419×260.360×0.003×0.471=0.89(元)

河砂综合【水泥42.5水泥砂浆M7.5材料分解】的材料费=2.419×1.291×0.003×139.45=1.31(元)

D5-6×C0.92换基础:砖石平基(机械×0.92)的材料费=8.87+0.02+0.17+0.89+1.31=11.26(元)

a. 灰浆搅拌机拌筒容量200L的机械台班单价(J6-12调整后)=182.80+(0.775-0.8)×8.610=182.58(元/台班)

灰浆搅拌机拌筒容量200L的机械台班费=0.54×0.92×0.003×182.58=0.27(元)

D5-6×C0.92换基础:砖石平基(机械×0.92)的直接费=4.59+11.26+0.27=16.12(元)

D5-6×C0.92换基础:砖石平基(机械×0.92)的基期直接费=(1 529.75+3 875.33+98.71×0.92)×0.003=16.49(元)

所以综上,040503001001砌筑支墩240mm×120mm×120mm的直接费=16.12(元)

040503001001砌筑支墩240mm×120mm×120mm的基期直接费=16.49(元)

8. 040504001001排泥湿井φ1 000mm的直接费

①D5-1881换非定型圆形砖砌井的人工费=3 318.50×0.56×1=1 858.36(元)

标准砖 240×115×53 的材料费=5.181×0.56×550=1 595.75(元)
塑钢踏步的材料费=9【调整消耗量】×0.56×22.64=114.11(元)
水的材料费=1.088×0.56×4.4+0.295×3.239×0.56×4.4【水泥 42.5 水泥砂浆 M10 分解】=5.04(元)
其他材料费=81.279×0.56×1=45.52(元)
普通硅酸盐水泥(P·O)42.5 级的材料费=293.95×3.239×0.56×0.471=251.13(元)
河砂综合的材料费=1.292×3.239×0.56×139.45=326.80(元)
D5-1881 换非定型圆形砖砌井的材料费=1 595.75+114.11+5.04+45.52+251.13+326.80=2 338.35(元)

a. 机动翻斗车装载质量 1t 的机械台班单价(J4-30 调整后)=230.62+(7.205-7.16)×6.030=230.89(元/台班)
机动翻斗车装载质量 1t 的机械台班费=0.520×0.56×230.89=67.24(元)
b. 灰浆搅拌机拌筒容量 200L 的机械台班单价(J6-12 调整后)=182.80+(0.775-0.8)×8.610=182.58(元/台班)
灰浆搅拌机拌筒容量 200L 的机械台班费=0.512×0.56×182.58=52.35(元)
D5-1881 换非定型圆形砖砌井的机械费=67.24+52.35=119.59(元)
D5-1881 换非定型圆形砖砌井的直接费=1 858.36+2 338.35+119.59=4 316.30(元)
D5-1881 换非定型圆形砖砌井的基期直接费=9 031.92×0.56-(84.84×0.56×5.61+20×0.56×34.53)【定额消耗量调整差值】=4 404.61(元)

②D5-1901 换非定型检查井安装 φ800mm 铸铁井盖井座的人工费=692×0.1×1=69.2(元)
煤焦沥青漆 L01-17 的材料费=4.920×0.1×12.54=6.17(元)
防盗铸铁井盖井座 φ800mm 的材料费=10.1×0.1×383.32=387.15(元)
普通硅酸盐水泥(P·O)42.5 级的材料费=557.00×0.284×0.1×0.471=7.45(元)
粗净砂的材料费=1.110×0.284×0.1×217.7=6.86(元)
水的材料费=0.3×0.284×0.1×4.4=0.037(元)
其他材料费=57.146×0.1×1=5.71(元)
涤纶防坠网的材料费=10×0.1×17.76=17.76(元)
D5-1901 换非定型检查井安装 φ800mm 铸铁井盖井座的材料费=6.17+387.15+7.45+6.86+0.037+5.71+17.76=431.137(元)
D5-1901 换非定型检查井安装 φ800mm 铸铁井盖井座的直接费=69.2+431.137=500.337(元)
D5-1901 换非定型检查井安装 φ800mm 铸铁井盖井座的基期直接费=4 558.86×0.1=455.886(元)

③D6-44 换现浇钢筋混凝土非定型混凝土井底板商品混凝土(砾石)C25 的人工费=508.38×1.1【定额调整系数】×0.044×1=24.61(元)
商品混凝土(砾石)C25 的材料费=10.150×0.044×512.1=228.70(元)
无纺土工布的材料费=9.905×0.044×2.23=0.97(元)
水的材料费=1.837×0.044×4.4=0.356(元)
其他材料费=87.402×0.044×1=3.85(元)
D6-44 换现浇钢筋混凝土非定型混凝土井底板商品混凝土(砾石)C25 的材料费=228.70+0.97+0.356+3.85=233.88(元)

a. 混凝土振动器插入式的机械台班单价(J6-21 调整后)=11.19+(0.775-0.8)×4.7=

11.07(元/台班)

混凝土振动器插入式的机械台班费=0.313×0.044×11.07=0.15(元)

b. 混凝土振动器附着式的机械台班单价(J6-22调整后)=10.32+(0.775-0.8)×5.4=10.19(元/台班)

混凝土振动器附着式的机械台班费=0.960×0.044×10.19=0.43(元)

D6-44换现浇钢筋混凝土非定型混凝土井底板商品混凝土(砾石)C25的机械费=0.15+0.43=0.58(元)

D6-44换现浇钢筋混凝土非定型混凝土井底板商品混凝土(砾石)C25的直接费=24.61+233.88+0.58=259.07(元)

D6-44换现浇钢筋混凝土非定型混凝土井底板商品混凝土(砾石)C25的基期直接费=(508.38×1.1+5914.20+13.41)×0.044=285.42(元)

④D5-1886非定型井砖墙抹灰的人工费=2 946.63×0.467 5×1=1 377.55(元)

防水粉的材料费=59.89×0.467 5×1.52=42.56(元)

普通硅酸盐水泥(P·O)42.5级的材料费=557.00×2.174×0.467 5×0.471=266.64(元)

粗净砂的材料费=1.110×2.174×0.467 5×217.7=245.60(元)

水的材料费=0.3×2.174×0.467 5×4.4=1.34(元)

其他材料费=20.159×0.467 5×1=9.42(元)

D5-1886非定型井砖墙抹灰的材料费=42.56+266.64+245.60+1.34+9.42=565.56(元)

灰浆搅拌机拌筒容量200L的机械台班单价(J6-12调整后)=182.80+(0.775-0.8)×8.610=182.58(元/台班)

灰浆搅拌机拌筒容量200L的机械台班费=0.35×0.467 5×182.58=29.88(元)

D5-1886非定型井砖墙抹灰的机械费=29.88元

D5-1886非定型井砖墙抹灰的直接费=1 377.55+565.56+29.88=1 972.99(元)

D5-1886非定型井砖墙抹灰的基期直接费=4 374.69×0.467 5=2 045.17(元)

⑤D5-5换商品混凝土(砾石)C10垫层的人工费=658.75×0.028×1=18.45(元)

商品混凝土(砾石)C10的材料费=10.150×0.028×341.22=96.97(元)

水的材料费=0.45×0.028×4.4=0.055(元)

其他材料费=80.07×0.028×1=2.24(元)

D5-5换商品混凝土(砾石)C10垫层的材料费=96.97+0.055+2.24=99.27(元)

混凝土振动器插入式的机械台班单价(J6-21调整后)=11.19+(0.775-0.8)×4.7=11.07(元/台班)

混凝土振动器插入式的机械台班费=1.230×0.028×11.07=0.38(元)

D5-5换商品混凝土(砾石)C10垫层的机械费=0.38元

D5-5换商品混凝土(砾石)C10垫层的直接费=18.45+99.27+0.38=118.10(元)

D5-5换商品混凝土(砾石)C10垫层的基期直接费=6 090.61×0.028=170.54(元)

⑥D11-163混凝土垫层模板的人工费=314.25×0.059×1=18.54(元)

铁钉的材料费=0.625×0.059×5.03=0.19(元)

镀锌铁丝φ3.5的材料费=0.780×0.059×5.47=0.25(元)

脱模剂的材料费=1.00×0.059×2.62=0.15(元)

杉木锯材的材料费=0.123×0.059×1 289.77=9.36(元)

嵌缝膏的材料费=1.00×0.059×2.67=0.16(元)

其他材料费=3.58×0.059×1=0.21(元)

D11-163 混凝土垫层模板的材料费=0.19+0.25+0.15+9.36+0.16+0.21=10.32(元)

a. 12t 汽车式起重机的机械台班单价(J3-21 调整后)=1 131.25+(7.205-7.16)×30.55=1 132.62(元/台班)

12t 汽车式起重机的机械台班费=0.006×0.059×1 132.62=0.40(元)

b. 8t 载重汽车的机械台班单价(J4-6 调整后)=566.16+(7.205-7.16)×35.49=567.76(元/台班)

8t 载重汽车的机械台班费=0.007×0.059×567.76=0.23(元)

c. 木工圆锯机直径 500mm 的机械台班单价(J7-12 调整后)=28.49+(0.775-0.80)×24.00=27.89(元/台班)

木工圆锯机直径 500mm 的机械台班费=0.035×0.059×27.89=0.058(元)

D11-163 混凝土垫层模板的机械费=0.40+0.23+0.058=0.688(元)

D11-163 混凝土垫层模板的直接费=18.54+10.32+0.688=29.55(元)

D11-163 混凝土垫层模板的基期直接费=568.26×0.059=33.53(元)

⑦D11-147 管、渠道基础及附属基础模板的人工费=338.75×0.106×1=35.91(元)

铁钉的材料费=0.625×0.106×5.03=0.33(元)

镀锌铁丝 ϕ3.5 的材料费=0.780×0.106×5.47=0.45(元)

脱模剂的材料费=1.00×0.106×2.62=0.28(元)

杉木锯材的材料费=0.014×0.106×1 289.77=1.91(元)

嵌缝膏的材料费=1.00×0.106×2.67=0.28(元)

模板竹胶合板 15mm 双面覆膜的材料费=3.50×0.106×57.28=21.25(元)

支撑钢管及扣件的材料费=4.311×0.106×5.540=2.53(元)

普通硅酸盐水泥(P·O) 42.5 级的材料费=557.00×0.001×1.06×1/10×0.471=0.028(元)

粗净砂的材料费=1.110×0.001×0.106×217.7=0.026(元)

水的材料费=0.3×0.001×0.106×4.4=0.000 14(元)

其他材料费=4.109×0.106×1=0.44(元)

D11-147 管、渠道基础及附属基础模板的材料费=0.33+0.45+0.28+1.91+0.28+21.25+2.53+0.028+0.026+0.000 14+0.44=27.52(元)

a. 12t 汽车式起重机的机械台班单价(J3-21 调整后)=1 131.25+(7.205-7.16)×30.55=1 132.62(元/台班)

12t 汽车式起重机的机械台班费=0.006×0.106×1 132.62=0.72(元)

b. 8t 载重汽车的机械台班单价(J4-6 调整后)=566.16+(7.205-7.16)×35.49=567.76(元/台班)

8t 载重汽车的机械台班费=0.009×0.106×567.76=0.54(元)

c. 木工圆锯机直径 500mm 的机械台班单价(J7-12 调整后)=28.49+(0.775-0.80)×24.00=27.89(元/台班)

木工圆锯机直径 500mm 的机械台班费=0.004×0.106×27.89=0.012(元)

D11-147 管、渠道基础及附属基础模板的机械费=0.72+0.54+0.012=1.27(元)

D11-147 管、渠道基础及附属基础模板的直接费=35.91+27.52+1.27=64.70(元)

D11-147 管、渠道基础及附属基础模板的基期直接费=628.79×0.106=66.65(元)

⑧D11-153 管、渠道基础及附属顶(盖)板模板的人工费=458.38×0.05×1=22.92(元)

铁钉的材料费=0.625×0.05×5.03=0.16(元)
镀锌铁丝ϕ3.5的材料费=0.780×0.05×5.47=0.21(元)
脱模剂的材料费=1.00×0.05×2.62=0.13(元)
杉木锯材的材料费=0.005×0.05×1 289.77=0.32(元)
嵌缝膏的材料费=1.00×0.05×2.67=0.13(元)
模板竹胶合板15mm双面覆膜的材料费=3.5×0.05×57.28=10.02(元)
支撑钢管及扣件的材料费=7.532×0.05×5.540=2.09(元)
普通硅酸盐水泥(P·O)42.5级的材料费=557.00×0.003×0.05×0.471=0.039(元)
粗净砂的材料费=1.110×0.003×0.05×217.7=0.036(元)
水的材料费=0.3×0.003×0.05×4.4=0.000 20(元)
其他材料费=4.106×0.05×1=0.21(元)
D11-153管、渠道基础及附属顶(盖)板模板的材料费=0.16+0.21+0.13+0.32+0.13+10.02+2.09+0.039+0.036+0.000 20+0.21=13.35(元)

a. 12t汽车式起重机的机械台班单价(J3-21调整后)=1 131.25+(7.205−7.16)×30.55=1 132.62(元/台班)

12t汽车式起重机的机械台班费=0.006×0.05×1 132.62=0.34(元)

b. 8t载重汽车的机械台班单价(J4-6调整后)=566.16+(7.205−7.16)×35.49=567.76(元/台班)

8t载重汽车的机械台班费=0.009×0.05×567.76=0.26(元)

c. 木工圆锯机直径500mm的机械台班单价(J7-12调整后)=28.49+(0.775−0.80)×24.00=27.89(元/台班)

木工圆锯机直径500mm的机械台班费=0.001×0.05×27.89=0.001 4(元)

D11-153管、渠道基础及附属顶(盖)板模板的机械费=0.34+0.26+0.001 4=0.601 4(元)

D11-153管、渠道基础及附属顶(盖)板模板的直接费=22.92+13.35+0.601 4=36.87(元)

D11-153管、渠道基础及附属顶(盖)板模板的基期直接费=748.13×0.05=37.41(元)

所以综上,040504001001排泥湿井ϕ1000的直接费=4 316.30+500.337+259.07+1 972.99+118.10+29.55+64.70+36.87=7 297.92(元)

040504001001排泥湿井ϕ1000的基期直接费=4 404.61+455.886+285.42+2 045.17+170.54+33.53+66.65+37.41=7 499.22(元)

(二)计算分部分项工程企业管理费和利润

计算分部分项工程企业管理费和利润:即湖南省执行《湖南省建设工程计价办法》(2020年版)"附录C 建筑安装工程费用标准"表2管理费、利润。具体见表16.1-4。

施工企业管理费及利润表 表16.1-4

序号	项目名称	计费基础	费率标准(%)	
			企业管理费	利润
1	建筑工程	基期直接费	9.65	6
2	装饰装修工程		6.8	
3	安装工程	基期人工费	32.16	20
4	园林景观绿化	基期直接费	8	6
5	仿古建筑		9.65	

续上表

序号	项目名称		计费基础	费率标准(%)	
				企业管理费	利润
6	市政工程	道路、管网、市政排水设施维护、综合管廊、水处理	基期直接费	6.8	6
7		桥涵、隧道、生活垃圾处理工程		9.65	
8		机械土石方(含强夯地基)工程	—	9.65	—
9		桩基工程、地基处理、基坑支护		9.65	
10		其他管理费	设备费	2	—

扫描二维码16.1-7查看案例管网工程分部分项工程管理费和利润(全部答案)。

1. 040501003001 铸铁管(K9离心球墨铸铁给水管DN600)的管理费、利润

①040501003001 铸铁管(K9离心球墨铸铁给水管DN600)的管理费=基期直接费×6.8%=381 362.38×6.8%=25 932.64(元)

16.1-7

②040501003001 铸铁管(K9离心球墨铸铁给水管DN600)的利润=基期直接费×6%=381 362.38×6%=22 881.74(元)

2. 040501004001 塑料管(PE给水管DN200-PN1.0)的管理费、利润

①040501004001塑料管(PE给水管DN200-PN1.0)的管理费=基期直接费×6.8%=13 878.41×6.8%=943.73(元)

②040501004001塑料管(PE给水管DN200-PN1.0)的利润=基期直接费×6%=13 878.41×6%=832.70(元)

3. 040502001001 室外消火栓SS100/65-1.0的管理费、利润

①040502001001室外消火栓SS100/65-1.0的管理费=基期直接费×6.8%=640.02×6.8%=43.52(元)

②040502001001室外消火栓SS100/65-1.0的利润=基期直接费×6%=640.02×6%=38.40(元)

4. 040502001007 DN600×DN200排泥三通的管理费、利润

①040502001007 DN600×DN200排泥三通的管理费=基期直接费×6.8%=1 867.01×6.8%=126.96(元)

②040502001007 DN600×DN200排泥三通的利润=基期直接费×6%=1 867.01×6%=112.02(元)

5. 040502003001 HDPE DN100承压90°弯头的管理费、利润

①040502003001HDPE DN100承压90°弯头的管理费=基期直接费×6.8%=309.51×6.8%=21.06(元)

②040502003001HDPE DN100承压90°弯头的利润=基期直接费×6%=309.51×6%=18.57(元)

6. 040502005002 闸阀DN200的管理费、利润

①040502005002闸阀DN200的管理费=基期直接费×6.8%=9 144.75×6.8%=621.84(元)

②040502005002闸阀DN200的利润=基期直接费×6%=9 144.75×6%=548.69元

7. 040503001001 砌筑支墩240×120×120的管理费、利润

①040503001001砌筑支墩240mm×120mm×120mm的管理费=基期直接费×6.8%=16.51×

6.8%=1.12(元)

②040503001001 砌筑支墩 240mm×120mm×120mm 利润=基期直接费×6%=16.51×6%=0.99(元)

8. 040504001001 排泥湿井 φ1 000mm 的管理费、利润

①040504001001 排泥湿井 φ1 000mm 的管理费=基期直接费×6.8%=7 499.22×6.8%=509.95(元)

②040504001001 排泥湿井 φ1 000mm 的利润=基期直接费×6%=7 499.22×6%=449.95(元)

(三)计算综合单价,完成"综合单价分析表"的填写

综合单价包括完成《市政工程工程量计算规范》(GB 50857—2013)一个规定计量单位的分部分项工程量清单项目或是措施清单项目的所有工程内容的费用。见表 16.1-5～表 16.1-13。

综合单价=(∑直接费+∑管理费+∑利润+∑风险)/清单工程量

扫描二维码 16.1-8 查看案例管网工程综合单价分析表(全部答案)。

16.1-8

(1)040501003001 铸铁管(K9 离心球墨铸铁给水管 DN600)的综合单价=(429 755.72+25 932.64+22 881.74)/365.70=478 570.11/365.70=1 308.64(元/m)

(2)040501004001 塑料管(PE 给水管 DN200-PN1.0)的综合单价=(10 644.56+943.73+832.70)/91.00=12 421.01/91.00=136.49(元/m)

(3)040502001001 室外消火栓 SS100/65-1.0 的综合单价=(3 106.70+43.52+38.40)/3.00=3 188.62/3.00=1 062.87(元/个)

(4)040502001007 DN600×DN200 排泥三通的综合单价=(1 469.61+126.96+112.02)/1.00=1 708.59(元/个)

(5)040502003001 HDPE DN100 承压 90°弯头的综合单价=(226.36+21.06+18.57)/3.00=265.99/3.00=88.66(元/个)

(6)040502005002 闸阀 DN200 的综合单价=(7 435.38+621.84+548.69)/5.00=8 605.91/5.00=1 721.18(元/个)

(7)040503001001 砌筑支墩 240mm×120mm×120mm 的综合单价=(16.12+1.12+0.99)/0.03=18.23/0.03=607.67(元/m³)

(8)040504001001 排泥湿井 φ1 000mm 的综合单价=(7 297.91+509.95+449.95)/1.00=8 257.81/1=8 257.81(元/座)

分部分项工程费=478 570.11+12 421.01+808.66+3 188.62+675.34+1 549.26+533.57+798.47+6 968.52+7 489.65+1 708.59+265.99+786.9+308.19+1 620.64+2 975.37+8 605.91+7 041.67+18.23+497.68+119.85+10 902.21+14 536.16+8 257.81+14 597.36+50 631.14+23 350.23=659 227.14(元)

分部分项工程基期直接费=381 362.38+13 878.41+1 231.82+640.02+506.01+1 012.02+372.06+879.93+5 601.03+5 601.03+1 867.01+309.51+404.28+283.63+1 488.24+2 636.37+9 144.75+6 191.85+16.49+515.47+128.56+10 143.46+13 524.62+7 499.22+13 176.53+43 681.97+19 639.11=541 735.78(元)

三、计算措施项目清单费

(1)单价措施清单费

单价措施清单费=∑(计量措施项目清单量×综合单价)

综合单价分析表（分部分项工程）

工程名称：某道路管网工程　　　　标段：　　　　　　　　　　　　　　　　　　　　第1页 共1页
表16.1-5

清单编码	040501J03001										
项目名称	铸铁管（K9离心球墨铸铁给水管DN600）										
	项目名称	单位	数量	单价（元）						综合单价（元）	合价（元）
消耗量标准编号				合计（直接费）	人工费	材料费	机械费	管理费 6.80%	其他管理费 2.00%	利润 6.00%	
											1 308.64
D5-201	球墨铸铁管安装（胶圈接口）：公称直径(mm以内)600	100m	3.657	96 623.80	3 530.00	92 114.74	979.05	21 223.28	365.70	18 726.42	393 302.92
D5-844	管道消毒冲洗：公称直径(mm以内)600	100m	3.657	1 155.04	398.75	756.29		286.90		253.14	4 764.03
C12-576换	FVC防腐蚀涂料：管道底漆/第一遍～在管直间(井)、管廊内防腐蚀	10m²	70.679 06	112.67	88.66	24.01		426.12		375.98	8 765.05
C12-578换	FVC防腐蚀涂料：管道面漆/第一遍～在管直间(井)、管廊内防腐蚀	10m²	70.679 06	104.30	81.46	22.84		391.49		345.43	8 108.71
C12-579换	FVC防腐蚀涂料：管道面漆/增一遍～在管直间(井)、管廊内防腐蚀	10m²	70.679 06	101.45	78.90	22.55		379.21		334.59	7 884.37
C12-630	管道沥青防腐：沥青玻璃布/一布二油	10m²	72.953 85	388.87	207.50	181.37		1 857.74		1 639.19	31 866.49
C12-631	管道沥青防腐：沥青玻璃布/每增一布一油	10m²	72.953 85	292.02	172.50	119.52		1 367.91		1 206.98	23 878.54
累计（元）				429 755.73	59 689.84	366 485.50	3 580.40	25 932.64		22 881.74	478 570.11

续上表

清单编码	项目名称	材料名称、规格、型号	单位	计量单位数量	数量	单价	合价	暂估单价	暂估合价	综合单价（元）
040501003001	铸铁管(K9离心球墨铸铁给水管DN600)									1 308.64
		润滑油	kg	7.972		6.92	55.17			
		乙炔气	kg	7.716		16.04	123.77			
		氧气	m³	23.149		5.13	118.75			
		其他材料费	元	106.983		1.00	106.98			
材料费明细表		球墨铸铁管DN600(K9离心球墨铸铁给水管DN600)	m	365.700		920.32	336 561.02	365.70	—	
		漂白粉	kg	17.371		1.25	21.71			
		水	t	614.376		4.40	2 703.25			
		防腐涂料底涂 FVC	kg	116.620		14.55	1 696.82			
		防腐涂料面涂 FVC	kg	220.519		14.55	3 208.55			
		石油沥青 10#	kg	4 705.523		3.579	16 841.07			
		滑石粉	kg	2 115.662		0.59	1 248.24			
		煤	kg	729.539		0.46	335.59			
		木柴	kg	218.862		1.79	391.76			
		玻璃纤维丝布 80.5mm	m²	1 896.800		1.62	3 072.82			
		材料费合计	元	—			366 485.50			

注：1. 本表用于编制招投标综合单价时，招标文件提供了暂估单价的材料，应按暂估的单价填入表内"暂估单价"及"暂估合价"栏。
2. 本表用于编制工程竣工结算时，其材料单价应按双方约定的（结算单价）填写。

综合单价分析表（分部分项工程）

工程名称：本道路管网工程 标段： 第2页 共 页

表16.1-6

清单编码	0405010040001		项目名称	塑料管(PE给水管 DN200-PN1.0)			计量单位	m	数量	91.00	综合单价（元）	136.49
消耗量标准编号	项目名称	单位	数量	单价（元）								合价（元）
				合计（直接费）	人工费	材料费	机械费	管理费	其他管理费	利润		
								6.80%	2.00%	6.00%		
D5-242	塑料管安装(电熔管件熔接)：管外径(mm以内)200	100m	0.91	10 915.26	1 230.75	9 322.63	361.89	895.22		789.90		11 618.01
D5-800	液压试验：公称直径(mm以内)200	100m	0.91	453.90	352.00	87.84	14.06	28.21		24.89		466.15
D5-840	管道消毒冲洗：公称直径(mm以内)200	100m	0.91	328.18	229.25	98.92		20.30		17.91		336.85
累计(元)				10 644.58	1 648.92	8 653.54	342.11	943.73	832.70	832.70		12 421.01

续上表

清单编码	项目名称	塑料管(PE给水管 DN200-PN1.0)				综合单价(元)	136.49
040501004001		计量单位	m			暂估合价	
			数量	单价	合价	暂估单价	91.00
	材料名称、规格、型号	单位					暂估单价
材料费明细表	电	kW·h	12.485	0.775	9.68		
	其他材料费	元	2.651	1.00	2.65		
	PE塑料管 DN200×11.9	m	91.910	87.72	8 062.35		
	PE塑料管件 DN200(聚乙烯电熔管件 Φ200)	个	9.100	45.21	411.41		
	热轧中钢板δ4.5~10mm	kg	2.239	3.786	8.48		
	石棉橡胶板δ1~6mm	kg	0.819	8.91	7.30		
	精制六角螺栓带帽垫 M12×65	套	24.570	0.76	18.67		
	碳钢电焊条 J422 Φ4.0	kg	0.273	6.16	1.68		
	乙炔气	kg	0.116	16.04	1.86		
	氧气	m³	0.350	5.13	1.80		
	镀锌钢管 DN50	m	0.928	25.56	23.72		
	碳钢平焊法兰 DN50 1.6MPa	片	0.012	19.73	0.24		
	水	t	23.160	4.40	101.90		
	法兰阀门DN50	个	0.006	187.05	1.12		
	漂白粉	kg	0.482	1.25	0.60		
	材料费合计	元	—		8 653.54	—	

注:1. 本表用于编制招标控制综合单价时,招标文件提供了暂估单价的材料,应按暂估的单价填入表内"暂估单价"及"暂估合价"栏。
2. 本表用于编制工程竣工结算时,其材料单价应按双方约定的(结算单价)填写。

综合单价分析表（分部分项工程）

工程名称：本道路管网工程　　　　标段：　　　　表 16.1-7　第 4 页　共　页

清单编码	040502001001	项目名称	室外地上式消火栓公称直径(mm以内)100	计量单位	个	数量	3.00			
消耗量标准编号	项目名称	单位	数量	单价(元)				合价(元)		综合单价(元)
				人工费	材料费	机械费	管理费 6.80%			
C9-146	室外消火栓 SS100/65-1.0	套	3.00	155.00	874.65	5.91	43.52			
累计(元)				465.00	2 623.96	17.74	43.52			
合计(直接费)	1 035.57									
	3 106.70			其他管理费 2.00%	3.00	利润 6.00%	38.40		1 062.87	
									38.40	3 188.62

材料费明细表

材料名称、规格、型号	单位	数量	单价	合价	暂估单价	暂估合价
石棉橡胶板 80.8~6mm	kg	0.510	8.61	4.39		
精制六角螺栓带帽垫 M16×65-80	套	24.600	0.96	23.62		
低碳钢焊条 J422 φ3.2	kg	0.660	6.06	4.00		
普通硅酸盐水泥(P·O)42.5级	kg	1.410	0.471	0.66		
清油 C01-1	kg	0.060	6.68	0.40		
白铅油	kg	0.300	6.68	2.09		
乙炔气	kg	0.150	16.04	2.41		
氧气	m³	0.480	5.13	2.46		
黑玛钢丝堵(堵头) DN15	个	3.030	0.58	1.76		
碳钢平焊法兰 DN100 1.6MPa	片	3.000	33.00	99.00		
其他材料费	元	4.569	1.00	4.57		
地上式消火栓 07MS101-1	套	3.000	826.20	2 478.60		暂估价
材料费合计	元	—	—	2 623.96	—	3 188.62

注：1. 本表用于编制招投标综合单价时，招标文件提供了暂估单价的材料，应按暂估的单价填入表内"暂估单价"及"暂估合价"栏。
2. 本表用于编制工程竣工结算时，其材料单价应按双方约定的（结算单价）填写。

综合单价分析表(分部分项工程)

工程名称:本道路管网工程　　　　标段:　　　　　　第11页 共 页　　表16.1-8

清单编码	040502001007	项目名称		铸铁管件安装:胶圈接口公称直径(mm以内)600		计量单位	个	数量	1.00

消耗量标准编号	项目名称	单位	数量	单价(元)					合价(元)
				合计(直接费)	人工费	材料费	机械费	管理费 6.80%	
D5-977	DN600×DN200排泥三通	个	1.00	1469.61	351.88	1082.98	34.75	126.96	
累计(元)				1469.61	351.88	1082.98	34.75	126.96	

		其他管理费 2.00%	利润 6.00%	综合单价(元)	合价(元)
		1.00	112.02	1708.59	1708.59

材料费明细表

材料名称、规格、型号	单位	数量	单价	合价	暂估单价	暂估合价
橡胶圈 DN600	个	2.060	45.35	93.42		
润滑油	kg	0.263	6.92	1.82		
乙炔气	kg	0.253	16.04	4.06		
氧气	m³	0.759	5.13	3.89		
其他材料费	元	1.476	1.00	1.48		
DN600×DN200排泥三通	个	1.000	978.31	978.31		1708.59
材料费合计	元	—	—	1082.98	—	

注:1. 本表用于编制招投标综合单价时,招标文件提供了暂估单价的材料,应按暂估的单价填入表内"暂估单价"及"暂估合价"栏。
2. 本表用于编制工程竣工结算时,其材料单价应按双方约定的(结算单价)填写。

综合单价分析表（分部分项工程）

工程名称：本道路管网工程　　　　标段：　　　　　　　第12页 共 页　表16.1-9

清单编码	0405C2003001	项目名称	HDPE DN100承压90°弯头		计量单位	个	数量	3.00	综合单价（元）	88.66

消耗量标准编号

				单价（元）						合价（元）
	项目名称	单位	数量	合计（直接费）	人工费	材料费	机械费	管理费	利润	
								6.80%	6.00%	
D5-1179	塑料管件(胶圈连接)管外径(mm以内)125	个	3.00	75.45	23.75	51.62	0.08	21.06	18.57	265.99
累计(元)				226.36	71.25	154.86	0.25	21.06	18.57	265.99

材料费明细表

材料名称、规格、型号	单位	数量	单价	合价	其他管理费	暂估合价
橡胶圈 DN125	个	6.180	15.30	94.55		
润滑油	kg	0.273	6.92	1.89		
其他材料费	元	1.146	1.00	1.15		
HDPE DN100承压90°弯头	个	3.000	19.09	57.27	3.00	暂估单价
材料费合计	元	—	—	154.86	2.00%	—

注：1. 本表用于编制招投标综合单价时，招标文件提供了暂估单价的材料，应按暂估的单价填入表内"暂估单价"及"暂估合价"栏。
2. 本表用于编制工程竣工结算时，其材料单价应按双方约定的（结算单价）填写。

表16.1-10 第17页 共 页

综合单价分析表（分部分项工程）

工程名称：本道路管网工程　　　　　标段：

清单编码	项目名称		计量单位	数量		综合单价（元）	合价（元）
040502005002	闸阀DN200		个	5.00		1 721.18	8 605.91

消耗量标准编号	项目名称	单位	数量	单价（元）					管理费 6.80%	其他管理费 2.00%	利润 6.00%	合价（元）
				合计（直接费）	人工费	材料费	机械费					
D5-1335	法兰阀门安装：公称直径(mm以内)200	个	5.00	1 107.52	82.50	1 025.02		492.42			434.49	6 464.49
D5-1372	低压阀门检查、解体、清洗、研磨：公称直径(mm以内)200	个	5.00	379.56	345.75	29.02	4.79	129.42			114.20	2 141.42
累计(元)				7 435.38	2 141.25	5 270.20	23.95	621.84			548.69	

续上表

清单编码	项目名称	计量单位	数量	综合单价（元）	
				综合单价	暂估合价
040502005002	闸阀DN200	个	5.00		1721.18

材料费明细表

材料名称、规格、型号	单位	数量	单价	合价	暂估单价	暂估合价
石棉橡胶板 δ0.8~6mm	kg	4.530	8.61	39.00		
其他材料费	元	2.440	1.00	2.44		
法兰阀门 DN200	个	5.000	1022.13	5110.65	5.00	
热轧中钢板 δ20mm	kg	4.375	3.772	16.50		
碳钢电焊条 J422 φ4.0	kg	0.825	6.16	5.08		
乙炔气	kg	0.745	16.04	11.95		
氧气	m³	2.235	5.13	11.47		
无缝钢管 φ22×2.5	m	0.500	6.19	3.10		
塑料软管 DN25	m	1.000	1.29	1.29		
铜螺纹截止阀 J11T-16T DN15	个	1.000	17.55	17.55		
压力表 0~4.0MPa	块	1.000	42.82	42.82		
压力表芯 16×65	个	1.000	8.21	8.21		
水	t	0.030	4.40	0.13		
材料费合计	元	—	—	5270.20	—	

注：1. 本表用于编制招投标综合单价时，招标文件提供了暂估单价的材料，应按暂估单价的单价填入表内"暂估单价"及"暂估合价"栏。

2. 本表用于编制工程竣工结算时，其材料单价应按双方约定的（结算单价）填写。

综合单价分析表（分部分项工程）

表16.1-11 第19页 共 页

工程名称：本道路管网工程 标段：

清单编码	040503001001	项目名称		砌筑支墩 240mm×120mm×120mm	计量单位	m³	数量		0.003

消耗量标准编号	名称	单位	数量	单价（元）					
				合计（直接费）	人工费	材料费	机械费	管理费 6.80%	利润 6.00%
D5-6× C0.92换	基础:砖石平基～机械×0.92	10m³	0.003	5373.33	1530.00	3753.33	90.00		
累计(元)				16.12	4.59	11.26	0.27	1.12	
综合单价（元）									18.23

材料费明细表	材料名称、规格、型号	单位	数量	单价	合价	暂估单价	暂估合价
	标准砖 240mm×115mm×53mm	千块	0.016	550.00	8.80		
	水	t	0.005	4.40	0.02		
	其他材料费	元	0.172	1.00	0.17		
	普通硅酸盐水泥(P·O)42.5级	kg	1.889	0.471	0.89		
	河砂综合	m³	0.009	139.45	1.26		
	材料费合计	元	—	—	11.26	—	

其他管理费 2.00% 0.03 合价（元） 607.67 18.23

注：1. 本表用于编制招投标综合单价时，招标文件提供了暂估单价的材料，应按暂估单价填入表内"暂估单价"及"暂估合价"栏。
2. 本表用于编制工程竣工结算时，其材料单价应按发承双方约定的（结算单价）填写。

综合单价分析表（分部分项工程）

表16.1-12

第19页 共 页

工程名称：本道路管网工程　　　　　　　　标段：

清单编码	0405C4001001										
	项目名称		排泥湿井 φ1000mm			计量单位	座	数量	1.00	综合单价（元）	8257.81
消耗量标准编号	项目名称	单位	数量	合计（直接费）	单价（元）						合价（元）
					人工费	材料费	机械费	管理费	其他管理费	利润	
								6.80%	2.00%	6.00%	
D5-1881换	非定型井砌筑，砖砌，圆形～换：水泥42.5 水泥砂浆M10～；删：铸铁爬梯	10m³	0.56	7707.65	3318.50	4175.60	213.55	299.51		264.28	4880.07
D5-1901换	非定型检查井安装：铸铁井盖，座，换：防盗铸铁井盖井座φ800，换：涤纶防坠网	10套	0.10	5003.49	692.00	4311.49		31.00		27.35	558.70
D6-44换	现浇钢筋混凝土池 半地下室池底平池底（厚度）50cm以内～非定型混凝土井，换：商品混凝土（砾石）C25	10m³	0.044	5887.86	559.22	5315.39	13.25	19.41		17.13	295.60
D5-1886	非定型井砖墙抹灰：井内侧	100m²	0.4675	4220.29	2946.63	1209.76	63.90	139.07		122.71	2234.77
D5-5换	混凝土垫层，换：商品混凝土（砾石）C10	10m³	0.028	4217.80	658.75	3545.43	13.62	11.60		10.23	139.93
D11-163	地下综合管廊混凝土模板：混凝土垫层	10m²	0.059	500.92	314.25	174.92	11.75	2.28		2.01	33.85

续上表

清单编码	040504001001	项目名称	排泥湿井 φ1000	计量单位	座	数量	1.00			合价（元）	8 257.81
消耗量标准编号	项目名称	单位	数量	单价（元）						综合单价（元）	合价（元）
				合计（直接费）	人工费	材料费	机械费	管理费 6.80%	其他管理费 2.00%	利润 6.00%	
D11-147	管、渠道基础及附属模板，管、渠道平基木模	10m²	0.106	610.50	338.75	259.73	12.02	4.53			4.00	73.24
D11-153	管、渠道基础及附属模板，顶（盖）板木模	10m²	0.05	737.29	458.38	266.98	11.93	2.54			2.24	41.65
累计（元）				7 297.91	3 425.53	3 719.40	152.99	509.95			449.95	8 257.81

材料费明细表

材料名称、规格、型号	单位	数量	单价	合价	暂估单价	暂估合价
标准砖 240mm×115mm×53mm	千块	2.901	550.00	1 595.55		
塑钢踏步	个	5.040	22.64	114.11		
水	t	1.551	4.40	6.82		
其他材料费	元	67.595	1.00	67.60		
普通硅酸盐水泥(P·O)42.5级	kg	1 115.244	0.471	525.28		
河砂综合	m³	2.343	139.45	326.73		
煤焦沥青漆 L01-17	kg	0.492	12.54	6.17		
防盗铸铁井盖井座 Φ800	套	1.010	383.32	387.15		
粗净砂	m³	1.160	217.70	252.53		
涤纶防坠网	个	1.000	17.76	17.76		

续上表

清单编码	04050400I001	项目名称	排泥湿井 φ1 000			计量单位	座		数量	1.00	综合单价(元)	合价(元)
消耗量标准编号	项目名称	数量	单价(元)						管理费	其他管理费	利润	8 257.81
		单位	合计(直接费)	人工费	材料费	机械费			6.80%	2.00%	6.00%	
	无纺土工布		m²		0.436	2.23			0.97			
	商品混凝土(砾石)C25		m³		0.447	512.10			228.91			
	防水粉		kg		27.999	1.52			42.56			
	商品混凝土(砾石)C10		m³		0.284	341.22			96.91			
	铁钉		kg		0.134	5.03			0.67			
材料费明细表	镀锌铁丝 φ3.5		kg		0.168	5.47			0.92			
	脱模剂		kg		0.215	2.62			0.56			
	杉木锯材		m³		0.009	1 289.77			11.61			
	嵌缝膏		kg		0.215	2.67			0.57			
	模板竹胶合板 15mm 双面覆膜		m²		0.546	57.28			31.27			
	支撑钢管及扣件		kg		0.834	5.54			4.62			
	材料费合计		元		—	—			3 719.40	—		

注：1. 本表用于编制招投标综合单价时，招标文件提供了暂估单价的材料，应按暂估的单价填入表内"暂估单价"及"暂估合价"栏。
2. 本表用于编制工程竣工结算时，其材料单价应按双方约定的(结算单价)填写。

综合单价分析表（单价措施项目）

工程名称：本道路路网工程　　　　标段：　　　　　　表16.1-13 第1页 共1页

清单编码	041101005001	项目名称	井字架：井深(m以内)		数量	10.00	计量单位	座		综合单价(元)	269.38

综合单价组成明细

消耗量标准编号	项目名称	单位	数量	单价(元)					合价(元)		
				合计(直接费)	人工费	井字架 材料费	机械费	管理费	其他管理费	利润	
D11-181	井字架:井深(m以内)	座	10.00	239.26	222.13	17.13		6.80%	2.00%	6.00%	269.38
累计(元)				2 392.60	2 221.30	171.30		160.00	10.00	141.20	2 693.80

材料费明细表	材料名称、规格、型号	单位	数量	单价	合价	暂估单价	暂估合价
	竹脚手板 侧编	m²	0.020	23.14	0.46		
	脚手架钢管	kg	8.570	5.59	47.91		
	脚手管(扣)件	个	15.450	7.83	120.97		
	其他材料费	元	1.940	1.00	1.94		
材料费合计		元	—	—	171.30	—	

注：1. 本表用于编制招标投标综合单价时，招标文件提供了暂估单价的材料，应按暂估的单价填入表内"暂估单价"及"暂估合价"栏。
2. 本表用于编制工程竣工结算时，其材料单价应按双方约定的(结算单价)填写。

单价措施清单费=2 693.80元;

单价措施基期直接费=2 352.90元。

(2)总价措施清单费(表16.1-14)

041109004001冬雨季施工增加费=(分部分项工程费+单价措施清单费)×0.16%=(659 227.14+2 693.80)×0.16%=1 059.07(元)

总价措施项目清单计费表 表16.1-14

工程名称:本道路管网工程　　　　标段:　　　　第1页 共1页

序号	项目编号	项目名称	计算基础	费率(%)	金额(元)	备注
1	041109004001	冬雨季施工增加费	分部分项工程费+单价措施费	0.16	1 059.07	
					1 059.07	

注:按施工方案计算的措施费,若无"计算基础"和"费率"的数值,也可只填"金额"数值,但应在备注栏说明施工方案出处或计算方法。

(3)计算绿色施工安全防护施工措施费(表16.1-15)

绿色施工安全防护施工措施费=基期直接费×3.37%=(541 735.8+2 352.90)×3.37%=18 335.79(元)

绿色施工安全防护措施项目费计价表(招投标) 表16.1-15

工程名称:本道路管网工程　　　　标段:　　　　第1页 共1页

序号	工程内容	计费基数	费率(%)	金额(元)	备注
一	绿色施工安全防护措施项目费	基期直接费	3.37	18 335.79	
其中:	安全生产费	基期直接费	2.63	14 309.54	

措施项目费=单价措施费+总价措施费+绿色施工安全防护措施项目费=2 693.80+1 059.07+18 335.79=22 088.66(元)

四、计算其他项目清单费用

其他项目清单费用见表16.1-16。

其他项目费=(分部分项工程费+措施项目费)×0.6%=(659 227.14+22 088.66)×0.6%=4 087.89(元)

其他项目清单与计价汇总表 表16.1-16

工程名称:本道路管网工程　　　　标段:　　　　第1页 共1页

序号	项目名称	计费基础/单价	费率/数量	合计金额(元)	备注
1	暂列金额				
2	暂估价				
2.1	材料(工程设备)暂估价				
2.2	专业工程暂估价				
2.3	分部分项工程暂估价				

续上表

序号	项目名称	计费基础/单价	费率/数量	合计金额（元）	备注
3	计日工				
4	总承包服务费				
5	优质工程增加费				
6	安全责任险、环境保护税		0.6	4 087.89	
7	提前竣工措施增加费				
8	索赔签证				
9	其他项目费合计			4 087.89	

五、计算增值税

增值税=销项税额=税前造价×9%=(分部分项工程费+措施项目费+其他项目费)×9%
=(659 227.14+22 088.66+4 087.89)×9%
=61 686.33(元)

六、表格汇总（表16.1-17）

单位工程投标报价汇总表　　　　　　　　　　表16.1-17

工程名称：本道路管网工程　　　　标段：　　　　第1页　共1页

序号	工程内容	计费基础说明	费率（%）	金额（元）	其中：暂估价(元)
一	分部分项工程费	分部分项费用合计		659 227.14	
1	直接费				
1.1	人工费				
1.2	材料费				
1.2.1	其中:工程设备费/其他				
1.3	机械费				
2	管理费		6.8		
3	其他管理费		2		
4	利润		6		
二	措施项目费	1+2+3		22 088.66	
1	单价措施项目费	单价措施项目费合计		2 693.80	
1.1	直接费				
1.1.1	人工费				
1.1.2	材料费				
1.1.3	机械费				
1.2	管理费		6.8		
1.3	利润		6		
2	总价措施项目费			1 059.07	

续上表

序号	工程内容	计费基础说明	费率（%）	金额（元）	其中：暂估价(元)
3	绿色施工安全防护措施项目费		3.37	18 335.79	
3.1	其中安全生产费		2.63	14 309.54	
三	其他项目费			4 087.89	
四	税前造价	一+二+三		685 403.69	
五	销项税额	四	9	61 686.33	
	单位工程建安造价	四+五		747 090.02	

案例篇

模块 5

市政工程招标控制价编制

课程导入

某咨询公司承接某市政道路工程的新建项目,替业主方编制该工程的招标控制价。如果你是该公司技术员,参与本次招标控制价的编制,接到设计文件后你将如何开展此项目造价文件的编制?

学习要求

本模块选用某市新区的市政工程道路一期的设计图纸,图纸主要涵盖路基土石方、道路路面工程、排水工程(雨水工程、污水工程)等专业。根据市政工程清单编制思路大致对编制前期工程(识图、施工方案拟定)、工程量清单列项核算、清单组价、子项的综合单价计算和其他费用汇总(编制汇总投标文件)这六大工程内容进行详解。需要学生完成以下目标:

模块内容	内容分解	权重
单元17　编制前期工作	课题17.1　路基土石方工程招标控制价的编制前期工作	10%
	课题17.2　道路工程招标控制价的编制前期工作	
	课题17.3　排水工程招标控制价的编制前期工作	
单元18　清单列项算量	课题18.1　路基土石方分部分项工程清单列项核算	20%
	课题18.2　道路工程分部分项工程清单列项核算	
	课题18.3　排水工程分部分项工程清单列项核算	
单元19　清单组价	课题19.1　路基土石方分部分项工程清单组价	35%
	课题19.2　道路工程分部分项工程清单组价	
	课题19.3　排水工程分部分项工程清单组价	
单元20　计算综合单价及费用汇总	课题20.1　路基土石方分部分项工程综合单价计算	35%
	课题20.2　道路工程分部分项工程综合单价计算	
	课题20.3　排水工程分部分项工程综合单价计算	
	课题20.4　项目费用汇总	

单元17 编制前期工作

学习目标

通过本单元实战案例的专题训练,能独立完成招标控制价的编制前期工作。

市政工程计量与计价是一项任务繁重、综合能力要求高的工程活动。对于工程造价编制人员来说,认真熟悉并读懂设计文件中的设计图表和设计说明,是正确计算工程量、合理确定工程造价的首要前提。编制的前期工程是造价工作的基础工程,对确保后期造价文件编制合理、准确、完整尤为重要。计量与计价的前期工作包括:收集施工图纸及配套的标准图集,熟读编制设计文件、工程图纸,核算图纸工程量,根据施工图纸及编制要求拟定项目的施工工艺。

课题17.1 路基土石方工程招标控制价的编制前期工作

任务:试完成花侯路一期道路项目(桩号K0+350~K0+700)路基土石方工程识图(图17.1-1~图17.1-4)、工程量核算、常规施工方案初定。

××市上东新区花侯道路一期工程××市武广新区,西起于××高速公路××收费站出口与××路交会处,东止于××大道,道路全长6.36km。

该项目新建管道主要为雨水管道、污水管道、给水管道。雨水管采用Ⅱ级钢筋混凝土管,橡胶圈承插接口,180°砂石基础;管径DN600~DN1800;管道埋深1.40~4.93m。

污水管主要采用Ⅲ级钢筋混凝土管,橡胶圈承插接口,180°砂石基础;管径DN600~DN1200;管道埋深4.69~9.26m。

给水管采用Ⅱ级钢筋混凝土管,橡胶圈承插接口,180°砂石基础;管径DN300;管道埋深1.09~1.27m。人材机单价、施工措施各项费率及其他相关当地取费费率的确定。

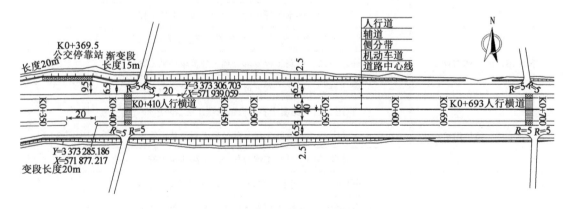

图17.1-1 桩号K0+350~K0+700道路平面图(尺寸单位:m)

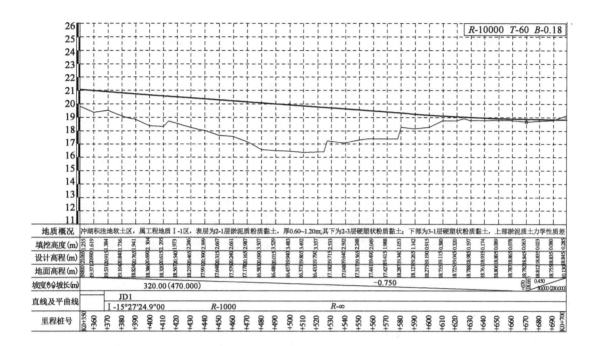

图 17.1-2　桩号 K0+350～K0+700 道路纵断面图

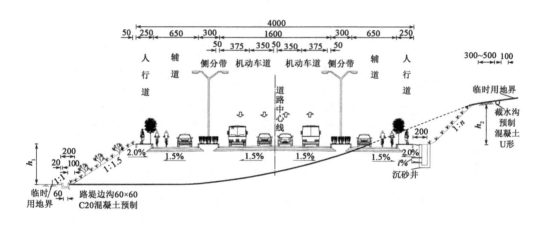

图 17.1-3　道路标准横断面图(尺寸单位:cm)

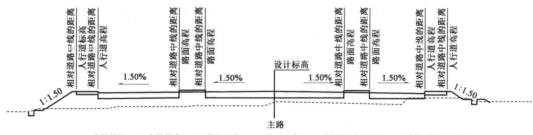

H-中桩挖深；H_t-中桩填高；W_z-路基左宽；W_y-路基右宽；A_t-该断面填方面积；A_w-该断面挖方面积

图　17.1-4

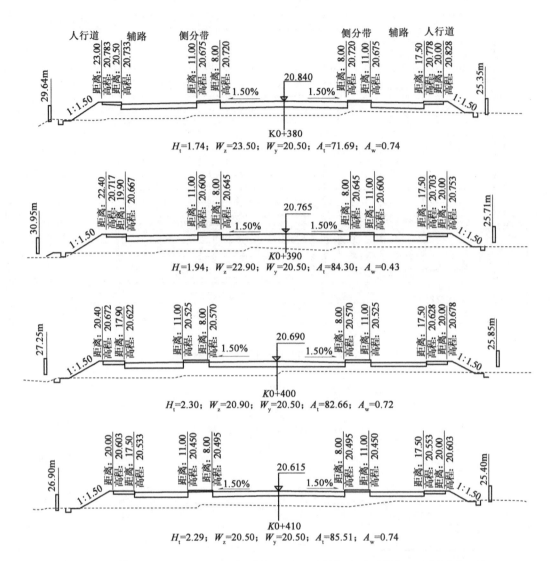

图17.1-4 示例桩号K0+380~K0+410路基横断面图(尺寸单位:m,高程单位:m,面积单位:m²)

思考17.1-1:路基土石方工程识图。

道路的施工图纸一般由哪些图组成?该项目截取段的路线长为多少?平面线形的组成要素有哪些?图17.1-2纵断面图的主要组成部分是什么?竖曲线的几何要素有哪些?试着读取其参数。图17.1-3标准横断面的路幅类型是什么?

> **知识剖析**
>
> 我们所熟悉的道路工程图纸,一般由路线的平面图、纵断面图、横断面图组成,主要反映道路路线的立体轮廓。而对市政工程其他结构物除了看一般断面图外,还需看细节的剖面图。
>
> 本示例截取该项目的桩号 K0+350~K0+700 号段图纸,故本路线长为 350m。

思考 17.1-2:路基土石方核量。

试结合图 17.1-4,完成表 17.1-1,即桩号 K0+380~K0+410 的路基土石方工程量表。(注意:挖方 II 类土:V 类石=3:7 全弃;土方填筑全借。)

路基土石方工程量表 表 17.1-1

桩号	断面面积 (m²)		间距 (m)	平均断面面积 (m²)		挖方体积 (m³) 天然密实方		填方 (m³) 压实方	借方 压实方		弃方			
	挖方	填方		挖方	填方	土方	石方	土方	土方 (m³)	运距 (m)	土方 (m³)	运距 (m)	石方 (m³)	运距 (m)
K0+380														
K0+390														
K0+400														
K0+410														

> **知识剖析**

路基大型土石方断面计算方法

大型的路基土石方工程都采用平均断面法来计算全部工程量。

(1)平均断面法计算原理:先根据实测挖槽或吹填横断面图求取断面面积,进而求得相邻两断面面积的平均值,再用该平均值乘其断面间距,即得相邻两断面间的土方量,累加所得的各断面间的土方量即为疏浚或吹填工程的总工程量。

(2)用该法进行断面面积计算时,每一断面均应计算两次,且其计算值误差不应大于5%。

(3)计算方法。

首先在计算范围内布置断面线,断面一般垂直于等高线,或垂直于大多数主要构筑物的长轴线。断面的多少应根据设计地面和自然地面复杂程度及设计精度要求确定。在地形变化不大的地段,可少取断面。相反,在地形变化复杂,设计计算精度要求较高的地段要多取断面。两断面的间距一般小于100m,通常采用20~50m。绘制每个断面的自然地面线和设计地面线,然后分别计算每个断面的填、挖方面积。计算两相邻断面之间的填、挖方量,并将计算结果进行统计,见表 17.1-2。

$$V = \frac{1}{2}(F_1 + F_2)L$$

表17.1-2 案例路基土石方工程量表

桩号	断面面积 (m²) 挖方	断面面积 (m²) 填方	间距 (m)	平均断面面积 (m²) 挖方	平均断面面积 (m²) 填方	挖方体积(m³) 天然密实方 土方	挖方体积(m³) 石方	填方(m³) 压实方 土方	借方 压实方 土方	借方 运距(m)	弃方 土方(m³)	弃方 运距(m)	弃方 石方(m³)	弃方 运距(m)
K0+380	0.74	71.69	10.00	(0.74+0.43)/2 =0.59	(71.69+84.30)/2 =78.00	5.9×0.7 =4.13	5.9×0.3 =1.77	780	780	15	4	5	2	5.5
K0+390	0.43	84.30	10.00	(0.43+0.72)/2 =0.58	(84.30+82.66)/2 =83.48	5.8×0.7 =4.06	5.8×0.3 =1.74	835	835	15	4	5	2	5.5
K0+400	0.72	82.66	10.00	(0.72+0.74)/2 =0.73	(82.66+85.51)/2 =84.09	7.3×0.7 =5.11	7.3×0.3 =2.19	841	841	15	5	5	2	5.5
K0+410	0.74	85.51	10.00			13.3	5.7	2 456	2 456	15	13	5	6	5.5

扫描二维码17.1-1查看K0+350～K0+700路基土石方工程量计算(答案)。

17.1-1

思考17.1-3：初拟路基土石方施工方案。

根据计算出来的路基土石方工程量表，思考如何开展路基土石方施工调配工作。其施工方案将直接影响后续路基土石方的计价费用。

知识剖析

确定的路基土石方施工方案

挖方：主要采用挖掘机挖土并装车，不能使用机械作业的地方用人工开挖，可考虑一部分人工挖方量；用机动翻斗车运土进行场地土方平衡(500m以内的远运利用土方)。

填土：采用内燃压路机碾压密实，每层厚度不超过30cm，并分层检验密实度，保证每层密实度≥95%。

余方弃置：采用自卸汽车运土，运距5km。

借方：可外购土方。

注意：我们后面在组价时就要严格考虑套用的定额是否囊括了施工工序的大部分工程内容。

工作小结：谈谈土石方工程量核算操作过程中的难点及其解决方法与心得。

课题17.2 道路工程招标控制价的编制前期工作

任务：完成花侯路一期道路项目(桩号K0+350～K0+700)道路工程识图(图17.2-1～图17.2-5)、工程量核算、常规施工方案初定。

××市上东新区花侯道路一期工程的路面设计主要技术标准见表17.2-1。

路面设计主要技术标准表　　　　　　表17.2-1

该路自然区	—	路面设计基准期	15年
道路等级	城市主干道	标准轴载	BZZ-100
路面类型	沥青		

本项目所在区域年平均降雨量在1 284.5mm左右，按照《城镇道路路面设计规范》(CJJ 169—2012)第3.2.8条的规定，沥青路面在质量验收时，其抗滑指标应满足：横向力系数(SFC_{60})≥54，构造深度(TD)≥0.55mm。

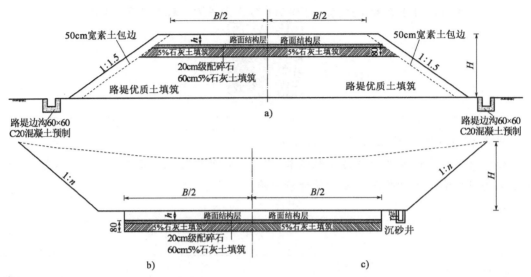

注：
1. 图中尺寸单位均以cm计，h 为路面结构层厚度，H 为路基填挖高度，路床特殊处理数量不计入路基土石方数量表中。
2. 填方顶采用如下处理措施：路床上部20cm采用级配碎石填筑和路床下部60cm采用掺5%石灰处理，路堤采用优质土回填；路基边部50cm采用素土包边，以利于后期植草绿化。
3. 挖方顶采取如下处理措施：路床为土质或软岩时，路床上部20cm采用级配碎石填筑和路床下部60cm采用掺5%石灰土处理。

图17.2-1 示例路基填筑处理设计图
a)适用于一般填方路段；b)适用于路床为土质或软质岩石的一般挖方路段；c)适用于路床为硬质岩的一般挖方路段

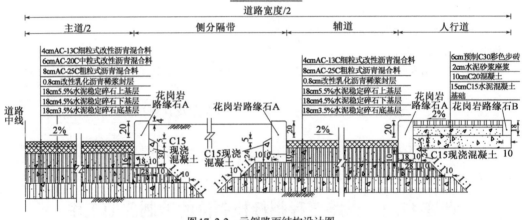

图17.2-2 示例路面结构设计图

本项目共设8对公交停靠站，停靠站布置在辅道两侧，采用港湾式。公交停靠站位置依据市政专项规划中公交站布置要求并同时兼顾村庄出行现状及需求设置，具体设置情况详见道路平面设计图及表17.2-2。

公交停靠站设置一览表   表17.2-2

序号	路线左侧公交站桩号	路线右侧公交站桩号
1	K0+369.5	K0+314.5
2	K0+997.5	K0+992.5
3	K1+727.5	K1+722.5
4	K2+329.5	K2+311.6
5	K3+136.5	K3+136.5
6	K4+108.3	K4+102.4
7	K5+025.1	K5+007.3
8	K5+627.5	K5+622.5

港湾式公交停靠站站台长度采用35m，减速段长15m，加速段长20m，站台宽度采用2m。

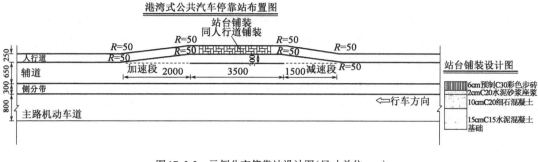

图 17.2-3 示例公交停靠站设计图(尺寸单位:cm)

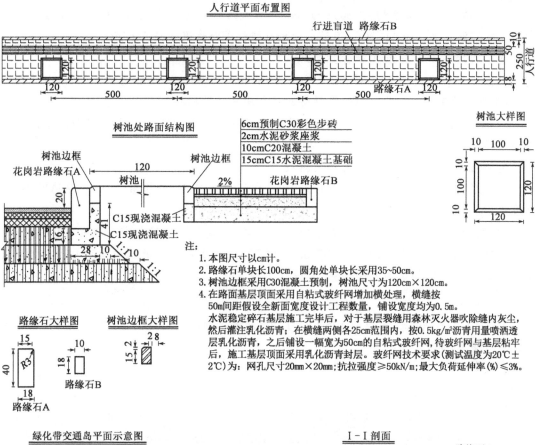

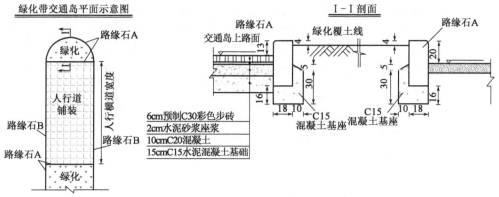

图 17.2-4 人行道铺装及树池结构详图

思考17.2-1：路面构造做法常用断面结构大样图的形式表示。识图的任务就是表达各结构层的材料和设计厚度。桩号K0+350~K0+380的道路路面结构详情还应结合桩号K0+350~K0+380道路平面图及路基标准横断面图一起识别。

从图中可以看出，该道路车行道路面从下至上结构依次为：_____、_____、_____；人行道路面从下至上结构依次为：_____、_____、_____；辅道路面从下至上结构依次为：_____、_____、_____。

知识剖析

（1）机动车道路面结构：上面层为4cm细粒式改性沥青混合料AC-13C，中面层为6cm中粒式改性沥青混合料AC-20C，下面层为8cm粗粒式沥青混合料AC-25C。

透层及封层：0.8cm乳化沥青稀浆封层。

上基层为18cm水泥稳定碎石，下基层为18cm水泥稳定碎石，底基层为18cm水泥稳定碎石；总厚度为72.8cm；另上、中、下沥青面层之间需铺设黏层。

（2）辅道路面结构：上面层4cm细粒式改性沥青混合料AC-13C，下面层8cm粗粒式沥青混合料AC-25C。

透层及封层：0.8cm乳化沥青稀浆封层。

上基层18cm水泥稳定碎石，下基层18cm水泥稳定碎石，底基层18cm水泥稳定碎石；总厚度66.8cm；另上、下沥青面层之间需铺设黏层。

（3）人行道路面结构：6cm预制C30彩色步砖，2cm水泥砂浆座浆，10cm C20混凝土，15cm C15水泥混凝土基础，总厚度33cm；其中C20混凝土基层应沿纵向间隔4m进行切缝，深度不小于2cm，缝间采用沥青填充，不设传力杆。

思考17.2-2：试根据桩号K0+350～K0+700的道路路面结构施工图（图17.2-5），填写路面工程数量表（表17.2-3）。

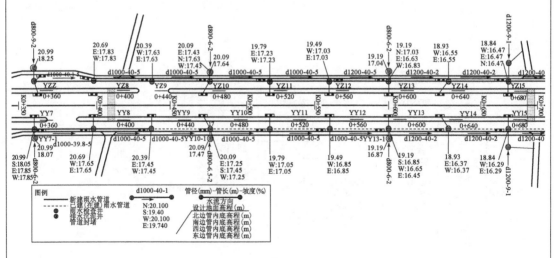

图17.2-5 桩号K0+350～K0+700道路平面图

道路路面工程数量表（空表）

表17.2-3

序号	起讫桩号		计算长度		行车道与路缘带宽	辅道宽度	人行道宽度	机动车道及辅道面积	机动车道及辅道面积									
			左幅	右幅					改性沥青混凝土 AC-13C 上面层 4cm	粘层1 乳化沥青	改性沥青混凝土 AC-20C 中面层 6cm	粘层2 乳化沥青	改性沥青混凝土 AC-25C 下面层 8cm	下封层 乳化沥青稀浆封层 0.8cm	透层 乳化沥青	5.5%水泥稳定碎石 上基层 18cm	4.5%水泥稳定碎石 下基层 18cm	3.5%水泥稳定碎石 底基层 18cm
	起	讫	m	m	m	m	m	m²	100m²	100m²	100m²	100m²	100m²	100m²	100m²	100m²	100m²	100m²
1	K0+350	K0+700	350	0	8	6.5	2.5	5 701										
2	K0+350	K0+700	0	350	8	6.5	2.5	5 568										

知识剖析

一般情况下路面结构层的面积等于该结构层的铺筑宽度(顶宽)×路线长度。

当路线(面层结构)遇到交叉口时,转角的路口面积计算公式如下:

当道路直交时,每个转角的路口面积=$0.2146R^2$;

当道路斜交时,每个转角的路口面积=$R^2\left(\dfrac{\tan\alpha}{2} - 0.00873\alpha\right)$。

相邻的两个转角的圆心角互为补角,即一个中心角是 α,另一个中心角是 $(180°-\alpha)$,R 是每个路口的转角半径,如图17.2-6所示。

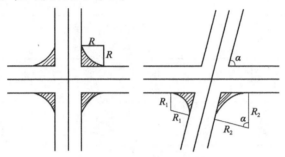

图17.2-6 道路转角示意图

1. 计算桩号K0+350~K0+700的"机动车道及辅道面积"

本项目截取桩号K0+350到桩号K0+700的道路施工范围。本道路截取段未出现不规则的道口面积,如果路段出现不规则图形,可使用AutoCAD工具在图纸上利用"list"命令计算出其不规则面积。

(1)左幅路段桩号K0+350到桩号K0+402面积计算(含侧分带面积)

左幅路段桩号K0+350到桩号K0+402是公交车停靠站,根据项目图纸说明信息,港湾式公交停靠站台长度采用35m,减速段长15m,加速段长20m;站台宽度采用2m。

该路线截取段的左幅公交车停靠桩号为K0+369.5(公交车站中桩号),则公交站的加速段是桩号K0+332到桩号K0+352,停靠段是桩号K0+352到桩号K0+387,减速段是桩号K0+387到桩号K0+402。

$S_{公交站左}$=[20×(9.5-6.5)/2-(350-332)²×(9.5-6.5)/20/2]+35×(9.5-6.5)+15×(9.5-6.5)/2+(402-350)×(6.5+3+8)=1 043.2(m²)

(2)左幅路段桩号K0+402到桩号K0+700直线段面积计算(含侧分带面积/不含交叉路口面积)

$S_{直左}$=(700-402)×(6.5+3+8)=5 215.00(m²)

(3)左幅路段桩号K0+410、桩号K0+693支路转角面积计算

本路段支路是原建道路,宽10m,项目图纸说明中只针对支路距主干道20m内道路施工:其中K0+410的左内转角为60°,K0+693的左内转角为105°。

$S_{转角左1}$=5²×[tan(60°/2)-0.00873×60]+5²×[tan(120°/2)-0.00873×120]+10×20=218.45(m²)

$S_{转角左2}$=5²×[tan(105°/2)-0.00873×105]+5²×[tan(75°/2)-0.00873×75]+10×20=212.48(m²)

(4)左幅路段桩号K0+350到桩号K0+700侧分带面积计算(含人行道铺装部分)

侧分带端口半径为1.5m:

$S_{侧分带左}$=350×3-(20+1.5×2)×3+1.5²×π/2×2=988.07(m²)

综上,$S_{机动车道及辅道左}$=$S_{公交站左}$+$S_{直左}$+$S_{转角左1}$+$S_{转角左2}$-$S_{侧分带左}$=1 043.2+5 215.00+218.45+

$212.48-988.07=5701.06(m^2)$

(5)右幅路段桩号K0+350到桩号K0+352面积计算(含侧分带面积)

右幅路段桩号K0+350到桩号K0+352是公交车渐变段。根据项目图纸说明信息,该路线截取段的右幅公交车停靠桩号为K0+314.5(公交车站中桩号),则公交站停靠段是桩号K0+297到桩号K0+332,加速段是桩号K0+332到桩号K0+352。

$S_{公交加速右}=(352-350)^2×(9.5-6.5)/20/2+(352-350)×(6.5+3+8)=35.3(m^2)$

(6)右幅路段桩号K0+352到桩号K0+700直线段面积计算(含侧分带面积/不含交叉路口面积)

$S_{直右}=(700-352)×(6.5+3+8)=6090(m^2)$

(7)右幅路段桩号K0+410、桩号K0+693支路转角面积计算

$S_{转角右1}=5^2×[\tan(120°/2)-0.00873×120]+5^2×[\tan(60°/2)-0.00873×60]+10×20=218.45(m^2)$

$S_{转角右2}=5^2×[\tan(75°/2)-0.00873×75]+5^2×[\tan(105°/2)-0.00873×105]+10×20=212.48(m^2)$

(8)右幅路段桩号K0+350到桩号K0+700侧分带面积计算(含人行道铺装部分)

侧分带端口半径为1.5m:

$S_{侧分带右}=350×3-(20+1.5×2)×3+1.5^2×π/2×2=988.07(m^2)$

综上,$S_{机动车道及辅道右}=S_{公交加速右}+S_{直右}+S_{转角右1}+S_{转角右2}-S_{侧分带右}=35.3+6090+218.45+212.48-988.07=5568.16(m^2)$

2.计算桩号K0+350~K0+700的沥青混凝土面层的面积

根据本项目的路面结构设计细图,机动车道路面结构为:上面层4cm细粒式改性沥青混合料AC-13C,中面层6cm中粒式改性沥青混合料AC-20C,下面层8cm粗粒式改性沥青混合料AC-25C,0.8cm乳化沥青稀浆封层及透层;辅道路面结构为:上面层4cm细粒式改性沥青混合料AC-13C,下面层8cm粗粒式改性沥青混合料AC-25C,0.8cm乳化沥青稀浆封层及透层;另面层之间需要撒布黏层。

(1)桩号K0+350到桩号K0+700的上面层4cm细粒式改性沥青混凝土面积计算

$S_{上面层左}=S_{机动车道及辅道左}=5701.06(m^2)$

$S_{上面层右}=S_{机动车道及辅道右}=5568.16(m^2)$

(2)桩号K0+350到桩号K0+700的中面层6cm中粒式改性沥青混凝土面积计算

根据本项目的路面结构设计细图,辅道不设中面层:

$S_{中面层左}=S_{机动车道左}+S_{叉口}=(700-350)×8+(20+1.5×2)×3-1.5^2×π/2×2=2861.94(m^2)$

$S_{中面层右}=S_{机动车道右}+S_{叉口}=(700-350)×8+(20+1.5×2)×3-1.5^2×π/2×2=2861.94(m^2)$

(3)桩号K0+350到桩号K0+700的上面层与中面层乳化沥青黏层$_1$面积计算

$S_{黏层1左}=S_{中面层左}=2861.94(m^2)$

$S_{黏层1右}=S_{中面层右}=2861.94(m^2)$

(4)桩号K0+350到桩号K0+700的中面层与下面层乳化沥青黏层$_2$面积计算

$S_{黏层2左}=S_{机动车道及辅道左}=5701.06(m^2)$

$S_{黏层2右}=S_{机动车道及辅道右}=5568.16(m^2)$

(5)桩号K0+350到桩号K0+700的下面层8cm粗粒式改性沥青混凝土面积计算

$S_{下面层左}=S_{机动车道及辅道左}=5701.06(m^2)$

$S_{下面层右}=S_{机动车道及辅道右}=5568.16(m^2)$

(6)桩号K0+350到桩号K0+700的下封层与透层面积计算

$S_{透封层左}=S_{机动车道及辅道左}=5701.06(m^2)$

$S_{透封层右}=S_{机动车道及辅道右}=5568.16(m^2)$

扫描二维码17.2-1查看桩号K0+350~K0+700机动车道及辅道面积工程量计算(全部答案)。

将计算数据汇总到道路路面工程数量表(表17.2-4)。

17.2-1

表17.2-4

道路路面工程数量表

序号	起讫桩号		计算长度		行车道与路缘带宽	辅道宽度	人行道宽度	机动车道及辅道面积	机动车道及辅道面积									
			左幅	右幅					改性沥青混凝土 AC-13C 上面层 4cm	黏层1 乳化沥青	改性沥青混凝土 AC-20C 中面层 6cm	黏层2 乳化沥青	改性沥青混凝土 AC-25C 下面层 8cm	下封层 乳化沥青稀浆封层 0.8cm	透层 乳化沥青	5.5%水泥稳定碎石 上基层 18cm	4.5%水泥稳定碎石 下基层 18cm	3.5%水泥稳定碎石 底基层 18cm
			m	m	m	m	m	m²	100m²	100m²	100m²	100m²	100m²	100m²	100m²	100m²	100m²	100m²
1	K0+350	K0+700	350	0	8	6.5	2.5	5 701	57.01	28.62	28.62	57.01	57.01	57.01	57.01	57.01	62.33	65.50
2	K0+350	K0+700	0	350	8	6.5	2.5	5 568	55.68	28.62	28.62	55.68	55.68	55.68	55.68	55.68	60.76	63.80

思考17.2-3：人行道路面工程工程量核算。

试根据桩号K0+350～K0+700的道路路面结构施工图，填写人行道铺装及其他工程数量表(表17.2-5)。

人行道铺装及其他工程数量表　　　　表17.2-5

序号	起讫桩号		计算长度		行车道与路缘带宽	辅道宽度	人行道宽度	人行道					其他				备注
								C30彩色步砖	盲道砖	水泥砂浆	C20混凝土	C15混凝土基础	花岗岩路缘石A	花岗岩路缘石B	树池边框路缘石(C30预制)	C15混凝土基座	
			左幅	右幅				6cm	6.4cm	2cm	10cm	15cm					
			m	m	m	m	m	100m²	100m²	100m²	100m²	100m²	m	m	m	m³	
1	K0+350	K0+700	350	0	8	6.5	2.5										
2	K0+350	K0+700	0	350	8	6.5	2.5										

知识剖析

根据施工图设计说明以及路面结构设计图(图17.2-3、图17.2-4)所示，人行道路面结构由上及下的结构层为6cm预制C30彩色步砖、2cm水泥砂浆座浆、10cm C20混凝土、15cm C15水泥混凝土基础，总厚度33cm；其中C20混凝土基层应沿纵向间隔4m进行切缝，深度不小于2cm，缝间采用沥青填充，不设传力杆。转角步砖示意图见图17.2-7。

计算桩号K0+350～K0+700的"人行道C30彩色步砖"的面积：

人行道面板总宽(含盲道)$W_{总人行道}$=2.5-0.18-0.1=2.22(m)

注：渐变段的人行道宽近似为2.5m。

$W_{盲道}$=0.5(m)

(1)计算左幅桩号K0+350～K0+700人行道的面板直线段C30彩色步砖面积

$L_{辅道人行道面板直线段左}$=700-402-10×2-5×tan(60°/2)-5×tan(120°/2)-5×tan(105°/2)-5×tan(75°/2)=256.1(m)

$S_{辅道人行道面板直线段左(不含盲道)}$=$L_{辅道人行道面板直线段左}$×($W_{总人行道}$-$W_{盲道}$)=256.1×(2.22-0.5)=440.49(m²)

注意：①辅道人行道直线段的计算主要针对带树池的直线段，站台的面层铺筑与人行道铺筑有区别，所以不计入人行道直线部分的长度计算中。②此人行道面板直线段长度不包含4个转角切线长度。

树池的数量：$M_{树池左}$=256.1/5=51(个)

辅道人行道C30彩色步砖直线段的面积(不含盲道及树池):

$S_{辅道人行道面板直线段左}$=440.49−1.2×1.2×51=367.05(m²)

(2)计算左幅桩号K0+350～K0+700人行道C30彩色步砖转角面积

$\alpha = \arccos 1/2 = 60°$;$\sum S_{转角左彩砖}$=4.57×4=18.28(m²)

(3)计算左幅桩号K0+350～K0+700侧分带人行道C30彩色步砖面积

$S_{侧分带人行横道左}$=(3−0.1×2)×(6−0.18×2)×2=31.58(m²)

(4)计算左幅桩号K0+350～K0+700车站人行道C30彩色步砖面积

$S_{车站左}=(\sqrt{2^2+0.3^2}+35+\sqrt{3^2+15^2})\times(2.22-0.5)=89.99$(m²)

所以综上,左幅桩号K0+350～K0+700的"人行道C30彩色步砖"的面积为

$S_{人行道面板左}=S_{辅道人行道面板直线段左}+\sum S_{转角左彩砖}+S_{侧分带人行横道左}+S_{车站左}$=367.05+18.28+31.58+89.99=506.90(m²)

(5)计算右幅桩号K0+350～K0+700人行道的面板直线段C30彩色步砖面积

$L_{辅道人行道面板直线段右}$=700−352−10×2−5×tan(120°/2)−5×tan(60°/2)−5×tan(75°/2)−5×tan(105°/2)=306.1(m)

$S_{辅道人行道面板直线段右(不含盲道)}=L_{辅道人行道面板直线段右}\times(W_{总人行道}-W_{盲道})$=306.1×(2.22−0.5)=526.49(m²)

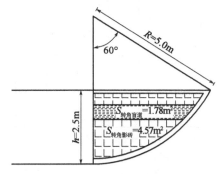

图17.2-7 转角步砖示意图

树池的数量:$M_{树池右}$=306.1/5=61(个)

辅道人行道C30彩色步砖直线段的面积(不含盲道及树池):

$S_{辅道人行道面板直线段右}$=526.49−1.2×1.2×61=438.65(m²)

(6)计算右幅桩号K0+350～K0+700人行道C30彩色步砖转角面积

$\sum S_{转角右彩砖}=\sum S_{转角左彩砖}$=18.28m²

(7)计算右幅桩号K0+350～K0+700侧分带人行道C30彩色步砖面积

$S_{侧分带人行横道右}=S_{侧分带人行横道左}$=31.58m²

(8)计算右幅桩号K0+350～K0+700车站人行道C30彩色步砖面积

$S_{车站右}=(\sqrt{2^2+0.3^2})\times(2.22-0.5)$=3.48(m²)

所以综上,右幅桩号K0+350～K0+700的"人行道C30彩色步砖"的面积为

$S_{人行道面板右}=S_{辅道人行道面板直线段右}+\sum S_{转角右彩砖}+S_{侧分带人行横道右}+S_{车站右}$=438.65+18.28+31.58+3.48=491.99(m²)

扫描二维码17.2-2查看桩号K0+350～K0+700人行道及其他工程量计算(全部答案)。

17.2-2

将计算数据汇总到人行道铺装及其他工程数量表(表17.2-6)。

人行道铺装及其他工程数量表

表17.2-6

序号	起讫桩号		计算长度		行车道与路缘带宽	铺道宽度	人行道宽度	人行道					其他				备注
			左幅	右幅				C30彩色步砖	盲道砖	水泥砂浆	C20混凝土	C15混凝土基础	花岗岩路缘石A	花岗岩路缘石B	树池边框路缘石(C30预制)	C15混凝土基座	
			m	m	m	m	m	6cm	6.4cm	2cm	10cm	15cm					
								100m²	100m²	100m²	100m²	100m²	m	m	m	m³	
1	K0+350	K0+700	350	0	8	6.5	2.5	5.07	1.61	6.68	6.68	6.86	979.64	349.74	244.8	53.84	
2	K0+350	K0+700	0	350	8	6.5	2.5	4.92	1.61	6.53	6.53	6.72	979.34	349.44	292.9	54.79	

> 思考17.2-4:根据计算出来的路面结构数量表,思考如何实施路面工程的施工方案。施工方案按路床、底基层、下基层、上基层、封层、面层施工步骤;人行道按砌路缘石、树池施工的工艺列举。

知识剖析

涉及铺设路基层、基层、面层和路缘石等工作。首先铺设路基层,通常使用石或碎石混凝土;然后铺设基层,一般采用沥青混凝土或水泥混凝土;最后,在基层上铺设面层,可以采用沥青混凝土或其他类型的路面材料。

工作小结:谈谈道路工程量核算操作过程中的难点及其解决方法与心得。

课题17.3 排水工程招标控制价的编制前期工作

任务:完成花侯路一期道路项目(桩号K0+350~K0+700)排水工程图、工程量核算、常规施工方案初定。本项目为新建路段,道路现状基本为农田及零星村庄,道路沿线无市政管线。排水工程起点桩号K0+000,终点桩号K6+359.752,路线全长6 359.752m。路基宽度40m,双向四车道,设计速度60km/h。设计规模:雨水工程12.718km;污水工程6.359km。管线综合标准横断面图见图17.3-1。

1. 管道基础及接口

混凝土管道接口采用橡胶圈接口,其中≥1 200mm管道接口采用企口连接,详见06MS201-1/24[表示行业标准《混凝土排水管道基础及接口》(06MS201-1)第24页,下同];<1 200mm管道采用承插口连接,详见06MS201-1/23。雨水管道基础采用120°砂石基础,详见06MS201-1/9;污水管道基础采用180°砂石基础,详见06MS201-1/11。

胶圈性能除须符合《橡胶密封件 给、排水管及污水管道用接口密封圈 材料规范》(HG/T 3091—2000)外,还须符合04S516/40的要求。聚硫密封膏性能要求详见04S516/41。

2. 检查井

雨水检查井:D600mm管道选用φ1 250mm圆形混凝土雨水检查井,详见06MS201-3/15[表示行业标准《排水检查井》(06MS201-3)第15页,下同];D800~1 000mm管道选用φ1500mm圆形混凝土雨水检查井,详见06MS201-3/17;D1 200~1 650mm管道直线井选用矩形混凝土雨水检查井,详见06MS201-3/32;D1 000~1 650mm管道一侧交汇井选用矩形90°三通混凝土雨水检查井,详见06MS201-3/34;D1 000~1 650mm管道两侧交汇井选用矩形90°四通混凝土雨水检查井,详见 06MS201-3/36。

污水检查井:D400mm管道选用φ1 250mm圆形混凝土污水检查井,详见06MS201-3/21;D600~800mm管道选用φ1 250mm圆形混凝土污水检查井,详见06MS201-3/25。顶管段污水检查井考虑顶管井内做检查井。

所有检查井混凝土基础下加设300mm厚5%水泥稳定砂砾(密实度≥95%),每侧宽出基础100mm,垫层下原状土密实度≥95%;流槽采用C20混凝土(干管跌差>0.5m及支管跌差>1m的检查井流槽采用C30混凝土);检查井周围500mm范围内,自井底起用石粉回填,夯实至道路结构层,要求密实度≥95%;检查井均安装防坠网,要求防坠网每两年更换一次。

3. 雨水口

路面雨水口选用偏沟式双、多箅雨水口,详见06MS201-8《雨水口》。雨水口加固详见雨水口加固大样图。雨水口深度:与$D400mm$连接管相连接的雨水口起点深度$H=1.20m$,与$D300mm$连接管相连接的雨水口深度$H=1.10m$。雨水口内壁用1:2防水水泥砂浆抹面,厚20mm。设计的道路凹点处雨水口不得随意移动位置。

雨水口连接管以$i=0.01$的坡度坡向检查井。双箅雨水口连接管采用$D300mm$,连接两个以上雨水口连接管采用$D400mm$。

雨水管沟槽回填:雨水管道沟槽采用放坡开挖以及支护开挖,管道应敷设在已处理合格的路基上(沟槽基底承载力特征值≥100kPa)。管沟回填要求见设计图纸及06MS201《市政排水管道工程及附属设施》。

污水管沟槽回填:污水管道施工采用顶管以及支护开挖,支护开挖管道沟槽应敷设在已处理合格的路基上(沟槽基底承载力特征值≥100kPa);钢筋混凝土管基础采用180°砂石基础,钢带增强聚乙烯波纹管管道基础采用200mm中粗砂垫层,管道敷设后,用中粗砂回填至管顶以上50cm处。管沟回填要求见设计图纸。

17.3-1

管线综合标准横断面图见图17.3-1。

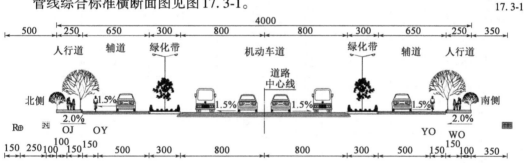

图17.3-1 管线综合标准横断面图

扫描二维码17.3-1查看桩号K0+350~K0+700排水工程完整图纸。

思考17.3-1:雨水管道土方量——试计算桩号K0+350~K0+700的沟槽开挖土方量,填表17.3-1、表17.3-2。

管网工程中的土石方量计算与课题17.1中的大型土石方量计算是有区别的:大型土石方主要针对路基土石方的施工,使原地面通过开挖、调配、运输、填筑、整修等一系列土石方施工活动达到路面设计要求。砂石基础施工详图见图17.3-2。管网工程的沟槽开挖(包括雨水管道工程、污水管道工程、给水工程等)是在路基土石方工程后再进行沟槽土石方反向开挖施工。所以不仅要根据管网工程的平面、纵断面、横断面图进行沟槽开挖工程量计算,还要结合《市政工程计量计价规则》(2013年)及相关预算定额计量规则等政策文件考虑施工时应留出的工作面或施工必要采取的放坡措施等。

表17.3-1

雨水管道沟槽开挖清单工程量(空表)

雨水检查井/沉泥井起点桩号	雨水检查井/沉泥井终点桩号	管内径 D (m)	起点管内深度 (m)	终点管内深度 (m)	管内平均深度 (m)	管壁厚 t (m)	管基尺寸 C_1 (m)	管基尺寸 C_2 (m)	管基尺寸 a (m)	土方开挖深度 (m)	基础宽度 (m)	放坡系数	排水沟面积 (m²)	开挖截面积 (m²)	水平距离 (m)	计算土方开挖体积 (m³)
YZ7	YZ8															
YZ8	YZ9															
YZ9	YZ10															

表17.3-2

雨水连接口工程量(空表)

雨箅子编号	雨水接口管道埋设深度 (m)	雨水口土方开挖深度 (m)	开挖宽度 (m)	放坡系数	雨水口连接管型号	管道长度 (m)	土方开挖面积 (m²)	土方开挖体积 (m³)
YZ7-1	1.0					6.00		
YZ7-2	1.0					12.00		
YZ8-1	1.0					3.00		
YZ8-2	1.0					11.00		
YZ9	1.0					2.00		
YZ10-1	1.0					6.00		

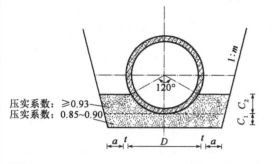

管内径 D	管壁厚 t	管基尺寸 a	C_1	C_2	管内径 D	管壁厚 t	管基尺寸 a	C_1	C_2
400	40	400	100	120	1 500	150	600	300	450
500	50	400	100	150	1 650	165	800	300	495
600	60	500	100	180	1 800	180	800	300	540
700	70	500	150	210	2 000	200	800	300	600
800	80	500	150	240	2 200	220	800	300	660
900	90	500	200	270	2 400	230	800	300	715
1 000	100	500	200	300	2 600	235	800	300	768
1 100	110	600	200	330	2 800	255	800	300	828
1 200	120	600	250	360	3 000	275	800	300	888
1 300	135	600	250	405	—	—	—	—	—

压实系数：≥0.93
压实系数：0.85~0.90

管级	Ⅱ	Ⅲ
计算覆土高度 H(m)	0.7≤H≤3.0	3.0<H≤5.0

说明：
1.本图适用于开槽法施工的钢筋混凝土排水管道，设计计算基础支承角 $2\alpha=90°$。
2.按本图使用的钢筋混凝土排水管规格应符合现行GB/T 11836-1999 标准。
3.本图适用以下接口形式的管材：
3.1采用滑动胶圈接口的承插口管(对于 $D≤1 200mm$ 的承插口管亦可采用液动胶圈)；
3.2采用滑动胶圈接口的企口管；
3.3采用滑动胶圈接口的双插口管；
3.4采用滑动胶圈接口的钢承口管。
4.砂石基础可选择下列材料，其压实系数要求见基础断面图：
4.1天然级配碎石，其最大粒径不宜大于25mm；
4.2中砂、粗砂；
4.3级配碎石、石屑，其最大粒径不宜大于25mm。
5.如为承插口管，接口处承口下亦应铺设与 C_1 等厚的石基础层。
6.接口橡胶圈的物理力学性能应符合相应标准的规定，并应与管材配套供应。
7.图示开挖边坡，应根据地质报告、管道安装条件确定。
8.管道应敷设在承载能力达到管道地基支承强度要求的原状土地基或处理后回填密实的地基上。
9.遇有地下水时，应采取可靠的降水措施，将地下水降至槽底以下不小于0.5m，做到干槽施工。
10.地面堆积荷载不得大于10kN/m²。

$D=400~3 000mm$钢筋混凝土管 120°砂石基础			图集号	06MS201-1
审核	校对	设计	页	9

图17.3-2　砂石基础施工详图

知识剖析

计算桩号 K0+350~K0+700 的沟槽土方量
（1）计算桩号 K0+350~K0+700 的雨水管沟槽土方量（表17.3-3~表17.3-5）。

雨水管沟槽土方工程量　　表17.3-3

雨水检查井/沉泥井起点桩号	雨水检查井/沉泥井终点桩号	管内径 D (m)	起点管内深度 (m)	终点管内深度 (m)	管内平均深度 (m)	管壁厚 t (m)	管基尺寸 C_1 (m)	管基尺寸 C_2 (m)	管基尺寸 a(m)	土方开挖深度 (m)	基础宽度 (m)
YZ7	YZ8	1.00	2.96	2.86	2.91	0.10	0.20	0.30	0.50	3.21	2.8
YZ8	YZ9	1.00	2.86	2.76	2.81	0.10	0.20	0.30	0.50	3.11	2.8
YZ9	YZ10	1.00	2.76	2.66	2.71	0.10	0.20	0.30	0.50	3.01	2.8

雨水管沟槽土方工程量　　表17.3-4

雨水检查井/沉泥井起点桩号	雨水检查井/沉泥井终点桩号	管内径 D (m)	放坡系数	排水沟面积 (m²)	开挖截面积 (m²)	水平距离 (m)	计算土方开挖体积 (m³)
YZ7	YZ8	1.00	0	0.18	9.17	40.10	376.83
YZ8	YZ9	1.00	0	0.18	8.89	40.00	364.41
YZ9	YZ10	1.00	0	0.18	8.61	40.00	352.93

雨水连接口工程量　　　　　　　　　　　　表17.3-5

雨算子编号	雨水口连接管型号	雨水接口管道埋设深度(m)	雨水口土方开挖深度(m)	开挖宽度(m)	放坡系数	管道长度(m)	土方开挖面积(m^2)	土方开挖体积(m^3)
YZ7-1	d300	1.00	1.10	1.60	1	6.00	2.97	18.27
YZ7-2	d300	1.00	1.10	1.60	1	12.00	2.97	36.53
YZ8-1	d300	1.00	1.10	1.60	1	3.00	2.97	9.13
YZ8-2	d300	1.00	1.10	1.60	1	11.00	2.97	33.49
YZ9	d300	1.00	1.10	1.60	1	2.00	2.97	6.09

①根据雨水管平面图可知雨水管道主管的直径$D=1\,000$mm。

②管内深度查阅雨水管纵断面"设计管内底高程"可知。

③根据管道基础及接口的设计要求"混凝土管道接口采用橡胶圈接口,其中≥1 200mm管道接口采用企口连接,详见06MS201-1/24;<1 200mm管道采用承插口连接,详见06MS201-1/23。雨水管道基础采用120°砂石基础,详见06MS201-1/9"。管壁厚t,管基尺寸a、C_1、C_2查图表可知。

④见二维码图5.1.3-4~图5.1.3-6雨水管道纵断面图,土方开挖深度$H=$管内平均深度+管壁厚t+管基尺寸C_1。

⑤见图17.3-3钢筋混凝土管道开挖回填要求。基础宽度$B=d_e+2a+600=D+2t+2a+600$。

⑥雨水管沟槽开挖支护拉森钢板桩,所以放坡系数为0。

⑦开挖截面积=(基础宽度+土方开挖深度×放坡系数)×土方开挖深度+排水沟面积。

⑧计算土方开挖体积=开挖截面积×水平距离×1.025。

(2)计算桩号K0+350~K0+700的雨水连接管沟槽土方量

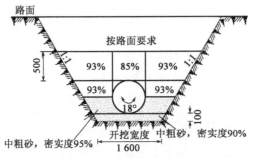

图17.3-3　雨水连接管基础结构图(尺寸单位:cm)

根据雨水管道平面图及雨水口连接管结构图可以获得相关计算参数。

①管道长度根据雨水管平面图可知。

②雨水连接口管道开挖面积=(开挖宽度+开挖深度×放坡系数)×开挖深度。

③雨水连接口管道开挖体积=雨水连接口管道开挖面积×管道长度×1.025。

综上,计算桩号K0+350~K0+700的沟槽土方量=6 786+706=7 492(m^3)。

17.3-2

扫描二维码17.3-2查看桩号K0+350~K0+700雨水管道沟槽开挖清单工程量、雨水连接口工程量的完整计算。

思考17.3-2:雨水管道土方量——试计算桩号K0+350~K0+700的沟槽回填量,填写表17.3-6、表17.3-7。

雨水管道沟槽回填工程量（空表） 表17.3-6

雨水检查井沉泥井起点桩号	雨水检查井沉泥井终点桩号	管内平均深度 (m)	管内径D (m)	管壁厚t (m)	管基尺寸C_1 (m)	管基尺寸C_2 (m)	管基尺寸a (m)	基础宽度 (m)	水平距离 (m)	放坡系数	排水沟面积 (m^2)	开挖截面积 (m^2)	计算土方开挖体积 (m^3)	砂石基础面积 (m^2)	砂石基础体积 (m^3)	中粗砂回填面积 (m^2)	中粗砂回填体积 (m^3)	素土回填面积 (m^2)	素土回填体积 (m^3)	余方外运 (m^3)
YZ7	YZ8	2.91	1.00	0.10	0.20	0.30	0.50	2.80	40.10	0	0.18	9.17	376.83							
YZ8	YZ9	2.81	1.00	0.10	0.20	0.30	0.50	2.80	40.00	0	0.18	8.89	364.41							
YZ9	YZ10	2.71	1.00	0.10	0.20	0.30	0.50	2.80	40.00	0	0.18	8.61	352.93							

雨水连接口工程量（空表） 表17.3-7

雨水口编号	雨水口连接管型号	雨水接口管道埋设深度 (m)	雨水口土方开挖深度 (m)	开挖宽度 (m)	放坡系数	管道长度 (m)	开挖面积 (m^2)	开挖体积 (m^3)	中粗砂回填1	中粗砂回填1体积	中粗砂回填2	中粗砂回填2体积	素土回填	素土回填体积	余土外运
YZ7-1	d300	1.00	1.10	1.60	1	6.00	2.97	18.27							
YZ7-2	d300	1.00	1.10	1.60	1	12.00	2.97	36.53							
YZ8-1	d300	1.00	1.10	1.60	1	3.00	2.97	9.13							
YZ8-2	d300	1.00	1.10	1.60	1	11.00	2.97	33.49							
YZ9	d300	1.00	1.10	1.60	1	2.00	2.97	6.09							

> 知识剖析

1. 计算桩号 K0+350～K0+700 的沟槽回填量

(1) 计算桩号 K0+350～K0+700 的雨水管沟槽回填量

根据施工图纸设计说明:"雨水管沟槽回填:雨水管道沟槽采用放坡开挖以及支护开挖,管道应敷设在已处理合格的路基上(沟槽基底承载力特征值≥100kPa)。管沟回填要求见设计图纸及06MS201标准图集。"钢筋混凝土管道开挖回填见图17.3-4。

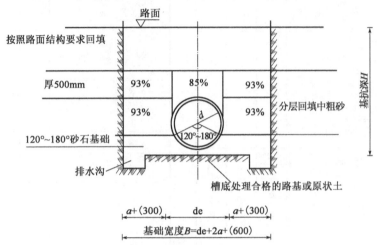

图17.3-4　钢筋混凝土管道开挖回填

结合图06MS201-1/9计算雨水管道埋设的砂石基础、中粗砂回填、素土回填等工程量。

① 砂石基础面积 $=(C_1+C_2)\times B-\left[\dfrac{120°}{360°}\times\pi\times(D/2+t)^2-\dfrac{\sqrt{3}}{4}\times(D/2+t)^2\right]+$ 排水面积。

② 砂石体积=砂石基础面积×水平距离。

中粗砂回填分多次填筑,但回填材料和工序相同可以合并计算。

③ 中粗砂回填面积 $=B\times(C_1+D+2t+0.5)-$ 砂石面积+排水面积 $-\pi\times(D/2+t)^2$。

④ 中粗砂回填体积=中粗砂回填面积×水平距离。

⑤ 素土回填面积=开挖截面积-砂石基础面积-中粗砂回填面积 $-\pi\times(D/2+t)^2$。

⑥ 素土回填体积=素土回填面积×水平距离。

⑦ 余方外运=计算土方开挖体积-素土回填体积。

(2) 计算桩号 K0+350～K0+700 的雨水连接管沟槽回填量(图17.3-3雨水连接管基础结构图)

计算思路与"雨水管道回填量"一致,结果见表17.3-8、表17.3-9。

扫描二维码17.3-3查看桩号 K0+350～K0+700 雨水管道回填工程量、雨水连接口回填工程量的完整计算。

17.3-3

表 17.3-8 雨水管道沟槽回填工程量

雨水检查井/沉泥井起点桩号	雨水检查井/沉泥井终点桩号	管内平均深度 (m)	管内径 L (m)	管壁厚 t (m)	管基尺寸 C_1 (m)	管基尺寸 C_2 (m)	管基尺寸 a (m)	基础宽度 (m)	水平距离 (m)	放坡系数	排水沟面积 (m²)	开挖截面积 (m²)	计算土方开挖体积 (m³)	砂石基础面积 (m²)	砂石基础体积 (m³)	中粗砂回填面积 (m²)	中粗砂回填体积 (m³)	素土回填面积 (m²)	素土回填体积 (m³)	余方外运 (m³)
YZ7	YZ8	2.91	1.00	0.10	0.20	0.30	0.50	2.80	40.10	0	0.18	9.17	376.83	1.36	54.49	3.01	120.71	3.67	147.09	229.74
YZ8	YZ9	2.81	1.00	0.10	0.20	0.30	0.50	2.80	40.00	0	0.18	8.89	364.41	1.36	54.36	3.01	120.41	3.39	135.52	228.89
YZ9	YZ10	2.71	1.00	0.10	0.20	0.30	0.50	2.80	40.00	0	0.18	8.61	352.93	1.36	54.36	3.01	120.41	3.11	124.32	228.61

表 17.3-9 雨水连接口工程量

雨箅子编号	雨水口连接管型号	雨水接口管道埋设深度 (m)	雨水口土方开挖深度 (m)	开挖宽度 (m)	放坡系数	管道长度 (m)	开挖面积 (m²)	开挖体积 (m³)	中粗砂垫层面积 (m²)	中粗砂垫层体积 (m³)	中粗砂回填面积 (m²)	中粗砂回填体积 (m³)	素土回填面积 (m²)	素土回填体积 (m³)	余土外运 (m³)
YZ7-1	d300	1.00	1.10	1.60	1	6.00	2.97	18.27	0.43	2.56	2.18	13.08	0.29	1.76	0.87
YZ7-2	d300	1.00	1.10	1.60	1	12.00	2.97	36.53	0.43	5.13	2.18	26.15	0.29	3.51	1.74
YZ8-1	d300	1.00	1.10	1.60	1	3.00	2.97	9.13	0.43	1.28	2.18	6.54	0.29	0.88	0.43
YZ8-2	d300	1.00	1.10	1.60	1	11.00	2.97	33.49	0.43	4.70	2.18	23.97	0.29	3.22	1.59
YZ9	d300	1.00	1.10	1.60	1	2.00	2.97	6.09	0.43	0.85	2.18	4.36	0.29	0.59	0.29

思考 17.3-3：沟槽土方量支护——试计算雨水管道沟槽的支挡防护，填写表 17.3-10。

分部分项工程清单计算表（空表）　　　　　表 17.3-10

序号	项目名称	项目特征	设置长度(m)	重量(t)	备注
1	拉森钢板桩	1. 桩长：6.6m； 2. 板桩厚度：13mm； 3. 钢板尺寸：拉森Ⅲ型钢板桩； 4. 使用时间：20d； 5. 地层情况：综合考虑		83.688	

知识剖析

根据施工图纸说明：软土地基，深度 2.0~5.0m 基槽，用拉森Ⅲ型钢板桩作为挡土结构（图 17.3-5），两种基槽，桩长分为 6m、9m，按水平间距 2.5m 布置一道 $\phi300mm \times 16mm$ 铜管横撑，并固定在 HW 300×300 型钢的水平连系梁上，水平连系梁室向间隔为 2.0m，共 2 道。

型号	尺寸			每块钢板桩				壁宽每米			
	有效幅宽W(mm)	有效高度h(mm)	厚度t(mm)	截面积(cm²)	截面二次方矩(cm⁴)	截面系数(cm³)	单位净重(kg/m)	截面积(cm²/m)	截面二次方矩(cm⁴/m)	截面系数(cm³/m)	单位净重(kg/m²)
FSP-Ⅱ	400	100	10.5	61.18	1 240	152	48.0	153.0	8 740	874	120
FSP-Ⅲ	400	125	13.0	76.42	2 220	223	60.0	191.0	16 800	1 340	150
FSP-Ⅳ	400	170	15.5	96.99	4 670	362	76.1	242.1	38 600	2 270	190
FSP-Ⅴ_L	500	200	24.3	133.8	7 960	520	105	267.6	63 000	3 150	210
FSP-Ⅵ_L	500	225	27.6	153.0	11 400	680	120	306.0	86 000	3 820	240
NSP-Ⅱ_W	600	130	10.3	78.70	2 110	203	61.8	131.2	13 000	1 000	103
NSP-Ⅲ_W	600	180	13.4	103.9	5 220	376	81.6	173.2	32 400	1 800	136
NSP-Ⅳ_W	600	210	18.0	135.3	8 630	539	106	225.5	56 700	2 700	177

图 17.3-5　拉森Ⅲ型钢板桩作挡土结构图

根据拉森钢板桩和其参数表可计算：

拉森钢板桩的长度是雨水管道的总长度=697.4m；

拉森Ⅲ型钢板桩（FSP-Ⅲ）的单位净重为 60.00kg/m；

拉森Ⅲ型钢板桩（FSP-Ⅲ）的总重量=(697.4×60.00/1000)×2=83.688(t)。

见表 17.3-11。

分部分项工程清单计算表　　　　　表 17.3-11

序号	项目名称	项目特点	设置长度(m)	重量(t)	备注
1	拉森钢板桩	1. 桩长：6.6m； 2. 板桩厚度：13mm； 3. 钢板尺寸：拉森Ⅲ型钢板桩； 4. 使用时间：20d； 5. 地层情况：综合考虑	697.4	83.688	83.688

思考17.3-4:管道埋设及附属结构物砌筑。

根据管线综合标准横断面图、雨水管道平面图、雨水管纵断面图、排水管道沟槽横断面图、检查井口加固大样图、雨水口加固大样图,填写雨水管道及附属结构物汇总表(表17.3-12、表17.3-13)。

雨水管道及附属结构物汇总表1 表17.3-12

Ⅱ型钢筋混凝土管		雨水检查井/沉泥井		检查井口加固井筒安全网	
型号	长度(m)	型号	数量(个)	数量(个)	数量(个)
雨水管d800		沉泥井φ1 250			
雨水管d1 000		圆形雨水井φ1 500			
雨水管d1 200		矩形检查井 1 500×1 100			
汇总长度		矩形检查井 1 650×1 650			
		矩形检查井 2 200×2 200			

雨水管道及附属结构物汇总表2 表17.3-13

雨水口连接管型号(mm)	管道长度(m)	双箅雨水口数量(个)	双箅雨水口加固数量(个)

知识剖析

根据管线综合标准横断面图、雨水管道平面图、雨水管纵断面图、排水管道沟槽横断面图、检查井口加固大样图、雨水口加固大样图,整理雨水管道及附属结构物工程量计算表(表17.3-14、表17.3-15)。

雨水管道及附属结构物工程量计算表1 表17.3-14

雨水检查井/沉泥井起点桩号	雨水检查井/沉泥井终点桩号	Ⅱ型钢筋混凝土管内径(mm)	管内径D(m)	管壁厚t(m)	放坡系数	Ⅱ型钢筋混凝土管长度(m)	雨水检查井型号(mm)	沉泥井型号(mm)	检查井口加固(个)	井筒安全网(个)
YZ7	YZ8	d1 000	1.00	0.10	0	40.10	1 650×1 650		1	1
YZ8	YZ9	d1 000	1.00	0.10	0	40.00	φ1 500		1	1
YZ9	YZ10	d1 000	1.00	0.10	0	40.00	φ1 500		1	1
YZ10	YZ11	d1 000	1.00	0.10	0	40.00	1 650×1 650		1	1
YZ11	YZ12	d1 000	1.00	0.10	0	40.00	φ1 500		1	1
YZ12	YZ13	d1 000	1.00	0.10	0	40.00	φ1 500		1	1
YZ13	YZ14	d1 200	1.20	0.12	0	40.00	2 200×2 200	2.86	1	1

续上表

雨水检查井/沉泥井起点桩号	雨水检查井/沉泥井终点桩号	Ⅱ型钢筋混凝土管内径(mm)	管内径D(m)	管壁厚t(m)	放坡系数	Ⅱ型钢筋混凝土管长度(m)	雨水检查井型号(mm)	沉泥井型号(mm)	检查井口加固(个)	井筒安全网(个)
YZ14	YZ15	d1200	1.20	0.12	0	40.00	1500×1100		1	1
YZ15	YZ15'	d1200	1.20	0.12	0	18.00	2200×2200	1500×1100	2	2
YZ7-1	YZ7	d800	0.80	0.08	0	9.00		φ1250	1	1
YZ10-1	YZ10	d800	0.80	0.08	0	6.00		φ1250	1	1
YZ13-1	YZ13	d800	0.80	0.08	0	6.00		φ1250	1	1
YY7	YY8	d1000	1.00	0.12	0	39.8	1650×1650		1	1
YY8	YY9	d1000	1.00	0.12	0	40.00	φ1500		1	1
YY9	YY10	d1000	1.00	0.12	0	40.00	φ1500		1	1
YY10	YY11	d1000	1.00	0.12	0	40.00	1650×1650		1	1
YY11	YY12	d1000	1.00	0.12	0	40.00	φ1500		1	1
YY12	YY13	d1000	1.00	0.12	0	40.00	φ1500		1	1
YY13	YY14	d1200	1.2	0.12	0	40.00	2200×2200		1	1
YY14	YY15	d1200	1.2	0.12	0	40.00	1500×1100		1	1
YY15	YY15'	d1200	1.2	0.12	0	18.00	2200×2200	1500×1100	2	2
YY7-1	YY7	d800	0.8	0.08	0	6.00		φ1250	1	1
YY10-1	YY10	d800	0.8	0.08	0	6.50		φ1250	1	1
YY13-1	YY13	d800	0.8	0.08	0	6.00		φ1250	1	1
汇总						716.00				

雨水口连接管道及附属结构物工程量计算表2　　表17.3-15

雨箅子编号	雨水口连接管型号(mm)	雨水接口管道埋设深度(m)	雨水口土方开挖深度(m)	开挖宽度(m)	放坡系数	管道长度(m)	双算雨水口(个)	双算雨水口加固(个)
YZ7-1	d300	1.00	1.10	1.60	1	6.00	1	1
YZ7-2	d300	1.00	1.10	1.60	1	12.00	1	1

续上表

雨算子编号	雨水口连接管型号（mm）	雨水接口管道埋设深度（m）	雨水口土方开挖深度（m）	开挖宽度（m）	放坡系数	管道长度（m）	双算雨水口（个）	双算雨水口加固（个）
YZ8-1	d300	1.00	1.10	1.60	1	3.00	1	1
YZ8-2	d300	1.00	1.10	1.60	1	11.00	1	1
YZ9	d300	1.00	1.10	1.60	1	2.00	1	1
YZ10-1	d300	1.00	1.10	1.60	1	2.00	1	1
YZ10-2	d300	1.00	1.10	1.60	1	12.00	1	1
YZ11-1	d300	1.00	1.10	1.60	1	2.00	1	1
YZ11-2	d300	1.00	1.10	1.60	1	11.00	1	1
YZ12-1	d300	1.00	1.10	1.60	1	2.00	1	1
YZ12-2	d300	1.00	1.10	1.60	1	11.00	1	1
YZ13-1	d300	1.00	1.10	1.60	1	2.00	1	1
YZ13-2	d300	1.00	1.10	1.60	1	11.00	1	1
YZ14-1	d300	1.00	1.10	1.60	1	2.00	1	1
YZ14-2	d300	1.00	1.10	1.60	1	13.00	1	1
YZ15-1	d300	1.00	1.10	1.60	1	2.00	1	1
YZ15-2	d300	1.00	1.10	1.60	1	11.00	1	1
YY7-1	d300	1.00	1.10	1.60	1	1.00	1	1
YY7-2	d300	1.00	1.10	1.60	1	11.00	1	1
YY8-1	d300	1.00	1.10	1.60	1	2.00	1	1
YY8-2	d300	1.00	1.10	1.60	1	11.00	1	1
YY9-1	d300	1.00	1.10	1.60	1	2.00	1	1
YY9-2	d300	1.00	1.10	1.60	1	11.00	1	1
YY10-1	d300	1.00	1.10	1.60	1	1.00	1	1
YY10-2	d300	1.00	1.10	1.60	1	12.00	1	1
YY11-1	d300	1.00	1.10	1.60	1	2.00	1	1
YY11-2	d300	1.00	1.10	1.60	1	11.00	1	1
YY12-1	d300	1.00	1.10	1.60	1	2.00	1	1
YY12-2	d300	1.00	1.10	1.60	1	11.00	1	1
YY13-1	d300	1.00	1.10	1.60	1	2.00	1	1
YY13-2	d300	1.00	1.10	1.60	1	11.00	1	1
YY14-1	d300	1.00	1.10	1.60	1	2.00	1	1
YY14-2	d300	1.00	1.10	1.60	1	12.00	1	1
YY15-1	d300	1.00	1.10	1.60	1	2.00	1	1
YY15-2	d300	1.00	1.10	1.60	1	11.00	1	1

根据雨水管道及附属结构物工程量计算表来填写雨水管道及附属结构物汇总表（表17.3-16、表17.3-17）。

雨水管道及附属结构物汇总表1　　　　　　　　　　　　表17.3-16

Ⅱ型钢筋混凝土管		雨水检查井/沉泥井		检查井口加固	井筒安全网
型号(mm)	长度(m)	型号(mm)	数量(个)	数量(个)	数量(个)
雨水管d800	39.5	沉泥井φ1 250	6	26	26
雨水管d1 000	479.98	圆形雨水井φ1 500	8		
雨水管d1 200	196	矩形检查井1 500×1 100	8		
汇总长度	715.48	矩形检查井1 650×1 650	2		
		矩形检查井2 200×2 200	2		

雨水管道及附属结构物汇总表2　　　　　　　　　　　　表17.3-17

雨水口连接管型号(mm)	管道长度(m)	双箅雨水口数量(个)	双箅雨水口加固数量(个)
D300	232	35	35

思考17.3-5：根据上述的沟槽开挖土方、沟槽回填、沟槽支挡与管道埋设及附属结构物砌筑的计算表，思考如何实施雨水管网工程的施工方案。

知识剖析

雨水管道工程施工包括：1. 测量放线；2. 沟槽开挖；3. 砂垫层铺设；4. 管道安装；5. 检查井砌筑（①井室砌筑；②流槽设置；③井盖高程及开启方向；④井口加固）；6. 闭水试验；7. 沟槽回填；8. 管道加固。

管道基底下铺设砂石基础，基础垫层与槽底同宽，压实度不小于90%。管道安装、管道接口采用橡胶圈柔性接口，承口内工作面、插口外工作面清洗干净，套在插口上的橡胶圈应平直、无扭曲，橡胶圈表面和承口工作面涂刷无腐蚀性的润滑剂，管道接头外侧用聚氨酯密封膏灌缝封堵。检查井砌筑，混凝土模块砖外观质量、强度及抗渗等符合设计及规范要求；井室的底层模块砖需与基础底板混凝土同步浇筑。混凝土管、管道穿墙(井)无钢筋。检查井内的流槽、踏步与井室同时施工。

工作小结：谈谈雨水管道工程量核算操作过程中的难点及其解决方法与心得。

_____

_____

_____

_____

单元18　清单列项算量

学习目标

通过本单元实战案例的专题训练，能独立完成工程量清单分解列项的工作。

单元17完成了清单造价编制前期准备工作：对设计文件的施工图纸进行详尽的识图和核算，并初步制定了相关项目的施工方案。本单元目标是根据清单计价原理对案例进行项目分解列项，并结合《市政工程工程量计算规范》(GB 50857—2013)和案例施工图纸进行清单核算。

课题18.1　路基土石方分部分项工程清单列项核算

任务：完成某市上东新区花侯道路一期工程(桩号K0+350～K0+700)路基土石方工程清单列项(图纸详见课题17.1)。

根据《市政工程工程量计算规范》(GB 50857—2013)附录A土石方工程设置了4小节：土方工程、石方工程、回填方及土石方运输和相关问题及说明。试根据施工图工程量来设置路基土石方工程清单项目。

知识剖析

(1)在花侯路一期道路项目(桩号K0+350～K0+700)路基土石方工程清单列项时，需依据《市政工程工程量计算规范》(GB 50857—2013)中项目清单名称和项目特征，结合实际项目的具体情况，拟定的施工方案及施工组织设计来确定该项目的清单名称、清单编码，填写好项目特征及计算清单工程量，这与前期的核算图纸工程量有一定区别。

(2)熟悉施工设计文件和核算施工图纸工程量。该工程土石方的"显性工程量"涉及4个子目。项目编码的前9位按《市政工程工程量计算规范》要求统一编码，后三位按自然顺序从001开始编号。

第一步，可以将施工图纸中已给定的路基土石方工程量表结合规范进行清单项目列项、编码，再确定分部分项工程清单量，土石方工程分部分项清单项目表见表18.1-1。

土石方工程分部分项清单项目表 表18.1-1

项目编码	项目名称	项目特征	计量单位	数量	工程内容
040101001001	挖一般土方	1. 土壤类别：普通土； 2. 挖土深度：2.0m	m^3	1 922	1. 排地表水； 2. 土方开挖； 3. 围护（挡土板）及拆除； 4. 基底钎探； 5. 场内运输
040102001001	挖一般石方（软岩）	1. 岩石类别：软岩； 2. 开凿深度：2m以内	m^3	411	1. 排地表水； 2. 石方开凿； 3. 修整底、边； 4. 场内运输
040102001002	挖一般石方（较软岩）	1. 岩石类别：较软岩； 2. 开凿深度：2m以内	m^3	410	1. 排地表水； 2. 石方开凿； 3. 修整底、边； 4. 场内运输
040103001001	回填方（土方）	1. 填方材料品种：取天然密实方土回填； 2. 填方来源、运距：取土场、13.5km； 3. 密实度要求：符合规范设计要求； 4. 填方粒径要求：符合规范要求； 5. 其他：采用新型智能环保专业运输车	m^3	23 536	1. 运输； 2. 回填； 3. 压实
040103002001	余方弃置（土方）	1. 废弃料品种：综合考虑土方； 2. 智能渣土车运距：5km	m^3	1 922	余方点装料运输至弃置点
040103002002	余方弃置（软岩）	1. 废弃料品种：软岩； 2. 智能渣土车运距：5.5km	m^3	411	余方点装料运输至弃置点
040103002003	余方弃置（较软岩）	1. 废弃料品种：较软岩； 2. 智能渣土车运距：5.5km	m^3	410	余方点装料运输至弃置点

第二步，结合项目实际情况罗列"隐性工程量"的分部分项工程清单项，即施工图纸明确施工项目却未给出的工程量，或施工图纸未给出但施工工序中必须计入的工程量的分部分项工程清单项。见表18.1-2。路基填筑处理设计图见图18.1-1。

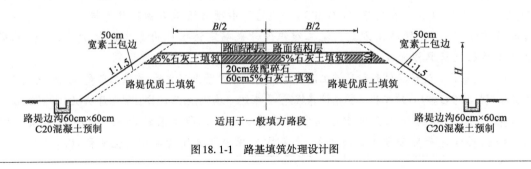

图18.1-1 路基填筑处理设计图

路基填筑处理工程量表　　　　　　　　　　　　　　　　　　　表 18.1-2

起讫桩号	长度(m)	下路床5%石灰土		上路床级配碎石	
		平均处理宽度(m)	铺筑体积(m^3)	平均处理宽度(m)	铺筑体积(m^3)
K0+350～K0+700	350	43.684	9 230.136	42.484	14 975.56

路面面积：$S_{K0+350～K0+360}=[(22.70+20.3)+(23.00+20.00)]\times 10/2=430(m^2)$

$S_{K0+360～K0+370}=[(23.00+20.00)+(23.00+20.00)]\times 10/2=430(m^2)$

$S_{K0+370～K0+380}=[(23.00+20.00)+(23.00+20.00)]\times 10/2=430(m^2)$

$S_{K0+380～K0+390}=[(23.00+20.00)+(22.40+20.00)]\times 10/2=427(m^2)$

$S_{K0+390～K0+400}=[(22.40+20.00)+(20.40+20.00)]\times 10/2=414(m^2)$

$S_{K0+400～K0+700}=40\times 300=12\,000(m^2)$

①$S_{级配碎石K0+350～K0+690}=S_{路面K0+350～K0+690}+(0.728+0.1)\times 1.5\times 2\times 340=(430+430+430+427+414+40\times 290)+844.56=14\,575.56(m^2)$

$S_{级配碎石K0+690～K0+700}=L_{路面K0+690～K0+700}\times 10=40\times 10=400(m^2)$

$S_{级配碎石K0+350～K0+700}=14\,575.56+400=14\,975.56(m^2)$

②$V_{掺石灰K0+350～K0+690}=[S_{路面K0+350～K0+690}+(0.728+0.2+0.3)\times 1.5\times 2\times 340]\times 0.6=[(430+430+430+427+414+40\times 290)+1\,252.56]\times 0.6=8\,990.136(m^3)$

$V_{掺石灰K0+690～K0+700}=S_{路面K0+690～K0+700}\times 0.6=40\times 10\times 0.6=240(m^3)$

$V_{掺石灰K0+350～K0+700}=8\,990.136+240=9\,230.136(m^3)$

计入分部分项工程清单,列项见表 18.1-3。

土石方工程分部分项清单项目表2　　　　　　　　　　　　　　　　表 18.1-3

项目编码	项目名称	项目特征	计量单位	数量	工作内容
040201004001	掺石灰5%	1. 含灰量:人机配合 含灰量5%; 2. 密实度要求:按设计要求	m^3	9 230.136	1. 掺石灰; 2. 夯实
040202011001	20cm级配碎石垫层	1. 石料种类:级配碎石; 2. 厚度:20cm; 3. 石料规格:按规范要求; 4. 其他:级配碎石底压实度不小于96%,CBR值不小于80%	m^2	14 975.56	1. 拌和; 2. 运输; 3. 铺筑; 4. 找平; 5. 碾压; 6. 养护

第三步:列出土石方单价措施项目清单项目表。

在路基土石方工程中,有部分措施项目(单价措施项目)是需要单独列项计算的。根据案例的施工现场情况、施工方案以及《市政工程工程量计算规范》(GB 50857—2013),列出土石方单价措施项目清单项目表,见表 18.1-4。(调整为计价后再考虑具体)

土石方单价措施项目清单项目表　　　　　表18.1-4

项目编码	项目名称	项目特征	计量单位	工程量计算规则	工程内容
041106001	大型机械设备进出场及安拆	1. 机械设备名称； 2. 机械设备规格型号	台·次	按使用机械设备的数量计算	1. 安拆费包括施工机械、设备在现场进行安装拆卸所需人工、材料、机械和试运转费用以及机械辅助设施的折旧、搭设、拆除等费用； 2. 进出场费包括施工机械、设备整体或分体自停放地点运至施工现场或由一施工地点运至另一施工地点所发生的运输、装卸、辅助材料等费用

扫描二维码18.1-1查看桩号K0+350～K0+700路基土石方工程完整清单列项。

18.1-1

工作小结：谈谈土石方工程清单列项操作过程中的难点及其解决方法与心得。

课题18.2　道路工程分部分项工程清单列项核算

任务：完成某市上东新区花侯道路一期工程(桩号K0+350～K0+700)道路工程清单列项(图纸详见课题18.2)。结构图见图17.2-2和图17.2-4。

根据《市政工程工程量计算规范》(GB 50857—2013)附录B道路工程，共分5节80个清单项目，涉及路基处理、道路基层、道路面层、人行道及其他、交通管理设施。试根据施工图工程量来设置道路工程清单项，即计算道路工程基层、面层及人行道及其他的分项工程清单项。

知识剖析

第一步,可以将施工图纸中已给定的"路面结构工程量表"结合《市政工程工程量计算规范》(GB 50857—2013)进行清单项目列项、编码,再确定分部分项工程清单量。由前期编制工作核算的"显性工程量",拟参考道路工程的分部分项清单项目表(表18.2-1)。

道路工程的分部分项清单项目表1 表18.2-1

项目编码	项目名称	项目特征	计量单位	工程量	工程内容
040203006001	4cm细粒式改性沥青混凝土(AC-13C)	1. 沥青混凝土种类:粗型密级配沥青混合料AC-13C; 2. 沥青品种:SBSI-D型改性沥青; 3. 石料粒径:符合设计及规范要求; 4. 厚度:4.0cm; 5. 掺和料:石灰岩、岩浆岩矿粉; 6. 抗剥落剂:如果石料与沥青的黏结力达不到要求,可在沥青混合料中掺入沥青用量0.3%~4%剥落剂; 7. 炒拌方式:沥青混凝土采用机械炒拌或成品沥青混凝土,所需要的措施费用和其他费用,由投标人自行核实考虑在此项综合单价中; 8. 沥青混凝土运输距离由投标人自行核实考虑报价	m²	11 269.22	1. 拌和; 2. 运输; 3. 铺筑; 4. 找平; 5. 碾压; 6. 养护
040203006002	6cm中粒式改性沥青混凝土(AC-20C)	1. 沥青混凝土种类:粗型密级配沥青混合料AC-20C; 2. 沥青品种:SBSI-D型改性沥青; 3. 石料粒径:符合设计及规范要求; 4. 厚度:6cm; 5. 掺和料:石灰岩、岩浆岩矿粉; 6. 抗剥落剂:如果石料与沥青的黏结力达不到要求,可在沥青混合料中掺入沥青用量0.3%~4%剥落剂; 7. 炒拌方式:沥青混凝土采用机械炒拌或成品沥青混凝土,所需要的措施费用和其他费用,由投标人自行核实考虑在此项综合单价中; 8. 沥青混凝土运输距离由投标人自行核实考虑报价	m²	5 723.88	1. 拌和; 2. 运输; 3. 铺筑; 4. 找平; 5. 碾压; 6. 养护

续上表

项目编码	项目名称	项目特征	计量单位	工程量	工程内容
040203006003	8cm粗粒式改性沥青混凝土（AC-25C）	1. 沥青混凝土种类：粗型密级配沥青混合料AC-25C； 2. 沥青品种：SBSI-D型改性沥青； 3. 石料粒径：符合设计及规范要求； 4. 厚度：8.0cm； 5. 掺和料：石灰岩、岩浆岩矿粉； 6. 抗剥落剂：如果石料与沥青的黏结力达不到要求，可在沥青混合料中掺入沥青用量0.3%~4%剥落剂； 7. 炒拌方式：沥青混凝土采用机械炒拌或成品沥青混凝土，所需要的措施费用和其他费用，由投标人自行核实考虑在此项综合单价中； 8. 沥青混凝土运输距离由投标人自行核实考虑报价	m²	11 269.22	1. 拌和； 2. 运输； 3. 铺筑； 4. 找平； 5. 碾压； 6. 养护
040203003001	黏层（SBS改性乳化沥青）	1. 材料品种：SBS改性乳化沥青； 2. 喷油量：0.4~0.6kg/m²； 3. 黏层的基质沥青：采用AH-70号道路石油沥青； 4. 黏层油宜采用PCR喷洒型SBS改性乳化沥青； 5. 施工要求：采用高级沥青洒布机在常温下施工	m²	16 993.10	1. 清理下承面； 2. 喷油、布料
040203004001	封层（SBS改性乳化沥青）	1. 材料品种：SBS改性乳化沥青（PC-2，沥青含量30%）稀浆封层； 2. 喷油量：符合设计及规范要求； 3. 厚度：0.8m； 4. 稀浆封层必须采用专用摊铺机进行摊铺	m²	11 269.22	1. 清理下承面； 2. 喷油、布料； 3. 压实
040203003002	透层（乳化沥青）	1. 材料品种：乳化沥青（PC-2）； 2. 喷油量：1.0kg/m²； 3. 用油量：透层沥青宜采用慢裂的洒布型乳化沥青（PC-2，沥青含量≤50%），其沥青用量为0.7~1.1L/m²； 4. 施工要求：透层沥青应采用沥青洒布车喷，且渗透基层3mm以上	m²	11 269.22	1. 清理下承面； 2. 喷油、布料

续上表

项目编码	项目名称	项目特征	计量单位	工程量	工程内容
040202015001	18cm厚5.5%水泥稳定碎(砾)石	1. 水泥含量:5.5%水泥稳定碎石上基层; 2. 石料规格:粒径不大于31.5mm; 3. 厚度:180mm; 4. 其他:含养护; 5. 水泥宜选用终凝时间较长的低强度等级普通硅酸盐水泥或强度等级为32.5的复合硅酸盐水泥,初凝时间应大于4h,终凝时间应大于6h,水泥严禁采用早强、快凝型、已变质的水泥	m²	11 269.22	1. 拌和; 2. 运输; 3. 铺筑; 4. 找平; 5. 碾压; 6. 养护
040202015002	18cm厚4.5%水泥稳定碎(砾)石	1. 水泥含量:4.5%水泥稳定碎石下基层; 2. 石料规格:粒径不大于31.5mm; 3. 厚度:180mm; 4. 其他:含养护; 5. 水泥宜选用终凝时间较长的低强度等级普通硅酸盐水泥或强度等级为32.5的复合硅酸盐水泥,初凝时间应大于4h,终凝时间应大于6h,水泥严禁采用早强、快凝型、已变质的水泥	m²	12 309.94	1. 拌和; 2. 运输; 3. 铺筑; 4. 找平; 5. 碾压; 6. 养护
040202015003	18cm厚3.5%水泥稳定碎(砾)石	1. 水泥含量:3.5%水泥稳定碎石底基层; 2. 石料规格:粒径不大于31.5mm; 3. 厚度:180mm; 4. 其他:含养护; 5. 水泥宜选用终凝时间较长的低强度等级普通硅酸盐水泥或强度等级为32.5的复合硅酸盐水泥,初凝时间应大于4h,终凝时间应大于6h,水泥严禁采用早强、快凝型、已变质的水泥	m²	12 929.44	1. 拌和; 2. 运输; 3. 铺筑; 4. 找平; 5. 碾压; 6. 养护
040204002001	人行道块料铺设(盲道砖)	1. 块料品种、规格:提示盲道砖248mm×248mm×64mm;行进砖248mm×228mm×64mm; 2. 基础、垫层材料品种、厚度:2cm厚1:2水泥砂浆,10cm厚C20混凝土垫层,15cm厚C15水泥混凝土基础; 3. 图形:矩形	m²	322.51	1. 基础、垫层铺筑; 2. 块料铺设

续上表

项目编码	项目名称	项目特征	计量单位	工程量	工程内容
040204002002	人行道块料铺设(C30彩色步砖)	1. 块料品种、规格:预制混凝土彩色步砖厚60mm; 2. 基础、垫层材料品种、厚度:2cm厚1:2水泥砂浆,10cm厚C20混凝土垫层,15cm厚C15水泥混凝土基础; 3. 图形:矩形	m²	998.89	1. 基础、垫层铺筑; 2. 块料铺设
040204004001	安砌侧(平、缘)石(花岗岩侧石A)	1. 材料品种、规格:花岗岩18cm×40cm; 2. 基础、垫层材料品种、厚度:现浇C15混凝土基座	m	1959.28	1. 开槽; 2. 基础、垫层铺筑; 3. 侧(平、缘)石安砌
040204004002	安砌侧(平、缘)石(花岗岩缘石B)	1. 材料品种、规格:花岗岩10cm×18cm	m	699.48	1. 开槽; 2. 基础、垫层铺筑; 3. 侧(平、缘)石安砌
040204007001	树池砌筑	1. 材料品种、规格:C30预制边框缘石+C15混凝土基座; 2. 树池尺寸:1.2m×1.2m; 3. 树池盖材料品种:覆土	个	112.00	1. 基础、垫层铺筑; 2. 树池砌筑; 3. 盖面材料运输、安装

第二步,结合项目实际情况罗列"隐性工程量"的分部分项工程清单项,即施工图纸明确施工项目却未给出的工程量,或施工图纸未给出但施工工序中必须计入的工程量的分部分项工程清单项。

(1)计算行车道、人行道路床的整形。虽然路基土石方工程在路床部分进行了石灰土及级配碎石的处理,但是在道路基层施工前还是需要对基层进行复测、碾压、整修路拱等工序。

计入分部分项工程清单,列项见表18.2-2和表18.2-3。

分部分项清单项目表 表18.2-2

项目编码	项目名称	项目特征	计量单位	工程量计算规则	工程内容
040202001	路床(槽)整形	1. 部位; 2. 范围	m²	按设计图示尺寸以面积计算,不扣除各类井所占面积	1. 放样; 2. 整修路拱; 3. 碾压成型
040204001	人行道整形碾压	1. 部位; 2. 范围	m²	按设计人行道图示尺寸以面积计算,不扣除各类井所占面积	1. 放样; 2. 碾压

①路床整形的清单工程量计算。

一般是根据施工设计文件的要求,或是现场实际工序要求;在投标报价中也可参照地区市政定额的工程量计算规则;比如《湖南省市政工程消耗量标准(2020年版)》中提到"路床(槽)碾压宽度按设计宽度计算,如设计无规定时,按行车道每侧加15cm计算"。

$Q_{路床整形}=(35+0.728\times1.5\times2+0.15\times2)\times(700-350)=13\,119.40(m^2)$

②人行道整型碾压的清单工程量计算。

工程量计算规则指出:"按设计人行道图示尺寸以面积计算,不扣除各类井所占面积"。

$Q_{路床整形}=(161.33+161.18+506.9+491.99)+(51+61)\times1.2\times1.2=1\,482.68(m^2)$

道路工程的分部分项清单项目表2　　表18.2-3

项目编码	项目名称	项目特征	计量单位	工程量	工程内容
040202001001	路床(槽)整形（行车道）	1. 部位:行车道; 2. 范围:路床	m²	13 119.40	1. 放样; 2. 整修路拱; 3. 碾压成型
040202001002	人行道整形碾压	1. 部位:人行道; 2. 范围:路床	m²	1 482.68	1. 放样; 2. 碾压

(2)计算玻纤网的工程量。根据施工图纸中的"路面结构设计图"说明中第4条:"在路面基层顶面采用自粘式玻纤网增加横处理,横缝按50m间距假设全断面宽度设计工程数量,铺设宽度均为0.5m。水泥稳定碎石基层施工完毕后,对于基层裂缝用森林灭火器吹除缝内灰尘,然后灌注乳化沥青;在横缝两侧各25cm范围内,按0.5kg/m²沥青用量喷洒透层乳化沥青,之后铺设一幅宽为50cm的自粘式玻纤网,待玻纤网与基层粘牢后,施工基层乳化沥青封层。玻纤网技术要求为:网孔尺寸20mm×20mm;抗拉强度50kN/m。"见图18.2-1。

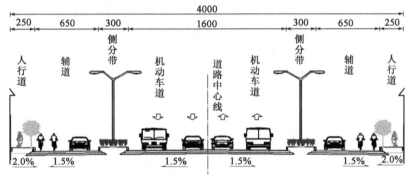

图18.2-1　路基标准横断面图

计入分部分项工程清单,列项见表18.2-4。

道路工程的分部分项清单工程量计算表　　表18.2-4

项目编码	项目名称	项目特征	计算式	计量单位	工程量
040201021001	自粘式玻纤网	1. 格栅规格尺寸:正方形网眼网孔尺寸20mm×20mm,每幅宽50cm; 2. 固定方式:自粘固定; 3. 材料性能:同时满足耐高温170℃及抗拉强度≥50kN/m要求; 4. 位置:机动车道+辅道;在路面基层顶面采用自粘式玻纤网增加横处理,横缝按50m间距假设全断面宽度设计工程数量,铺设宽度均为0.5m	(16+6.5×2)×0.5×(350/50+1)	m²	116.00

第三步：列出道路工程单价措施项目清单项目表。

在道路工程中，有部分措施项目（单价措施项目）是需要单独列项计算的。根据案例的施工现场情况、施工方案以及《市政工程工程量计算规范》（GB 50857—2013），列出道路工程单价措施项目清单项目表（表18.2-5）。（调整为计价后再考虑具体）

单价措施项目表　　　　　　　　　　　　　　　　　　　　　表18.2-5

项目编码	项目名称	项目特征	计量单位	工程量计算规则	工程内容
041102037	其他现浇构件模板	构件类型	m²	按混凝土与模板接触面的面积计算	1. 模板制作、安装、拆除、整理、堆放； 2. 模板粘接物及模内杂物清理、刷隔离剂； 3. 模板场内外运输及维修
041106001	大型机械设备进出场及安拆	1. 机械设备名称； 2. 机械设备规格型号	台·次	按使用机械设备的数量计算	1. 安拆费包括施工机械、设备在现场进行安装拆卸所需人工、材料、机械和试运转费用 以及机械辅助设施的折旧、搭设、拆除等费用； 2. 进出场费包括施工机械、设备整体或分体自停放地点运至施工现场或由一施工地点运至另一施工地点所发生的运输、装卸、辅助材料等费用

根据现场施工，水泥稳定碎石基层是需要木模板或是槽钢进行支护帮助基层摊铺成型的。模板的工程量是结构层接触的面积，即基层侧立面面积。路面大型机械进出场可参考施工组织设计的主要大型机械配置数量计，一般情况下按进出场一次算，若有特殊情况再调整计量，见表18.2-6。

单价措施项目工程量计算表　　　　　　　　　　　　　　　　表18.2-6

项目编码	项目名称	项目特征	计算式	计量单位	工程量
041102037001	水泥稳定碎石基层模板	1. 构件类型：基层木模	(979.64+979.34)×0.54+349.74×2×0.35	m²	1 302.67
041102037002	C15现浇混凝土基座模板	1. 构件类型：混凝土基础木模板	335.29×2×0.35+(315+263.08+315+250.78)×0.29+(61.2+73.2)×0.41+(183.6+219.6)×0.18	m²	694.10

扫描二维码18.2-1查看桩号K0+350～K0+700道路工程完整清单列项。

18.2-1

工作小结：谈谈道路工程清单列项操作过程中的难点及其解决方法与心得。

课题18.3 排水工程分部分项工程清单列项核算

任务：完成花侯路一期道路项目（桩号 K0+350～K0+700）排水工程清单列项核算（图纸详见课题17.3）。

根据《市政工程工程量计算规范》（GB 50857—2013）附录 E 管网工程，共分5节47个清单项目，涉及管道铺设，管件、阀门及附件安装，支架制作及安装，管道附属构筑物，相关问题及说明。试根据施工图工程量来设置管网工程清单项，即管道铺设、管道附属构筑物及其他的分项工程清单项。见图17.2-5。

知识剖析

第一步，可以将核算施工图纸中"管网土石方沟槽量""沟槽回填工程量表""管道埋设工程量表"结合《市政工程工程量计算规范》（GB 50857—2013）进行清单项目列项、编码，再确定分部分项工程清单量。由前期编制工作核算的"显性工程量"，拟参考管网工程的分部分项清单项目表（表18.3-1）。

管网工程的分部分项清单工程量计算表（雨水工程） 表18.3-1

项目编码	项目名称	项目特征	计量单位	数量	工程内容
040101002001	挖沟槽土方	1. 土壤类别：普通土； 2. 挖土深度：3m以内	m³	7 492.00	1. 排地表水； 2. 土方开挖； 3. 围护（挡土板）及拆除； 4. 基底钎探； 5. 场内运输
040103001002	回填方 （中粗砂）	1. 填方材料品种：中粗砂； 2. 密实度要求：93%～95%； 3. 填方粒径要求：按设计和规范； 4. 填方来源、运距：投标方自行决定	m³	3 037.00	1. 运输； 2. 回填； 3. 压实

续上表

项目编码	项目名称	项目特征	计量单位	数量	工程内容
040103001003	回填方(素土)	1. 密实度要求:满足设计规范要求; 2. 填方材料品种:素土回填; 3. 填方粒径要求:满足设计规范要求; 4. 填方来源、运距:场内利用,运距综合考虑	m³	2 090.00	1. 运输; 2. 回填; 3. 压实
040103002004	余方弃置	1. 废弃料品种:普通土; 2. 运距:3km	m³	4 798.00	余方点装料运输至弃置点
010202006001	拉森钢板桩	1. 桩长:6.6m; 2. 板桩厚度:13mm; 3. 钢板尺寸:拉森Ⅲ型钢板桩; 4. 使用时间:20d; 5. 地层情况:综合考虑	t	83.688	1. 工作平台搭拆; 2. 桩机移位; 3. 打拔钢板桩
040501001001	Ⅱ级承插式钢筋混凝土管(d300雨水口连接管)	1. 垫层、基础材质及厚度:中粗砂垫层; 2. 规格:Ⅱ级承插钢筋混凝土管d300; 3. 接口方式:承插胶圈接口; 4. 管道检验及试验要求:包含闭水试验; 5. 混凝土强度等级:Ⅱ级钢筋混凝土管; 6. 铺设深度:3.5m以内	m	232.00	1. 垫层、基础铺筑及养护; 2. 模板制作、安装、拆除; 3. 混凝土拌和、运输、浇筑、养护; 4. 预制管枕安装; 5. 管道铺设; 6. 管道接口; 7. 管道检验及试验
040501001002	Ⅱ级承插式钢筋混凝土管(d800)	1. 垫层、基础材质及厚度:120°砂石基础; 2. 规格:Ⅱ级钢筋混凝土管d800; 3. 接口方式:承插接口,详见图纸06MS201-23; 4. 混凝土强度等级:C30; 5. 管道检验及试验要求:管道闭水试验须符合相关规范要求; 6. 铺设深度:3m内	m	39.50	1. 垫层、基础铺筑及养护; 2. 模板制作、安装、拆除; 3. 混凝土拌和、运输、浇筑、养护; 4. 预制管枕安装; 5. 管道铺设; 6. 管道接口; 7. 管道检验及试验

续上表

项目编码	项目名称	项目特征	计量单位	数量	工程内容
040501001003	Ⅱ级承插式钢筋混凝土管（d1 000mm）	1. 垫层、基础材质及厚度：120°砂石基础； 2. 规格：Ⅱ级钢筋混凝土管d1 000； 3. 接口方式：承插接口，详见图纸06MS201-23； 4. 混凝土强度等级：C30； 5. 管道检验及试验要求：管道闭水试验须符合相关规范要求； 6. 铺设深度：3.5m内	m	479.98	1. 垫层、基础铺筑及养护； 2. 模板制作、安装、拆除； 3. 混凝土拌和、运输、浇筑、养护； 4. 预制管枕安装； 5. 管道铺设； 6. 管道接口； 7. 管道检验及试验
040501001004	Ⅱ级承插式钢筋混凝土管（d1 200mm）	1. 垫层、基础材质及厚度：120°砂石基础； 2. 规格：Ⅱ级钢筋混凝土管d1 200； 3. 混凝土强度等级：C30； 4. 管道检验及试验要求：管道闭水试验须符合相关规范要求； 5. 铺设深度：3m内； 6. 接口方式：企口（橡胶圈）接口，详见图纸06MS201-2/4	m	196.00	1. 垫层、基础铺筑及养护； 2. 模板制作、安装、拆除； 3. 混凝土拌和、运输、浇筑、养护； 4. 预制管枕安装； 5. 管道铺设； 6. 管道接口； 7. 管道检验及试验
040504002001	混凝土井（圆形φ1 250mm沉泥井）	1. 圆形混凝土沉泥井尺寸：φ1 250mm，平均高度2.6m； 2. 井盖规格：D700球墨铸铁井盖，QT500-7； 3. 100mm厚C10混凝土垫层； 4. 220mm厚C25钢筋混凝土底板（S4抗渗）； 5. 200mm厚钢筋混凝土井墙（S4抗渗）； 6. C25商品混凝土预制盖板制作安装灌缝； 7. DN700混凝土井筒、C30混凝土井圈； 8. 含模板和钢筋、成品防坠网（另计）及流槽（含抹灰）； 9. 详见设计图纸和06MS201-3页17	座	6.00	1. 垫层铺筑； 2. 模板制作、安装、拆除； 3. 混凝土拌和、运输、浇筑、养护； 4. 井圈,井盖安装； 5. 盖板安装； 6. 踏步安装； 7. 防水、止水

续上表

项目编码	项目名称	项目特征	计量单位	数量	工程内容
040504002002	混凝土井 (圆形 φ1 500mm 雨水井)	1. 垫层、底板、井壁:100mm厚C10混凝土垫层、220mm厚C25混凝土底板、200mm厚C25井壁; 2. 井深:平均2.86m; 3. 盖板材质、规格:钢纤维混凝土井盖(水泥基复合材料)250kN/m²; 4. 井圈材质及规格:C30混凝土井圈; 5. 踏步材质、规格:塑钢踏步; 6. 防渗、防水要求:井底板及井壁采用抗渗P6混凝土; 7. 流槽:M7.5水泥砂浆砌MU10免烧砖、1:2防水砂浆抹面; 8. 做法:详见标准图集06MS201-3页17及设计图纸; 9. 其他说明:包含支模、钢筋、砌筑、安装、抹灰,不含挖填土方	座	8.00	1. 垫层铺筑; 2. 模板制作、安装、拆除; 3. 混凝土拌和、运输、浇筑、养护; 4. 井圈、井盖安装; 5. 盖板安装; 6. 踏步安装; 7. 防水、止水
040504002003	混凝土井 (矩形直线 雨水井 A×B= 1 500mm× 1 100mm)	1. 井规格:1 500mm×1 000mm; 2. 平均井深:2.50m; 3. 具体做法:详见图集06MS201-3页32; 4. 工作内容:除井字架、井筒铸铁盖板以外所有工作内容; 5. C15商品混凝土垫层; 6. 200mm厚C25商品混凝土井壁; 7. C25商品混凝土井室盖板、C30商品混凝土井圈; 8. 钢筋制安	座	4.00	1. 垫层铺筑; 2. 模板制作、安装、拆除; 3. 混凝土拌和、运输、浇筑、养护; 4. 井圈、井盖安装; 5. 盖板安装; 6. 踏步安装; 7. 防水、止水
040504002004	混凝土井 (矩形90°三通 雨水井 A×B= 1 650mm× 1 650mm)	1. 详见图集06MS201-3页34; 2. 100mm厚C10混凝土垫层; 3. 井平均深度3.16m; 4. φ700mm球墨铸铁双层井盖(子盖玻璃钢材质); 5. 设置防坠网	座	4.00	1. 垫层铺筑; 2. 模板制作、安装、拆除; 3. 混凝土拌和、运输、浇筑、养护; 4. 井圈、井盖安装; 5. 盖板安装; 6. 踏步安装; 7. 防水、止水
040504002005	混凝土井 (矩形90°三通 雨水井 A×B= 2 200mm× 2 200mm)	1. 详见图集06MS201-3页34; 2. 100mm厚C10混凝土垫层; 3. 井平均深度2.68m; 4. φ700mm球墨铸铁双层井盖(子盖玻璃钢材质); 5. 设置防坠网	座	4.00	1. 垫层铺筑; 2. 模板制作、安装、拆除; 3. 混凝土拌和、运输、浇筑、养护; 4. 井圈、井盖安装; 5. 盖板安装; 6. 踏步安装; 7. 防水、止水

续上表

项目编码	项目名称	项目特征	计量单位	数量	工程内容
040504009001	雨水口（双箅）	1. 雨水箅子及圈口材质、型号、规格：铸铁雨水井箅井圈； 2. 垫层、基础材质及厚度：C15现浇混凝土； 3. 砌筑材料品种、规格：MU10标准砖； 4. 砂浆强度等级及配合比：M10水泥砂浆； 5. 其他：详见标准图集06MS201-8页7	座	35.00	1. 垫层铺筑； 2. 模板制作、安装、拆除； 3. 混凝土拌和、运输、浇筑、养护； 4. 砌筑、勾缝、抹面； 5. 雨水箅子安装
040504009002	雨水口加固	1. 名称：扩盘式井圈加强； 2. 混凝土强度：C30； 3. 钢筋规格：圆钢φ10以内； 未尽事宜按施工规范	座	35.00	1. 垫层铺筑； 2. 模板制作、安装、拆除； 3. 混凝土拌和、运输、浇筑、养护； 4. 砌筑、勾缝、抹面； 5. 雨水箅子安装
040504002006	检查井井周加固	1. 名称：扩盘式井圈加强； 2. 混凝土强度：C30； 未尽事宜按施工规范	座	26.00	1. 垫层铺筑； 2. 模板制作、安装、拆除； 3. 混凝土拌和、运输、浇筑、养护； 4. 井圈、井盖安装； 5. 盖板安装； 6. 踏步安装； 7. 防水、止水

第二步，结合项目实际情况罗列"隐性工程量"的分部分项工程清单项，即施工图纸明确施工项目却未给出的工程量，或施工图纸未给出但施工工序中必须计入的工程量的分部分项工程清单项。

第三步，列出雨水工程单价措施项目清单项目表。

根据案例的施工现场情况、施工组织设计以及《市政工程工程量计算规范》(GB 50857—2013)，排水工程的单价措施项目需要考虑井字架的清单项目表，详见表18.3-2。

单价措施项目工程量计算表 表18.3-2

项目编码	项目名称	项目特征	计量单位	工程量计算规则	工程内容
041101005001	井字架	1. 井深：4m以内； 2. 脚手架材质、规格：投标人自行考虑	座	按设计图示数量计算	1. 清理场地； 2. 搭、拆井字架； 3. 材料场内外运输

工作小结：谈谈排水工程清单列项操作过程中的难点及其解决方法与心得。

单元19　清单组价

学习目标

通过本单元实战案例的专题训练，能独立完成分部分项工程量清单组价计算的工作。

结合清单编制的依据和上东新区花侯道路一期工程两阶段施工图纸的工程情况，进行了造价文件编制的前期准备工作，完成了识图、施工方案的初定以及清单文件的列项核量工作。本单元将完成编制工作的第三模块——对列好的清单项目套用预算定额（企业定额），进而进行分部分项工程的直接费用的计算。

课题19.1　路基土石方分部分项工程清单组价

任务：完成某市上东新区花侯道路一期工程（桩号K0+350～K0+700）路基土石方工程清单组价（图纸详见课题17.1）。

清单组价的目的是形成清单子项的综合单价，以利于投标单位进行合理报价等。秉承清单计价"量价分离"的原则，招标人对拟建工程只是提供预估较准确的含量清单，而投标人要根据相关计价规则（如定额计量计价规则、清单计价规则）、施工现场情况及造价人员的编制经验，对这份招标清单进行组价（报价）。对清单进行组价分为工程清单项的分解、子项套用定额、定额算量（含单价措施费的计算）等部分。

1. 依照单元13所示的路基土石方工程清单项目，完成下列路基土石方分部分项工程清单表（表19.1-1）（任务详见二维码18.1-1路基土石方工程完整清单列项）

分部分项工程项目清单与措施项目清单计价表（含子目）　　　　表19.1-1

工程名称：花侯路一期道路项目　　　　　标段：　　　　　第1页　共　页

序号	项目编码	项目名称	项目特征	计量单位	数量
1	040101001001	挖一般土方		m³	1 922.00
1.1	D1-1	人工挖一般土方：普通土	1. 土壤类别：普通土； 2. 挖土深度：2.0m	100m³	1.922
1.2	D1-37	挖掘机挖土方装车：普通土		1 000m³	1.729 8
2	040102001001	挖一般石方（软岩）		m³	411.00
2.1	D1-83	液压破碎锤凿石：一般石方/软岩	1. 岩石类别：软岩； 2. 开凿深度：2.0m以内	100m³	4.11
2.2	D1-111	挖掘机挖石碴：平地/装车		100m³	4.11

续上表

序号	项目编码	项目名称	项目特征	计量单位	数量
3	040102001002	挖一般石方(较软岩)		m³	410.00
3.1	D1-84	液压破碎锤凿石:一般石方/较软岩	1. 岩石类别:较软岩; 2. 开凿深度:2.0m以内	100m³	4.10
3.2	D1-111	挖掘机挖石碴:平地/装车		100m³	4.10
4	040103001001	回填方(取土回填)	1. 填方材料品种:取天然密实方土回填; 2. 填方来源、运距:取土场、13.5km; 3. 密实度要求:符合规范设计要求; 4. 填方粒径要求:符合规范要求; 5. 其他:采用新型智能环保专业运输车	m³	23 536.00
4.1	D1-37	挖掘机挖土方装车:普通土		1 000m³	27.066 4
4.2	D1-59 + D1-60×13换	自卸汽车运土方:运距1km内~实际运距(km):13.5~换:大型智能渣土车12.9t(长沙市)		1 000m³	27.066 4
4.3	D1-65	机械填土碾压		1 000m³	23.536
5	040103002001	余方弃置(土方)		m³	1 922.00
5.1	D1-59 + D1-60×4换	自卸汽车运土方运距1km内~实际运距(km):5~换:大型智能渣土车12.9t(长沙市)	1. 废弃料品种:综合考虑土方; 2. 智能渣土车运距:5km	1 000m³	1.922
6	040103002002	余方弃置(软岩)		m³	411.00
6.1	D1-116 + D1-117×5换	自卸汽车运石碴运距1km以内~实际运距(km):5.5~换:大型智能渣土车12.9t(长沙市)	1. 废弃料品种:软岩; 2. 智能渣土车运距:5.5km	100m³	4.11
7	040103002003	余方弃置(较软岩)		m³	410.00
7.1	D1-116 + D1-117×5换	自卸汽车运石碴运距1km以内~实际运距(km):5.5~换:智能渣土车12.9t(长沙市)大型	1. 废弃料品种:较软岩; 2. 智能渣土车运距:5.5km	100m³	4.10

注:回填土在取土运土时定额工程量是有虚实系数转换。

2. 根据大型机械设备进出场及安拆列项完成下列路基土石方单价措施项目清单表

路基土石方中单价措施项一般参见施工组织设计的组织方案或是套用定额中的主要机械。本项目土方工程主要采用挖掘机、推土机进行土方开挖。采用破碎机、挖掘机进行石方开挖,采用压路机进行填方填筑碾压,皆需考虑大型机械的进出场费,详见表19.1-2。

分部分项工程项目清单与措施项目清单计价表(含子目)　　表19.1-2

工程名称:花侯路一期道路项目　　　　标段:　　　　第1页 共 页

序号	项目编码	项目名称	项目特征	计量单位	数量
46	041106001001	大型机械设备进出场及安拆(履带式挖掘机)	1. 机械设备名称:履带式挖掘机1m³; 2. 机械设备规格型号:按施工组织设计	台·次	2.00
46.1	J14-20	场外运费:履带式挖掘机 1m³以内		台·次	2.00
47	041106001002	大型机械设备进出场及安拆(履带式推土机)	1. 机械设备名称:履带式推土机90kW以内; 2. 机械设备规格型号:按施工组织设计	台·次	2.00
47.1	J14-25	场外运费:履带式推土机 90kW以内		台·次	2.00
48	041106001003	大型机械设备进出场及安拆(压路机)	1. 机械设备名称:压路机; 2. 机械设备规格型号:按施工组织设计	台·次	7.00
48.1	J14-35	场外运费:压路机		台·次	7.00
49	041106001004	大型机械设备进出场及安拆(履带式挖掘机带振动锤)	1. 机械设备名称:履带式挖掘机带振动锤; 2. 机械设备规格型号:按施工组织设计	台·次	1.00
49.1	J14-22	场外运费:履带式液压挖掘机带打拔桩机振动锤		台·次	1.00
50	041106001005	大型机械设备进出场及安拆(履带式挖掘机带破碎锤)	1. 机械设备名称:履带式液压挖掘机带破碎锤; 2. 机械设备规格型号:按施工组织设计	台·次	2.00
50.1	J14-60	场外运费:履带式液压挖掘机带液压破碎锤		台·次	2.00

工作小结:谈谈土石方工程清单组价操作过程中的难点及其解决方法与心得。

....

....

....

....

....

课题19.2　道路工程分部分项工程清单组价

任务：完成某市上东新区花侯道路一期工程(桩号K0+350~K0+700)道路工程清单组价(图纸详见课题17.2)。

(1)对道路工程清单项目表0402030060014cm细粒式改性沥青混凝土(AC-13C)进行子项分解，见表19.2-1。

分部分项工程项目清单与措施项目清单计价表(招标)　　　　表19.2-1

工程名称：花侯路一期道路项目　　　　标段：　　　　第1页　共　页

项目编码	项目名称	项目特征	计量单位	数量	工程内容
040203006001	4cm细粒式改性沥青混凝土(AC-13C)	1. 石料粒径：13mm； 2. 厚度：4cm； 3. 沥青品种：改性沥青； 4. 沥青混凝土种类：细粒式	m²	11 269.22	1. 拌和； 2. 运输； 3. 铺筑； 4. 找平； 5. 碾压； 6. 养护
子项分解思路	\multicolumn{5}{l}{考虑路面结构的面层"摊铺"工序 (1. 查找道路面层的"细粒式沥青混凝土面层"的"摊铺"预算定额，根据施工图纸具体情况对摊铺定额进行调整；2. "摊铺"定额的"工作内容"与该项目施工方案和清单项040203006001的"工作内容"进行核对，一般"摊铺"定额包括清扫路基、整修侧缘石、测温、摊铺、接茬、找平、点补、撒垫料、清理等工序的费用)}				
	\multicolumn{5}{l}{考虑沥青混凝土材料的拌和、运输费用}				
	\multicolumn{5}{l}{可考虑沥青混凝土养护，但常规情况时沥青混凝土摊铺后碾压成型即可}				

(2)根据分解的子项合理套用市政预算定额(或是企业定额)，详见表19.2-2。

分部分项工程项目清单与措施项目清单计价表(含子目)　　　　表19.2-2

工程名称：花侯路一期道路项目　　　　标段：　　　　第1页　共　页

项目编码	项目名称	项目特征	计量单位	数量
040203006001	4cm细粒式改性沥青混凝土(AC-13C)	1. 石料粒径：13mm； 2. 厚度：4cm； 3. 沥青品种：改性沥青； 4. 沥青混凝土种类：细粒式	m²	11 269.22
	D2-106 + D2-107×2 换	细粒式沥青混凝土路面：机械摊铺厚度(cm)3-实际厚度(cm)：4		
	D2-116 + D2-117×15 换	沥青混合料场外运输：自卸汽车运距5km内-实际运距(km)：20		

(3)填写子项工程量,见表19.2-3。

分部分项工程项目清单与措施项目清单计价表(含子目)　　　　表19.2-3

工程名称:花侯路一期道路项目　　　　　标段:　　　　　　　第1页 共 页

项目编码	项目名称	项目特征	计量单位	数量
040203006001	4cm细粒式改性沥青混凝土(AC-13C)	1. 石料粒径:13mm; 2. 厚度:4cm; 3. 沥青品种:改性沥青; 4. 沥青混凝土种类:细粒式	m^2	11 269.22
	D2-106 + D2-107×2换	细粒式沥青混凝土路面:机械摊铺厚度(cm)3-实际厚度(cm):4	$100m^2$	112.692 2
	D2-116 + D2-117×15换	沥青混合料场外运输:自卸汽车运距5km内-实际运距(km):20	$100m^3$	4.507 6①

注:①$Q_{沥青混合料场外运输}$=摊铺厚度×细粒式混凝土结构厚度=0.04×11269.22=450.76(m^3)。

(4)根据大型机械设备进出场及安拆列项完成下列道路工程单价措施项目清单表。

路基土石方中单价措施项一般参见施工组织设计的组织方案或是套用定额中的主要机械。本项目土方工程主要采用挖掘机、推土机进行土方开挖,采用破碎机、挖掘机进行石方开挖,采用压路机进行填方填筑碾压,皆需考虑大型机械的进出场费,详见表19.2-4。

分部分项工程项目清单与措施项目清单计价表(含子目)　　　　表19.2-4

工程名称:花侯路一期道路项目　　　　　标段:　　　　　　　第1页 共 页

序号	项目编码	项目名称	项目特征	计量单位	数量
44	041102037001	水泥稳定碎石基层模板	1. 构件类型:基层木模	m^2	1 302.667 2
44.1	D11-52	桥梁混凝土现浇模板地梁、侧石、缘石		$10m^2$	130.266 72
45	041102037002	C15现浇混凝土基座模板	1. 构件类型:混凝土基础木模板	m^2	694.102 4
45.1	D11-52	桥梁混凝土现浇模板 地梁、侧石、缘石		$10m^2$	69.410 24
51	041106001006	大型机械设备进出场及安拆(搅拌机)	1. 机械设备名称:三轴搅拌机; 2. 机械设备规格型号:按施工组织设计	台·次	1.00
51.1	J14-47	场外运费 三轴搅拌桩机		台·次	1.00
51.2	J14-10	安拆费 三轴搅拌机		台·次	1.00
52	041106001007	大型机械设备进出场及安拆(沥青摊铺机)	1. 机械设备名称:沥青混凝土摊铺机; 2. 机械设备规格型号:按施工组织设计	台·次	1.00
52.1	J14-37	场外运费 沥青混凝土摊铺机		台·次	1.00

(5)试根据二维码18.2-1K0+350～K0+700道路工程完整清单列项进行清单组价(扫描二维码19.2-1查看K0+350～K0+700道路工程完整清单组价表)。

19.2-1

工作小结:谈谈道路工程清单组价操作过程中的难点及其解决方法与心得。

课题19.3 排水工程分部分项工程清单组价

任务:完成某市上东新区花侯道路一期工程(桩号K0+350～K0+700)排水工程清单组价(图纸详见课题17.3)。

(1)根据K0+350～K0+700排水工程完整工程图纸及表格完成雨水工程分部分项工程清单组价,其任务为工程清单项的分解、子项套用定额、定额算量(含单价措施费的计算),详见表19.3-1。

分部分项工程项目清单与措施项目清单计价表(雨水工程)(含子目)　　表19.3-1

工程名称:花侯路一期道路项目　　　　　标段:　　　　　　第1页 共 页

序号	项目编码	项目名称	项目特征	计量单位	数量
27	040101002001	挖沟槽土方		m^3	7 492.00
27.1	D1-40换	挖掘机挖沟槽、基坑土方挖土不装车普通土～在横撑间距≤3m的支撑下挖土	1. 土壤类别:普通土; 2. 挖土深度:3m以内	$1 000m^3$	7.492
28	040103001002	回填方(中粗砂)	1. 填方材料品种:中粗砂; 2. 密实度要求:93%～95%; 3. 填方粒径要求:按设计和规范 4. 填方来源、运距:投标方自行决定	m^3	3 037.00
28.1	D1-24	人工回填沟槽、基坑砂		$100m^3$	30.37
29	040103001003	回填方(素土)	1. 密实度要求:满足设计规范要求; 2. 填方材料品种:素土回填; 3. 填方粒径要求:满足设计规范要求; 4. 填方来源、运距:场内利用,运距综合考虑	m^3	2 090.00
29.1	D1-21	人工填土夯实 槽、坑		$100m^3$	20.90
29.2	D1-67	机械回填沟槽、基坑 土方		$100m^3$	18.81

续上表

序号	项目编码	项目名称	项目特征	计量单位	数量
30	040103002004	余方弃置		m³	4 798.00
30.1	D1-55	装载机装运土方:运距20m以内	1.废弃料品种:普通土; 2.运距:3km	1 000m³	30.1
30.2	D1-59＋D1-60×2换	自卸汽车运土方运距1km内~实际运距(km):3		1 000m³	30.2
31	010202006001	拉森钢板桩	1.桩长:6.6m; 2.板桩厚度:13mm; 3.钢板尺寸:拉森Ⅲ型钢板桩; 4.使用时间:20d; 5.地层情况:综合考虑	t	31
31.1	D1-125	陆上打拉森钢板桩6m以内		t	31.1
31.2	D1-133	陆上拉森钢板桩使用费		t·d	31.2
32	040501001001	Ⅱ级承插式钢筋混凝土管(d300mm雨水口连接管)	1.垫层、基础材质及厚度:中粗砂垫层; 2.规格:Ⅱ级承插钢筋混凝土管d300mm; 3.接口方式:承插胶圈接口; 4.管道检验及试验要求:包含闭水试验; 5.混凝土强度等级:Ⅱ级钢筋混凝土管; 6.铺设深度:3.5m以内	m	32
32.1	D5-1	垫层砂		10m³	32.1
32.2	D5-16换	预应力(自应力)混凝土管安装(胶圈接口)公称直径(mm以内)300-换:塑料排水管橡胶圈D300-在横撑间距≤3m的支撑下铺设管道		100m	32.2
32.3	D5-784	管道闭水试验管径(mm以内)400		100m	32.3
33	040501001002	Ⅱ级承插式钢筋混凝土管(d800mm)	1.垫层、基础材质及厚度:120°砂石基础; 2.规格:Ⅱ级钢筋混凝土管d800mm; 3.接口方式:承插接口,详见图纸06MS201-23; 4.混凝土强度等级:C30; 5.管道检验及试验要求:管道闭水试验须符合相关规范要求; 6.铺设深度:3m内	m	33
33.1	D5-2	垫层砂砾石		10m³	33.1
33.2	D5-20换	预应力(自应力)混凝土管安装(胶圈接口)公称直径(mm以内)800~在横撑间距≤3m的支撑下铺设管道~换:塑料排水管橡胶圈D800		100m	0.395
33.3	D5-786	管道闭水试验管径(mm以内)800		100m	0.395
34	040501001003	Ⅱ级承插式钢筋混凝土管(d1 000mm)	1.垫层、基础材质及厚度:120°砂石基础; 2.规格:Ⅱ级钢筋混凝土管d1 000mm; 3.接口方式:承插接口,详见图纸06MS201-23; 4.混凝土强度等级:C30; 5.管道检验及试验要求:管道闭水试验须符合相关规范要求; 6.铺设深度:3.5m内	m	479.98
34.1	D5-2	垫层砂砾石		10m³	75.80
34.2	D5-21换	预应力(自应力)混凝土管安装(胶圈接口)公称直径(mm以内)1 000~在横撑间距≤3m的支撑下铺设管道~换:塑料排水管橡胶圈D1 000		100m	4.799 8
34.3	D5-787	管道闭水试验管径(mm以内)1 000		100m	4.799 8

续上表

序号	项目编码	项目名称	项目特征	计量单位	数量
35	040501001004	Ⅱ级承插式钢筋混凝土管（d1 200mm）	1. 垫层、基础材质及厚度：120°砂石基础； 2. 规格：Ⅱ级钢筋混凝土管d1 200； 3. 混凝土强度等级：C30； 4. 管道检验及试验要求：管道闭水试验须符合相关规范要求； 5. 铺设深度：3.0m内； 6. 接口方式：企口（橡胶圈）接口，详见图纸06MS201-2/4	m	196.00
35.1	D5-2	垫层砂砾石		10m³	37.4556
35.2	D5-32换	平接（企口）式混凝土管道铺设公称直径（mm以内）1 200～在横撑间距≤3m的支撑下铺设管道		100m	1.96
35.3	BCZM0001	塑料排水管橡胶圈φ1 200mm		个	19.992
35.4	D5-788	管道闭水试验管径（mm以内）1200		100m	1.96
36	040504002001	混凝土井（圆形φ1 250mm沉泥井）	1. 圆形混凝土沉泥井尺寸：Φ1 250mm，平均高度2.6m； 2. 井盖规格：D700球墨铸铁井盖，QT500-7； 3. 100mm厚C10混凝土垫层； 4. 220mm厚C25钢筋混凝土底板（S4抗渗）； 5. 200mm厚钢筋混凝土井墙（S4抗渗）； 6. C25商品混凝土预制盖板制作安装灌缝； 7. DN700混凝土井筒、C30混凝土井圈； 8. 含模板和钢筋、成品防坠网（另计）及流槽（含抹灰）； 9. 详见设计图纸和06MS201-3页17	座	6.00
36.1	D5-1742换	混凝土沉泥井 井径1 250mm管径800mm井深3.8m以内～换：φ700mm球墨铸铁双层井盖		座	6.00
36.2	D5-1913	混凝土井筒增减 混凝土检查井井筒每增减0.2m		m	-36.00
36.3	D9-4换	非预应力钢筋制作安装 现浇带肋钢筋（直径mm）φ10以外～换：螺纹钢筋HRB400φ12		t	1.014
36.4	D9-8换	非预应力钢筋制作安装 预制带肋钢筋（直径mm）φ10以外～换：钢筋HRB400φ12		t	0.168 72
37	040504002002	混凝土井（圆形φ1 500mm雨水井）		座	8.00
37.1	D5-1749换	圆形雨水混凝土检查井 井径1 500mm适用管径800～1 000mm井深2.4m以内～换：商品混凝土（碎石）C15～换：商品混凝土（碎石）C25～换：商品混凝土（碎石）C30～换：φ700球墨铸铁双层井盖	1. 垫层、底板、井壁：100mm厚C10混凝土垫层、220mm厚C25混凝土底板、200mm厚C25井壁； 2. 井深：平均2.86m； 3. 盖板材质、规格：钢纤维混凝土井盖（水泥基复合材料）250kN/m²； 4. 井圈材质及规格：C30混凝土井圈； 5. 踏步材质、规格：塑钢踏步； 6. 防渗、防水要求：井底板及井壁采用抗渗P6混凝土； 7. 流槽：M7.5水泥砂浆砌MU10免烧砖、1:2防水砂浆抹面； 8. 做法：详见标准图集06MS201-3页17及设计图纸； 9. 其他说明：包含支模、钢筋、砌筑、安装、抹灰，不含挖填土方	座	8.00
37.2	D5-1913换	混凝土井筒增减混凝土检查井井筒每增减0.2m～换：商品混凝土（碎石）C30		m	18.40
37.3	D9-4换	非预应力钢筋制作安装现浇带肋钢筋（直径mm）φ10以外～换：螺纹钢筋HRB400 φ12		t	1.528
37.4	D9-8换	非预应力钢筋制作安装预制带肋钢筋（直径mm）φ10以外～换：钢筋HRB400φ12		t	0.2792

续上表

序号	项目编码	项目名称	项目特征	计量单位	数量
38	040504002003	混凝土井(矩形直线雨水井A×B=1 500mm×1 100mm)		座	4.00
38.1	D5-1801换	矩形直线雨水混凝土检查井规格1 500mm×1 100mm 管径1 200mm 井深2.45m以内~换:φ700球墨铸铁双层井盖	1. 井规格:1 500mm×1 000mm; 2. 平均井深:2.50m; 3. 具体做法:详见图集06MS201-3页32; 4. 工作内容:除井字架、井筒铸铁盖板以外所有工作内容; 5. C15商品混凝土垫层; 6. 200mm厚C25商品混凝土井壁; 7. C25商品混凝土井室盖板、C30商品混凝土井圈; 8. 钢筋制安	座	4.00
38.2	D5-1913	混凝土井筒增减混凝土检查井井筒:每增减0.2m		m	9.00
38.3	D9-4换	非预应力钢筋制作安装现浇带肋钢筋(直径mm)Φ10以外~换:钢筋HRB400⊕12		t	0.908
38.4	D9-8换	非预应力钢筋制作安装预制带肋钢筋(直径mm)Φ10以外~换:钢筋HRB400⊕12		t	0.13664
39	040504002004	混凝土井(矩形90°三通雨水井A×B=1 650mm×1 650mm)		座	4.00
39.1	D5-1821换	混凝土矩形90°三通雨水检查井规格1 650mm×1 650mm 管径900~1 000mm 井深2.4m以内~换:φ700球墨铸铁双层井盖~换:商品混凝土(碎石)S4 C25~换:商品混凝土(碎石)C15~换:商品混凝土(碎石)C30	1. 详见图集06MS201-3页34; 2. 100mm厚C10混凝土垫层; 3. 井平均深度3.16m; 4. φ800mm球墨铸铁双层井盖(子盖玻璃钢材质); 5. 设置防坠网	座	4.00
39.2	D5-1913换	混凝土井筒增减:混凝土检查井井筒每增减0.2m		m	15.20
39.3	D9-8换	非预应力钢筋制作安装预制带肋钢筋(直径mm)Φ10以外~换:钢筋HRB400⊕12		t	0.20
39.4	D9-4换	非预应力钢筋制作安装现浇带肋钢筋(直径mm)Φ10以外~换:钢筋HRB400⊕12		t	1.56

续上表

序号	项目编码	项目名称	项目特征	计量单位	数量
40	040504002005	混凝土井（矩形90°三通雨水井 $A×B$=2 200mm×2 200mm）		座	4.00
40.1	D5-1822换	混凝土矩形90°三通雨水检查井规格2 200mm×2 200mm管径1 100~1 350mm井深2.45m以内~换：Φ700球墨铸铁双层井盖~换：商品混凝土（碎石）S4 C25~换：商品混凝土（碎石）C15~换：商品混凝土（碎石）C30	1. 详见图集06MS201-3页34； 2. 100mm厚C10混凝土垫层； 3. 井平均深度2.68m； 4. ϕ800mm球墨铸铁双层井盖（子盖玻璃钢材质）； 5. 设置防坠网	座	4.00
40.2	D5-1913换	混凝土井筒增减：混凝土检查井井筒：每增减0.2m~换：商品混凝土（碎石）C30		m	4.60
40.3	D9-8换	非预应力钢筋制作安装预制带肋钢筋（直径mm）Φ10以外~换：钢筋HRB400Φ12		t	0.32
40.4	D9-4换	非预应力钢筋制作安装现浇带肋钢筋（直径mm）Φ10以外~换：钢筋HRB400Φ12		t	1.296
41	040504009001	雨水口（双箅）	1. 雨水箅子及圈口材质、型号、规格：铸铁雨水井箅井圈； 2. 垫层、基础材质及厚度：C15现浇混凝土； 3. 砌筑材料品种、规格：MU10标准砖； 4. 砂浆强度等级及配合比：M10水泥砂浆； 5. 其他：详见标准图集06MS201-8页7	座	35.00
41.1	D5-1921	砖砌雨水进水井双平箅（1450×380）井深1.0m		座	35.00
42	040504009002	雨水口加固		座	35.00
42.1	D5-1898换	非定型钢筋混凝土井盖、井圈（箅）制作井圈~换：商品混凝土（砾石）C30	1. 名称：扩盘式井圈加强； 2. 混凝土强度：C30； 3. 钢筋规格：圆钢Φ10以内； 未尽事宜按施工规范	10m³	1.40
42.2	D9-1	非预应力钢筋制作安装现浇圆钢（直径mm）Φ10以内		t	0.510 3

续上表

序号	项目编码	项目名称	项目特征	计量单位	数量
43	040504002006	检查井井周加固	1. 名称:扩盘式井圈加强; 2. 混凝土强度:C30; 未尽事宜按施工规范	座	26.00
43.1	D5-1898换	非定型钢筋混凝土井盖、井圈(箅)制作井圈～换:商品混凝土(砾石)C30		10m³	3.276
43.2	D9-1换	非预应力钢筋制作安装现浇圆钢(直径mm)Φ10以内		t	0.179 66
43.3	D9-4	非预应力钢筋制作安装现浇带肋钢筋(直径mm)Φ10以外		t	3.062 54

2. 根据项目常规工程施工组织设计完成雨水工程施工必须计入单价措施分项工程清单项目表的清单组价,详见表19.3-2。

分部分项工程项目清单与措施项目清单计价表(含子目)　　　　表19.3-2

工程名称:花侯路一期道路项目　　　　标段:　　　　第1页　共　页

序号	项目编码	项目名称	项目特征	计量单位	数量
53	041101005001	井字架	1. 井深:4m以内; 2. 脚手架材质、规格:投标人自行考虑	座	8.00
53.1	D11-181	井字架　井深(m以内)4		座	8.00

工作小结:谈谈排水工程清单组价操作过程中的难点及其解决方法与心得。

单元20　计算综合单价及费用汇总

学习目标

通过本单元实战案例的专题训练,能独立完成分部分项工程综合单价的计算与建筑安装工程费用计算汇总的工作。

综合单价的计算是投标报价过程最重要的环节,是编制分部分项工程和单价措施项目的单价。综合单价中包含人工费、材料费、机械费、管理费和利润5个部分;其计价模式区别于定额计价模式,在模块1和模块4中都有详尽介绍。本单元内容的综合单价计算任务是完成单元17~单元19任务后,依据湖南省住房和城乡建设厅印发的《湖南省建设工程计价办法(2020年版)》《湖南省住房和城乡建设厅发布的《湖南省建设工程计价依据动态调整汇编(2022年度第一期)》规定编制。

课题20.1 路基土石方分部分项工程综合单价计算

任务: 完成某市上东新区花侯道路一期工程(桩号K0+350~K0+700)路基土石方工程综合单价计算(图纸详见课题17.1)。

综合单价的确定是一项复杂的过程,需要在熟悉过程的具体情况、当地市场价格、各种技术经济法规下完成。前面已经完成本案例清单子项定额的套用工作,为计算本清单子项的清单综合单价奠定了技术基础,本任务需要按照新的计价办法完成综合单价的计算。示例计算040101001001挖土方的综合单价的步骤:定额的套用(单元19完成)、计算分部分项工程直接工程费、计算管理费和利润、进而汇总形成综合单价。

根据表20.1-1土石方工程相应定额节录,查找地区人工、材料、机械设备的最新信息价,扫描二维码20.1-1查看材料信息价(市场价)完成综合单价分析表的填写。

20.1-1

分部分项工程项目清单与措施项目清单计价表(含子目)　　表20.1-1

工程名称:花侯路一期道路项目　　　　标段:　　　　第1页 共 页

项目编码	项目名称	项目特征	计量单位	数量
040101001001	挖一般土方	1. 土壤类别:普通土; 2. 挖土深度:2.0m以内	m³	1 922
	D1-1	人工挖一般土方:普通土	100m³	1.922
	D1-37	挖掘机挖土装车:普通土	1 000m³	1.729 8

第一步:计算分部分项工程的直接费

①执行当地住建部门最新市政造价文件:执行湘建价〔2019〕47号文件《湖南省住房和城乡建设厅关于调整建设工程销项税额税率和材料价格综合税率计费标准的通知》、湖南省住房和城乡建设厅发布的《湖南省建设工程计价依据动态调整汇编(2022年度第一期)》规定;②参见湖南省政府造价管理机构颁布的统一定额《湖南省市政工程消耗量标准》(2020年版);③当期造价站发布的材料信息价(市场价)。

040101001001挖一般土方的直接费:

①D1-1人工挖土方的人工费=3 273.75×1.922×1=6 292.15(元)

D1-1人工挖一般土方直接费=6 292.15元;基期直接费=6 292.15(元)

②D1-37挖掘机挖土方的人工费=500.00×1.729 8×1=864.90(元)

a. 75kW履带式推土机的机械台班单价(J1-1调整后)=1 511.97+(320-320)【机上人工

费不调整】+(7.205−7.16)×56.50【燃料动力费调整】=1 514.51(元/台班)

75kW履带式推土机的机械费=1 514.51×0.152×1.729 8=398.21(元)

b. 1m³履带式单斗挖掘机的机械台班单价(J1-7调整后)=2 128.11+(320−320)【机上人工费不调整】+(7.205−7.16)×63.00【燃料动力费调整】=2 130.95(元/台班)

1m³履带式单斗挖掘机的机械费=2 130.95×1.486×1.729 8=5 477.57(元)

D1-37挖掘机挖土方的机械费=1 514.51×0.152×1.729 8+2 130.95×1.486×1.729 8=5 875.78(元)

D1-37直接费=6 740.68元;基期直接费=3 892.19×1.729 8=6 732.71(元)

所以综上,040101001001挖沟槽土方的直接费=6 292.15+6 740.68=13 032.83(元)

挖沟槽土方的基期直接费=6 292.15+6 732.71=13 024.86(元)

第二步:计算分部分项工程企业管理费和利润。

执行《湖南省建设工程计价办法》(2020年)附录C建筑安装工程费用标准表2的管理费、利润。

040101001001挖一般土方的管理费、利润:

① 040101001001挖一般土方的管理费=基期直接费×9.65%=13 024.86×9.65%=1 256.90(元)

②040101001001挖一般土方的利润=基期直接费×6%=13 024.86×6%=781.50(元)

第三步:计算综合单价,完成综合单价分析表的填写。

综合单价包括完成《市政工程工程量计算规范》(GB 50857—2013)一个规定计量单位的分部分项工程量清单项目或是措施清单项目的所有工程内容的费用。

综合单价=(∑直接费+∑管理费+∑利润+∑风险)/清单工程量

040101001001挖一般土方的综合单价=(13 032.83+1 256.90+781.50)/1 922=7.84(元/m³)

20.1-2

依照任务20.1示例和路基土石方工程清单项目(详见课题19.1表19.1-1分部分项工程项目清单与措施项目清单计价表),完成路基土石方分部分项工程综合单价分析表(表20.1-2)。

扫描二维码20.1-2查看花侯路一期道路项目K0+350~K0+700路基土石方工程综合单价计算(完整答案)。

工作小结:谈谈土石方综合单价计算过程中的难点及其解决方法与心得。

综合单价分析表(分部分项工程)

工程名称：上东新区花侯道路一期　　标段：　　第1页 共60页　　表20.1-2

清单编码	040101001001	项目名称	挖一般土方 1. 土壤类别：普通土； 2. 挖土深度：2.0m	计量单位	m³	数量	1 922.00	综合单价(元)	7.84

消耗量标准编号

消耗量标准编号	项目名称	单位	数量	单价(元)				合价(元)	
				合计(直接费)	人工费	材料费	机械费	管理费	利润
								9.65%	6.00%
D1-1	人工挖一般土方:普通土	100m³	1.922	3 273.75	3 273.75			607.20	377.54
D1-37	挖掘机挖土装车:普通土	1 000m³	1.729 8	3 896.80	500.00		3 396.80	649.71	403.96
累计(元)				13 032.83	7 157.05		5 875.78	1 256.90	781.50
								其他管理费	
								2.00%	
								1 922.00	

材料费明细表

材料名称、规格、型号	单位	数量	单价	合价	暂估单价	暂估合价
	元	—			—	
材料费合计				15 071.24		

注：1. 本表用于编制招投标综合单价时，招标文件提供了暂估单价的材料，应按暂估的单价填入表内"暂估单价"及"暂估合价"栏。
　　2. 本表用于编制工程竣工结算时，其材料单价应按双方约定的(结算单价)填写。

课题20.2 道路工程分部分项工程综合单价计算

任务:完成某市上东新区花侯道路一期工程(桩号K0+350~K0+700)路面工程综合单价计算(图纸详见课题17.1)。

按照新的计价办法计算分部分项工程直接工程费、计算管理费和利润、进而汇总形成综合单价。

20.2-1

依照课题20.1中的示例任务和道路工程清单项目(二维码19.2-1K0+350~K0+700道路工程完整清单组价表),完成下列道路工程综合单价分析表,节选见表20.2-1~表20.2-4。

扫描二维码20.2-1查看花侯路一期道路项目K0+350~K0+700道路工程综合单价计算(完整答案)。

工作小结:谈谈道路工程综合单价计算过程中的难点及其解决方法与心得。

课题20.3 排水工程分部分项工程综合单价计算

任务:完成花侯路一期道路项目(桩号K0+350~K0+700)排水工程综合单价计算(图纸详见课题17.3)。

20.3-1

依照课题20.1的示例任务和排水工程清单项目(详见表19.3-1、表19.3-2),完成排水工程综合单价分析表,节选见表20.3-1~表20.3-4。

扫描二维码20.3-1查看花侯路一期道路项目K0+350~K0+700排水工程综合单价计算(完整答案)。

工作小结:谈谈排水工程综合单价计算过程中的难点及其解决方法与心得。

综合单价分析表(分部分项工程)

工程名称：上东新区花侯道路一期　　标段：　　第13页 共60页　　表20.2-1

清单编码	040203006002	项目名称	中粒式沥青混凝土路面机械摊铺实际厚度:6(cm)~换:改性中粒式沥青混凝土AC-20		计量单位	m²	数量	5 723.88	综合单价(元)	76.7

消耗量标准编号	项目名称	单位	数量	单价(元)						合价(元)
				合计(直接费)	人工费	材料费	机械费	管理费	其他管理费	
D2-102+D2-103换	中粒式沥青混凝土路面机械摊铺实际厚度:6(cm)~换:改性中粒式沥青混凝土AC-20	100m²	57.238 8	6 486.31	598.75	5 649.14	238.42	25 984.70		420 180.87
D2-116+D2-117*15换	沥青混合料场外运输 自卸汽车运距5km内~实际运距(km):20	100m³	3.434 33	4 869.30			4 869.30	1 135.08		18 859.42
累计(元)				387 991.38	34 271.73	323 349.99	30 369.66	27 119.78		439 040.29
								利润	6.00%	
									23 929.13	

材料费明细表	材料名称、规格、型号	单位	数量	单价	合价	暂估单价	暂估合价
	柴油0#	kg	343.433	7.205	2 474.43		
	改性中粒式沥青混凝土AC-20	m³	346.867	910.67	315 881.37		
	其他材料费	元	4 993.914	1.00	4 993.91	—	
	材料费合计	元	—		323 349.99	—	

综合单价分析表(分部分项工程)

工程名称：上东新区花侯道路一期　　标段：　　第21页 共60页　　表20.2-2

清单编码	项目名称	计量单位	数量	单价（元）				合价（元）
				综合单价				
040201021001	土工格栅	m²	116.00	74.89				1617.60

消耗量标准编号	项目名称	自粘式玻纤网		单价(元)				
		单位	数量	合计（直接费）	人工费	材料费	机械费	
D2-25换	土工格栅 换:玻纤土工格栅	100m²	1.16	1256.75	612.50	644.25		84.88

	管理费	其他管理费	利润	综合单价	合价
	6.80%	2.00%	6.00%	74.89	1617.60

| 累计(元) | 1457.83 | 710.50 | 747.33 | | 84.88 | | 74.89 | 1617.60 |

材料费明细表	材料名称、规格、型号	单位	数量	单价	合价	暂估单价	暂估合价
	螺纹钢筋 HRB400 Φ14		24.360	91.18	24.360		
	玻纤土工格栅	127.600	5.08	648.21	127.600	—	
	其他材料费	7.946	1.00	7.95	7.946	—	
	材料费合计	—		747.33	—	—	

综合单价分析表（分部分项工程）

工程名称：上新区花侯道路　　　　　　　　　　　标段：　　　　　　　　　　　第22页　共60页　表20.2-3

清单编码	040204002001	项目名称	人行道块料铺设（盲道砖）		计量单位	m²	数量	322.51		综合单价（元）	300.48
消耗量标准编号	项目名称	单位	数量	单价（元）							合价（元）
				合计（直接费）	人工费	材料费	机械费	管理费 6.80%	其他管理费 2.00%	利润 6.00%	
D2-153换	人行道板安砌预制块料 人行道板矩形～换：水泥砂浆1:2～换：陶瓷单色透水砖248×248×64[盲道]	100m²	3.2251	8838.44	2695.50	6060.78	82.16	1612.20		1422.53	31539.58
D2-151换	人行道板垫层 混凝土垫层 厚度10cm～换：商品混凝土（砾石）C20	100m²	3.2251	5714.80	560.00	5130.62	24.18	1323.77		1168.03	20922.61
D2-120+ D2-121×7换	透水水泥混凝土路面 底层厚8cm～实际厚度(cm):15～换:商品混凝土（砾石）C15	100m²	3.2251	10983.64	2012.50	7618.93	1352.21	2783.33		2455.88	40662.54
D2-132	混凝土场内运输 人力斗车运距50m	10m³	4.83765	517.50	517.50			170.24		150.21	2823.93
D2-134	水泥混凝土路面养生 塑料膜养护	100m²	3.2251	278.26	125.00	153.26		32.80		28.93	959.14
累计（元）				85759.89	19896.45	61159.47	4703.97	5922.33		5225.58	96907.80

续上表

材料名称、规格、型号	单位	数量	单价	合价	暂估单价	暂估合价
陶瓷单色透水砖 248×248×64[盲道]	m²	328.960	48.31	15 892.06		
水	t	39.894	4.40	175.53		
其他材料费	元	923.395	1.00	923.40		
粗净砂	m³	7.518	217.70	1 636.67		
普通硅酸盐水泥(P·O)42.5级	kg	3 772.399	0.471	1 776.80		
商品混凝土(砾石)C20	m³	32.896	494.24	16 258.52		
商品混凝土(砾石)C15	m³	49.344	487.60	24 060.13		
塑料薄膜δ0.006mm	m²	354.761	1.23	436.36		
材料费合计	元	—		61 159.47	—	

材料费明细表

单价措施综合单价分析表

工程名称：上新区龙侯道路　　　　标段：　　　　　　　　　　表20.2-4

第1页　共10页

清单编码	041102037001								
项目名称	桥梁混凝土现浇模板 地梁、侧石、缘石								

消耗量标准编号	项目名称	单位	数量	单价(元)				合价(元)	
				人工费	材料费	机械费	管理费 6.80%	其他管理费 2.00%	利润 6.00%
D11-52	水泥稳定碎石基层模板	10m²	130.266 72	376.25	245.15	6.52			
累计(元)				49 012.85	31 934.89	849.34	5 815.11	1 302.667 2	

合计（直接费） 81 797.08　　综合单价(元) 5 131.21　　合价(元) 92 743.39

综合单价 71.19　合价 92 743.39

材料费明细表	材料名称、规格、型号	单位	数量	单价	合价	暂估单价	暂估合价
	铁钉	kg	81.417	5.03	409.53		
	镀锌铁丝Φ3.5	kg	101.608	5.47	555.80		
	脱模剂	kg	130.267	2.62	341.30		
	杉木锯材	m³	4.429	1 289.77	5 712.39		
	嵌缝膏	kg	65.133	2.67	173.91		
	模板竹胶合板15mm双面覆膜	m²	390.800	57.28	22 385.02		
	支撑钢管及扣件	kg	330.356	5.54	1 830.17		
	其他材料费	元	526.929	1.00	526.93		
	材料费合计	元	—	—	31 934.89	—	

表20.3-1
第31页 共 页

综合单价分析表(分部分项工程)

工程名称：上东新区花侯道路一期　　　　标段：

清单编码	010202006001		项目名称	拉森钢板桩	计量单位	t	数量	83.688	综合单价（元）	667.05
消耗量标准编号	项目名称	单位	数量	单价（元）						合价（元）
				合计（直接费）	人工费	材料费	机械费	管理费 6.80%	其他管理费 2.00%	利润 6.00%
D1-125	陆上打拉森钢板桩 6m以内	t	83.688	404.62	48.75	51.28	304.59	2 268.78		2 001.82	38 132.44
D1-133	陆上拉森钢板桩使用费	t·d	1 673.76	9.37	1.25	8.12		1 071.21		937.31	17 691.64
累计(元)				49 544.97	6 171.99	17 882.45	25 490.53	3 339.99		2 939.12	55 824.08

材料费明细表	材料名称、规格、型号	单位	数量	单价	合价	暂估单价	暂估合价
	拉森钢板桩	kg	836.880	5.06	4 234.61		
	其他材料费	元	257.341	1.00	257.34		
	设备摊销费	元	13 390.080	1.00	13 390.08		
	材料费合计	元	—	—	17 882.45	—	

综合单价分析表（分部分项工程）

工程名称：上东新区花侯道路一期　　标段：　　　　　　　　　　　　　第31页 共 页

表20.3-2

清单编码	项目名称			计量单位	数量	综合单价（元）	合价（元）
0405010010002	Ⅱ级承插式钢筋混凝土管（D800）			m		853.91	

| 消耗量标准编号 | 项目名称 | 单位 | 数量 | 合计（直接费） | 单价（元） | | | 管理费 6.80% | 其他管理费 2.00% | 利润 6.00% | 合价 |
					人工费	材料费	机械费				
D5-2	垫层：砂砾石	10m³	4.10	3 455.28	1 008.00	2 427.59	19.69	1 059.19	39.50	934.60	16 160.44
D5-20换	预应力（自应力）混凝土管安装（胶圈接口）800～在横直径（mm以内）公孫直径（mm以内）800～在横直撑间距≤3m的支撑下铺设管道～换：塑料排水管橡胶圈De800	100m	0.395	36 271.88	8 984.15	25 158.89	2 128.84	299.09	—	263.91	14 890.39
D5-786	管道闭水试验：管径800（mm以内）	100m	0.395	1 036.79	543.88	492.91		28.05		24.75	462.32
累计（元）				28 903.57	7 896.37	20 085.58	921.62	1 386.33		1 223.25	31 513.15

材料费明细表	材料名称、规格、型号	单位	数量	单价	合价	暂估单价	暂估合价
	天然中粗砂	m³	15.055	205.76	3 097.72		
	砾石 最大粒径40mm	m³	35.129	190.37	6 687.51		
	其他材料费	元	170.980	1.00	170.98		
	消滑油	kg	1.343	6.92	9.29		
	钢筋混凝土管 D800	m	39.895	246.18	9 821.35		
	塑料排水管橡胶圈 De800	个	4.029	26.55	106.97		
	镀锌铁丝 φ3.5	kg	0.269	5.47	1.47		
	标准砖 240×115×53	千块	0.115	550.00	63.25		
	焊接钢管 DN40	kg	0.045	4.259	0.19		
	橡胶软管 DN50	m	0.593	10.11	6.00		
	水	t	23.118	4.40	101.72		
	普通硅酸盐水泥（P·O）42.5级	kg	17.813	0.471	8.39		
	河砂 综合	m³	0.063	139.45	8.79		
	粗砂	m³	0.010	217.70	2.18		
	材料费合计	元	—	—	20 085.58	—	

表20.3-3
第39页 共 页

综合单价分析表(分部分项工程)

工程名称：上东新区花侯道路一期　　标段：

清单编码	项目名称		计量单位	数量	综合单价(元)	合价(元)
040504002004	混凝土井(矩形90°三通雨水井 A×B=1 650×1 650)		座	4.00	9 605.33	

消耗量标准编号	项目名称	单位	数量	单价(元)				
				合计(直接费)	人工费	材料费	机械费	管理费 6.80%	其他管理费 2.00%	利润 6.00%

消耗量标准编号	项目名称	单位	数量	合计(直接费)	人工费	材料费	机械费	管理费	其他管理费	利润
D5-1 821换	混凝土矩形90°三通雨水检查井规格1 650mm×1 650mm管径900~1 000mm井深2.4m以内~换-Φ700球墨铸铁双层井盖；换：商品混凝土(碎石)S4 C25~换：商品混凝土(碎石)C15~换：商品混凝土(碎石)C30	座	4.00	5 706.58	1 447.00	4 221.90	37.68	1 799.36		1 587.64	26 213.32
D5-1 913换	混凝土井筒增减混凝土井筒井井筒每增减0.2m	m	15.20	95.96	28.50	66.78	0.68	108.07		95.30	1 661.97
D9-8换	非预应力钢筋制作安装预制带肋钢筋(直径mm)Φ10以内~换：螺纹钢筋HRB400Φ12	t	0.20	5 281.90	839.20	4 363.83	78.87	71.13		62.77	1 190.28
D9-4换	非预应力钢筋制作安装现浇带肋钢筋(直径mm)Φ10以外~换：螺纹钢筋HRB400Φ12	t	1.56	5 322.55	861.43	4 367.86	93.26	559.18		493.40	9 355.76
累计(元)				33 644.47	7 732.87	25 589.28	322.32	2 537.75		2 239.11	38 421.33

续上表

	材料名称、规格、型号	单位	数量	单价	合价	暂估单价	暂估合价
材料费明细表	涤纶防坠网	个	4.000	17.76	71.04		
	不锈钢膨胀螺栓 M8×120	套	32.000	1.90	60.80		
	标准砖 240mm×115mm×53mm	千块	1.692	550.00	930.60		
	杉木锯材	m³	1.780	1 289.77	2 295.79		
	防水粉	kg	12.472	1.74	21.70		
	塑钢爬梯	kg	27.430	5.80	159.09		
	水	t	20.784	4.40	91.45		
	木模板 2 440mm×1 220mm×15mm	m²	27.068	27.17	735.44		
	支撑钢管及扣件	kg	1.520	5.54	8.42		
	φ700mm球墨铸铁双层井盖	套	4.000	411.04	1 644.16		
	商品混凝土(碎石) C15	m³	2.448	395.00	966.96		
	商品混凝土(碎石) C25	m³	20.388	440.00	8 970.72		
	商品混凝土(碎石) C30	m³	1.615	497.27	803.09		
	其他材料费	元	432.434	1.00	432.43		
	普通硅酸盐水泥(P·O) 42.5级	kg	839.999	0.471	395.64		
	河砂 综合	m³	1.028	139.45	143.35		
	粗净砂	m³	1.261	217.70	274.52		
	碳钢电焊条 J422 φ4.0	kg	16.436	6.16	101.25		
	乙炔气	kg	0.106	16.04	1.70		
	氧气	m³	0.334	5.13	1.71		
	电	kW·h	0.608	0.775	0.47		
	螺纹钢筋 HRB400 Φ12	kg	1 804.000	4.13	7 450.52		
	镀锌铁丝 φ0.7	kg	5.182	5.47	28.35		
	材料费合计	元	—		25 589.29	—	

综合单价分析表(单价措施)

表20.3-4 第10页 共10页

工程名称：上东新区花侯道路一期　　标段：

清单编码	041101005001	项目名称	井字架	计量单位	座	数量	8.00	综合单价(元)	269.38

消耗量标准编号	项目名称	单位	数量	单价(元)					合价(元)
				合计(直接费)	人工费	材料费	机械费	管理费 6.80%	
D11-181	井字架 井深(m以内)4	座	8.00	239.26	222.13	17.13		128.00	2155.04
累计(元)				1914.08	1777.04	137.04		128.00	2155.04
							其他管理费 2.00%	利润 6.00%	
							8.00	112.96	112.96

材料费明细表	材料名称、规格、型号	单位	数量	单价	合价	暂估单价	暂估合价
	竹脚手板 侧编	m²	0.016	23.14	0.37		
	脚手架钢管	kg	6.856	5.59	38.33		
	脚手管(扣)件	个	12.360	7.83	96.78		
	其他材料费	元	1.552	1.00	1.55		
	材料费合计	元	—		137.04	—	

课题20.4 项目费用汇总

任务：完成花侯路一期道路项目(桩号K0+350~K0+700)招标控制价汇总表见表20.4-1。

单位工程招标控制价汇总表　　　　　　　　　　表20.4-1

工程名称：上新区花侯道路　　　　标段：　　　　第1页 共1页

序号	工程内容	计费基础说明	费率(%)	金额(元)	其中:暂估价(元)
一	分部分项工程费	分部分项费用合计		12 586 331.02	
1	直接费			11 173 136.07	
1.1	人工费			1 317 570.98	
1.2	材料费			7 864 038.48	
1.2.1	其中:工程设备费/其他				
1.3	机械费			1 991 526.61	
2	管理费		6.8	783 829.43	
3	其他管理费		2		
4	利润		6	629 416.27	
二	措施项目费	1+2+3		584 524.27	
1	单价措施项目费	单价措施项目费合计		204 266.20	
1.1	直接费			180 452.27	
1.1.1	人工费			76 905.49	
1.1.2	材料费			49 087.85	
1.1.3	机械费			54 458.93	
1.2	管理费		6.8	12 656.25	
1.3	利润		6	11 167.66	
2	总价措施项目费			20 464.96	
3	绿色施工安全防护措施项目费		3.37	359 793.11	
3.1	其中安全生产费		2.63	280 788.09	
三	其他项目费			79 025.13	
四	税前造价	一+二+三		13 249 880.42	
五	销项税额	四	9	1 192 489.24	
	单位工程建安造价	四+五		14 442 369.66	

　　至此，花侯路一期道路项目(桩号K0+350~K0+700)单位工程招标控制价基本完成，请同学们谈谈自己学习及操作的心得。

模块 6

设计概算编制

课程导入

根据国家有关文件的规定,一般工业项目设计,可按初步设计和施工图设计两个阶段进行,称为两阶段设计,对于技术复杂,在设计时有一定难度的工程,根据项目相关部门的建议和要求,可以按初步设计、技术设计和施工图设计三个阶段进行,称为"三阶段设计"。

建设项目设计概算是初步设计文件的重要组成部分,是确定和控制建设项目全部投资的文件。国内外相关资料研究表明,设计阶段的费用只占工程全部费用不到1%,但是在项目决策正确的前提下,其对工程造价的影响程度高达75%以上。

如果设计单位造价员需要编制一份设计概算文件,需严格执行国家和本省有关的法律法规和规章,实事求是地根据工程所在地的建设条件(包括自然条件、施工条件、市场变化等影响投资的各个因素)进行编制。

学习要求

通过学习本模块设计概算编制的内容,培养学生以下能力:
(1)掌握设计概算的含义、设计概算的作用、设计概算的编制内容;
(2)掌握设计概算的编制方法;
(3)按照设计概算要求编制概算文件。

单元21 概 述

学习目标

通过本单元的学习,为后续设计概算实操打好基础。与此同时,培养创新思维和严谨的学习态度,不断提高设计概算编制的科学性和准确性。

一、设计概算的含义及作用

1. 设计概算的含义

设计概算是以初步设计文件为依据,按照规定的程序、方法和依据,对建设项目总投资及其构成进行的概略计算。具体而言,设计概算是在投资估算的控制下,根据初步设计或扩大初步设计的图纸及说明,利用国家或地区颁发的概算指标、概算定额、综合指标预算定额、各项费用定额或取费标准(指标)、建设地区自然技术、技术经济条件和设备、材料预算价格等资料,按照设计要求,对建设项目从筹建至竣工交付使用所需全部费用进行的预计。设计概算的成果文件被称作设计概算书,简称设计概算。设计概算书的编制工作相对简约,无须达到施工图预算的准确程度。采用两阶段设计的建设项目,初步设计阶段必须编制设计概算;采用三阶段设计的扩大设计项目,扩大初步设计阶段必须编制修正概算。

> 思考21.0-1:政府投资项目概算一经批准,将作为建设投资的最高限额,请思考最高限额能否调整。

知识剖析

政府投资项目的设计概算经批准后一般不得调整。各级政府投资管理部门对概算的管理都有相应的规定。例如,《中央预算内直接投资项目概算管理暂行办法》(发改投资〔2015〕482号)及《中央预算内直接投资项目管理办法》(发改〔2014〕7号)规定:国家发展改革委核定概算且安排部分投资的,原则上超支不补,如超概算,由项目主管部门自行核定调整并处理。项目初步设计及概算批复核定后,应当严格执行,不得擅自增加建设内容、扩大建设规模、提高建设标准或改变设计方案。确需调整且将会突破投资概算的,必须事先向国家发展改革委正式申报;未经批准的,不得擅自调整实施。因项目建设期价格大幅上涨、政策调整、地质条件发生重大变化和自然灾害等不可抗力因素等原因导致原核定概算不能满足工程实际需要的,可以向国家发展改革委申请调整概算,调整幅度超过原批复概算10%的,概算核定部门原则上先商请审计机关进行审计,并依据审计结论进行概算调整,一个工程只允许调整一次概算。

2. 设计概算的作用

> 思考21.0-2:设计概算是工程造价在设计阶段的表现形式,它是否具有价格属性?设计概算在各阶段投资的作用是什么?

> **知识剖析**

设计概算是工程造价在设计阶段的表现形式，但其并不具备价格属性。因为设计概算不是在市场竞争中形成的，而是设计单位根据有关依据计算出来的工程建设的预期费用，用于衡量建设投资是否超过估算，并控制下一阶段的费用支出。设计概算的主要作用是控制以后各阶段的投资，其表现形式为：

(1)设计概算是编制固定资产投资计划、确定和控制建设项目投资的依据。按照国家有关规定，政府投资项目编制年度固定资产投资计划，确定设计投资总额及其构成数额，要以批准的初步设计概算为依据，没有批准的初步设计文件及其概算建设工程不能列入年度固定资产投资计划。

政府投资项目设计概算一经批准，将作为控制建设项目投资的最高限额。在工程建设过程中，年度固定资产投资计划安排、银行拨款或贷款、施工图设计及其预算、竣工决算等，未经规定程序批准，都不能突破这一限额，确保对国家固定资产投资计划的严格执行和有效控制。

(2)设计概算是控制施工图设计和施工图预算的依据。经批准的设计概算是政府投资建设工程项目的最高投资限额，设计单位必须按批准的初步设计和总概算进行施工图设计，施工图预算不得突破设计概算，设计概算批准后不得任意修改和调整；如需修改或调整时，须经原批准部门重新审批。竣工结算不能突破施工图预算，施工图预算不能突破设计概算。

(3)设计概算是衡量设计方案技术经济合理性和选择最佳设计方案的依据。设计部门在初步设计阶段要选择最佳的设计方案，概算是从经济角度衡量设计方案经济合理性的重要依据。

(4)设计概算是编制最高投标限价(招标控制价)的依据。以设计概算进行招投标的工程，招标单位以设计概算为编制最高投标限价(招标控制价)的依据。

(5)设计概算是签订建设工程合同和贷款合同的依据。合同法中明确规定，建设工程合同价款是以设计概、预算价为依据，且总承包合同不得超过设计总概算的投资额，银行贷款或各单项工程的拨款累计总额不得超过设计概算。

(6)设计概算是考核建设项目投资效果的依据。通过设计概算与竣工结算对比，可以分析和考核建设工程项目投资效果的好坏，同时还可以验证设计概算的准确性，有利于加强设计概算管理和建设项目的造价管理工作。

二、设计概算的编制内容

思考21.0-3：设计概算文件的三级编制形式是什么？各级编制内容有哪些？

知识剖析

按照《建设项目设计概算编审规程》(CECA/GC 2—2015)的相关规定,设计概算文件的编制应采用单位工程概算、单项工程综合概算、建设项目总概算三级概算编制形式,当建设项目为一个单项工程时,可采用单位工程概算、总概算两级概算编制形式,三级概算之间的互相关系和费用构成如图21.0-1所示。

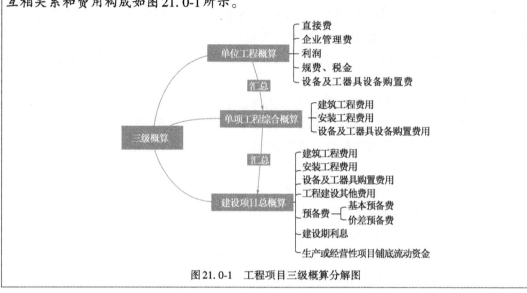

图21.0-1 工程项目三级概算分解图

三、设计概算的编制依据

设计概算应按编制时项目所在地的价格水平编制,总投资应完整地反映编制时建设项目实际投资;编制时考虑建设项目、施工条件等因素对投资的影响,还需考虑预期建设期的价格水平以及资产租赁和贷款的时间价值等动态因素对投资的影响。具体依据见图21.0-2。

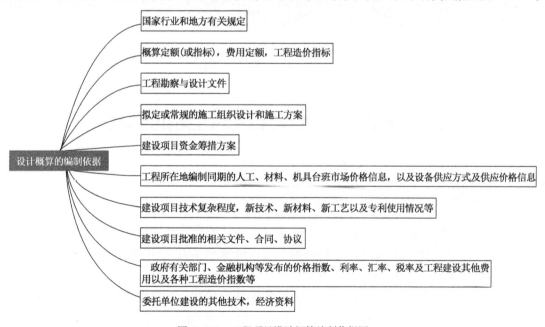

图21.0-2 工程项目设计概算编制依据图

四、设计概算的编制步骤

单位工程概算应根据单项工程中所属的每个单体按照专业分别编制,其编制方法有概算定额法、概算指标法、类似工程预算法等;设备及安装工程的概算常用的编制方法有预算单价法、扩大单价法、设备价值百分比法和综合多位执法等。这里主要是运用概算定额法来编制设计概算。建筑工程概算表的编制,按构成单位工程的主要分部分项工程和措施项目编制,根据初步设计工程量按工程所在省、自治区、直辖市颁布的概算定额(指标)或行业概算定额(指标),以及工程费用定额计算。设计概算的编制步骤如下:

①收集基础资料,熟悉设计图纸和了解有关施工条件和施工方法。

②按照概算定额子目,列出单位工程中分部分项工程项目名称,并计算工程量。

③确定各分部分项工程类工程费。建模完成工程量计算后,通过套用定额各子目的综合单价,形成合价。

④计算措施项目费。计算分两部分进行:

a. 可以计量的措施项目费和分部分项工程费的计算方法相同;

b. 综合计取的措施项目费应以该单位工程的分部分项费和可以计量的措施项目费之和为基数乘相应的费率计算。

⑤计算汇总单位工程概算造价。如采用全费用综合单价,则:

单位工程概算造价=分部分项工程费+措施项目费

⑥编写概算编制说明。

设计概算编制流程如图21.0-3所示。

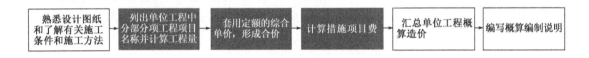

图21.0-3 设计概算编制流程图

单元22 设计概算编制实战训练

学习目标

通过本单元实战案例的训练,能独立完成市政项目的设计概算编制工作。

任务:完成某市上东新区花侯道路一期工程两阶段施工图纸(路基土石方、道路工程、排水工程)设计概算编制。如图22.0-1所示。

依照设计概算编制利用流程图,运用概算定额法来编制设计概算,汇总成单位工程工程概算汇总表(表22.0-1)。总概算表见表22.0-2。单位工程费用计算表见表22.0-3。

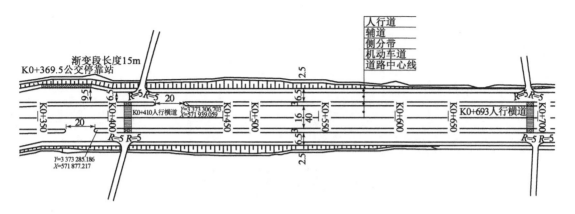

图22.0-1 桩号K0+350~K0+700道路平面图(尺寸单位:m)

单位工程工程概算汇总表

表22.0-1

工程名称:上东新区花侯道路一期　　　　标段:　　　　第1页 共1页

序号	工程内容	计费基础说明	费率(%)	金额(元)	其中:暂估价(元)
一	直接费				
	人工费	分部分项人工费+施工措施费人工费			
3	材料费(不含设备)	分部分项计价材料费+分部分项未计价材料费+施工措施费计价材料费+施工措施费未计价材料费			
4	机械费	分部分项机械费+施工措施费机械费			
	设备费/其他	分部分项工程设备费其他+施工措施费工程设备费其他			
	大型施工机械进出场及安拆费	分部分项大型施工机械进出场及安拆费+施工措施费大型施工机械进出场及安拆费	0.5		
	工程排水费	施工措施费工程排水费+分部分项工程排水费	0.2		
	冬雨季施工增加费	分部分项冬雨季施工费+施工措施费冬雨季施工费	0.16		
	零星工程费	分部分项零星工程费+施工措施费零星工程费	3		
	企业管理费	分部分项管理费+施工措施费管理费	9.65		
	其他管理费	分部分项其他管理费+施工措施费其他管理费	2		
	利润	分部分项利润+施工措施费利润	7		
	绿色施工安全防护措施项目费	分部分项绿色施工安全防护措施项目费+施工措施费绿色施工安全防护措施项目费	4.37		
	安全责任险、环境保护税	分部分项安全责任险环境保护税+施工措施费安全责任险环境保护税	1		
四	税前造价	分部分项税前造价+施工措施费税前造价			
五	销项税额	分部分项销项税额+施工措施费销项税额	9		
	其他项目费	其他项目费			
	单位工程建安造价	分部分项合计+施工措施费合计+其他项目费			

概 算 总 价

建 设 单 位　_____

工 程 名 称　_____上东新区花侯道路一期_____

投 标 总 价　_____15417568.56_____

　　　（大写）:壹仟伍佰肆拾壹万柒仟伍佰陆拾捌元伍角陆分

投 标 人：_____（单位盖章）

法定代表人：_____（签字或盖章）

编 制 人：_____（造价工程师
　　　　　　　　　　　　　　　　　　　　　　　　　　　 签字盖专用章）

编 制 时 间：_____

总概算表

工程名称：上东新区花侯道路一期

总概算编号：0001

单位：万元

表22.0-2
共1页 第1页

序号	概算编号	工程项目或费用名称	建筑工程费	设备购置费	安装工程费	其他费用	合计	其中:引进部分		占总投资比例(%)
								美元	折合人民币	
一		工程费用					1 541.76			
1		主要工程					1 541.76			
(1)		新建道路、管网工程K0+350～K0+700					1 541.76			
二		工程建设其他费用								
三		预备费								
四		专项费用								
五		土地及拆迁补偿费								
		建设项目概算总投资					1 541.76			

单位工程费用计算表

表22.0-3

工程名称：新建道路 K0+350~K0+700　　　　　　　　　　第1页　共1页

序号	名称	费率（%）	计算办法及计算程序	合价（元）
1	直接费		1.1~1.3项合计	11 387 177.68
1.1	人工费		人工费总额	1 393 161.39
1.2	材料费(不含设备)		材料费总额	7 988 571.72
1.3	机械费		机械费总额	2 005 444.57
2	设备费/其他			
3	大型施工机械进出场及安拆费	0.5	(1~2)×费率	56 946.12
4	工程排水费	0.2	(1~2)×费率	22 773.8
5	冬雨季施工增加费	0.16	(1~2)×费率	18 210.17
6	零星工程费	3	(1~2)×费率	341 612.03
7	企业管理费	9.65	1×费率	1 025 350.55
8	其他管理费	2	(设备/其他)×费率	
9	利润	7	1×费率	743 790.51
10	绿色施工安全防护措施项目费	4.37	1×费率	464 337.11
11	安全责任险、环境保护税	0.6	(1~10)×费率	84 359.41
12	其他			
13	税前造价		1~12项合计	14 144 557.39
14	销项税额	9	13×税率	1 273 011.24
15	单位工程概算总价		13+14	15 417 568.56

扫二维码22.0-1查看花侯路一期道路项目K0+350~K0+700设计概算书(完整答案)。

22.0-1

任务单

课题1.1 基础训练 建筑安装工程费的组成

班级：　　　　姓名：　　　　学号：　　　　日期：

任务目标	掌握建筑安装工程费的构成，能独立完成建筑安装工程费组成的基础练习														
任务实施	题号	1	2	3	4	5	6	7	8	9	10	11	12	13	14	15
	选项															
	选择题 1. 下列费用中，属于安全文明施工费中临时设施费的是（　　）。 　　A. 现场配备的医疗保健器材费　　　　B. 塔式起重机及外用电梯安全防护措施费 　　C. 临时文化福利用房费　　　　　　　D. 新建项目的临时设施摊销费 2. 下列费用中属于安全文明施工费的是（　　）。 　　A. 脚手架费　　　　　　　　　　　　B. 临时设施费 　　C. 二次搬运费　　　　　　　　　　　D. 非夜间施工照明 3. 根据现行建筑安装工程费用项目组成规定，下列费用项目属于按造价形成划分的是（　　） 　　A. 人工费　　　　　　　　　　　　　B. 企业管理费 　　C. 利润　　　　　　　　　　　　　　D. 税金 4. 根据现行的建筑安装工程费用项目组成规定，下列关于施工企业管理费中工具、用具使用费的说法正确的是（　　）。 　　A. 指企业管理使用，而非施工生产使用的工具、用具使用费 　　B. 指企业施工生产使用，而非企业管理使用的工具、用具使用费 　　C. 采用一般计税方法时，工具、用具使用费中的增值税进项税额可以抵扣 　　D. 包括各类资产标准的工具、用具的购置、维修和摊销费用 5. 关于建筑安装工程费用中建筑业增值税的计算，下列说法中正确的是（　　）。 　　A. 当事人可以自主选择一般计税法或简易计税法计税 　　B. 一般计税法、简易计税法中的建筑业增值税税率均为9% 　　C. 采用简易计税法时，税前造价不包含增值税的进项税额 　　D. 采用一般计税法时，税前造价不包含增值税的进项税额 6. 根据现行建筑安装工程费用项目组成的规定，下列费用中属于施工机具使用费的是（　　）。 　　A. 仪器仪表使用费　　　　　　　　　B. 施工机械财产保险费 　　C. 大型机械使用进出场费　　　　　　D. 大型机械安拆费 7. 根据我国现行建筑安装工程费用项目构成的规定，下列费用中属于安全文明施工费的是（　　）。 　　A. 夜间施工时，临时可移动照明灯具的设置、拆除费用 　　B. 工人的安全防护用品的购置费用 　　C. 地下室施工时所采用的照明设施拆除费 　　D. 建筑物的临时保护设施费

任务实施	8. 根据我国现行建筑安装工程费用项目组成的规定,下列有关费用表述中不正确的是(　　)。 　　A. 人工费是指支付给直接从事建筑安装工程施工作业的生产工人的各项费用 　　B. 材料费中的材料单价由材料原价、材料运杂费、材料损耗费、采购及保管费五项组成 　　C. 材料费包含构成或计划构成永久工程部分的工程设备费 　　D. 施工机具使用费包含仪器仪表使用费 9. 根据我国现行建筑安装工程费用项目组成规定,下列施工企业发生的费用中,应计入企业管理费的是(　　)。 　　A. 工地转移费　　　　　　　　　　B. 工具用具使用费 　　C. 仪器仪表使用费　　　　　　　　D. 检验试验费 　　E. 材料采购与保管费 10. 下列费用中,属于建筑安装工程费中企业管理费的有(　　)。 　　A. 施工机械保险费　　　　　　　　B. 劳动保险费 　　C. 工伤保险费　　　　　　　　　　D. 财产保险费 　　E. 工程保险费 11. 根据我国现行《建安工程造价计价方法》,下列情况可用简易计税方法的是(　　)。 　　A. 小规模纳税人发生的应税行为 　　B. 一般纳税人以清包工方式提供的建筑服务 　　C. 一般纳税人为甲供工程提供的建筑服务 　　D. 《施工许可证》注明的开工日期在2016年4月30日前 　　E. 实际开工日期在2016年4月30日前的建筑服务 12. 按照费用构成要素划分的建筑安装工程费用项目组成规定,下列费用项目应列入材料费的有(　　)。 　　A. 周转材料的摊销、租赁费用 　　B. 材料运输损耗费用 　　C. 施工企业对材料进行一般鉴定、检查发生的费用 　　D. 材料运杂费中的增值税进项税额 　　E. 材料采购及保管费用 13. 根据现行建筑安装工程费用项目组成规定,下列费用项目中属于建筑安装工程企业管理费的有(　　)。 　　A. 仪器、仪表使用费　　　　　　　B. 工具、用具使用费 　　C. 建筑安装工程一切险　　　　　　D. 地方教育附加费 　　E. 劳动保险费 14. 应予计量的措施项目费包括(　　)。 　　A. 大型机械设备基础费　　　　　　B. 排水、降水费 　　C. 冬雨季施工增加费　　　　　　　D. 临时设施费 　　E. 夜间施工增加费 15. 根据我国现行建筑安装工程费用项目组成的规定,下列人工费中能构成分部分项工程费用的有(　　)。 　　A. 保管建筑材料人员的工资　　　　B. 绑扎钢筋人员的工资 　　C. 操作施工机械人员的工资　　　　D. 现场临时设施搭设人员的工资 　　E. 施工排水、降水作业人员的工资
学习反馈	1. 是否已知晓建筑安装工程费的组成?　清楚□　大致清楚□　没头绪□ 2. 是否能独立完成本小节训练?　能□　大致能□　不能□ 3. 正确率=□/15×100%=

课题1.2 基础训练 建筑安装工程费的计价方式

班级：　　　　　姓名：　　　　　学号：　　　　　日期：

任务目标	掌握建筑安装工程费的两种计价方式，能独立完成建筑安装工程费计价的相关练习

题号	1	2	3	4	5
选项					

任务实施

选择题

1. 关于工程量清单计价，下列表达式正确的是（　　）。
   A. 分部分项工程费＝∑（分部分项工程量×相应分部分项的工料单价）
   B. 措施项目费＝∑（措施项目工程量×相应的工料单价）
   C. 其他项目费＝暂列金额+材料该备暂估价+计日工+总承包服务费
   D. 单位工程造价＝分部分项工程费+措施项目费+其他项目费+规费+税金

2. 关于工程造价的分部组合计价原理，下列说法正确的是（　　）。
   A. 分部分项工程费＝基本构造单元工程量×工料单价
   B. 工料单价指人工、材料和施工机械台班单价
   C. 要求将建设项目细分到最基本的构造单元
   D. 具有自上而下、由粗到细的计价组合特点

3. 下列说法中，符合工程计价基本原理的是（　　）
   A. 工程计价的基本原理在于项目划分与工程量计算
   B. 工程组价分为项目的分解与组合两个阶段
   C. 工程组价包括工程单价的确定和总价的计算
   D. 工程单价包括生产要素单价、工料单价和综合单价

4. 下列关于工程计价的说法中，正确的是（　　）。
   A. 工程计价包括计算工程量和套定额两个环节
   B. 建筑安装工程费＝∑（基本构造单元工程量×相应单价）
   C. 工程组价包括工程单价的确定和总价的计算
   D．工程组价中的工程单价仅指综合单价

5. 关于工程量清单计价和定额计价，下列计价公式中正确的有（　　）。
   A. 单位工程直接费＝∑（假定建筑安装产品工程量×工料单价）+措施费
   B. 单位工概预算费＝单位工程直接费＋企业管理费+利润+税金
   C. 分部分项工程费＝∑（分部分项工程量×分部分项工程综合单价）
   D. 措施项目费＝∑各措施项目费
   E. 措施项目费＝单价措施项目费+总价措施项目费+绿色施工安全防护措施项目费

学习反馈

1. 是否已知晓建筑安装工程费的计价方式与其区别？　清楚□　　大致清楚□　　没头绪□

2. 是否能独立完成本小节训练？ 能□　　大致能□　　不能□

3. 正确率＝□/5×100%＝_____

课题2.1　基础训练　固定资产投资的组成

班级：　　　　姓名：　　　　学号：　　　　日期：

任务目标	熟悉固定资产投资的费用组成，能独立完成固定资产投资费用的基础练习
任务实施	题号|1|2|3|4|5|6 选项| | | | | | **选择题** 1. 下列费用项目中，应在研究试验费中列支的是（　　）。 　A. 新产品试验费、中间试验费和重要科学研究补助费 　B. 施工企业对建筑材料、构和建筑物进行一般鉴定、检查所发生的费用及技术革新的研究试验费 　C. 勘察设计费或工程费用开支的项目 　D. 为建设项目提供和验证设计数据、资料等进行试验及验证的费用 2. 关于工程建设其他费中的市政公用配套设施费及其构成，下列说法正确的是（　　）。 　A. 包含在用地与工程准备费中 　B. 包括界区内水、电、路、电信等设施建设费 　C. 包括界区外绿化、人防等配套设施建设费 　D. 应在技术服务费中列支 3. 根据我国现行建设项目总投资及工程造价的构成，下列有关建设项目费用开支，应列入建设单位管理费的是（　　）。 　A. 监理费　　　　　　　　B. 竣工验收费 　C. 可行性研究费　　　　　D. 节能评估费 4. 下列费用项目中，属于联合试运转费中试运转支出的是（　　）。 　A. 施工单位参加试运转人员的工资 　B. 单台设备的单机试运转费 　C. 试运转中暴露出来的施工缺陷处理费用 　D. 试运转中暴露出来的设备缺陷处理费用 5. 某建设项目建筑安装工程费为6 000万元，设备购置费为1 000万元，工程建设其他费用为2 000万元，建设期利息为500万元，若基本预备费率为5%，则该建设项目的基本预备费为（　　）万元。 　A. 350　　　　　　　　　B. 400 　C. 450　　　　　　　　　D. 475 6. 根据我国现行建设项目总投资及工程造价的构成，在工程概算阶段考虑的对一般自然灾害处理的费用，应包含在（　　）。 　A. 基本预备费　　　　　B. 价差预备费 　C. 暂列金　　　　　　　D. 暂估价
学习反馈	1. 是否已知晓固定资产投资的费用组成？　清楚□　大致清楚□　没头绪□ 2. 是否能独立完成本小节训练？　能□　大致能□　不能□ 3. 正确率=□/6×100%=

课题3.1 基础训练 定额基本概念及分类

班级：　　　　姓名：　　　　学号：　　　　日期：

任务目标	熟悉定额的基本概念与分类,能独立完成定额的基础练习
任务实施	<p>| 题号	1	2	3	4 | |---|---|---|---|---| | 选项				|</p><p>**选择题**</p><p>1. 按定额的编制程序和用途,工程定额可以划分为(　　)。 　A. 施工定额　　　　B. 企业定额 　C. 预算定额　　　　D. 补充定额　　　　E. 投资估算指标</p><p>2. 下列定额中,项目划分最细的计价性定额为(　　)。 　A. 材料消耗定额　　B. 劳动定额 　C. 预算定额　　　　D. 概算定额</p><p>3. 下列定额说法中,正确的为(　　) 　A. 劳动定额主要表现形式为时间定额,机械消耗定额的表现形式为产量定额 　B. 企业定额是企业内部使用的预算定额 　C. 补充定额只能在指定范围内使用 　D. 地区统一定额应根据地区工程技术特点、施工生产和管理水平进行独立编制</p><p>4. 反应完成一定计量单位合格扩大结构构件需要消耗的人工、材料和施工机具台班的数量的定额是(　　)。 　A. 施工定额　　　　B. 概算定额 　C. 预算定额　　　　D. 概算指标</p>
学习反馈	1. 是否已知晓市政工程定额的基本概念与分类？　　清楚□　　大致清楚□　　没头绪□ 2. 是否能独立完成本小节训练？　能□　　大致能□　　不能□ 3. 正确率=□/4×100%=

课题3.2 基础训练 市政工程预算定额的组成

| 班级： | | 姓名： | | 学号： | | 日期： | |

任务目标	熟悉定额的基本概念与分类，能独立完成定额的基础练习

任务实施	题号	1	2	3
	选项			

一、选择题

1. 供抽换定额中混凝土强度等级、砂浆强度等级时使用的混凝土、砂浆配合比表，编制补充定额时所需要统一规定，体现在预算定额的（　　）中。
   A. 总说明　　　　　　　B. 章说明
   C. 节说明　　　　　　　D. 附录

2. 下列关于基价说法正确的是（　　）。
   A. 基价相对比较稳定，有利于简化概（预）算的编制工作
   B. 运用基价计算建设工程费用时需调差价
   C. 基价=定额人工费+定额材料费+定额机械费
   D. 基价编制是按编制期当时当地的人工、材料和机械台班单价为基础计算

3. 定额项目表是定额的核心，其必要组成部分有（　　）。
   A. 定额编号　　　　　　B. 消耗量
   C. 工作内容　　　　　　D. 计量单位　　　　　　E. 附注

二、简答题

某重力式桥台需现场浇筑C30混凝土500m³，试确定其材料与机械的资源需求量。

学习反馈	1. 是否已知晓市政工程定额的基本概念与分类？　清楚□　大致清楚□　没头绪□
	2. 是否能独立完成本小节训练？　能□　大致能□　不能□
	3. 正确率=□/3×50%+□×50%=

课题4.1 基础训练 劳动定额消耗量的编写

班级：　　　　姓名：　　　　学号：　　　　日期：

任务目标	掌握劳动定额消耗量的编写，能独立完成劳动定额消耗量的基础练习
任务实施	 | 题号	1	2	3	4	5	6	7
---	---	---	---	---	---	---	---
选项								 **选择题** 1. 对工人工作时间消耗的分类中属于必须消耗时间而被计入时间定额的是(　　)。 　　A. 偶然工作时间　　　　　　　　B. 工人休息时间 　　C. 施工本身造成的停工时间　　　D. 非施工本身造成的停工时间 2. 已知人工挖某土方$1m^3$的基本工作时间为1个工作日，辅助工作时间占工序作业时间的5%，准备与结束工作时间、不可避免的中断时间、休息时间分别占工作日的3%、2%、15%，则该人工挖土的时间定额为(　　)工日/$10m^3$。 　　A. 13.33　　　　　　　　　　　B. 13.16 　　C. 13.13　　　　　　　　　　　D. 12.50 3. 工作日写实法测定的数据显示，完成$10m^3$某现浇混凝土工程需基本工作时间8h，辅助工作时间占工序作业时间的8%，准备与结束工作时间、不可避免的中断时间、休息时间、损失时间分别占工作日的5%、2%、18%、6%，则该混凝土工程的时间定额是(　　)工日/$10m^3$。 　　A. 1.44　　　　　　　　　　　　B. 1.45 　　C. 1.56　　　　　　　　　　　　D. 1.64 4. 根据施工过程工时研究结果，与工人所负担的工作量大小无关的必须消耗时间是(　　)。 　　A. 基本工作时间　　　　　　　　B. 辅助工作时间 　　C. 准备与结束工作时间　　　　　D. 多余工作时间 5. 关于劳动定额消耗量的确定，下列算是正确的是(　　)。 　　A. 工序作业时间=基本工作时间×(1+辅助工作时间占比) 　　B. 工序作业时间=基本工作时间+辅助工作时间+不可避免中断时间 　　C. 规范时间=工人准备与结束时间+不可避免中断时间+休息时间 　　D. 定额时间=基本工作时间/(1−辅助工作时间占比) 　　E. 定额时间=(基本工作时间+辅助工作时间)/(1−规范时间) 6. 通过计时观察，完成某工程的基本工作时间为$6h/m^3$，辅助工作时间占工序作业时间的8%，准备与结束工作时间、不可避免的中断时间、休息时间分别占工作班时间的3%、10%、2%，则下列计算结果中正确的有(　　)。 　　A. 基本工作时间为0.750工日/m^3　　B. 工序作业时间为0.815工日/m^3 　　C. 辅助工作时间为0.060工日/m^3　　D. 规范时间为0.122工日/m^3 　　E. 定额时间为0.959工日/m^3 7. 下列工人工作时间消耗中，属于有效工作时间的是(　　)。 　　A. 因混凝土养护引起的停工时间　　B. 偶然停工(停水、停电)增加的时间 　　C. 产品质量不合格返工的工作时间　D. 准备施工工具花费的时间
学习反馈	1. 是否已知晓劳动定额编制方法与计算？　清楚□　大致清楚□　没头绪□ 2. 是否能独立完成本小节训练？　能□　大致能□　不能□ 3. 正确率=□/7×100%=

课题4.2　基础训练　施工机具台班定额消耗量的编写

班级：　　　　姓名：　　　　学号：　　　　日期：

任务目标	掌握施工机具台班定额消耗量的编写,能独立完成施工机具台班定额消耗量的基础练习

题号	1	2	3	4	5	6
选项						

任务实施

选择题

1. 某装载容量为15m^3的运输机械,每运输10km的一次循环工作中,装车、运输、卸料、空车返回时间分别是10min、15min、8min、12min,机械时间利用系数为0.75,则该机械运输10km的台班产量定额为(　　)10m^3/台班。
    A. 8　　　　　　　　　　　　B. 10.91
    C. 12　　　　　　　　　　　　D. 16.36

2. 某混凝土输送泵每小时纯工作状态可以输送混凝土25m^3,泵送的时间利用系数为0.75,则该混凝土输送泵的产量定额为(　　)。
    A. 150m^3/台班　　　　　　　B. 0.67m^3/台班
    C. 200m^3/台班　　　　　　　D. 0.50m^3/台班

3. 确定施工机械台班定额消耗量前需计算机械时间利用系数,其计算公式正确的是(　　)。
    A. 机械时间利用系数=机械纯1h正常生产率×工作班纯工作时间
    B. 机械时间利用系数=1/机械台班产量定额
    C. 机械时间利用系数=机械一个工作班内纯工作时间/一个工作班延续时间(8h)
    D. 机械时间利用系数=一个工作班延续时间(8h)/机械一个工作班内纯工作时间

4. 关于劳动定额消耗量的确定,下列算式正确的是(　　)。
    A. 工序作业时间=基本工作时间×(1+辅助工作时间占比)
    B. 工序作业时间=基本工作时间+辅助工作时间+不可避免中断时间
    C. 规范时间=工人准备与结束时间+不可避免中断时间+休息时间
    D. 定额时间=基本工作时间/(1-辅助工作时间占比)
    E. 定额时间=(基本工作时间+辅助工作时间)/(1-规范时间)

5. 下列机械工作时间中,属于有效工作时间的是(　　)。
    A. 筑路机在工作区末端的调头时间
    B. 体积达标而未达到载重吨位的货物汽车运输时间
    C. 机械在工作地点之间的转移时间
    D. 装车数量不足而在低负荷下工作的时间

6. 某出料容量为750L的砂浆搅拌机,每一次循环工作中,运输、装车、搅拌、卸料、中断需要的时间分别是150s、40s、250s、50s、40s,运料和其他时间的交叠时间为50s,机械时间利用系数为0.8,则该机械的台班产量定额为(　　)m^3/台班。
    A. 29.79　　　　　　　　　　　B. 32.60
    C. 36.00　　　　　　　　　　　D. 39.27

学习反馈	1. 是否已知晓施工机具台班定额消耗量编制方法与计算？　清楚□　大致清楚□　没头绪□
	2. 是否能独立完成本小节训练？　能□　大致能□　不能□
	3. 正确率=□/6×100%=

课题4.3 基础训练 材料定额消耗量的编写

班级：　　　　姓名：　　　　学号：　　　　日期：

任务目标	掌握材料定额消耗量的编写，能独立完成材料定额消耗量的基础练习
任务实施	<p>| 题号	1	2	3	4	5	6	7	8 |</p><p>| ---	---	---	---	---	---	---	---	--- |</p><p>| 选项								|</p><p>**选择题**</p><p>1. 用水泥砂浆砌筑一砖半墙，标准尺寸为240mm×115mm×53mm，灰缝宽10mm，则砌筑10m³砖墙需要标准砖净用量是（　　）千块。</p><p>　　A. 5.148　　　　　　　　　　B. 5.219</p><p>　　C. 6.374　　　　　　　　　　D. 6.462</p><p>2. 采用干混地面砂浆贴600mm×600mm石材楼面，灰缝宽2mm，石材损耗率2%。每100m²需（　　）块瓷砖。</p><p>　　A. 281.46　　　　　　　　　　B. 281.57</p><p>　　C. 283.33　　　　　　　　　　D. 283.45</p><p>3. 关于材料消耗的性质及确定材料消耗量的基本方法，下列说法正确的是（　　）。</p><p>　　A. 理论计算法适用于确定材料净用量</p><p>　　B. 必须消耗的材料量是指材料的净用量</p><p>　　C. 土石方爆破工程所需的炸药、雷管、引信属于非实体材料</p><p>　　D. 现场统计法主要适用于确定材料损耗量</p><p>4. 已知砌筑1m³砖墙中砖净用量和损耗量分别为529块和6块，百块砖体积按0.146m³计算，砂浆损耗率为10%，则砌筑1m³砖墙的砂浆用量为（　　）m³。</p><p>　　A. 0.250　　　　　　　　　　B. 0.253</p><p>　　C. 0.241　　　　　　　　　　D. 0.243</p><p>5. 用水泥砂浆砌筑2m³砖墙，标准砖（240mm×115mm×53mm）的总耗用量为1 113块，已知砖的损耗率为5%，则标准砖、砂浆的净用量分别为（　　）。</p><p>　　A. 1 057块、0.372m³　　　　　B. 1 057块、0.454m³</p><p>　　C. 1 060块、0.372m³　　　　　D. 1 060块、0.449m³</p><p>6. 已知每平方米砖墙的勾缝时间为8min，则每立方米一砖半厚墙所需的勾缝时间为（　　）min。</p><p>　　A. 12.00　　　　　　　　　　B. 21.92</p><p>　　C. 22.22　　　　　　　　　　D. 33.33</p><p>7. 下列人工、材料、机械台班的消耗，应计入定额消耗量的有（　　）。</p><p>　　A. 准备与结束工作时　　　　B. 施工本身原因造成的工人停工时间</p><p>　　C. 措施性材料的合理损耗量　　D. 不可避免的施工废料</p><p>　　E. 低负荷下的机械工作时间</p><p>8. 下列定额测定方法中，主要用于测定材料净用量的有（　　）。</p><p>　　A. 现场技术测定法　　　　　　B. 实验室试验法</p><p>　　C. 现场统计法　　　　　　　　D. 理论计算法　　　　　　E. 写实记录法</p>
学习反馈	1. 是否已知晓材料定额消耗量的组成与计算？　清楚□　大致清楚□　没头绪□ 2. 是否能独立完成本小节训练？　能□　大致能□　不能□ 3. 正确率=□/8×100%=

课题5.1 基础训练 人工日工资单价、材料单价的编写

| 班级： | | 姓名： | | 学号： | | 日期： | |

任务目标：掌握人工日工资单价、材料单价的编写，能独立完成相关的基础练习

任务实施

题号	1	2	3	4	5	6	7	8	9
选项									

选择题

1. 某工程采用两票制支付方式采购某种材料,已知材料原价和运杂费的含税价格分别为500元/t、30元/t,材料运输损耗率、采购及保管费率分别为1%、3%。材料采购和运输的增值税率分别为13%、9%。则该材料的不含税单价为(　　)元。
   A. 480.93 B. 488.94
   C. 551.36 D. 632.17

2. 采用"一票制""二票制"支付方式采购材料的,在进行增值税进项税抵扣时,正确的做法是(　　)。
   A. "一票制"下,构成材料价格的所有费用均按货物销售适用的税率进行抵扣
   B. "一票制"下,材料原价按货物销售适用税率进行抵扣,运杂费不再进行抵扣
   C. "二票制"下,材料原价按货物销售适用税率,运杂费按交通运输适用税率进行抵扣
   D. "二票制"下,材料原价按货物销售适用税率,运杂费、运输损耗和采购保管费按交通运输适用税率进行抵扣

3. 关于材料单价的计算,下列计算公式中正确的是(　　)。
   A. (供应价格+运杂费)×(1+运输损耗)×(1+采购及保管费率)
   B. (供应价格+运杂费)/(1+运输损耗)×(1+采购及保管费率)
   C. (供应价格+运杂费)×(1+运输损耗)/(1-采购及保管费率)
   D. (供应价格+运杂费)×(1+采购及保管费率)/(1-采购及保管费率)

4. 根据国家相关法律、法规和政策规定,因停工学习、执行国家或社会义务等原因,按计时工资标准支付的工资属于人工日工资单价中的(　　)。
   A. 基本工资 B. 奖金
   C. 津贴补贴 D. 特殊情况下支付的工资

5. 下列材料损耗中因损耗而产生的费用包含在材料单价中的有(　　)。
   A. 场外运输损耗 B. 工地仓储损耗
   C. 出工地料库后的搬运损耗 D. 材料加工损耗
   E. 材料施工损耗

6. 根据现行建筑安装工程费用项目组成规定,下列费用项目已包括在人工日工资单价内的有(　　)。
   A. 节约奖 B. 流动施工津贴
   C. 高温作业临时津贴 D. 劳动保护费
   E. 探亲假期间工资

7. 关于材料单价的构成和计算,下列说法中正确的有( )。
   A. 材料单价指材料由其来源地运达工地仓库的入库价
   B. 运输损耗指材料在场外运输装卸及施工现场搬运发生的不可避免损耗
   C. 采购及保管费包括组织采购、供应和保管过程中发生的费用
   D. 材料单价中包括材料仓储费和工地管理费
   E. 材料生产成本的变动直接影响材料单价的波动
8. 影响定额动态人工日工资单价的因素包括( )。
   A. 人工日工资单价的组成内容　　　　B. 社会工资差额
   C. 劳动力市场供需变化　　　　　　　D. 社会最低工资水平
   E. 政府推行的社会保障与福利政策
9. 下列材料单价的构成费用,包在采购及保管费中进行计算的有( )。
   A. 运杂费　　　　　　　　　　　　　B. 仓储费
   C. 工地保管费　　　　　　　　　　　D. 运输损耗
   E. 仓储损耗

简答题

计算材料单价:某市政工程购买800mm×800mm×5mm地砖共计3 900块,其采购信息如下,求地砖每m²的除税单价?

序号	货源地	数量(块)	购买价(元/块)	运输距离(km)	运输单价[元/(m²·km)]	装卸费(元/m²)	运输损耗率(%)	采购保管费率(%)
1	甲	936	36	90	0.04			
2	乙	1 014	33	80	0.04	1.25	2.0	3.0
3	丙	1 950	35	86	0.05			
合计		3 900						

学习反馈

1. 是否已知晓人工日工资单价、材料单价的组成及材料单价计算? 清楚□　大致清楚□　没头绪□
2. 是否能独立完成本小节训练? 能□　大致能□　不能□
3. 正确率=□/9×50%+□×50%=

课题5.2 基础训练 施工机具台班单价的编写

班级: 姓名: 学号: 日期:

任务目标	掌握施工机具台班单价的编写,能独立完成施工机具台班单价的基础练习

题号	1	2	3	4	5	6
选项						

选择题

1. 一台设备原值5万元,使用期内大修3次,每维修期运转400台班,设备残值5%。该设备台班折旧费为( )元。
   A. 29.69   B. 31.25
   C. 39.58   D. 41.67

2. 关于施工机械台班单价的确定,下列表述正确的是( )。
   A. 台班折旧费=机械原值×(1−残值率)/耐用总台班
   B. 耐用总台班=检修间隔台班×(1+检修次数)
   C. 台班检修费=一次检修费×检修次数/耐用总台班
   D. 台班维护费=∑(各级维护一次费用×各级维护次数)/耐用总台班

3. 某挖掘机配司机1人,若年制度工作日为245d,年工作台班为220台班,人工工日单价为80元,则该挖掘机的人工费为( )元/台班。
   A. 71.8   B. 80.0
   C. 89.1   D. 132.7

4. 某大型施工机械预算价格为5万元,机械耐用总台班为1 250台班,检修周期数为4,一次检修为2 000元,维护费系数为60%,机上人工费和燃料动力费为60元/台班。不考虑残值和其他有关费用,则该机械台班单价为( )元/台班。
   A. 107.68   B. 110.24
   C. 112.80   D. 52.80

5. 某施工机械预算价值为50 000元,耐用总台班为2 000台班,检修费为3 000元,检修周期为4,维护费系数为20%,每台班发生的其他费用合计为30元/台班,忽略残值和资金时间价值,则该机械的台班单价为( )元。
   A. 60.40   B. 62.20
   C. 65.40   D. 67.20

6. 下列费用中,不计入机械台班单价而需要单独列项计算的有( )。
   A. 安拆简单、移动需要起重及运输机械的重型施工机械的安拆费及场外运费
   B. 安拆复杂、移动需要起重及运输机械的重型施工机械的安拆费及场外运费
   C. 利用辅助设施移动的施工机械的辅助设施相关费用
   D. 不需相关机械辅助运输的自行移动机械的场外运费
   E. 固定在车间的施工机械的安拆费及场外运费

学习反馈	1. 是否已知晓施工机具台班单价组成与计算? 清楚□ 大致清楚□ 没头绪□
	2. 是否能独立完成本小节训练? 能□ 大致能□ 不能□
	3. 正确率=□/6×100%=

课题6.1 基础训练 预算定额的编写

班级：　　　　　姓名：　　　　　学号：　　　　　日期：

任务目标	熟悉预算定额的编写，能独立完成预算定额的基础练习
任务实施	 | 题号	1	2	3	4	5	6	7
---	---	---	---	---	---	---	---
选项								 **选择题** 1. 编制预算定额人工工日消耗量时，实际工程现场运距超过预算定额取定运距时的用工应计入（　　）。 　　A. 超运距用工　　　　　　　　B. 辅助用工 　　C. 二次搬运费　　　　　　　　D. 人工幅度差 2. 关于预算定额消耗量的确定方法，下列表述正确的是（　　）。 　　A. 人工工日消耗量由基本用工和辅助用工量组成 　　B. 材料消耗量＝材料净用量/（1－损耗率） 　　C. 机械幅度差包括了正常施工条件下施工中不可避免的工序间歇 　　D. 机械台班消耗量＝施工定额机台班消耗量/（1－机械幅度差） 3. 在计算预算定额人工工日消耗量时，含在人工幅度差内的用工是（　　）。 　　A. 超运距用工　　　　　　　　B. 材料加工用工 　　C. 机械土方工程的配合用工　　D. 工种交叉作业相互影响的停歇用工 4. 完成某分部分项工程1m³需基本用工0.5工日，超运距用工0.05工日，辅助用工0.1工日。如人工幅度差系数为10%，则该工程预算定额人工工日消耗量（　　）工日/10m³。 　　A. 6.05　　　　　　　　　　　B. 5.85 　　C. 7.00　　　　　　　　　　　D. 7.15 5. 在正常施工条件下，完成10m³混凝土梁浇捣需4个基本用工，0.5个辅助用工，0.3个超运距用工，若人工幅度差系数为10%，则该混凝土浇捣预算定额人工消耗量为（　　）工日/10m³。 　　A. 5.20　　　　　　　　　　　B. 5.23 　　C. 5.25　　　　　　　　　　　D. 5.28 6. 某挖土机挖土一次正常循环工作时间为50s，每次循环平均挖土量为0.5m³，机械正常利用系数为0.8，机械幅度差系数为25%，按8h工作制考虑，挖土方预算定额的机械台班消耗量为（　　）台班/1 000m³。 　　A. 5.43　　　　　　　　　　　B. 7.2 　　C. 8　　　　　　　　　　　　D. 8.68 7. 关于预算定额人工、材料、机械台班消耗量的计算和确认，下列说法中正确的是（　　）。 　　A. 人工消耗中包含超出预算定额取定运距后的超运距用工 　　B. 材料损耗量按照材料消耗量的一定比例计算 　　C. 各种胶结、涂料等材料的配合比用料，按换算法计算 　　D. 机械维修引起的停歇时间不应在机械幅度差中考虑
学习反馈	1. 是否已知晓预算定额的计算方法？　清楚□　大致清楚□　没头绪□ 2. 是否能独立完成本小节训练？　能□　大致能□　不能□ 3. 正确率＝□/7×100%＝

课题6.2 基础训练 预算定额的套用

| 班级： | 姓名： | 学号： | 日期： |

任务目标	掌握预算定额的套用,能独立完成预算定额的套用练习
任务实施	**查找定额训练** 1. 挖掘机挖坚土沟槽,5m深,确定定额子目及基价。 2. 陆上柴油打桩机打圆木桩(斜桩),桩长5m,确定定额子目及基价。 3. 某沟槽采用一侧密支撑木挡土板,槽宽4.5m,支撑高度1.8m,槽长20m,确定定额子目及基价。 4. 软土地基处理,采用人工拌和水泥稳定土23cm厚(水泥含量5%)换填,确定定额子目及基价。 5. 22cm厚5%水泥稳定砂砾基层,拌和机拌和,确定定额子目及基价。 6. 20cm厚C40水泥混凝土路面,现场拌和,确定定额子目及基价。 7. 陆上ϕ400mm钢筋混凝土管桩送桩,送桩6.5m,确定定额子目及基价。 8. 桩径ϕ1 000mm灌注桩,埋设钢护筒,深水不能拔出,确定定额子目及基价。 9. 现浇C40混凝土台帽,现场拌和,确定定额子目及基价。 10. 预制20m空心板,现场拌和混凝土,采用橡胶囊做内模,确定定额子目及基价。
学习反馈	1. 是否已知晓预算定额套用方法？ 清楚□ 大致清楚□ 没头绪□ 2. 是否能独立完成本小节训练？ 能□ 大致能□ 不能□ 3. 正确率=□/10×100%=

单元7 技能训练 工程量清单编制基本知识

班级:	姓名:	学号:	日期:

任务目标	能根据施工图纸和施工组织设计要求,独立完成分部分项工程φ1 500mm桩基清单编制

任务布置	某新区桩基设计桩径φ1 500mm,单桩长40~42m;桩基总长854.00m;施工方通过细读地质构造图和现场踏勘,确定桩基施工工艺采用旋挖桩成孔。经计算的桩基工程量如下表。请根据下列桩基工程量表、《市政工程工程量计算规范》(GB 50857—2013),对分部分项工程量清单列项。

φ1 500mm桩基工程量计算表

序号	工程内容	单位	数量
1	泥浆护壁成孔	m	854.00
2	旋挖钻机成孔,桩径≤1 500mm、砂砾类	m^3	1 539.76
3	灌注桩钢护筒,桩径φ≤1 500mm;埋设深度大于2m	m	56.00
4	旋挖钻灌注桩:水下商品混凝土C30	m^3	1 539.76
5	挖基坑土方装车:普通土	m^3	40.00
6	自卸汽车运土方外运实际运距(km):5	m^3	40.00
7	泥浆池抹面:刷白水泥浆	m^2	120.00
8	桩基础支架平台:陆上工作平台	m^2	360.00
9	泥浆运输:实际运距(km):3	m^3	314.11
10	凿桩头	m^3	26.457 1
11	自卸汽车运石渣,实际运距(km):9	m^3	26.457 1
12	DN70×6桩基声测管	m	20.21
13	DN57×3桩基声测管	m	2 982.16
14	铁件预埋件	t	0.022 8
15	桩基灌注桩钢筋笼	t	螺纹钢筋 HRB400:99.298 2 热轧圆钢 HRB300:15.647 3

续上表

	思路引导	
实操过程	学生解答	**分部分项工程项目清单表** | 序号	项目编码	项目名称	项目特征描述	计量单位	工程量	金额(元)		
						综合单价	合价	其中：暂估价
						（投标单位填写）		
									  扫二维码附-1查看分部分项工程 $\phi 1\,500\text{mm}$ 桩基清单编制（答案） 附-1
学生反馈		1. 是否已知晓分部分项工程清单编制流程？　清楚□　大致清楚□　没头绪□ 2. 写出实操过程你认为较难部分：

单元 8　技能训练　土石方工程量清单编制

班级：	姓名：	学号：	日期：

任务目标	能根据施工图纸和施工组织设计要求,独立完成分部分项工程土石方清单编制
任务布置	某市开发区新建一条道路,设计红线宽50m。起点桩号为K0+000,截取其中一段主线到桩号K0+080,道路断面形式为三块板,其中机动车道15m,人行道及树池4m×2,绿化带种植草坪采用人工开挖三类土(绿化带种植土换填由绿化承包人负责)。该雨水管为高密度聚乙烯双壁波纹管(HDPE),主管道管径为300mm;雨水管管道铺设参数见下图。试确定①道路与雨水管道工程施工的土方工程量;②土石方工程分部分项工程量清单表。(土质类型为三类土;反铲挖掘机挖土,坑上作业;自卸汽车运土,运距10km;装载机装土;原土夯实采用夯实机夯实;支管道的原地面高程与同桩号的主管道原地面高程相同)扫二维码附-2查看单元8技能训练完整图纸。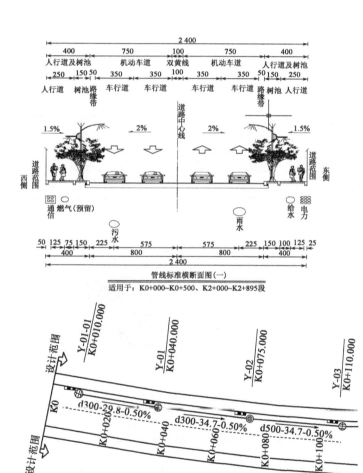

续上表

实操过程	思路引导	
	学生解答	**分部分项工程项目清单表** | 序号	项目编码	项目名称	项目特征描述	计量单位	工程量	金额(元)		
---	---	---	---	---	---	---	---	---
						综合单价	合价	其中：暂估价
						(投标单位填写)		
									  附-2
学生反馈		1. 是否已知晓土石方分部分项工程清单编制流程？　清楚□　大致清楚□　没头绪□
		2. 能否总结出本节介绍的土石方工程量的计算方法及具体适用情况？
		3. 写出本节实操过程认为较难部分：

单元9　技能训练　道路工程量清单编制

班级：　　　　姓名：　　　　学号：　　　　日期：

任务目标	能根据施工图纸和施工组织设计要求，独立完成道路工程分部分项工程清单编制
任务布置	某市开发区新建一条道路，设计红线宽50m。起点桩号为K0+000，截取其中一段主线到桩号K0+080，道路断面形式为三块板，其中机动车道15m，人行道及树池4m×2，绿化带种植草坪采用人工开挖三类土（绿化带种植土换填由绿化承包人负责）。某市区新建道路平面图、路面结构层、人行道铺装、树池布置如下图所示，试计算图中涉及的结构物工程量、编制相关分部分项工程量清单。 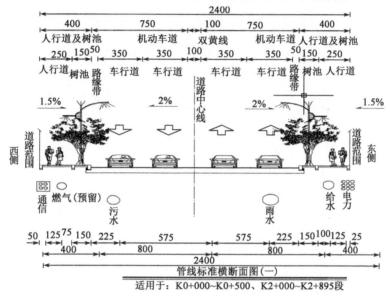 管线标准横断面图（一） 适用于：K0+000~K0+500，K2+000~K2+895段 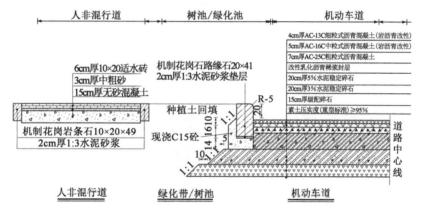 注： 1. 本图尺寸为cm。 2. 要求5%、3%水泥稳定碎石7d无侧限抗压强度分别不于3.0MPa、1.5MPa。 3. 各沥青层的粗、细集料、填料、透层沥青、黏层沥青的材料规格、混合料级配应符合现行《公路沥青路面施工技术规范》(JTG F40)的要求。 4. 路基土回填前应清除原地面表层耕植土。

续上表

任务布置	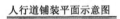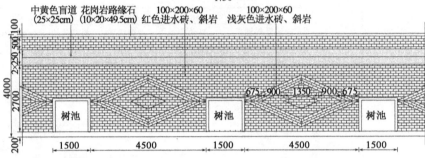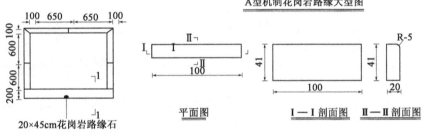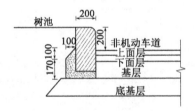

续上表

实操过程	思路引导	
	学生解答	**分部分项工程项目清单表** <table><tr><td rowspan="2">序号</td><td rowspan="2">项目编码</td><td rowspan="2">项目名称</td><td rowspan="2">项目特征描述</td><td rowspan="2">计量单位</td><td rowspan="2">工程量</td><td colspan="3">金额(元)</td></tr><tr><td>综合单价</td><td>合价</td><td>其中：暂估价</td></tr><tr><td></td><td></td><td></td><td></td><td></td><td></td><td colspan="3">(投标单位填写)</td></tr><tr><td></td><td></td><td></td><td></td><td></td><td></td><td></td><td></td><td></td></tr></table>
学生反馈		1. 是否已知晓道路工程分部分项工程清单编制流程？ 清楚□ 大致清楚□ 没头绪□ 2. 写出实操过程你认为较难部分：

单元10 技能训练 桥涵工程量清单编制

班级：　　　　姓名：　　　　学号：　　　　日期：

任务目标	能根据施工图纸和施工组织设计要求,独立完成分部分项工程小箱梁上部结构清单编制	
任务布置	(见下表)	

材料 \ 项目		单位	上部构造							
			小箱梁上部构造		桥面排水	伸缩缝	护栏	人行、非机动车道		支座垫石
			小箱梁	桥面铺装				栏杆	人行道板	
混凝土	C50	m³	866.3							
	C40	m³		216.0						
	C30	m³					80.0		64.5	
	C20	m³								
	沥青混凝土	m³		191.4						
M10水泥砂浆		m³							6.6	
防水层		m²		1 914.0						
φˢ15.2钢绞线		kg	28 962.0							
波纹管	D55(mm)	m	5 652.0							
锚具	M15-4	套	360.0							
	M15-5	套	216.0							
钢筋	HRB 400	⊈28	kg							
		⊈25	kg							
		⊈22	kg	7 500.0						
		⊈20	kg							
		⊈16	kg	27 918.0		456.0	1 346.6	9 062.8		
		⊈12	kg	104 552.9				788.4		9 661.9	885.6
		⊈10	kg							
		小计	kg	139 970.9		456.0	1 346.6	9 851.2		9 661.9	885.6
	HPB 300	φ12	kg							
		φ10	kg	50 506.2	26 902.4			2 362.0	26.8	2 591.4	1 216.8
		小计	kg	50 506.2	26 902.4			2 362.0	26.8	2 591.4	1 216.8
钢材	Q345B	kg					3 738.6			
	不锈钢管						912.9			

本桥上部构造采用3×20m预应力混凝土预制小箱梁,先简支、后桥面连续;每孔设12片小箱梁,采用三幅桥断面布置,桥面采用沥青混凝土铺装。预制梁高1.2m,预制梁吊装重量：中梁559kN、边梁606kN。扫二维码附-3查看预应力混凝土小箱梁完整图纸。

续上表

		思路引导	
实操过程	学生解答	分部分项工程项目清单表	

<table>
<tr><th rowspan="2">序号</th><th rowspan="2">项目编码</th><th rowspan="2">项目名称</th><th rowspan="2">项目特征描述</th><th rowspan="2">计量单位</th><th rowspan="2">工程量</th><th colspan="3">金额(元)</th></tr>
<tr><th>综合单价</th><th>合价</th><th>其中：暂估价</th></tr>
<tr><td colspan="6"></td><td colspan="3">（投标单位填写）</td></tr>
<tr><td></td><td></td><td></td><td></td><td></td><td></td><td></td><td></td><td></td></tr>
<tr><td></td><td></td><td></td><td></td><td></td><td></td><td></td><td></td><td></td></tr>
<tr><td></td><td></td><td></td><td></td><td></td><td></td><td></td><td></td><td></td></tr>
<tr><td></td><td></td><td></td><td></td><td></td><td></td><td></td><td></td><td></td></tr>
<tr><td></td><td></td><td></td><td></td><td></td><td></td><td></td><td></td><td></td></tr>
<tr><td></td><td></td><td></td><td></td><td></td><td></td><td></td><td></td><td></td></tr>
<tr><td></td><td></td><td></td><td></td><td></td><td></td><td></td><td></td><td></td></tr>
<tr><td></td><td></td><td></td><td></td><td></td><td></td><td></td><td></td><td></td></tr>
<tr><td></td><td></td><td></td><td></td><td></td><td></td><td></td><td></td><td></td></tr>
</table>

附-3

学生反馈	1. 是否已知晓桥涵工程分部分项工程清单编制流程？ 清楚□ 大致清楚□ 没头绪□
	2. 写出实操过程你认为较难部分：

单元11　技能训练　管网工程量清单编制

班级：	姓名：	学号：	日期：

任务目标	学生能根据施工图纸和施工组织设计要求，独立完成管网工程分部分项工程清单编制
任务布置	本道路给水管道 DN600（mm）采用球墨铸铁管：壁厚级别系数 K9 级，公称压力 PN 为 1.0MPa，T 型橡胶圈柔性承插接口，管材成品防腐、质量、规格应符合《水及燃气管道用球墨铸铁管、管件和附件》（GB/T 13295—2008）要求。 ①球墨铸铁管在末端用承盘短管连接，并用盲板堵封；预埋支管管中心高程同相接管中心高程。 ②阀门井：阀门井采用钢筋混凝土闸阀井，详见 07MS101-2；排气阀井：选用复合式排气阀，采用钢筋混凝土排气阀井，详见 07MS101-2；排泥阀井：选用暗杆弹性座封闸阀，采用钢筋混凝土立式闸阀井，详见标准图 07MS101-2。其中，排泥湿井出水管采用Ⅱ级 D300（mm）钢筋混凝土承插口管，承插式橡胶圈接口，详见标准图 06MS201-1/23，180°砂石基础，详见标准图 06MS201-1/11，坡度为 0.01。 ③消火栓：采用 SS100/65-1.0 型室外地上式消火栓（干管安装有检修阀），详见标准图 07MS101-1；消火栓位于侧分带绿化带内。 ④管径≥DN300 管道三通、管堵（盲板）、弯头处（管道转弯角度>10°）设给水管道支墩，采用柔性接口给水管道支墩，见 03SS505/107～127。 ⑤阀门井井框、盖：采用 φ700mm（井口内径）重型可调式球墨铸铁井框、盖。 ⑥所有井均安装防坠网，详见附图，防坠网安装高度位于盖座以下 250mm，要求防坠网每两年更换一次。 ⑦防腐：阀门井内外露钢制管件及钢套管防腐做法具体如下：内防腐采用饮水容器防腐漆；外防腐采用环氧煤沥青漆。内防腐一道底漆，两道面漆（二油），外防腐为底漆一道，面漆一道，玻璃布一道，再面漆一道，玻璃布一道，最后面漆两道（四油二布），底漆和面漆厚度不得小于 0.4mm。 试计算管网工程包含的结构物清单工程量，并列取该相应分部分项工程清单项。 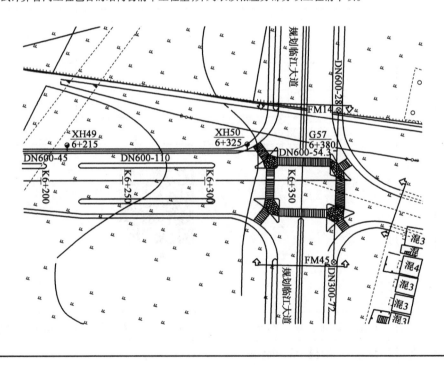

续上表

实操过程	思路引导	
	学生解答	**分部分项工程项目清单表** | 序号	项目编码	项目名称	项目特征描述	计量单位	工程量	金额(元)		
						综合单价	合价	其中：暂估价
						（投标单位填写）		
学生反馈		1. 是否已知晓管网工程分部分项工程清单编制流程？ 清楚□ 大致清楚□ 没头绪□ 2. 写出本节实操过程认为较难部分：

单元 12 技能训练 工程量清单计价基本知识

班级： 姓名： 学号： 日期：

任务目标	能根据施工图纸、施工组织设计要求，φ1 500mm桩基工程量清单，计算泥浆护壁成孔灌注桩的综合单价

综合单价分析表

工程名称：新建桥涵　　　　标段：　　　　第 页 共 页

清单编码	040301004001	项目名称	泥浆护壁成孔灌注桩						计量单位	m	综合单价（元）	合价（元）
消耗量标准编号	项目名称	单位	数量	单价（元）				数量				
				合计（直接费）	人工费	材料费	机械费	管理费	其他管理费	利润		
								9.65%	2.00%	6.00%		
A3-79换	灌注桩 钢护筒安拆 桩径≤1 500mm～钢护筒埋设深度大于2m	10m	5.60		466.56	345.28	4 209.51					
A3-35	旋挖钻机成孔 桩径≤1 500mm 土、砂砾类	10m³	153.975 71		382.44	141.47	1785.55					
A3-70换	灌注混凝土 旋挖钻孔～换 水下商品混凝土 C30	10m³	153.975 71		302.66	5 054.29	207.57					
A3-74＋A3-75＊2换	灌注桩 泥浆运输 运距1km以内～实际运距(km):3	10m³	31.411 2		252.00		532.36					

任务布置：

续上表

综合单价分析表

工程名称：新建桥涵　　　　　　标段：　　　　　　　　　　　第　页　共　页

清单编码	项目名称										综合单价(元)	合价(元)
040301004001	泥浆护壁成孔灌注桩											
消耗量标准编号	项目名称	单位	数量	单价(元)		计量单位	数量	管理费	其他管理费			
D1-43	挖掘机挖沟槽、基坑土方 挖土装车 普通土	1000m³	0.04	2 311.88		m	4 581.94					
D1-59+D1-60×4换	自卸汽车运土方 运距1km内～实际运距(km):5	1000m³	0.04		53.60		14 692.96					
A15-109	喷刷刮涂料 刷白水泥浆二遍 抹灰面 光面	100m²	1.20	324.80	46.45							
D11-203	桩基础支架平台陆上工作平台	100m²	3.60	1 508.38	3872.80		605.47					
累计(元)												

注：1. 本表用于编制招投标综合单价时，招标文件提供了暂估单价的材料，应按暂估的单价填入表内"暂估单价"及"暂估合价"栏。
2. 本表用于编制工程竣工结算时，其材料单价应按双方约定的（结算单价）填写。
3. 其他管理费的计算按附录C建筑安装工程费用标准说明第2条规定计取。

任务布置

续上表

思路引导	综合单价分析表
实操过程	工程名称： 　　　　　　　　　　　　　　标段：

清单编码	项目名称	项目名称	数量	计量单位	单位(元)				综合单价(元)		合价(元)
消耗量标准编号	项目名称	单位	数量		人工费	材料费	机械费	合计(直接费)			
									管理费	其他管理费	
									9.65%	2.00%	
										利润	
										6.00%	
累计(元)											

注：1. 本表用于编制招投标综合单价时，招标文件提供了暂估单价的材料，应按暂估的单价填入表内"暂估单价"及"暂估合价"栏。
2. 本表用于编制工程竣工结算时，其材料单价应按双方约定的（结算单价）填写。
3. 其他管理费用的计算按附录C建筑安装工程费用标准综合单价分析表（答案）规定计取。
扫二维码附-4查看φ1 500mm桩基综合单价分析表（答案） |
| 学生解答 | 1. 是否已知晓综合单价计算流程？清楚□　大致清楚□　没头绪□
2. 写出本节实操过程认为较难部分： |
| 学生反馈 | |

附-4

单元13 技能训练 土石方工程量清单计价

| 班级： | 姓名： | 学号： | 日期： |

任务目标	能根据施工图纸和施工组织设计要求，独立完成分部分项工程综合单价分析表
任务布置	某市开发区新建一条道路，设计红线宽50m。起点桩号为K0+000，截取其中一段主线到桩号K0+080，道路断面形式为三块板，其中机动车道15m，人行道及树池4m×2，绿化带种植草坪采用人工开挖三类土（绿化带种植土换填由绿化承包人负责）。该雨水管为高密度聚乙烯双壁波纹管（HDPE），主管道管径为300mm；雨水管管道铺设参数见下图。试确定①道路与雨水管道工程施工的土方工程量；②土石方工程分部分项工程量清单表。(土质类型为三类土；反铲挖掘机挖土，坑上作业；自卸汽车运土，运距10km；装载机装土；原土夯实采用夯实机夯实；支管道的原地面高程与同桩号的主管道原地面高程相同) 扫二维码附-2查看土石方工程完整图纸。 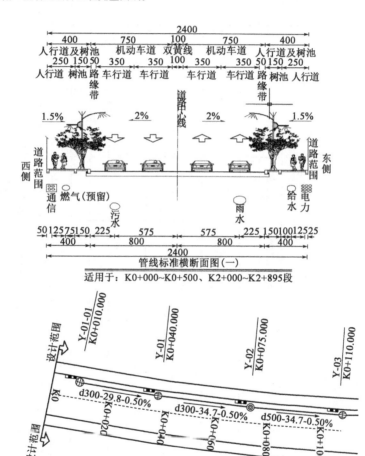

435

续上表

						思路引导						
						实操过程	学生解答					
							学生反馈					

综合单价分析表

工程名称： 标段： 第 页 共 页

项目编码	项目名称			计量单位						
清单消耗量标准编号	项目名称	单位	数量	单价（元）				合价（元）		
				人工费	材料费	机械费	管理费	其他管理费	利润	合计（元）
合计（直接费）										
材料费明细表	材料名称、规格、型号	单位	数量	单价	合价	暂估单价	暂估合价			
	材料费合计									

累计（元）

注：1. 本表用于编制招投标综合单价时，招标文件提供了暂估单价的材料，应按有暂估的单价填入表内"暂估单价"及"暂估合价"栏。
2. 本表用于编制工程竣工结算时，其材料单价应按双方约定的（结算单价）填写。
3. 其他管理费的计算按附录C建筑安装工程费用标准说明第2条规定计算。

1. 是否已知晓土石方分部分项工程清单计价流程？清楚□ 大致清楚□ 没头绪□
2. 能否总结出本节介绍的土石方工程清单计价流程？
3. 写出本节实操过程认为较难部分：

单元14　技能训练　道路工程量清单量计价

班级：	姓名：	学号：	日期：

任务目标	能根据施工图纸和施工组织设计要求,独立完成分部分项工程综合单价分析表
任务布置	某市开发区新建一条道路,设计红线宽50m。起点桩号为K0+000,截取其中一段主线到桩号K0+080,道路断面形式为三块板,其中机动车道15m,人行道及树池4m×2,绿化带种植草坪采用人工开挖三类土(绿化带种植土换填由绿化承包人负责)。该雨水管为高密度聚乙烯双壁波纹管(HDPE),主管道管径为300mm;雨水管管道铺设参数见下图。试确定①道路与雨水管道工程施工的土方工程量;②土石方工程分部分项工程量清单表。(土质类型为三类土;反铲挖掘机挖土,坑上作业;自卸汽车运土,运距10km;装载机装土;原土夯实采用夯实机夯实;支管道的原地面高程与同桩号的主管道原地面高程相同) 某市区新建道路平面图和路面结构层布置如下图: (1)水泥混凝土、水泥稳定碎石砂采用现场集中拌制,场内采用双轮车运输; (2)混凝土路面草袋养护,路面刻防滑槽; (3)在人行道两侧共有52个1m×1m的石质块树池。 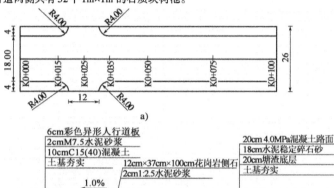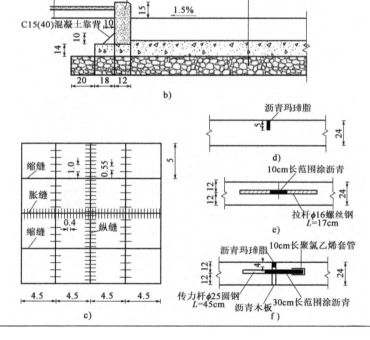
实操过程	思路引导	

437

续上表

第 页 共 页

综合单价分析表

工程名称：　　　　　　　标段：　　　　　　　第 页 共 页

项目编码	项目名称		计量单位						
清单消耗量标准编号	项目名称	数量 单位	单价（元）				合价（元）		
			合计(直接费)	人工费	材料费	机械费	管理费	其他管理费	利润
累计(元)									

材料费明细表	材料名称、规格、型号	单位	数量	单价	合价	暂估单价	暂估合价
	材料费合计						

注：1. 本表用于编制招投标综合单价时，招标文件提供了暂估单价的材料，应按暂估的单价填入表内"暂估单价"及"暂估合价"栏。
2. 本表用于编制工程竣工结算时，其材料单价应按双方约定的(结算单价)填写。
3. 其他管理费用的计算按附录C建筑安装工程费用标准说明第2条规定计算。

实操过程	学生解答	

学生反馈

1. 是否已知晓道路工程分部分项工程清单计价流程？ 清楚□ 大致清楚□ 没头绪□

2. 能否阐述道路工程分部分项工程费的计算流程？

3. 写出本节实操过程认为较难部分：

单元15 技能训练 桥梁工程量清单计价

| 班级: | 姓名: | 学号: | 日期: |

| 任务目标 | 能根据施工图纸和施工组织设计要求,独立完成分部分项工程综合单价分析表 |

任务布置

材料		项目	单位	上部构造					人行、非机动车道	
				小箱梁上部构造		桥面排水	伸缩缝	护栏		
				小箱梁	桥面铺装				栏杆	人行道板
混凝土		C50	m³	866.3						
		C40	m³		216.0					
		C30	m³					80.0		64.5
		C20	m³							
		沥青混凝土	m³		191.4					
M10水泥砂浆			m³							6.6
防水层			m²		1 914.0					
φ⁸15.2钢绞线			kg	28 962.0						
波纹管		D55(mm)	m	5 652.0						
锚具		M15-4	套	360.0						
		M15-5	套	216.0						
钢筋	HRB 400	⊈28	kg							
		⊈25	kg							
		⊈22	kg	7 500.0						
		⊈20	kg							
		⊈16	kg	27 918.0		456.0	1 346.6	9 062.8		
		⊈12	kg	104 552.9				788.4		9 661.9
		⊈10	kg							
		小计	kg	139 970.9		456.0	1 346.6	9 851.2		9 661.9
	HPB 300	φ12	kg							
		φ10	kg	50 506.2	26 902.4			2 362.0	26.8	2 591.4
		小计	kg	50 506.2	26 902.4			2 362	26.8	2 591.4
钢材		Q345B	kg					3 738.6		
		不锈钢管						912.9		

本桥上部构造采用3×20m预应力混凝土预制小箱梁,先简支、后桥面连续;每孔设12片小箱梁,采用三幅桥断面布置,桥面采用沥青混凝土铺装。预制梁高1.2m,预制梁吊装重量:中梁559kN,边梁606kN。
扫二维码附-5查看桥梁案例完整图纸

附-5

| 实操过程 | 思路引导 | |

续上表

综合单价分析表

工程名称：　　　　　　　　标段：　　　　　　　　　　　　　　　　　　　　　　　　　第 页 共 页

清单编码	项目名称	项目名称	计量单位	数量	综合单价(元)						合计(元)
消耗量标准编号	项目名称	单位	数量		单价(元)				其他管理费	利润	
					合计(直接费)	人工费	材料费	机械费	管理费		
累计(元)			单位	单价	数量	合价		暂估单价		暂估合价	
材料费明细表	材料名称、规格、型号										
	材料费合计										

注：1. 本表用于编制招投标综合单价时，招标文件提供了暂估单价的材料，应按暂估的单价填入表内"暂估单价"及"暂估合价"栏。
2. 本表用于编制工程竣工结算时，其材料单价应按双方约定的（结算约定）填写。
3. 其他管理费的计算按附录C建筑安装工程费用标准说明第2条规定计算。

学生解答

学生反馈

1. 是否已勾晓桥梁工程分部分项工程清单计价流程？ 清楚□　大致清楚□　没头绪□

2. 能否简述桥梁工程分部分项工程费的计价流程？

3. 写出本节实操过程认为较难部分：

单元16 技能训练 管网工程量清单计价

班级：	姓名：	学号：	日期：

任务目标	能根据施工图纸和施工组织设计要求，独立完成管网工程分部分项工程综合单价分析表
任务布置	本道路给水管道DN600(mm)采用球墨铸铁管：壁厚级别系数K9级，公称压力PN为1.0MPa，T型橡胶圈柔性承插接口，管材成品防腐、质量、规格应符合《水及燃气管道用球墨铸铁管、管件和附件》(GB/T 13295—2008)。 ①球墨铸铁管在末端用承盘短管连接，并用盲板堵封；预埋支管管中心高程同相接管中心高程。 ②阀门井。阀门井采用钢筋混凝土闸阀井，详见07MS101-2；排气阀井：选用复合式排气阀，采用钢筋混凝土排气阀井，详见07MS101-2；排泥阀井：选用暗杆弹性座封闸阀，采用钢筋混凝土立式阀门井，详见标准图07MS101-2。其中，排泥湿井出水管采用Ⅱ级D300(mm)钢筋混凝土承插口管，承插式橡胶圈接口，详见标准图06MS201-1/23，180°砂石基础，详见标准图06MS201-1/11，坡度为0.01。 ③消火栓。采用SS100/65-1.0型室外地上式消火栓(干管安装有检修阀)，详见标准图07MS101-1；消火栓位于侧分带绿化带内。 ④管径≥DN300管道三通、管堵(盲板)、弯头处(管道转弯角度>10°)设给水管道支墩，采用柔性接口给水管道支墩，见03SS505/107~127。 ⑤阀门井井框、盖。采用φ700mm(井口内径)重型可调式球墨铸铁井框、盖。 ⑥所有井均安装防坠网，详见附图。防坠网安装高度位于盖座以下250mm，要求防坠网每两年更换一次。 ⑦防腐。阀门井内外露钢制管件及钢套管防腐做法具体如下：内防腐采用饮水容器防腐漆；外防腐采用环氧煤沥青漆。内防腐一道底漆，两道面漆(二油)，外防腐为底漆一道，面漆一道，玻璃布一道，再面漆一道，玻璃布一道，最后面漆两道(四油二布)，底漆和面漆厚度不得小于0.4mm。 试计算管网工程分部分项工程清单项计价表。 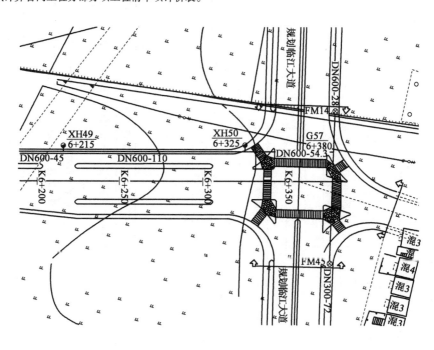
实操过程	思路引导	

续上表

综合单价分析表

第 页 共 页

工程名称：　　　　　　标段：

清单编码	项目名称	计量单位	数量	综合单价（元）					合计（元）
				单价（元）			管理费	其他管理费	利润
				人工费	材料费	机械费			
消耗量标准编号	项目名称	单位	数量						
	合计（直接费）								

材料费明细表

材料名称、规格、型号	单位	数量	单价	合价	暂估单价	暂估合价
材料费合计						

累计（元）

注：1. 本表用于编制招投标报价综合单价时，招标文件提供了暂估单价的材料，应按双方约定的（结算单价）填写。
2. 本表用于编制工程竣工结算时，其材料单价应按工程安装 C 建筑安装工程费用标准说明第 2 条规定计算。
3. 其他管理费的计算费按附录 C 建筑安装工程费的计算流程。

实操过程	学生解答	

学生反馈	1. 是否已知晓管网工程分部分项工程清单计价流程？　清楚□　大致清楚□　没头绪□
	2. 能否简述桥梁工程分部分项工程费的计算流程？
	3. 写出本节实操过程认为较难部分：

参 考 文 献

[1] 中华人民共和国国家标准.建设工程工程量清单计价规范:GB 50500—2013[S].北京:中国计划出版社,2013.
[2] 中华人民共和国国家标准.市政工程工程量计算规范:GB 50857—2013[S].北京:中国计划出版社,2013.
[3] 湖南省建设工程造价管理总站.湖南省建设工程计价办法[S].北京:中国建材工业出服社,2020.
[4] 湖南省建设工程造价管理总站.湖南省建设工程计价办法计附录[S].北京:中建材工业出服社,2020.
[5] 曹阳艳.市政工程计量与计价[M].北京:北京理工大学出版社,2018.
[6] 袁建新.市政工程计量与计价[M].3版.北京:中国建筑工业出版社,2014.
[7] 郭良娟.市政工程计量与计价[M].北京:北京大学出版社,2017.
[8] 钱磊.市政工程计量与计价[M].重庆:重庆大学出版社,2017.
[9] 全国造价工程师执业资格考试培训教材编审委员会.建设工程计价(2021年版)[M].北京:中国计划出版社,2021.